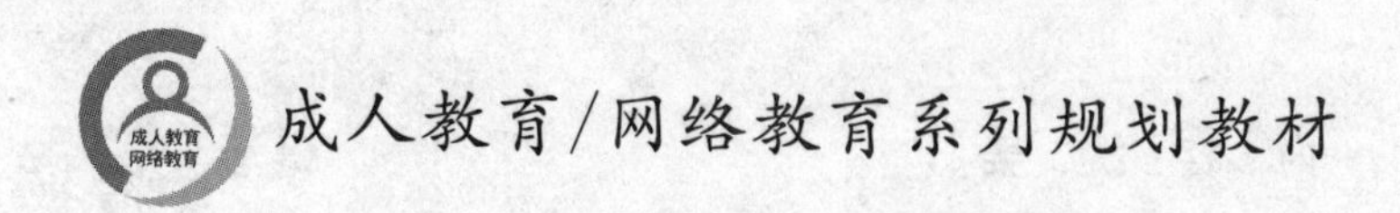

Hunningtu Jiegou Sheji Yuanli

混凝土结构设计原理

主　编　吴力宁　安蕊梅
主　审　叶见曙

人民交通出版社

内 容 提 要

本书的编写结合土木工程专业的培养目标和基本要求，以交通行业标准《公路桥涵设计通用规范》(JTG D60—2004)和《公路钢筋混凝土及预应力混凝土桥涵设计规范》(JTG D62—2004)为依据编写的。本书详细阐述了材料的物理力学性能、结构极限状态设计法、钢筋混凝土和预应力混凝土基本构件的设计计算原理及工程应用。本书突出应用性和针对性，概念清晰，图文并茂、通俗易懂，每单元后面附有大量习题，可供学生巩固和练习。

本书适用于成人/网络教育土木工程专业学生使用，也可供高等职业教育土木工程专业的师生和工程技术人员参考使用。

图书在版编目(CIP)数据

混凝土结构设计原理 / 吴力宁，安蕊梅主编. --北京：人民交通出版社，2014.9

ISBN 978-7-114-11210-2

Ⅰ. ①混… Ⅱ. ①吴… ②安… Ⅲ. ①混凝土结构—结构设计—成人高等教育—教材 Ⅳ. ①TU370.4

中国版本图书馆 CIP 数据核字(2014)第 034830 号

书　　名:混凝土结构设计原理
著 作 者:吴力宁　安蕊梅
责任编辑:王　霞　温鹏飞
出版发行:人民交通出版社
地　　址:(100011)北京市朝阳区安定门外外馆斜街 3 号
网　　址:http://www.ccpress.com.cn
销售电话:(010)59757973
总 经 销:人民交通出版社发行部
经　　销:各地新华书店
印　　刷:北京鑫正大印刷有限公司
开　　本:880×1230　1/16
印　　张:20
字　　数:300 千
版　　次:2014 年 9 月　第 1 版
印　　次:2014 年 9 月　第 1 次印刷
书　　号:ISBN 978-7-114-11210-2
定　　价:40.00 元

成人教育/网络教育系列规划教材

专家委员会

（以姓氏笔画为序）

出版说明

随着社会和经济的发展，个人的从业和在职能力要求在不断提高，使个人的终身学习成为必然。个人通过成人教育、网络教育等方式进行在职学习，提升自身的专业知识水平和能力，同时获得学历层次的提升，成为一个有效的途径。

当前，我国成人及网络教育的学生多以在职学习为主，学习模式以自学为主、面授为辅，具有其独特的学习特点。在教学中使用的教材也大多是借用普通高等教育相关专业全日制学历教育学生使用的教材，因为二者的生源背景、教学定位、教学模式完全不同，所以带来极大的不适用，教学效果欠佳。总的来说，目前的成人及网络教育，尚未建立起成熟的适合该层次学生特点的教材及相关教学服务产品体系，教材建设是一个比较薄弱的环节。因此，建立一套适合其教育定位、特点和教学模式的有特色的高品质教材，非常必要和迫切。

《国家中长期教育改革和发展规划纲要(2010—2020年)》和《国家教育事业发展第十二个五年规划》都指出，要加大投入力度，加快发展继续教育。在国家的总体方针指导下，为推进我国成人及网络教育的发展，提高其教育教学质量，人民交通出版社特联合一批高等院校的继续教育学院和相关专业院系，成立了"成人及网络教育系列规划教材专家委员会"，组织各高等院校长期从事成人及网络教育教学的专家和学者，编写出版一批高品质教材。

本套规划教材及教学服务产品包括：纸质教材、多媒体教学课件、题库、辅导用书以及网络教学资源，为成人及网络教育提供全方位、立体化的服务，并具有如下特点：

(1)系统性。在以往职业教育中注重以"点"和"实操技能"教育的基础上，在专业知识体系的全面性、系统性上进行提升。

(2)简明性。该层次教育的目的是注重培养应用型人才，与全日制学历教育相比，教材要相应地降低理论深度，以提供基本的知识体系为目的，"简明""够用"即可。

(3)实用性。学生以在职学习为主，因此要能帮助其提高自身工作能力和加强理论联系实际解决问题的能力，讲求"实用性"。同时，教材在内容编排上更适合自学。

作为从我国成人及网络教育实际情况出发，而编写出版的专门的全国性通用教材，本套教材主要供成人及网络教育土建类专业学生教学使用，同时还可供普通高等院校相关专业的师生作为参考书和社会人员进修或自学使用，也可作为自学考试参考用书。

本套教材的编写出版如有不当之处，敬请广大师生不吝指正，以使本套教材日臻完善。

人民交通出版社

成人教育/网络教育系列规划教材专家委员会

前　言

《混凝土结构设计原理》是成人高等(网络)教育土木工程相关专业的专业核心课,课程内容在土木工程专业的学习和工作中有着举足轻重的作用。学员通过课程学习,应对混凝土结构的材料性能、基本构件的构造和设计计算等内容有比较充分的理解,在专业理论水平和专业技能方面均能有所提高。

多年来,成人高等教育在该课程教学中,大多选用全日制本科教学的教材。这类教材,相对于参加成人高等教育学习的学员来讲,理论性较强,专业深度较深,与工程实践结合的程度稍低,不便于学员理解和自学。近些年,随着成人高等教育的发展,学员在校时间比较短,学员的学习主要是利用业余时间进行自学和网络学习,使用全日制普通本科教育的教材愈发显的不合适。这就迫切需要编写一本适合成人教育使用的教材。

2013年,由人民交通出版社牵头,石家庄铁道大学组织,由有多年教学经验和工程经验的老师参加组成了教材编写组,进行了针对成人高等教育教学的《混凝土结构设计原理》教材编写工作。教材编写考虑高等土木工程专业本科教学大纲的要求,兼顾成人教育的特点和需求,以"够用、实用、适用,适合自学"为编写原则,结合工程案例引入相关理论,内容力求深入浅出,便于学员自学。

教材编写的主要依据是交通行业标准《公路桥涵设计通用规范》(JTG D60—2004)和《公路钢筋混凝土及预应力混凝土桥涵设计规范》(JTG D62—2004)。教材主要讲授混凝土和钢筋两种材料的物理力学性能、结构极限状态设计法、钢筋混凝土和预应力混凝土基本构件的构造、设计原理、计算方法及工程应用。每一单元都编写了单元导读、自学计划、单元小结和习题,并在最后给出了习题答案。

参加本教材编写的人员及分工为:绪论,由吴力宁编写;第一单元、第五单元第二部分、第七单元由杨玉红编写;第二单元、第六单元、第九单元由白建方编写;第三单元、第五单元第一部分由邓海编写;第四单元、第十单元由安蕊梅编写;第八单元、第十一单元由刘杰编写。全书由吴力宁、安蕊梅、张立山统稿,东南大学叶见曙教授主审。

书中不可避免会存在错误和缺点,恳请读者批评指正。

编者

2014年6月

自 学 指 导

课程性质

本课程是土木工程专业的一门重要的专业核心课，主要介绍混凝土结构的材料性能、设计原则、基本构件的设计原理和设计计算方法，将工程实践和理论、试验紧密结合，综合性强。

本课程的地位和作用

本课程以《公路钢筋混凝土及预应力混凝土桥涵设计规范》(JTG D62—2004)为基础，介绍钢筋混凝土结构和构件的设计原理和方法，通过该课程的学习培养学生进行混凝土结构设计计算及工程应用能力，是学习后续专业课的基础课程，为从事土木工程结构的设计、施工、工程管理等工作打下扎实的基础。

本课程的先修课程是建筑材料、材料力学、结构力学等。

学习目的与要求

通过课程的学习，学生应该了解钢筋和混凝土材料的基本物理力学性能；理解配筋混凝土结构的各种基本构件的受力性能、配筋原理和方法；初步具备结构分析、运用规范进行混凝土构件设计计算的能力；了解配筋混凝土结构的发展趋向。

本课程的学习方法

学习本课程，首先要把握以下四点原则：

(1)要有正确的学习态度，学以致用，要以成为一名优秀的工程师为学习目标。

(2)紧密联系工程实践，对基本的概念和原理进行理解性记忆。

(3)配合规范、规程，要将设计计算和构造要求结合。

能理解并进行结构设计计算是一个工程师必备的能力，也是学习本课程必须要做好的。结构的构造要求与设计计算同样重要，因为规范规定的构造要求得到了试验和工程实践的检验和验证。混凝土结构构件的设计要紧密结合构造要求。

(4)要坚持理论和实践相结合。在课程学习中，要注意课程中学到的原理和理论与工程实践中的混凝土结构之间的关系，要留心观察实际混凝土结构，了解它们的构造，分析它们的受力特征，并学会用所学的理论、方法分析并解决问题。

学习本课程，以下方法可以作为参考：

(1)先看目录，了解课程的主要内容。

(2)对于每一单元，先了解基本概念，接着重点看试验分析、计算原理和计算图式，然后推导或写出计算公式，再做例题和习题，对计算原理和计算公式加强理解。

(3)每单元学完后，自己做个小结，总结本单元主要内容。

(4)有条件时,可以结合工程实践进行学习。学习混凝土、钢筋材料性能时,可以进行材料试件制作和材料性能试验,直观感受材料性能;对于构件破坏形态和破坏特点,可以参看试验录像或进行构件的试验,更深刻了解构件破坏特点;学习构件设计计算时,参看设计图纸和规范,到施工现场了解构件构造。

目 录

绪 论

单元导读

混凝土结构是指能承受各种作用并具有适当刚度的、由各种以混凝土为主要建筑材料的连接部件有机组合而成的系统。常见的混凝土结构有桥梁、房屋、厂房、渡槽、水池等，如图 0-1～图 0-4 所示。

图 0-1 混凝土梁桥

图 0-2 混凝土厂房

图 0-3 混凝土渡槽

图 0-4 混凝土水池

一、混凝土结构的种类

混凝土是由胶凝材料、水、粗骨料、细骨料、外加剂等几种材料经拌和、硬化而成的人工合成材料，高性能混凝土还会掺加有细掺和料，如硅粉、粉煤灰或矿粉等。混凝土抗压性能好，但抗拉性能差，因此混凝土中需要配置加强筋，常用的加强筋有钢筋、纤维增强筋等。本教材主要介绍钢筋加强的混凝土结构。

混凝土结构分为素混凝土结构、钢筋混凝土结构和预应力混凝土结构。

1. 素混凝土结构

素混凝土结构以混凝土为主要建筑材料，里面没有或只有很少量的钢筋，主要用来承受压力。工程中的素混凝土结构主要有小型的重力堤坝、支墩、基础、挡土墙，地坪、混凝土路面、飞机场跑道等。

2. 钢筋混凝土结构

钢筋混凝土结构是用钢筋加强混凝土形成的结构，建筑材料为混凝土和普通钢筋。

由于混凝土硬化前具有流动性，结构的可模性较好、造型灵活，可以根据需要浇筑成各种形状的构件；同时，钢筋混凝土合理地利用了钢筋和混凝土这两种材料的力学性能特点，形成的结构强度、刚度大，整体性好、耐久性较好。因而，钢筋混凝土结构广泛用于房屋建筑、地下结构、桥梁、隧道、水利、港口等工程中；在道路与桥梁工程中，中小跨径桥梁、涵洞、基础常用钢筋混凝土结构。

3. 预应力混凝土结构

预应力混凝土结构是在承受外荷载前被人为施加了预加力的混凝土结构，建筑材料为强度较高的混凝土、普通钢筋以及预应力筋。

预应力混凝土结构是为解决钢筋混凝土结构在使用阶段容易开裂的问题而发展起来。

工程中的预应力混凝土结构主要用于受弯、受拉构件中，如大跨度桥梁结构、建筑结构的梁和楼面板、大型储液池和储存散料的大型筒仓等。

二、混凝土结构的组成

混凝土结构是由多个构件组成，在外荷载作用下，构件截面的内力有弯矩、剪力、扭矩、拉力、压力等。根据构件截面内力形式的不同，可以将混凝土构件分为以下几种。

(1)受弯构件：截面内力有弯矩和剪力的构件，一般包括梁、板。

(2)受压构件：截面内力以压力为主的构件，一般包括墩、柱等。

(3)受拉构件：截面内力以拉力为主的构件。

(4)受扭构件：截面内力中有扭矩且不能忽略的构件，受扭构件的截面内力一般还有弯矩和剪力。

图 0-5 中，a)为混凝土梁式桥，由受弯构件(上部结构的梁、板，墩顶的盖梁)和受压构件

学习记录

(下部结构的桥墩、桥台、基础)组成;b)为混凝土板拉桥,由受弯构件(梁)、受压构件(塔、墩)和受拉构件(混凝土板)组成;c)为钢筋混凝土上承式拱桥,由受压构件(主拱圈、立柱)和受弯构件(梁)组成;d)为钢筋混凝土厂房,由受弯构件(主、次梁,楼面板)和受压构件(柱)组成。

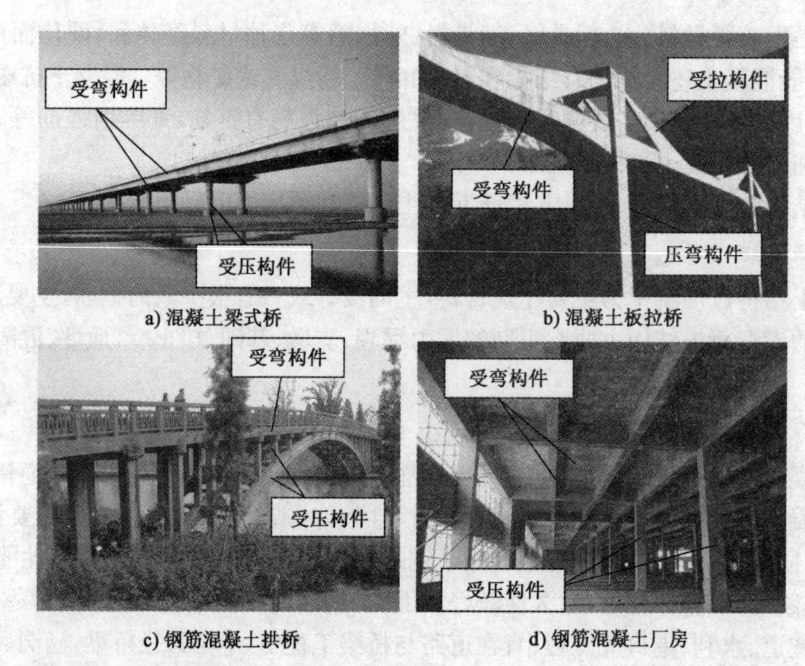

a) 混凝土梁式桥　b) 混凝土板拉桥

c) 钢筋混凝土拱桥　d) 钢筋混凝土厂房

图 0-5　混凝土结构组成

三、混凝土构件中配置钢筋的作用

在混凝土构件中配置钢筋,主要是利用钢筋来协助或代替混凝土受拉,而混凝土主要受压,这样正好能充分发挥两种材料的性能。同尺寸的钢筋混凝土构件与素混凝土构件相比,构件的承载力有很大提高,变形性能也有明显改善。反过来讲,同样承载力的构件,钢筋混凝土构件的截面尺寸会比素混凝土构件的尺寸小,自重轻。

首先以梁为例说明钢筋的作用。取两个同尺寸的素混凝土梁和钢筋混凝土梁,承受相同类型的竖向荷载(图 0-6),此时截面上部受压,下部受拉。素混凝土梁,加载至梁底开裂,裂缝迅速向上发展至贯通裂缝,梁破坏[图 0-6a)],破坏荷载为 F_1;破坏前的变形很小。试验表明,素混凝土梁的破坏为混凝土受拉破坏,承载力是由混凝土的抗拉强度决定的。对于钢筋混凝土梁,当荷载加大时,受拉区混凝土出现裂缝,此时的荷载比素混凝土梁的开裂荷载稍大些,梁不会立即裂断,而能继续承受荷载;直至受拉钢筋的应力达到屈服强度,继而截面受压区的混凝土也被压碎,梁破坏[图 0-6b)],破坏荷载为 F_2,且 $F_2>F_1$;破坏前的变形较大,裂缝较宽。因此,混凝土的抗压强度和钢筋的抗拉强度都能得到充分利用,钢筋混凝土梁的承载能力比素混凝土梁提高很多,破坏时的变形也明显加大。

下面以受压构件为例说明钢筋的作用。在受压构件中,钢筋的作用主要是协助混凝土共

学习记录

同承受压力。取同尺寸、同长细比的素混凝土柱和钢筋混凝土柱进行受压试验，结果表明，钢筋混凝土受压构件，不仅承载能力大为提高，而且力学性能得到改善(图 0-7)。

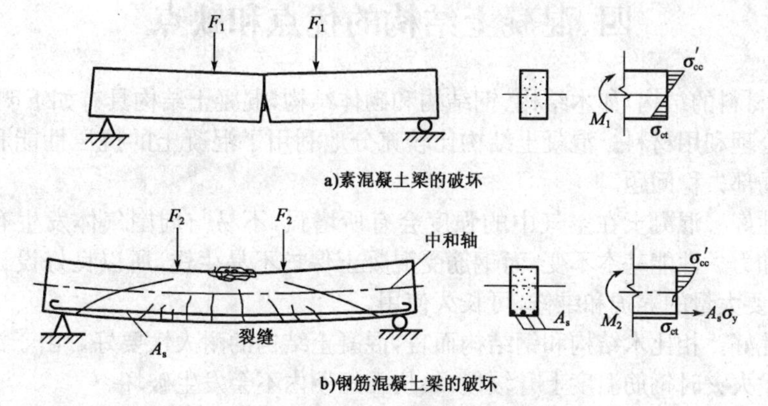

图 0-6 素混凝土梁和钢筋混凝土梁的破坏

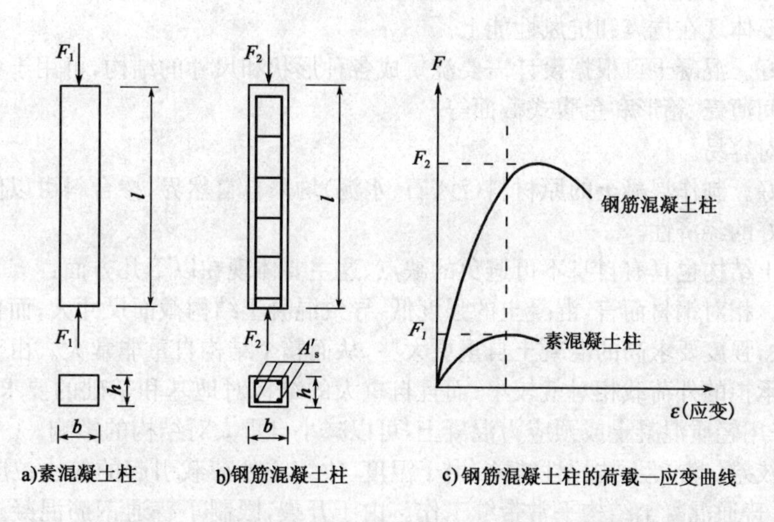

图 0-7 素混凝土和钢筋混凝土轴心受压构件的受力性能比较

综上所述，根据构件受力状况配置钢筋构成钢筋混凝土构件，可以充分利用钢筋和混凝土各自的材料特性，把它们有机地结合在一起共同工作，从而提高构件的承载能力，改善构件的受力性能。钢筋的作用是代替混凝土受拉(拉区混凝土出现裂缝后)或协助混凝土受压。

无论是钢筋混凝土还是预应力混凝土，都配置有相当数量的普通钢筋。钢筋和混凝土这两种力学性能不同的材料之所以能有效地共同工作，原因主要有以下几个方面：

(1)混凝土和钢筋之间有着良好的黏结力。良好的黏结使两者能可靠地结合成一个整体，在荷载作用下能够很好地共同变形，完成其结构功能。

(2)钢筋和混凝土的温度膨胀系数比较接近。钢筋的温度膨胀系数为 1.2×10^{-5}，混凝土的温度膨胀系数为 $1.0\times10^{-5}\sim1.5\times10^{-5}$，因此，当温度变化时，不致在两种材料的接触面上产生较大的应力而破坏两者之间的黏结。

(3)混凝土包裹钢筋，能保护钢筋免遭锈蚀。钢筋生锈会导致生锈层松散，有效工作截面减小，降低构件的承载力和耐久性。只有钢筋不生锈才能充分发挥其作用，才能与混凝土共同工作。

学习记录

四、混凝土结构的优点和缺点

相比其他材料的结构，如木结构、钢结构和砌体结构，混凝土结构具有如下明显的优点。

(1)可以合理利用材料。混凝土结构比较充分地利用了混凝土的抗压性能和钢筋的抗拉性能，基本无局部失稳问题。

(2)耐久性好。混凝土在空气中的强度会有所增强，不易与周围气体发生有害的化学反应，自身强度和力学性能基本不变，而钢筋受混凝土保护不易生锈，所以良好设计和施工的混凝土结构不需要大量的养护和维修，可长久使用。

(3)耐火性好。相比木结构和钢结构而言，混凝土结构的耐火性要好。由于混凝土为热惰性材料，使发生火灾时钢筋温度上升缓慢，结构在短期内不会发生破坏。

(4)整体性好。与砌体结构相比，配筋合适的现浇混凝土结构和合理的预制混凝土结构的整体性要好，主要体现在抗震和抗风性能上。

(5)可模性好。混凝土可根据设计需要浇筑成各种形状和尺寸的结构，可用于各种形状复杂的结构，如空间薄壳、箱形和鱼腹式截面等。

(6)取材相对容易。

(7)经济性好。制作混凝土的原材料(沙、石、水泥)均采自自然界，掺合料可以使用工业废料，这体现了良好的经济性。

其次，混凝土结构也具有自身不可避免的缺点，这主要体现在以下几方面：

(1)自重大。相对钢材而言，混凝土的强度低，导致混凝土结构截面尺寸大；而普通混凝土的自重一般较大，强度要求高的混凝土自重更大些，从而整个结构自重非常大。由于结构需承担自身重力，可承担的外荷载相对就较小；而且自重大的结构对地基和基础的要求更高，不利于结构抗震。采用轻质混凝土或预应力混凝土，可以减小自重大对结构的影响。

(2)抗裂性较差。混凝土抗拉性能差，由于温度、收缩或外荷载引起的较小拉应力就会导致混凝土开裂。普通混凝土结构平常带缝工作。由于开裂，限制了普通钢筋混凝土用于大跨结构，也影响到高强钢筋的应用；裂缝的存在会影响混凝土结构的耐久性，对防渗要求较高的结构也有影响。采用预应力混凝土可较好地解决开裂问题，如利用环氧树脂涂层钢筋可防止钢筋的锈蚀。近年来还以非金属的纤维增强筋代替钢筋，应用于腐蚀性很强的环境工程结构。

(3)施工受季节环境影响较大。混凝土结构施工一般都在露天环境下进行，由于雨雪天、冬天低温不能进行施工，跨河桥梁雨季不能施工，使得混凝土结构的施工受季节影响很大。

(4)工期长。现浇混凝土结构施工一般是逐层、逐段、逐跨施工，混凝土需要养护一段时间后才能进行下一段施工，施工工期很长，少则半年、一年，多则几年。采用预制混凝土结构可以加快施工速度，并保证混凝土结构的质量。

(5)现浇混凝土结构需要大量模板和支架。

(6)废旧的混凝土处理困难。结构达到使用寿命后将被拆除，大量废旧的混凝土如何处理是一个急需解决的难题。

(7)对环境的破坏比较严重。混凝土原材料的生产和应用伴随着巨大的资源、能源消耗以及对环境的污染。据了解，全世界每年共生产水泥约20亿吨，混凝土30亿立方米。水泥生产不仅消耗大量石灰石、黏土以及煤等资源，而且每年因此排放约20亿吨的二氧化碳和2亿吨的粉尘，这个问题必须引起工程界足够的重视。

第一单元 DIYIDANYUAN

钢筋和混凝土材料的力学性能

单元导读

混凝土和钢筋是制作钢筋混凝土结构、构件的两种主要材料，要想学好本课程，首先需要对这两种材料的力学性能进行深入的理解。对于混凝土，需要掌握其单轴受力状态下的强度和变形，并了解其在复合应力状态下的强度；对于钢筋，需掌握钢筋的强度和变形，并了解混凝土结构对钢筋性能的要求；由于混凝土和钢筋最后是浇筑成一个整体，因此，需要掌握二者之间的黏结性能。

学习目标

1. 了解混凝土强度和变形性能；
2. 了解钢筋种类及力学性能；
3. 了解钢筋和混凝土之间黏结力的组成及保证措施。

学习重点

1. 掌握混凝土的主要力学性能及指标；
2. 理解混凝土单轴受压的应力—应变曲线；
3. 熟悉混凝土在各种受力状态下的强度及变形性能；
4. 熟悉土木工程用钢筋的品种、级别及其性能；
5. 掌握钢筋的主要力学性能及指标；
6. 了解钢筋与混凝土的共同工作原理。

学习难点

1. 混凝土单轴受压的应力—应变曲线；
2. 钢筋与混凝土的共同工作原理。

单元学习计划(6 学时)

内　容	建议自学时间 (学时)	学 习 建 议	学 习 记 录
第一单元　钢筋和混凝土材料的力学性能	6		
一、混凝土	3		
二、钢筋	1.5		
三、钢筋与混凝土的黏结	1.5		

一、混 凝 土

混凝土是由水、水泥、细骨料、粗骨料、外加剂、矿物掺合料等材料按一定比例拌和、硬化而成的人造石材，有时简写为砼。

混凝土的物理力学性能是进行混凝土结构设计、施工必须掌握的内容。

混凝土的物理性能主要有表观密度和重度。表观密度指混凝土质量与表观体积之比，单位为 kg/m^3；重度指单位体积混凝土的重力，单位为 kN/m^3。混凝土的表观密度在 1.4×10^3～$2.6\times10^3kg/m^3$ 之间，其中，普通混凝土的表观密度在 1.95×10^3～$2.5\times10^3kg/m^3$ 之间。

混凝土的力学性能主要包括强度和变形性能。

(一)混凝土的强度

1. 混凝土立方体抗压强度

混凝土结构中，主要利用混凝土的抗压强度。我国《普通混凝土力学性能试验方法标准》(GB/T 50081—2002)规定，以边长为 150mm 的立方体试件为标准试件，在 20℃±2℃的温度和相对湿度在 95%以上的潮湿空气中养护 28d，测得的抗压强度值叫混凝土立方体抗压强度，用符号 f_{cu} 表示。

依照标准试验方法测得的具有 95%保证率的抗压强度值叫混凝土立方体抗压强度标准值，用符号 $f_{cu,k}$ 表示。

我国混凝土强度等级按立方体抗压强度标准值一般分成 14 个强度等级：C15、C20、C25、C30、C35、C40、C45、C50、C55、C60、C65、C70、C75、C80，其中 C 代表混凝土，C 后的 20、25 等数值表示混凝土立方体抗压强度标准值，单位为 MPa($1MPa=1N/mm^2$)。

混凝土立方体抗压强度与多种因素有关。

(1)混凝土立方体抗压强度与试验方法有着密切的关系。通常情况下，试件在试验机上受压时，试件的上下表面与试验机承压板之间产生的摩擦力会约束混凝土试件的横向变形，从而提高了试件的抗压强度。破坏时，形成两个对顶的角锥形破坏面[图 1-1a)]，如果在承压板和试件上下表面之间涂些润滑剂，试件受压时摩擦力大大减小，所测抗压强度较低，试件将沿着与作用力平行方向产生几条裂缝而破坏，如图 1-1b)所示。规范采用的方法是不加润滑剂的试验方法。

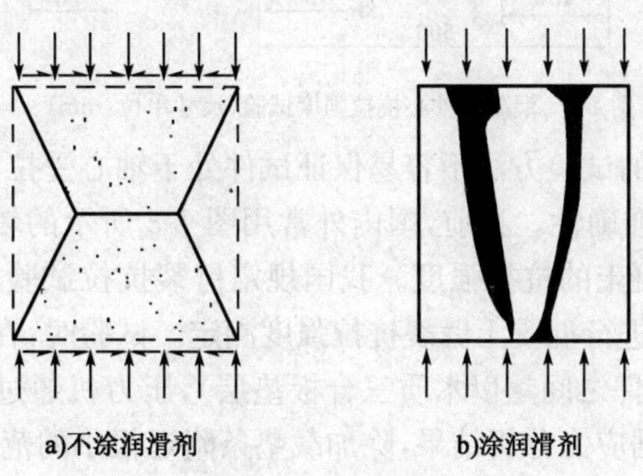

图 1-1 混凝土立方体试件的破坏特征

学习记录

(2)试件尺寸对混凝土的立方体抗压强度有影响。试验表明,立方体试件尺寸越小,测得的抗压强度越高,这个现象称为尺寸效应。如果采用边长为200mm和边长为100mm的混凝土立方体试件来测定混凝土的强度,所测强度与用150mm立方体标准试件测得的强度有一定差距,采用200mm或100mm的立方体试件所测得的立方体强度应分别乘以换算系数1.05和0.95。

(3)加载速度对混凝土的立方体抗压强度有影响。加载速度越快,测得的强度越高。通常对加载速度的规定为:混凝土的强度等级低于30N/mm² 时,取每秒0.3~0.5N/mm²;混凝土的强度等级高于或等于30N/mm² 时,取每秒0.5~0.8N/mm²。

(4)混凝土的立方体抗压强度随混凝土龄期的增长而增强,开始时强度增长速度较快,以后增长速度逐渐减缓。

2.混凝土轴心抗压强度(棱柱体抗压强度)

我国《普通混凝土力学性能试验方法标准》(GB/T 50081—2002)规定,以150mm×150mm×300mm的棱柱体试件为标准试件,用标准制作方法、试验方法测得的抗压强度值,称为混凝土轴心抗压强度或棱柱体抗压强度,用符号 f_c 表示。

试验表明,棱柱体试件的抗压强度较立方体试件的抗压强度低。由于棱柱体试件的高度越大,试验机承压板与试件之间摩擦力对试件高度中部的横向变形的约束影响越小,因此棱柱体试件的高宽比越大,轴心抗压强度值越低。在确定棱柱体试件尺寸时,既要试件的高宽比足够大,从而消除试验机承压板与试件承压面间摩擦力的影响;同时,又要避免附加偏心距对抗压强度的影响,试件的高宽比不宜过大。根据试验资料,棱柱体试件高宽比一般选择2~3。

3.混凝土抗拉强度

混凝土的轴心抗拉强度也是其基本力学性能,混凝土构件的开裂、裂缝、变形以及受剪、受扭、受冲切等承载力均与抗拉强度有关。混凝土的抗拉强度 f_t 比抗压强度小很多,一般只有抗压强度的5%~10%,且与立方体抗压强度不成线性关系,f_{cu}越大,f_t/f_{cu}值越小。

图1-2为轴心抗拉强度测定的试验方法示意图,试件为100mm×100mm×500mm的棱柱体,两端埋有钢筋,钢筋位于试件轴线上。试验机夹紧两端伸出的钢筋,对试件施加拉力,破坏时试件中部产生裂缝。

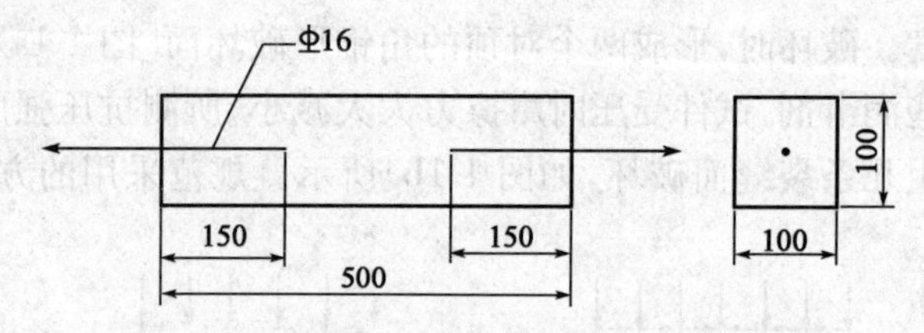

图1-2 混凝土轴心抗拉强度试验(尺寸单位:mm)

但是,采用图1-2所示的试验方法不容易保证试件处于轴心受拉状态,试件的偏心受力会影响轴心抗拉强度测定的准确性。目前,国内外常用图1-3所示的较简便的圆柱体或立方体的劈裂试验来间接测定混凝土的抗拉强度。我国规定劈裂抗拉试验采用150mm×150mm×150mm的标准立方体试件进行混凝土劈裂抗拉强度测定。试验时,在试件与压力机承压板间放置弧形钢垫条(垫条与试件之间垫以木质三合板垫层),压力机通过垫条对试件中心面施加均匀的条形分布荷载。根据应力分析结果,除加载垫条附近很小的范围外,试件中间截面有均匀分布的拉应力,方向与加载方向垂直,当拉应力达到混凝土的抗拉强度时,试件被劈裂成两半。

$$f_{ts}=\frac{2F}{\pi A}=0.637\frac{F}{A} \tag{1-1}$$

式中：f_{ts}——混凝土劈裂抗拉强度(MPa)；

F——劈裂破坏荷载(N)；

A——试件劈裂面面积(mm^2)。

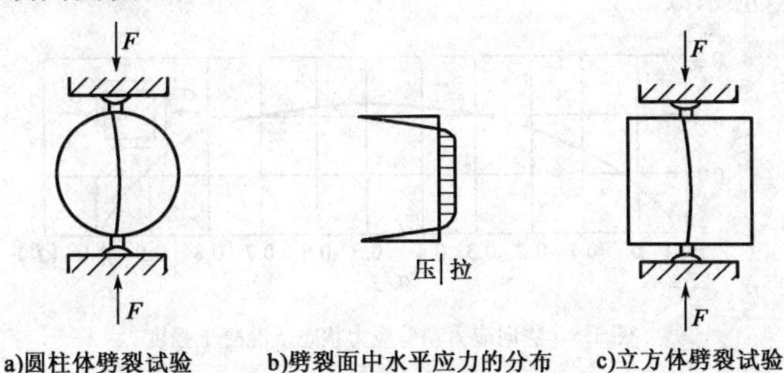

图 1-3 混凝土劈裂抗拉强度试验

4. 复合应力状态下的混凝土强度

混凝土结构构件通常受到轴力、弯矩、剪力及扭矩等共同作用，很少处于理想的单向受力状态，更多的是处于双向或三向受力状态。研究复合应力状态下混凝土材料的强度，对于更好地认识混凝土结构构件的性能、提高混凝土结构的设计和研究水平具有重要的意义。

(1)混凝土的双向受力强度

图 1-4 所示为双向应力状态下混凝土强度变化曲线。微分体在两个方向受到法向应力的作用，另一方向法向应力为零。从图 1-4 中可知，在双向受拉应力状态下(第一象限)，两个方向的应力 σ_1，σ_2 相互影响不大，双向受拉混凝土的强度与单轴受拉强度接近；在一向受压、一向受拉应力状态下(第二、四象限)，混凝土强度低于单轴受压或单轴受拉的混凝土强度；在双向受压应力状态下(第三象限)，一个方向的混凝土强度随另一方向压应力的增大而提高，与单向受压混凝土强度相比，双向受压混凝土强度最多可提高约 20%。

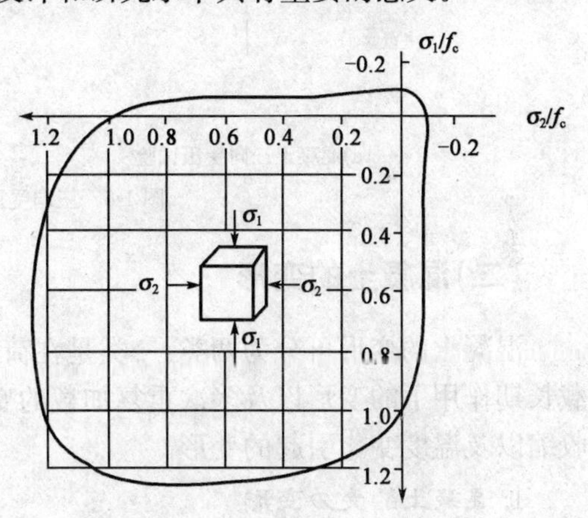

图 1-4 双向应力状态下混凝土强度

(2)法向应力和剪应力组合状态下混凝土强度

图 1-5 所示为在法向应力与剪应力组合状态下的混凝土强度变化曲线。从图中可以看到，当压应力较低时，混凝土的抗剪强度随压应力的增大而提高；但当压应力超过 $0.5f_c$ 后，抗剪强度随压应力的增大而减小；而对混凝土的抗压强度来说，由于剪应力的存在，混凝土的抗压强度要低于单向抗压强度；抗剪强度随拉应力的增加而减小；由于剪应力的存在，混凝土的抗拉强度低于单向抗拉强度。

(3)三向应力状态下混凝土强度

试验研究表明，对三向受压的混凝土圆柱体，混凝土的轴心抗压强度随另外两向压应力的增加而增加，如图 1-6 所示。混凝土圆柱体三向受压的轴心抗压强度与侧压应力的关系，可以

学习记录

用下面的经验公式来表达：

$$f_{cc}=f'_c+k\sigma_2 \tag{1-2}$$

式中：f_{cc}——三向受压圆柱体的混凝土轴心抗压强度；

f'_c——无侧向约束时混凝土圆柱体的抗压强度；

σ_2——侧向约束压应力；

k——侧压效应系数。

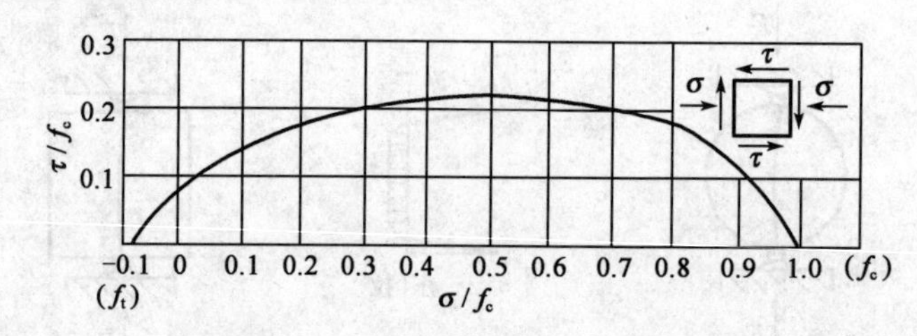

图 1-5　法向应力和剪应力状态下混凝土强度

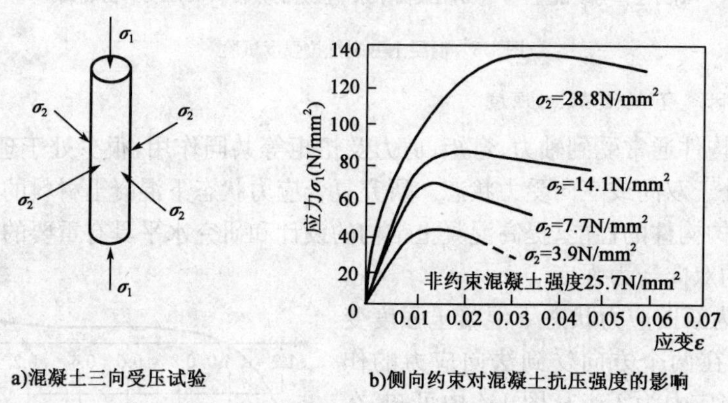

a)混凝土三向受压试验　　b)侧向约束对混凝土抗压强度的影响

图 1-6　三向受压应力状态下混凝土强度

(二)混凝土的变形

混凝土的变形可分为两类：一类是在荷载作用下的受力变形，如一次短期加载的变形、荷载长期作用下的变形以及多次重复加载的变形；另一类与受力无关，称为体积变形，如混凝土收缩以及温度变化引起的变形。

1. 混凝土的受力变形

(1)混凝土的应力—应变曲线

混凝土的应力—应变关系是混凝土力学性能的一个重要方面，我国采用棱柱体试件来测定混凝土的应力—应变曲线。图 1-7 为实测的混凝土棱柱体受压应力—应变曲线，可以看到，这条曲线包括上升段和下降段两部分。上升段又分为三段。上升段的第一阶段，从开始加载至 A 点，应力较小，混凝土的变形主要是骨料和水泥结晶体受力产生的弹性变形，混凝土的应力—应变关系接近直线，A 点称为比例极限。A 点后，随着压应力的增大，应力—应变关系偏离直线，这一阶段为裂缝稳定扩展的阶段，至临界点 B，临界点 B 对应的应力可以作为长期抗压强度的依据，这一阶段为第二阶段。此后，试件中所积蓄的弹性应变能保持大于裂缝发展所需要的能量，从而形成裂缝快速发展的不稳定状态直至峰点 C，这一阶段为第三阶段，这时的峰值应力通常作为混凝土棱柱体的抗压强度 f_c，相应的应变称为峰值应变 ε_0，其值在 0.0015～0.0025 之间波动，通常取为 0.002。C 点后为下降段，下降段又分为三段。在 C 点后裂缝迅速发展，

学习记录

内部结构整体受到愈来愈严重的破坏，赖以传递荷载的传力路线不断减少，试件的平均应力强度下降，所以应力—应变曲线向下弯曲，出现“拐点”D，这一阶段为第四阶段。超过“拐点”后，曲线逐渐凸向应变轴，拐点D之后曲率最大的点E称为“收敛点”，这一阶段为第五阶段。收敛点E以后的曲线称为收敛段，这时主裂缝已经很宽，对没有侧向约束的混凝土已失去结构意义，这一阶段为第六阶段。

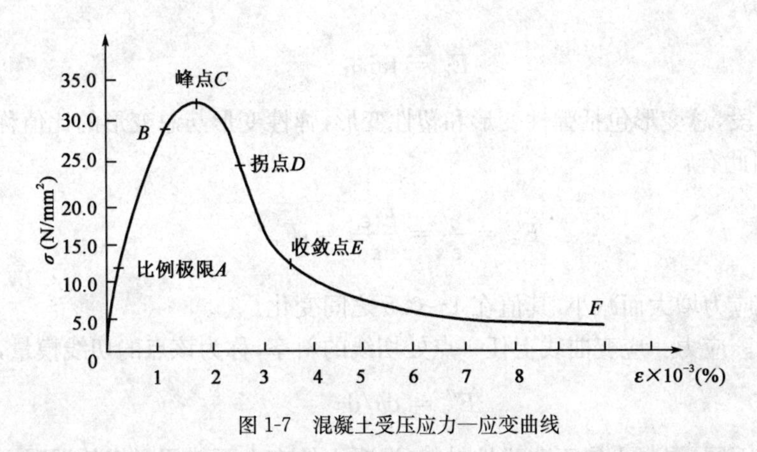

图 1-7 混凝土受压应力—应变曲线

不同强度混凝土的应力—应变曲线有着相似的形状，但也有实质性的区别。图 1-8 的试验曲线表明，随着混凝土强度的提高，尽管上升段和峰值应变的变化不很显著，但是下降段的形状有较大的差异，混凝土强度越高，下降段的坡度越陡，即应力下降相同幅度时变形越小、延性越差。

(2)混凝土弹性模量、变形模量

实际工程中，在计算混凝土构件的截面应力、变形时，需要利用混凝土的弹性模量。混凝土应力—应变的比值并非常数，随着混凝土应力的变化，其弹性模量不断变化，所以混凝土弹性模量的取值比钢筋复杂的多。

混凝土的弹性模量有以下三种表示方法(图 1-9)。

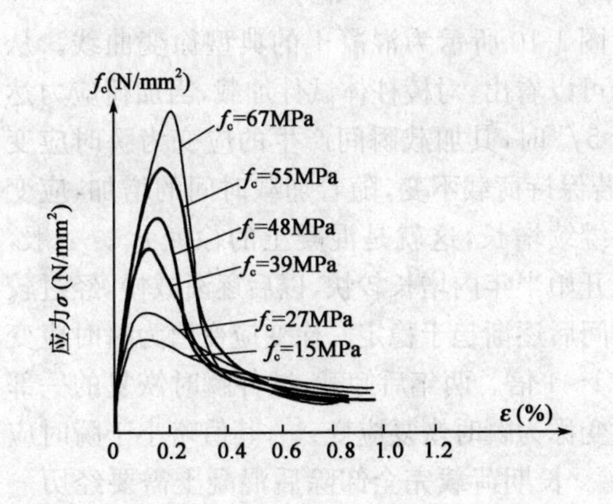

图 1-8 不同强度等级的混凝土受压应力—应变曲线

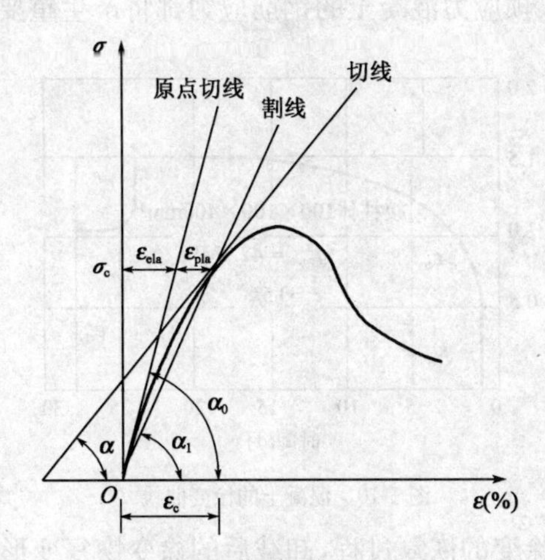

图 1-9 混凝土弹性模量表示方法

①弹性模量(原点切线模量)。在混凝土受压应力—应变曲线图的原点作切线，该切线的斜率即为原点弹性模量，即：

$$E_c = \tan\alpha_0 \tag{1-3}$$

学习记录

测定混凝土的弹性模量时，通常用尺寸为150mm×150mm×300mm的棱柱体标准试件，先将应力加载至$\sigma=0.5f_c$，然后卸载至零，再重复加载、卸载5～10次。由于混凝土不是弹性材料，每次卸载至应力为零时，存在残余变形，随着加载次数增加，应力—应变曲线渐趋稳定并基本上趋于直线。该直线的斜率即为混凝土的弹性模量。

②割线模量。图1-9中应力—应变曲线上任一点处割线的斜率称为任意点割线模量或变形模量，表达式为：

$$E'_c = \tan\alpha_1 \tag{1-4}$$

在弹塑性阶段，总变形包括弹性变形和塑性变形，弹性变形与总变形的比值称为弹性系数ν，即$\nu=\varepsilon_c/\varepsilon$。因此有：

$$E'_c = \frac{\sigma}{\varepsilon} = \frac{E_c\varepsilon_c}{\varepsilon} = \nu E_c \tag{1-5}$$

弹性系数随应力增大而减小，其值在1～0.5之间变化。

③切线模量。应力—应变曲线上任一点处切线的斜率，称为该点的切线模量，即：

$$E''_c = \mathrm{d}\sigma/\mathrm{d}\varepsilon \tag{1-6}$$

和弹性材料不同，混凝土属于非弹性材料，混凝土的应力不能用已知的混凝土应变乘以规范给定的弹性模量去求。只有当混凝土的应力很低时，这一关系才成立。混凝土弹性模量可按以下经验公式进行计算：

$$E_c = \frac{10^5}{2.2+(34.74/f_{cu,k})} \tag{1-7}$$

式中：$f_{cu,k}$——混凝土立方体抗压强度标准值。

(3)混凝土在长期荷载作用下的变形——徐变

结构或构件承受的应力不变，而应变随时间而增长的现象称为徐变。混凝土徐变变形是指在持久荷载作用下混凝土结构随时间推移而增加的应变。徐变对混凝土结构的变形和强度、预应力混凝土的钢筋应力都将产生重要的影响。

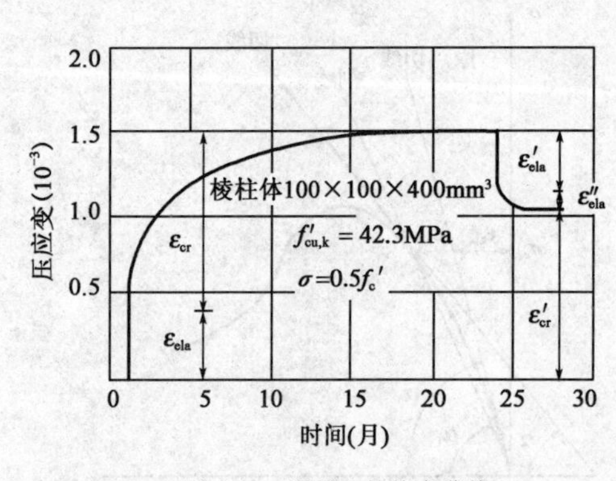

图1-10　混凝土的徐变曲线

图1-10所示为混凝土的典型徐变曲线。从图中可以看出，对棱柱体试件加载，当加荷应力达到$0.5f_c$时，其加载瞬间产生的应变为瞬时应变ε_{ela}，若保持荷载不变，随着加载时间的增加，应变也将继续增长，这就是混凝土的徐变ε_{cr}。一般，徐变开始半年内增长较快，以后逐渐减慢，经过较长时间后逐渐趋于稳定。徐变应变值为瞬时应变值的1～4倍。两年后卸载，试件瞬时恢复的一部分应变称为瞬时恢复应变ε'_{ela}，其值略小于瞬时应变ε_{ela}。长期荷载完全卸除后混凝土需要经历一个徐变的恢复过程，卸载后的徐变恢复变形称为弹性后效ε''_{ela}，其值约为徐变应变的1/12。试件中最后剩下的绝大部分不可恢复的应变，称为残余应变ε'_{cr}。

影响混凝土徐变的因素主要有以下几个方面。

①混凝土的徐变与混凝土的应力大小密切相关，应力越大徐变也越大。如图1-11所示，

当混凝土应力较小时（$\sigma<0.5f_c$），徐变与应力成正比，曲线接近等间距分布，这种情况称为线性徐变。当混凝土应力较大时（$\sigma=0.5f_c\sim0.8f_c$），徐变与应力不成正比，徐变比应力增长要快，这种情况称为非线性徐变。当应力 $\sigma>0.8f_c$，徐变的发展是非收敛的，最终导致混凝土的破坏。由于在高应力的作用下可能会造成混凝土的破坏，所以，一般取混凝土应力等于 $0.75f_c\sim0.8f_c$ 作为混凝土的长期极限强度。混凝土构件在使用期间，应当避免经常处于不变的高应力状态。

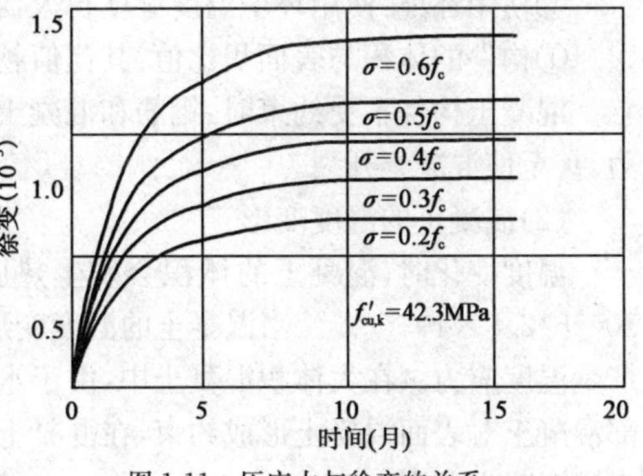

图 1-11 压应力与徐变的关系

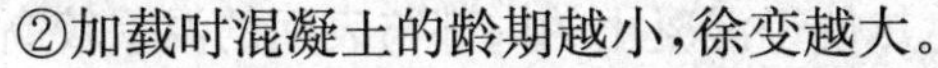

②加载时混凝土的龄期越小，徐变越大。

③混凝土的组成和配合比对混凝土的徐变影响也较大。水泥用量越多、水灰比越大，徐变越大；骨料越坚硬、弹性模量越高，徐变越小。

④养护及使用条件下的温湿度对混凝土的徐变也有影响。混凝土养护时温度越高、湿度越大，水泥水化作用越充分，徐变就越小；混凝土的使用环境温度越高，徐变越大；环境的相对湿度越低，徐变越大。因此高温干燥环境将使混凝土徐变显著增大。

2.混凝土的非受力变形

(1)混凝土的收缩

混凝土凝结和硬化的过程中体积随时间推移而减小的现象称为收缩。图 1-12 所示是中国铁道科学研究院所做的混凝土自由收缩的试验结果。从图中可以看到，混凝土的收缩随着时间推移而增长，初期收缩较快，一般两年后趋于稳定。

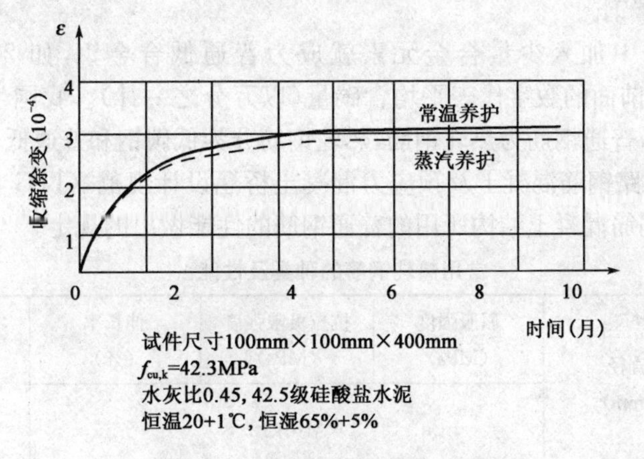

图 1-12 混凝土的收缩随时间变化曲线

蒸汽养护下混凝土的收缩值要小于常温养护下的收缩值。这是由于混凝土在蒸汽养护过程中，高温高湿加速了水泥的水化作用，减少了混凝土的自由水分，加速了混凝土凝结和硬化时间，因此其收缩应变相应减小。

影响混凝土收缩的因素主要有以下几个方面。

①水泥的品种：水泥强度等级越高，混凝土收缩越大。

②水泥的用量：水泥越多，收缩越大；水灰比越大，收缩也越大。

③骨料的性质：骨料的弹性模量越大，收缩越小。

学习记录

④养护条件:在结硬过程中环境温湿度越大,收缩越小。

⑤混凝土制作方法:混凝土越密实,收缩越小。

⑥使用环境:使用环境温度湿度越大,收缩越小。

⑦构件的体积与表面积比值:其比值越大,收缩越小。

混凝土构件不受约束时,钢筋和混凝土协调变形;在受到外部约束时,将产生混凝土拉应力,甚至使混凝土开裂。

(2)混凝土的温度变形

温度变化时,混凝土的体积会发生热胀冷缩。混凝土的温度线膨胀系数一般为 $1.2\times10^{-5}\sim2.5\times10^{-5}$/℃。当混凝土的温度变形受到外界的约束而不能自由发生时,构件内部会产生温度应力。在大体积混凝土中,由于水泥水化热使得混凝土的内部与表面的温差较高,内部混凝土对表面混凝土形成约束,在混凝土表面形成拉应力,如果内外变形差较大,将会造成表层混凝土开裂。

二、钢　筋

(一)钢筋的品种和性能

我国钢材按化学成分可分为碳素钢和普通低合金钢两大类。碳素钢除含铁元素外,还含有少量的碳、锰、硅、磷等元素。其中含碳量愈高,钢筋的强度愈高,但钢筋的塑性和可焊性愈差。一般把含碳量少于 0.22%的称为低碳钢;含碳量在 0.25%~0.6%的称为中碳钢;含碳量大于 0.6%的称为高碳钢。

在碳素钢的成分中加入少量合金元素就成为普通低合金钢,如 20MnSi,20MnSiV,20MnTi 等,其中名称前面的数字代表平均含碳量(以万分之一计)。我国生产的钢筋分为普通钢筋和预应力钢筋,普通钢筋为热轧钢筋,热轧钢筋分为低碳钢和普通低合金钢。

表 1-1 为我国《公路钢筋混凝土及预应力混凝土桥涵设计规范》(JTG D62—2004)(以下简称《公路桥规》)对钢筋混凝土结构所用的普通钢筋的性能做出的规定。

常用热轧钢筋的种类及性能

表 1-1

钢筋种类	直径(mm)	屈服强度(MPa)	抗拉极限强度(MPa)	伸长率(%)	冷弯性能(α,D) α=弯心角 D=弯心直径 d=钢筋直径
		不小于			
R235	8~20	235	370	25	180°,$D=d$
HRB335	6~25	335	490	16	180°,$D=3d$
	28~50				180°,$D=4d$
HRB400	6~25	400	570	14	180°,$D=4d$
	28~50				180°,$D=5d$
KL400	8~25	440	600	14	90°,D=3d
	28~40				90°,D=4d

普通钢筋按照外形特征可分为热轧光圆钢筋和热轧带肋钢筋(图 1-13)。R235 为热轧光圆钢筋[图 1-13a)],HRB335、HRB400、KL400 为热轧带肋钢筋[图 1-13b)、c)、d)]。我国以前长期采用螺旋纹钢筋和人字纹钢筋[图 1-13b)、c)];现在生产的带肋钢筋多为月牙纹钢筋[图 1-13d)]。月牙纹钢筋的特点是横肋呈月牙形,与纵肋不相交,应力集中现象可缓解。

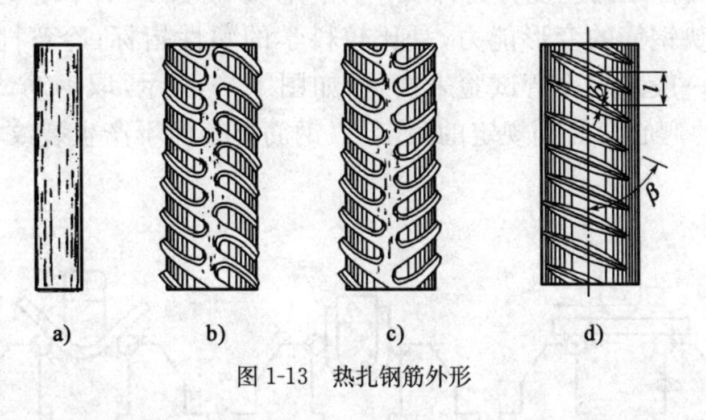

图 1-13 热轧钢筋外形

(二)钢筋的强度和变形

强度和变形是钢筋的基本力学性能,而单向拉伸试验是确定钢筋力学性能的主要手段。根据钢筋单向受拉时的应力—应变关系曲线的特点,可分为有明显流幅的钢筋(图 1-14)和没有明显流幅的钢筋(图 1-15)。

图 1-14 是有明显流幅钢筋的应力—应变曲线。从图中可以看到,应力值在 A 点以前,应力与应变成比例变化,A 点应力称为比例极限。过 A 点以后,应变较应力增长快,到达 B' 点后钢筋开始出现塑性流动现象,B' 点称为屈服上限,通常 B' 点是不稳定的。待应力降至屈服下限 B 点时,应力基本不增加而应变急剧增长,曲线接近水平线直至 C 点。B 点到 C 点的水平距离称为流幅或屈服台阶。有明显流幅的热轧钢筋屈服强度是按屈服下限确定的。过 C 点以后,应力又随应变的增加继续增大,说明钢筋的抗拉能力又有所提高。随着曲线上升到最高点 D,相应的应力称为钢筋的极限强度,CD 段称为钢筋的强化阶段。试验表明,过了 D 点,试件薄弱处的截面将会突然显著缩小,发生颈缩现象,应力下降,到达 E 点时试件断裂。

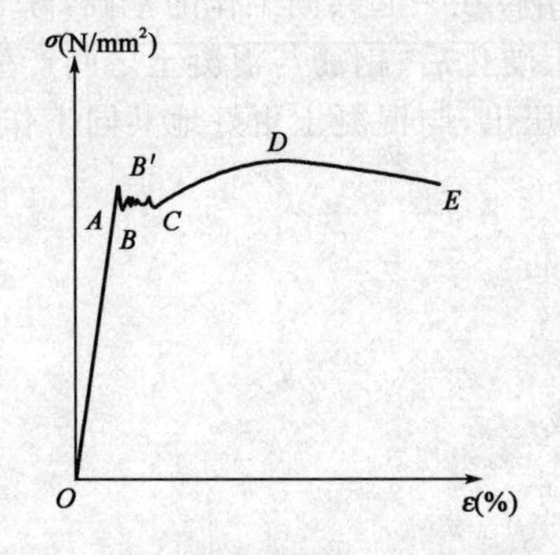

图 1-14 有明显流幅钢筋的应力—应变曲线

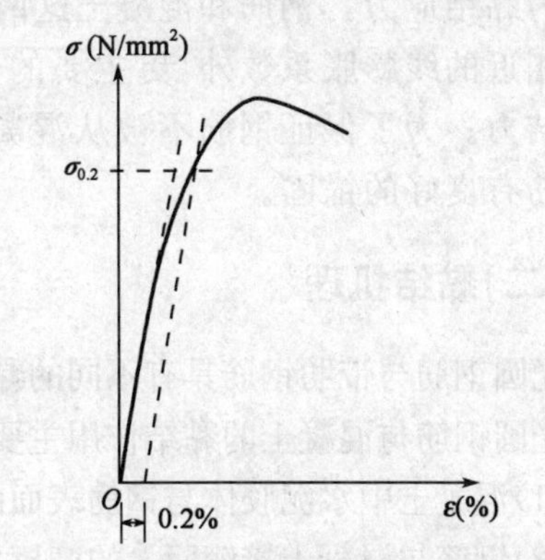

图 1-15 无明显流幅钢筋的应力—应变曲线

对有明显流幅的钢筋,取下屈服点作为钢筋的屈服强度,对没有明显流幅或屈服点的预应力钢丝、钢绞线和热处理钢筋,通常用残余应变为 0.2%时的应力作为它的屈服点,称为条件

学习记录

屈服点或条件屈服强度。《公路桥规》中取 $\sigma_{0.2}=0.85\sigma_b$。

屈服强度是钢筋混凝土结构计算中钢筋强度取值的主要依据，屈服强度和极限强度的比值称为屈强比，可以代表材料的强度储备。一般屈强比要求不大于0.8。

伸长率和冷弯性能是衡量钢筋塑性性能的指标(表1-1)。

钢筋拉断后量测标距的应变称为伸长率，用 δ_{10} 或 δ_5 表示，伸长率越大，塑性性能越好。伸长率可客观的反映钢筋的变形能力，是比较科学的塑性指标；冷弯性能是反映钢筋塑性性能的另一指标。一般采用冷弯试验来衡量，如图1-16所示，取钢筋试件按表1-1的规定条件，绕直径为 D 的弯心弯曲到规定的角度后，钢筋外表面不产生裂纹、鳞落或断裂现象为合格。

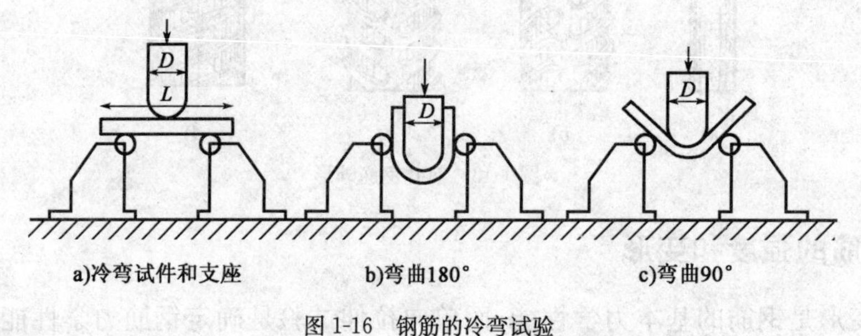

图1-16　钢筋的冷弯试验

三、钢筋与混凝土的黏结

在钢筋混凝土结构中，钢筋和混凝土这两种材料之所以能共同工作的基本前提是具有足够的黏结强度，黏结包含了水泥胶体对钢筋的黏着力、钢筋与混凝土之间的摩擦力、钢筋表面凹凸不平与混凝土的机械咬合作用以及钢筋端部在混凝土内的锚固作用。

(一)黏结的作用

钢筋混凝土构件受力后会在混凝土和钢筋的交界面上产生剪应力，通常把这种剪应力称为黏结应力。钢筋和混凝土这两种材料能够结合在一起共同工作的基础，除了二者具有相近的线膨胀系数外，更主要的是由于混凝土硬化后，钢筋与混凝土之间产生良好的黏结力。为了保证钢筋不被从混凝土中拔出或压出，与混凝土更好地共同工作，还要求钢筋有良好的锚固。

(二)黏结机理

光圆钢筋与带肋钢筋具有不同的黏结机理。

光圆钢筋与混凝土的黏结作用主要由三部分组成：

(1)混凝土中水泥胶体与钢筋表面的化学胶着力。

(2)钢筋与混凝土接触面上的摩擦力。

(3)钢筋表面粗糙不平产生的机械咬合力。其中胶着力所占比例很小，发生相对滑移后，黏结力主要由摩擦力和咬合力提供。

带肋钢筋由于表面轧有肋纹，其胶着力和摩擦力仍然存在，但带肋钢筋的黏结力主要是钢筋表面凸起的肋纹与混凝土的机械咬合作用。带肋钢筋的横肋对混凝土的斜向挤压形成一个楔子,可产生很大的咬合力,提高了钢筋和混凝土的黏结强度。图1-17所示为带肋钢筋对周围混凝土的斜向挤压力使得混凝土内部产生内裂缝。

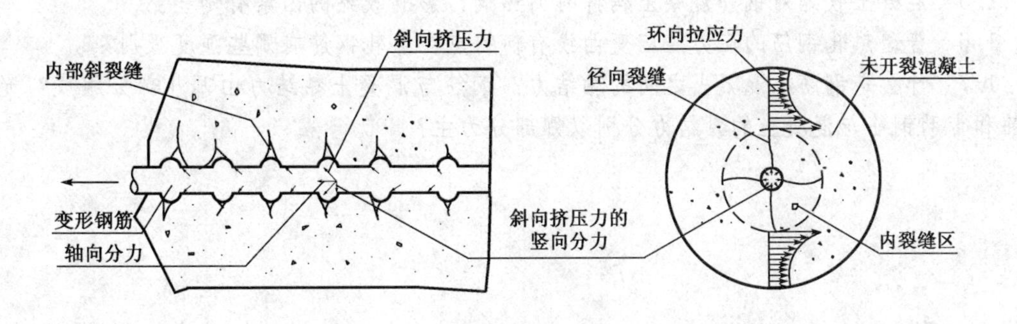

图1-17 带肋钢筋外围混凝土的内裂缝

(三)影响黏结强度的因素

影响钢筋与混凝土黏结强度的因素主要有混凝土的强度、保护层厚度、钢筋表面特性以及钢筋净距等。

光圆钢筋与带肋钢筋的黏结强度均随混凝土强度等级的提高而提高。试验表明,当其他条件基本相同时,黏结强度与混凝土劈裂抗拉强度 f_{ts} 近似成正比。

混凝土保护层厚度和钢筋之间净距越大,黏结强度越高。特别是采用带肋钢筋时,若混凝土保护层太薄,则容易发生沿纵向钢筋方向的劈裂裂缝,并使黏结强度显著降低。

单元回顾与学习指导

(1)混凝土立方体抗压强度指标作为评定混凝土强度等级的标准,我国规范采用边长为150mm的立方体作为标准试件。混凝土立方体抗压强度是混凝土结构最基本的强度指标,混凝土的轴心抗压强度、轴心抗拉强度、局部抗压强度及复合应力作用下的强度都与立方体抗压强度有关。

(2)混凝土的变形包括荷载作用下的变形和非荷载作用下的变形。荷载作用下的变形主要有一次单调加载作用下的变形和荷载长期作用下的徐变变形;非荷载作用下的变形主要有混凝土的收缩变形和温度变形。

(3)有明显流幅的钢筋和无明显流幅的钢筋的应力—应变曲线不同。屈服强度是有明显流幅钢筋强度设计的依据。对于无明显流幅的钢筋,则取条件屈服强度 $\sigma_{0.2}$ 作为强度设计依据。

(4)钢筋和混凝土之间的黏结力是二者共同工作的基础,应当采取必要的措施加以保证。

习　题

1.1　混凝土的立方体抗压强度、轴心抗压强度和抗拉强度是如何确定的?

1.2　混凝土强度等级是根据什么确定的?混凝土的强度等级有哪些?

学习记录

1.3　单向受力状态下，影响混凝土强度的因素有哪些？一次短期加载时混凝土的受压应力—应变曲线有何特征？

1.4　什么是混凝土的徐变？影响徐变的主要因素有哪些？

1.5　混凝土收缩对钢筋混凝土构件有何影响？影响收缩的因素有哪些？

1.6　普通热轧钢筋的应力—应变曲线有何特点？热轧钢筋有哪些强度级别？

1.7　什么是钢筋与混凝土之间的黏结力？钢筋与混凝土黏结力由哪几部分组成？光圆钢筋和带肋钢筋与混凝土的黏结力分别以哪部分为主？

第二单元 DIERDANYUAN

结构设计方法

单元导读

本单元主要介绍《公路桥规》所采用的基本设计方法。由于涉及工程结构可靠度等基础理论知识，对初学者来说有一定难度，学习重点应放在基本概念的掌握上，对于设计表达式只要求理解不同表达式的区别以及表达式中各符号的意义。

学习目标

1. 掌握极限状态设计法的基本概念，理解其主要思想；
2. 理解荷载和材料强度取值；
3. 理解公路桥涵设计规范中的极限状态设计实用方法。

学习重点

1. 结构可靠性、可靠度定义；
2. 极限状态定义、分类及两类极限状态内容；
3. 极限状态设计法的原理；
4. 《公路桥规》中的实用设计表达式；
5. 荷载和材料强度的取值。

学习难点

1. 极限状态设计法的原理；
2. 实用设计表达式的应用。

单元学习计划

内　　容	建议自学时间（学时）	学 习 建 议	学 习 记 录
第二单元　结构设计方法	4		
一、概率极限状态设计法的基本概念	2	复习概率论与数理统计中概率密度函数和随机变量的含义；结合工程实际，深刻理解基本概念	
二、荷载与材料强度取值	1		
三、概率极限状态设计法的实用表达式	1	注意并理解各分项系数的取值，能利用表达式计算内力	

引 言

钢筋混凝土结构构件的“设计”是指在预定的作用及材料性能条件下,确定构件按功能要求所需的截面尺寸、配筋和构造要求。设计理论的发展大体经过了以下几个阶段:

(1)容许应力设计法。这种方法要求结构构件在规定的标准荷载作用下,按照弹性理论计算而得到的截面任意一点的应力不超过规定的容许应力。容许应力由材料的强度除以安全系数得到,安全系数则依据工程经验和主观判断确定。由于钢筋混凝土并不是一种弹性匀质材料,而是表现出明显的塑性性能,因此,这种以弹性理论为基础的计算方法无法真实的反映构件截面破坏时的应力状态和正确的计算出结构构件的承载能力。

(2)破坏阶段设计法。该方法以充分考虑塑性性能的结构构件承载力为基础,允许部分截面进入塑性,从而使按材料标准极限强度计算的承载能力必须大于计算的最大荷载产生的内力。计算的最大荷载是由规定的标准荷载乘以单一的安全系数而得到的。安全系数仍然依据工程经验和主观判断来确定。

(3)三系数极限状态设计法。20 世纪 50 年代由前苏联率先提出了极限状态设计法,该方法可以看作破坏阶段设计法的发展。该方法规定了结构的极限状态,并把单一安全系数改为三个分项系数,即荷载系数、材料系数和工作条件系数,从而把不同的外荷载、不同的材料以及不同构件的受力性质等,都用不同的安全系数区别考虑,使不同的构件具有比较一致的安全度。其中部分材料系数和荷载系数基本上是根据统计资料用概率方法确定的,而对于尚无统计资料的材料系数或荷载系数则仍由经验确定。因此,这种计算方法被称为半经验、半概率的极限状态设计法。我国原《公路钢筋混凝土及预应力混凝土桥涵设计规范》(JTJ 023—1985)采用的就是这种设计方法。

(4)概率极限状态设计法。该方法把影响结构性能的各种因素均视为随机变量,以大量现场实测资料和实验数据为基础,运用统计学的方法,进行结构的极限状态设计,实际上是将概率论的知识引入到极限状态计算法后的新发展,因此叫做“概率极限状态设计法”。

当前,用于公路桥涵设计的《公路钢筋混凝土及预应力混凝土桥涵设计规范》(JTG D62—2004)采用的就是概率极限状态设计法。

一、概率极限状态设计法的基本概念

(一)结构的可靠性与可靠度

1.结构的功能要求

对于结构设计人员来说,所完成的结构设计属于一种“产品”,与其他产品类似,这种产品也需要具备一些基本的功能,具体可概括为三个方面。

(1)安全性

结构的安全性是指结构在规定的使用期限内,能承受在正常施工和使用过程中可能出现的各种作用,比如各类荷载的作用、温度变形的作用等;当遇到偶然事件(如地震、爆炸、火灾、撞击等)后,能保持必需的整体稳固性,防止出现结构连续坍塌。

(2)适用性

结构的适用性是指结构在正常使用时,能满足预定的使用要求,如构件的变形不能太大,裂缝不能太宽等。

学习记录

(3)耐久性

结构的耐久性是指结构在正常维护下,材料性能虽然随时间变化,但结构仍能满足设计的预定功能要求。例如,在使用期内结构材料的性能降低必须在一定的限度内。

2.结构的可靠性与可靠度

安全性、适用性和耐久性统称为结构的可靠性。从定义上看,**结构可靠性是指结构在规定的时间内、规定的条件下,完成预定功能的能力。**

对结构可靠性进行度量的指标叫结构的可靠度。**结构可靠度是指结构在规定的时间内、规定的条件下,完成预定功能的概率。**

此处的"规定的时间内"指结构设计基准期。所谓设计基准期,就是为确定可变作用等取值而选用的时间参数。《工程结构可靠性设计统一标准》(GB 50153—2008)规定,工业与民用建筑的设计基准期是50年,桥梁结构的设计基准期是100年。

3.结构的功能函数

影响结构是否能够满足预定功能的因素很多,但概括起来无外乎两大类:一类是外在的因素,即各类作用所产生的作用效应(用S来表示);另一类是内在的因素,即结构构件或截面所具备的抵抗外界作用效应的能力(简称抗力,用R来表示)。结构的功能可以表示为这两类影响因素的函数,即功能函数,$Z=g(R,S)=R-S$。

功能函数Z的数值有三种可能:

$Z=R-S>0$　结构处于可靠状态;

$Z=R-S<0$　结构已失效或破坏;

$Z=R-S=0$　结构处于极限状态。

4.作用、作用效应和抗力

作用是指使结构产生内力、变形或应力、应变的所有原因。作用分为直接作用和间接作用。**直接作用**(也称为荷载)**是指直接施加在结构上的力**,可以是集中力也可以是分布力;间接作用是指引起结构外加变形和约束的其他作用,如地震、基础沉降、温度变化、材料收缩等。

结构上的作用按其随时间的变化可分成三类:

(1)永久作用。作用在结构上其值不随时间变化,或其变化量与平均值相比可以忽略不计,如结构自重、土压力等。

(2)可变作用。作用在结构上其值随时间变化,且其变化量与平均值相比不可忽略,如人员重力、行驶中的车辆荷载、风荷载、雪荷载等。

(3)偶然作用。在设计基准期内不一定出现,而一旦出现,其量值很大且持续时间较短,如地震、爆炸、撞击等。

本教材中主要讨论的是直接作用,因此直接作用(又称荷载)也可分别称为永久荷载(又称恒荷载)、可变荷载(又称活荷载)和偶然荷载。

《公路桥涵设计通用规范》(JTG D60—2004)对公路桥涵设计中需要考虑的作用做出了规定,见表2-1。

作用效应是指由作用引起的结构或结构构件的反应,如内力(具体可表现为轴力、弯矩、剪力等)、变形和裂缝等。由于结构上的作用是不确定的随机变量,所以作用效应也是随机变量。

结构抗力是指整个结构或构件承受内力或变形的能力(如构件的承载力、刚度等)。结构抗力是材料性能、几何参数以及计算模式的函数,由于材料的变异性,构件的几何特征和计算模式的不定性，结构抗力也是随机变量。

公路桥涵的作用分类表　　表 2-1

编　号	作用分类	作用名称
1	永久作用	结构重力(包括结构附加重力)
2		预加力
3		土的重力
4		土侧压力
5		混凝土收缩及徐变作用
6		水的浮力
7		基础变位作用
8	可变作用	汽车荷载
9		汽车冲击力
10		汽车离心力
11		汽车引起的土侧压力
12		人群荷载
13		汽车制动力
14		风荷载
15		流水压力
16		冰压力
17		温度(均匀温度和梯度温度)作用
18		支座摩阻力
19	偶然作用	地震作用
20		船舶或漂流物的撞击作用
21		汽车撞击作用

5. 结构安全等级

结构设计时，应根据结构破坏时对人的危害、造成的经济损失和对社会影响的严重程度，考虑不同的可靠度，这反映在设计安全等级上。《公路工程结构可靠度设计统一标准》(GB/T 50283—1999)对桥涵安全等级的划分，见表 2-2。

公路桥涵结构构件的安全等级宜与整体结构相同；必要时也可以作部分调整，但调整后的级差一般不得超过一级。

公路桥涵结构的设计安全等级　　表 2-2

设计安全等级	桥涵结构
一级	特大桥、重要大桥
二级	大桥、中桥、重要小桥
三级	小桥、涵洞

注：1. 表中所列特大、大、中桥等系按单孔跨径确定，对多跨不等跨桥梁，以其中最大跨径为准。

2. “重要”的大桥和小桥，系指高速公路和一级公路、国防公路及城市附近交通繁忙公路上的桥梁。

表 2-2 中用到的桥涵分类，见表 2-3。

学习记录

桥梁涵洞分类表　　表 2-3

桥涵分类	多孔跨径总长 L(m)	单孔跨径 L_k(m)
特大桥	$L>1000$	$L_k>150$
大桥	$100\leqslant L\leqslant 1000$	$40\leqslant L_k\leqslant 150$
中桥	$30<L\leqslant 100$	$20\leqslant L_k<40$
小桥	$8\leqslant L\leqslant 30$	$5\leqslant L_k<20$
涵洞	—	$L_k<5$

注:1. 单孔跨径系指标准跨径。

2. 梁式桥、板式桥的多孔跨径总长为多孔标准跨径的总长;拱式桥的多孔跨径总长为两岸桥台内起拱线间的距离;其他形式桥梁的多孔跨径总长为桥面系行车道长度。

3. 管涵及箱涵不论管径或跨径大小、孔数多少,均称为涵洞。

4. 梁式桥、板式桥的标准跨径以两桥墩中线之间桥中心线长度或桥墩中线与桥台台背前缘线之间桥中心线长度为准;拱式桥和涵洞的标准跨径以净跨径为准。

(二)结构的极限状态

结构能够满足功能要求而良好的工作,就处于可靠状态;反之,结构不能满足功能要求,就处于失效状态。可靠与失效之间的界限称为极限状态,即**整个结构或结构的一部分超过某一特定状态就不能满足设计规定的某一功能要求**(如达到极限承载能力,失稳或变形、裂缝宽度超过规定的限值等),**则此特定状态称为该功能的极限状态。**结构的极限状态分为承载能力极限状态和正常使用极限状态两类。

1. 承载能力极限状态

结构或构件达到最大承载力、疲劳破坏或不适于继续承载的变形称为承载能力极限状态。当结构或构件出现下列状态之一时,就认为超过了承载能力极限状态。

(1)整个结构或结构的一部分作为刚体失去平衡,如:阳台、雨篷的整体倾覆,挡土墙在土压力作用下的整体滑移等。

(2)结构构件或其连接因超过材料强度而破坏,或因过度的塑性变形而不适于继续承载,如:轴心受压柱由于混凝土达到抗压强度而受压破坏,阳台处悬挑板内的钢筋混凝土因锚固长度不足而被拔出等。

(3)结构转变为机动体系,如:连续梁在出现一定数量的塑性铰后形成机动体系而破坏等。

(4)结构或构件丧失稳定,如:细长柱被压屈而失稳破坏等。

超过结构承载能力极限状态将导致人员伤亡和经济损失,因此任何结构或结构构件均需避免出现这种状态。为此,在设计时应控制出现承载能力极限状态的概率,使其处于很低的水平。

2. 正常使用极限状态

结构或构件达到正常使用或耐久性的某项规定限值,称为正常使用极限状态。当结构或构件出现下列状态之一时,就认为超过了正常使用极限状态。

(1)结构的变形达到正常使用和外观要求所规定的限值。

(2)结构产生影响正常使用或耐久性能的局部损坏,如:不允许出现裂缝的贮液池因池壁出现裂缝而丧失使用功能,允许出现裂缝的构件,其裂缝宽度达到了保证结构耐久性要求的允许限值等。

(3)结构发生影响正常使用的振动。

(4)影响结构正常使用的其他特定状态。

学习记录

3.结构设计状况

在进行结构设计时,应根据结构在施工和使用中的环境条件和影响,区分下列三种设计状况。

(1)持久状况。在结构使用过程中一定出现,且持续期很长的状况。持续期一般与设计使用年限为同一数量级。

(2)短暂状况。在结构施工和使用过程中出现概率较大,而与设计使用年限相比,持续期很短的状况,如施工和维修等。

(3)偶然状况。在结构使用过程中出现概率很小,且持续期很短的状况,如火灾、爆炸、撞击等。

对于三种不同的设计状况,应分别进行不同的极限状态设计。

(1)三种设计状况,均应进行承载能力极限状态设计。

(2)对持久状况,除了需要进行承载能力极限状态设计外,尚应进行正常使用极限状态设计。

(3)对短暂状况,可根据需要进行正常使用极限状态设计。

二、荷载与材料强度取值

(一)荷载的代表值

在结构设计中,应根据各种极限状态的设计要求采用不同的荷载取值。当进行结构构件的承载力计算(包括压屈失稳)和倾覆、滑移及漂浮验算时,应采用荷载的设计值。当进行疲劳、变形、抗裂及裂缝宽度验算时,应采用相应的荷载代表值:永久荷载应采用标准值作为代表值;可变荷载应采用标准值、组合值、频遇值或准永久值作为代表值。

1.荷载的标准值

永久荷载的标准值是根据结构的设计尺寸、材料或结构构件的单位重力计算而得。对于结构或非承重构件的自重,由于离散性不大,所以取平均值作为荷载的标准值;对于自重变异性较大的材料或结构构件,考虑到承重结构的可靠性,在设计中应根据该荷载对结构是否不利而按单位重力的上限值或下限值确定。

可变荷载的标准值应根据设计基准期内最大荷载概率分布的某一分位值确定,即:

$$Q_k = \mu_Q + \alpha_Q \sigma_Q \tag{2-1}$$

式中:Q_k——可变荷载标准值;

μ_Q——该荷载概率分布的平均值;

α_Q——相应于某一概率水平的分位数;

σ_Q——可变荷载的标准差。

由于目前对在设计基准期内最大荷载的概率分布能做出估计的荷载还只是一小部分,所以在许多情况下其取值主要还是根据历史经验确定。

学习记录

2. 荷载的频遇值

荷载的频遇值是正常使用极限状态按频遇组合设计时采用的一种可变荷载代表值。它是在统计基础上确定的，在设计基准期内被超越的总时间仅为设计基准期的一小部分，或其超越频率限于某一给定值。荷载频遇值的取值可表示为 $\psi_1 Q_k$，其中 ψ_1 为可变荷载的频遇值系数。

3. 荷载的准永久值

荷载的准永久值是正常使用极限状态按准永久组合和频遇组合设计时采用的可变荷载代表值。它是在统计基础上确定的，在设计基准期内被超越的总时间为设计基准期的一半。荷载准永久值的取值可表示为 $\psi_2 Q_k$，其中 ψ_2 为可变荷载的准永久值系数。

4. 荷载的设计值

荷载的设计值等于荷载标准值乘以荷载分项系数。

荷载分项系数应根据不同荷载的变异性质及各种荷载的具体组合情况分别取值，以便不同设计情况下的结构可靠度趋于一致。但为了设计方便，《公路桥规》将荷载分为永久荷载和可变荷载两类，分别给出永久荷载分项系数 γ_G 和可变荷载分项系数 γ_Q。因此永久荷载和可变荷载的设计值分别为 G 和 Q，$G=\gamma_G G_k$，$Q=\gamma_Q Q_k$（G_k 为永久荷载的标准值）。

(二)材料强度的标准值和设计值

在实际工程中，按同一标准生产的钢筋或混凝土各批次之间的强度是有差异的，不可能完全相同。即使是同一炉钢轧成的钢筋或同一配合比搅拌而得的混凝土试件，按照同一方法在同一台试验机上进行试验，所测得的强度值也不完全相同，这就是材料强度的变异性。为了在设计中合理取用材料强度值，《公路桥规》对材料强度的取值采用了标准值和设计值。

1. 材料强度的标准值

材料强度的标准值是由标准试件按标准试验方法经数理统计以概率分布的某一分位值确定的强度值，即其取值原则是在符合规定质量的材料强度实测值的总体中，材料的强度应具有不小于一定概率的保证率。例如，混凝土的立方体抗压强度标准值取 95% 的保证率，这相当于平均值减去 1.645 倍的标准差；钢筋强度标准值则取平均值减去 2 倍的标准差，其保证率为 97.73%。

2. 材料强度的设计值

材料强度的设计值是材料强度标准值除以材料分项系数后的值，即，强度设计值＝强度标准值/分项系数。依据《公路桥规》，混凝土材料分项系数为 1.45，各类热轧钢筋与精轧螺纹钢筋分项系数为 1.2，钢绞线、钢丝则取分项系数为 1.47。

三、概率极限状态设计法的实用表达式

概率极限状态设计法比过去我们所采用的其他设计方法更为先进，但若严格按照概率论的原理去完成设计，其计算将非常复杂，且某些作为设计依据的统计数据也不齐全。对于大量的一般结构，直接采用可靠度的方法进行设计也无太大必要。因此，《公路桥规》给出了一种方便设计人员采用的实用设计表达式，即以作用效应和结构抗力分项系数的方式来表达。

(一)承载能力极限状态计算公式

学习记录

《公路桥规》规定,桥梁构件的承载能力极限状态计算,应采用下列表达式:

$$\gamma_0 S_d \leqslant R_d \tag{2-2}$$

$$R_d = R(f_d, a_d) \tag{2-3}$$

式中:γ_0——桥梁结构的重要性系数;

S_d——作用效应组合的设计值(汽车荷载计入冲击系数);

R_d——构件承载能力设计值;

f_d——材料强度设计值;

a_d——几何参数设计值。

《公路桥规》规定按承载能力极限状态设计时,应根据各自的情况选用基本组合和偶然组合中的一种或两种作用效应组合。下面介绍作用效应基本组合表达式。

基本组合是承载能力极限状态设计时,永久作用标准值效应与可变作用标准值效应的组合,其基本表达式为:

$$\gamma_0 S_d = \gamma_0 \left(\sum_{i=1}^{m} \gamma_{Gi} S_{Gik} + \gamma_{Q1} S_{Q1k} + \psi_c \sum_{j=2}^{n} \gamma_{Qj} S_{Qjk} \right) \tag{2-4}$$

式中:γ_0——桥梁结构的重要性系数,安全等级为一级、二级、三级时,分别取 1.1、1.0、0.9;

γ_{Gi}——第 i 个永久作用效应的分项系数,当永久作用效应对结构承载力不利时,通常取 1.2,对结构承载力有利时,通常取为 1.0,其他永久作用效应的分项系数详见《公路桥规》;

S_{Gik}——第 i 个永久作用效应的标准值;

γ_{Q1}——汽车荷载效应(含汽车冲击力、离心力)的分项系数,取 $\gamma_{Q1}=1.4$;当某个可变作用在效应组合中超过汽车荷载效应时,则该作用取代汽车荷载,其分项系数取为 1.4;对于专为承受某作用而设置的结构或装置,设计时该作用的分项系数取为 1.4;计算人行道板和人行道栏杆的局部荷载,其分项系数取为 1.4;

S_{Q1k}——汽车荷载效应(含汽车冲击力、离心力)的标准值;

γ_{Qj}——在荷载效应组合中除汽车荷载效应(含汽车冲击力、离心力)、风荷载外的其他第 j 个可变作用效应的分项系数,取 $\gamma_{Qj} = 1.4$,风荷载的分项系数,取 $\gamma_{Qj} = 1.4$;

S_{Qjk}——在荷载效应组合中除汽车荷载效应(含汽车冲击力、离心力)外的其他第 j 个可变作用效应的标准值;

ψ_c——在荷载效应组合中除汽车荷载效应(含汽车冲击力、离心力)外的其他可变作用效应的组合系数,当永久作用与汽车荷载和人群荷载(或其他一种可变作用)组合时,人群荷载(或其他一种可变荷载)的组合值系数取 $\psi_c=0.80$;当除汽车荷载(含汽车冲击力、离心力)外尚有两种可变作用参与组合时,取 $\psi_c=0.70$;尚有三种可变作用参与组合时,取 $\psi_c=0.60$;尚有四种以及多于四种可变作用参与组合时,取 $\psi_c=0.50$。

对于公路桥梁结构,最基本作用(或荷载)效应组合是"永久作用效应+汽车荷载效应+人群荷载效应",此时,式(2-4)可以简化成如下几种形式。

①当永久作用效应与可变作用效应同号时:

$$S_d = 1.2S_{Gk} + 1.4S_{Q1k} + 1.1S_{Q2k} \tag{2-5}$$

学习记录

②当永久作用效应与可变作用效应异号时：

$$S_d = 1.0S_{Gk} + 1.4S_{Q1k} + 1.1S_{Q2k} \tag{2-6}$$

承载能力极限状态需要考虑的另一种组合“偶然组合”，应按照《公路桥梁抗震设计细则》(JTG/T B02-01—2008)采用。

(二)正常使用极限状态计算公式

公路桥涵结构按正常使用极限状态设计时，应按照《公路桥涵设计通用规范》(JTG D60—2004)的规定，根据不同结构不同的设计要求，选用以下一种或两种作用效应组合。

(1)作用短期效应组合。该组合是永久作用标准值效应与可变作用频遇值效应的组合，其表达式为：

$$S_{sd} = \sum_{i=1}^{m} S_{Gik} + \sum_{j=1}^{n} \psi_{1j} S_{Qjk} \tag{2-7}$$

式中：ψ_{1j}——第 j 个可变作用效应的频遇值系数，汽车荷载(不计冲击力)$\psi_1=0.7$，人群荷载 $\psi_1=1.0$，风荷载 $\psi_1=0.75$，温度梯度作用 $\psi_1=0.8$，其他作用 $\psi_1=1.0$。

(2)作用长期效应组合。该组合是永久作用标准值效应与可变作用准永久值效应的组合，其表达式为：

$$S_{ld} = \sum_{i=1}^{m} S_{Gik} + \sum_{j=1}^{n} \psi_{2j} S_{Qjk} \tag{2-8}$$

式中：ψ_{2j}——第 j 个可变作用效应的准永久值系数，汽车荷载(不计冲击力)$\psi_2=0.4$，人群荷载 $\psi_2=0.4$，风荷载 $\psi_2=0.75$，温度梯度作用 $\psi_2=0.8$，其他作用 $\psi_2=1.0$。

对正常使用极限状态而言，结构抗力表现为裂缝宽度限值、挠度限值等。也就是说，以上公式计算所得的作用效应一般是裂缝宽度、挠度等，这与按承载能力极限状态计算时作用效应表现为弯矩、剪力、压力等是不同的。

(三)构件的应力验算

构件的应力验算是承载能力极限状态计算和正常使用极限状态计算的补充，其实质是将钢筋“换算”成混凝土之后得到单一材料的截面，然后按照材料力学的方法计算得到的应力，该应力应小于等于某一限值。具体来说，对于钢筋混凝土和预应力混凝土受力构件，当按短暂状况设计时应计算其在制作、运输及安装等施工阶段由自重、施工荷载产生的应力，并不应超过规定的限值；当按持久状况设计预应力混凝土受弯构件时，应计算其使用阶段的应力，并不应超过某限值。

[例 2-1] 某钢筋混凝土简支梁桥，在全部结构自重、汽车荷载(已计入冲击系数 $\mu=0.2$)和人群荷载作用下，其跨中截面的弯矩标准值分别为 $M_{Gk}=41000\text{kN}\cdot\text{m}$，$M_{Q1k}=12700\text{kN}\cdot\text{m}$，$M_{Q2k}=1100\text{kN}\cdot\text{m}$。

要求：按照基本组合、短期效应组合、长期效应组合分别计算跨中截面的弯矩设计值。

解：(1)基本组合时，跨中截面的弯矩设计值为：

$$\begin{aligned} S_d &= \sum_{i=1}^{m} \gamma_{Gi} S_{Gik} + \gamma_{Q1} S_{Q1k} + \psi_c \sum_{j=2}^{n} \gamma_{Qj} S_{Qjk} \\ &= 1.2\times41000 + 1.4\times12700 + 0.8\times1.4\times1100 \\ &= 68212.00\text{kN}\cdot\text{m} \end{aligned}$$

(2)短期效应组合时，跨中截面的弯矩设计值为：

$$S_{sd}=\sum_{i=1}^{m}S_{Gik}+\sum_{j=1}^{n}\psi_{1j}S_{Qjk}$$
$$=41000+0.7\times\frac{12700}{1.2}+1.0\times1100$$
$$=49508.33\text{kN}\cdot\text{m}$$

(3)长期效应组合时，跨中截面的弯矩设计值为：

$$S_{ld}=\sum_{i=1}^{m}S_{Gik}+\sum_{j=1}^{n}\psi_{2j}S_{Qjk}$$
$$=41000+0.4\times\frac{12700}{1.2}+0.4\times1100$$
$$=45673.33\text{kN}\cdot\text{m}$$

单元回顾与学习指导

本单元主要介绍了目前《公路桥规》所采用的基于极限状态设计法的一些基本概念和基本公式。基本概念主要包括：结构的可靠性和可靠度，结构上的作用和作用效应以及结构的抗力，结构设计的基准期和结构安全等级划分，两类极限状态，荷载的代表值，材料强度的设计值和标准值等。主要公式包括两类极限状态的实用设计表达式。

本单元内容涉及概率论的一些知识，建议有兴趣进一步深入学习本单元内容的同学可先行复习一下相关概率论的知识。从以往的教学经验来看，许多同学学完本单元之后，不清楚其内容与后续各单元之间的联系，其实后面各单元主要是求解不同受力类型下混凝土构件的承载力(也可以称为抗力)；而本单元侧重于讲授混凝土结构整体的设计方法，同时给出了在设计过程中当遇到多种不同类型荷载时，应该如何对荷载取值以及如何进行有效的组合。因此这里重点要求大家理解两类极限状态设计表达式的形式以及区别，同时对材料强度的取值和各类荷载代表值能加以区分，从而为后续各单元的学习奠定基础。

习　题

2.1　名词解释：

作用　直接作用　间接作用　作用效应　结构抗力

2.2　结构的功能要求有哪些?

2.3　结构极限状态的定义是什么？又分为哪几类？其主要内容分别是什么?

2.4　写出承载能力极限状态设计表达式，并解释其中各符号的含义。

2.5　阐述材料强度的标准值和设计值的定义。

2.6　什么是结构的设计基准期?

第三单元 DISANDANYUAN

钢筋混凝土受弯构件正截面承载力计算

单元导读

从受弯构件正截面受力破坏全过程入手，理解每阶段受力特点，掌握少筋梁、超筋梁和适筋梁破坏实质，理解正截面承载力计算的公式和适用条件，并能进行钢筋混凝土受弯构件正截面设计计算。

学习目标

1. 受弯构件正截面受力破坏全过程；
2. 少筋梁、超筋梁和适筋梁。

学习重点

1. 了解配筋率对受弯构件正截面破坏特征的影响和适筋梁在各阶段的受力特点；
2. 掌握单筋矩形截面、双筋矩形截面和T形截面承载力的计算方法；
3. 熟悉受弯构件的构造要求。

学习难点

1. 配筋率对受弯构件正截面破坏特征的影响；
2. 受弯构件正截面承载力的计算。

单元学习计划

内　　容	建议自学时间 （学时）	学 习 建 议	学 习 记 录
第三单元 钢筋混凝土受弯构件正截面承载力计算	10		
一、梁、板的一般构造	1	结合图纸或工程实例学习	
二、正截面破坏形态及计算原则	3	结合试验，了解梁的正截面破坏形态	
三、单筋矩形截面受弯构件正截面承载力计算	2	通过画计算图式写出计算公式，理解公式适用条件	
四、双筋矩形截面受弯构件正截面承载力计算	2		
五、T形截面受弯构件正截面承载力计算	2	理解T形截面梁相比矩形截面梁的优点，能自己写出计算公式	

引 言

受弯构件主要是指截面内力表现为弯矩和剪力的构件,其基本形式是板和梁(图 0-1)。梁和板的区别在于梁的截面高度一般大于其宽度,而板的截面高度则远小于其宽度,它们是组成工程结构的基本构件,在土木工程中应用很广。例如:桥梁人行道板、行车道板、小跨径板梁桥,T 形梁桥的主梁、横隔梁以及墩柱式墩(台)中的盖梁等都属于受弯构件。梁的截面形式通常为矩形、T 形、π 形和箱形,如图 3-1 所示。

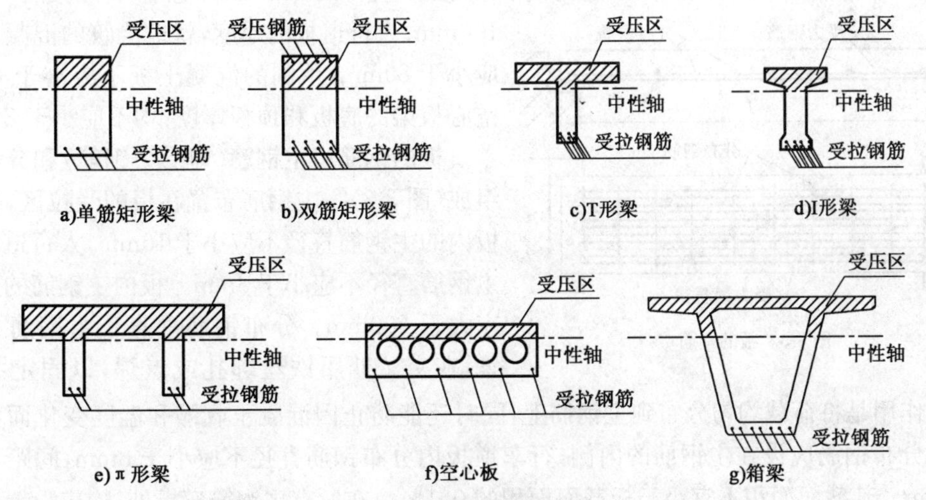

图 3-1 受弯构件的截面形式

按极限状态进行设计的基本要求,对受弯构件需要进行下列计算和验算:

(1)承载能力极限状态计算

在荷载作用下,受弯构件截面一般同时产生弯矩和剪力。设计时既要满足构件的抗弯承载力要求,也要满足构件的抗剪承载力要求。因此,必须分别对构件进行抗弯和抗剪强度计算,荷载效应(弯矩 M 和剪力 V)通常是按弹性假定用结构力学方法计算。本单元主要介绍受弯构件抗弯和抗剪强度的计算方法。

(2)正常使用极限状态验算

受弯构件一般还需要按正常使用极限状态的要求进行变形和裂缝宽度的验算。这方面的有关问题将在第九单元中详细介绍。

除进行上述两类计算和验算外,还必须采取一系列构造措施,方能保证构件具有足够的强度和刚度,并使构件具有必要的耐久性。在本单元第一节中将讨论梁板结构的一般构造要求和构造措施。

一、梁、板的一般构造

(一)钢筋混凝土板的构造

小跨径钢筋混凝土板,一般为实心矩形截面;跨径较大时,为减轻自重和节省混凝土常做成空心板。如图 3-2 所示。

钢筋混凝土简支板桥的标准跨径不宜大于 13m,连续板桥的标准跨径不宜大于 16m。

学习记录

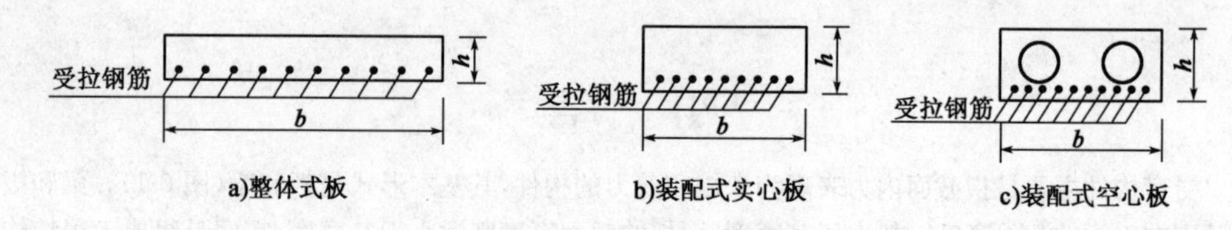

图 3-2 钢筋混凝土板梁的截面形式

钢筋混凝土板的厚度系根据跨径内最大弯矩和构造要求确定。为了保证施工质量，应对板的最小厚度加以控制：行车道板的跨间厚度不应小于 120mm，悬臂端厚度不应小于 100mm；人行道板的厚度，就地浇筑的混凝土板不应小于 80mm，预制的混凝土板不应小于 60mm；空心板梁的底板和顶板厚度，均不应小于 80mm。

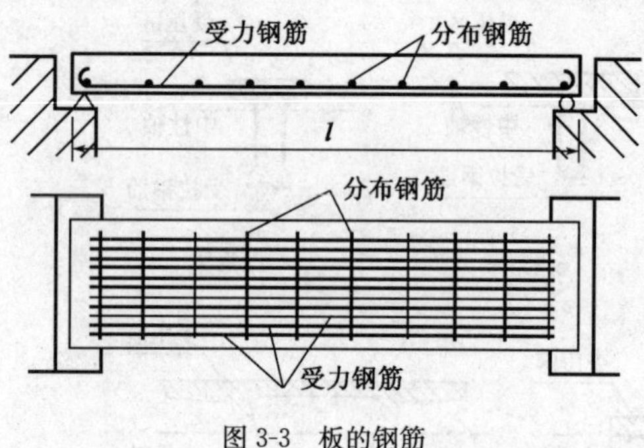

图 3-3 板的钢筋

板的钢筋由主钢筋（即受力钢筋）和分布钢筋组成（图 3-3）。主钢筋布置在板的受拉区，行车道板内的主钢筋直径不应小于 10mm，人行道板内的主钢筋直径不应小于 8mm。板内主钢筋的间距不应大于 200mm。分布钢筋垂直于主钢筋方向布置，在交叉处用铁丝绑扎或点焊，以固定相互位置。其作用是将荷载均匀分布到主钢筋上，同时还能防止因混凝土收缩和温度变化而出现的裂缝。分布钢筋应设在主钢筋的内侧，行车道板内分布钢筋直径不应小于 8mm，间距不应大于 200mm，其截面面积不宜小于板截面面积的 0.1%。在所有主钢筋弯折处，均应设置分布钢筋。人行道板内分布钢筋直径不应小于 6mm，间距不应大于 200mm。

为了防止钢筋外露锈蚀，钢筋边缘到构件边缘的混凝土保护层厚度，应符合规范要求。行车道板的主钢筋最小保护层厚度，Ⅰ类环境条件为 30mm，Ⅱ类环境条件为 40mm，Ⅲ、Ⅳ类环境条件为 45mm；分布钢筋的最小保护层厚度，Ⅰ类环境条件为 15mm，Ⅱ类环境条件为 20mm，Ⅲ、Ⅳ类环境条件为 25mm。

在桥梁结构中，行车道板通常是与支承梁浇筑成一个整体。

单边固接的板称为悬臂板，主钢筋应布置在截面的上部。周边支承的板，视其长短边的比例，可分为如下两种情况，如图 3-4 所示。

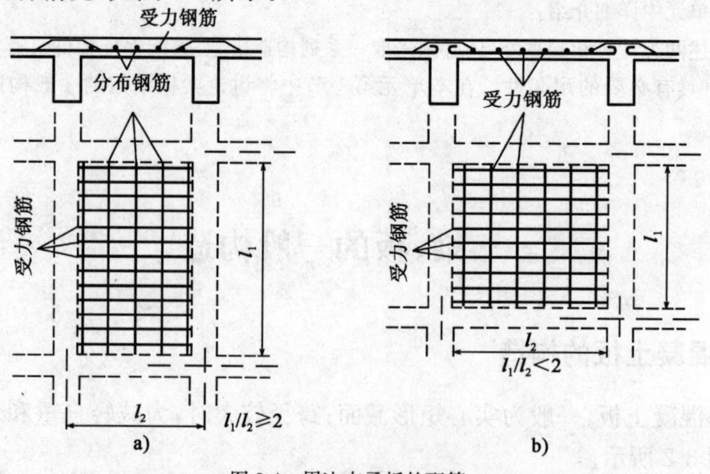

图 3-4 周边支承板的配筋

当长边与短边之比大于或等于2时，弯矩主要沿短边方向分配，长边方向受力很小，其受力情况与两边支承板基本相同，故称单向板。在单向板中，主钢筋沿短边方向布置，在长边方向只布置分布钢筋[图3-4a)]。

当长边与短边之比小于2时，两个方向同时承受弯矩，故称双向板。在双向板中，两个方向均需设置受力主钢筋[图3-4b)]。

(二)钢筋混凝土梁的构造

钢筋混凝土T形、I形截面简支梁标准跨径不宜大于16m，钢筋混凝土箱形截面简支梁标准跨径不宜大于25m，连续梁标准跨径不宜大于30m。

小跨径钢筋混凝土梁一般采用矩形截面；当跨径较大时，采用T形、工字形和箱形截面(图3-5)。考虑到施工制模的方便，截面尺寸应模数化。矩形梁的截面宽度，一般取150mm、180mm、200mm、220mm、250mm，以后按50mm为一级增加。当梁高超过800mm时，以100mm为一级增加。矩形梁的高宽比一般为2.5～3。T形截面梁的高度与梁的跨度、间距及荷载大小有关。公路桥梁中大量采用的T形简支梁桥，其梁高与跨径之比为1/20～1/10。T形梁的上翼缘尺寸，应根据行车道板的受力和构造要求确定。T形梁的腹板(梁肋)宽度与配筋形式有关：当采用焊接骨架配筋时，腹板宽度不应小于140mm，一般取160～220mm；当采用普通钢筋配筋时，腹板宽度较大，具体尺寸应根据布置钢筋的要求确定。

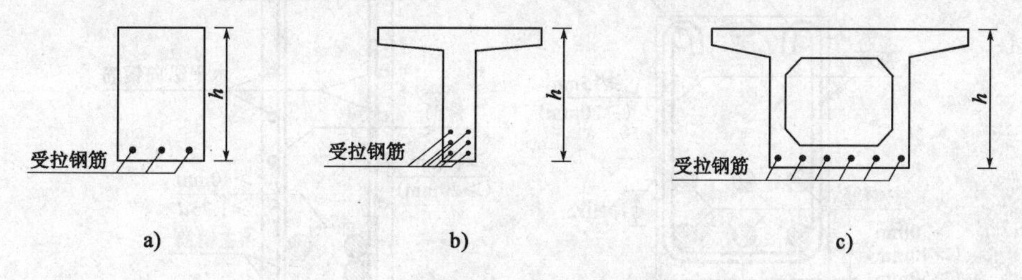

图3-5　钢筋混凝土梁的截面形式

梁内的钢筋骨架由纵向受力钢筋、弯起钢筋、箍筋、架立钢筋和水平纵向钢筋构成(图3-6)。

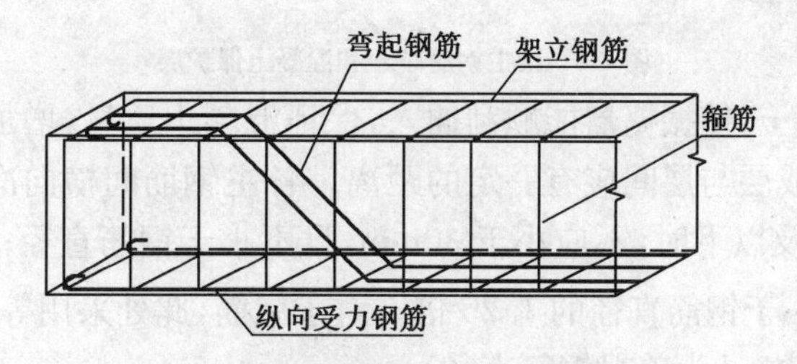

图3-6　钢筋混凝土简支梁的钢筋骨架

1.纵向受力钢筋

布置在梁受拉区的纵向受拉钢筋，是梁的主要受力钢筋，一般又称为主筋。当梁的截面高度受限制时，亦可在受压区布置纵向受压钢筋，用以协助混凝土承担压力。纵向受力钢筋的直径一般为14～32mm，同一梁内宜采用相同直径的钢筋，以简化施工。有时为了节省钢筋，也可采用两种直径，但直径相差应不小于2mm，以便于辨认。

梁内的纵向受力钢筋可以采用单根钢筋，也可采用束筋，还可采用竖向不留空隙的焊接钢筋骨架，如图3-7所示。采用单根配筋时，钢筋层数不宜多于三层，上、下层钢筋的排列应注意对齐，以便于混凝土的浇筑；采用束筋时，组成束筋的单根钢筋直径不应大于 28mm，根数不应多于三根，当其直径大于 28mm 时应为两根；采用焊接钢筋骨架时，焊接骨架的钢筋层数不应多于六层，单根钢筋直径不应大于 32mm。纵向钢筋与弯起钢筋之间的焊缝，宜采用双面焊缝，其长度为 $5d$，纵向钢筋之间的短焊缝，其长度为 $2.5d$，此处 d 为纵向钢筋的直径。

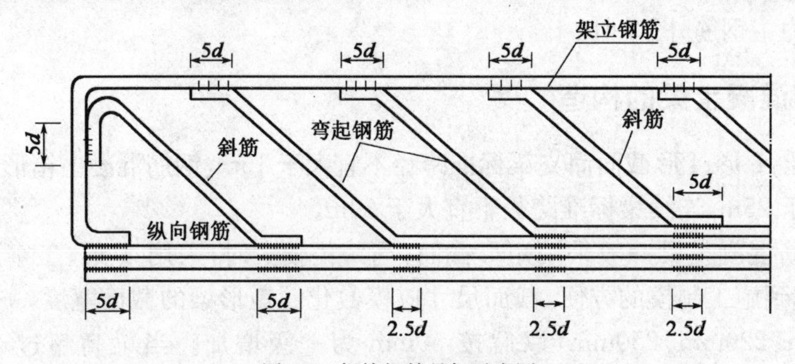

图 3-7 焊接钢筋骨架示意图

为了防护钢筋免于锈蚀，主钢筋至构件边缘的净距，应符合规范规定的钢筋最小混凝土保护厚度要求。如图 3-8 所示，主钢筋的最小混凝土保护层厚度，Ⅰ类环境条件为 30mm，Ⅱ类环境条件为 40mm，Ⅲ、Ⅳ类环境条件为 45mm。

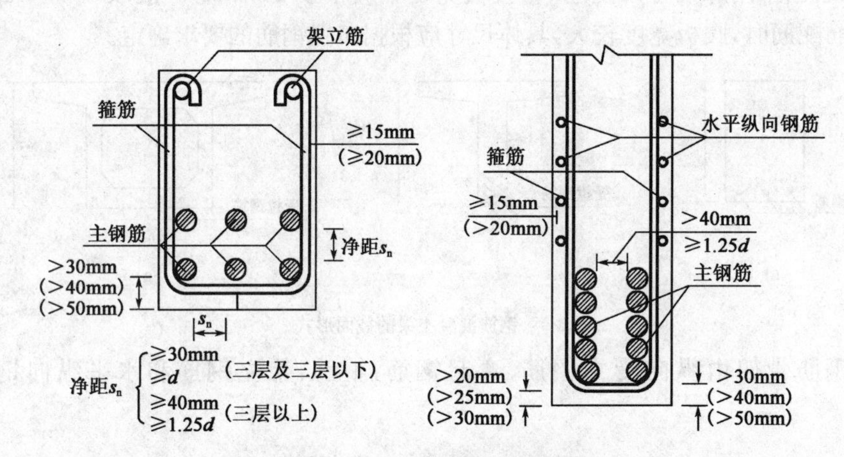

图 3-8 梁主钢筋净距和混凝土保护层

为了便于浇筑混凝土，使振捣器能顺利插入，保证混凝土质量，增加混凝土与钢筋之间的黏着力，梁内主钢筋间或层与层间应有一定的距离。各主钢筋间横向净距和层与层之间的竖向净距，当钢筋为三层及以下时，不应小于 30mm，且不小于钢筋直径；当钢筋为三层以上时，不应小于 40mm，且不小于钢筋直径的 1.25 倍。对于束筋，此处采用等代直径（$d_e=\sqrt{n}d$，其中 n 为组成束筋的钢筋根数，d 为单根钢筋直径）。

2. 弯起钢筋

弯起钢筋大多由纵向受力钢筋弯起而成，主要用以承担主拉应力，并增加钢筋骨架的稳定性。当将多余的纵向钢筋全部弯起仍不能满足受力和构造要求时，可以采用专设的斜短钢筋焊接，但不得采用不与主钢筋焊接的浮筋。弯起钢筋与梁的纵轴线宜成 45°角，在特殊情况下，可取不小于 30°或不大于 60°角弯起。弯起钢筋以圆弧弯折，圆弧直径不宜小于 20 倍钢筋直径。

3. 箍筋

箍筋除了承受主拉应力外，在构造上还起固定纵向钢筋位置的作用。因此，无论计算上是否需要，梁内均应设置箍筋。梁内采用的箍筋形式如图 3-9 所示。

图 3-9 箍筋的形式

梁内只配置纵向受拉钢筋时，可采用开口箍筋；梁内除纵向受拉钢筋外，还配有纵向受压钢筋的双筋截面或同时承受弯矩和扭矩作用的梁，应采用封闭式箍筋。

箍筋直径应不小于 8mm 或主钢筋直径的 1/4。固定受拉钢筋的箍筋的间距不应大于梁高的 1/2 且不大于 400mm；固定受压钢筋的箍筋，其间距还不应大于受压钢筋直径的 15 倍，且不应大于 400mm。

4. 架立钢筋

架立钢筋根据构造要求设置，其作用是架立箍筋、固定箍筋位置，把钢筋绑扎（或焊接）成骨架。架立钢筋的直径一般取 10～14mm。采用焊接骨架时，为保证骨架具有一定的刚度，架立钢筋的直径应适当加大。

5. 水平纵向钢筋

T 形截面梁及箱形截面的腹板两侧应设置水平纵向钢筋，以防止因混凝土收缩及温度变化而产生的裂缝。水平纵向钢筋的直径为 6～8mm，每个腹板内水平纵向钢筋截面面积为 (0.0010～0.0020)bh，此处 b 为腹板厚度，h 为梁的高度。水平纵向钢筋的间距，在受拉区应不大于腹板厚度，且不大于 200mm；在受压区应不大于 300mm；在支点附近剪力较大区段，水平纵向钢筋截面面积应予增加，其间距宜为 100～150mm。

以上五种钢筋通过绑扎或焊接构成梁的钢筋骨架。

二、正截面破坏形态及计算原则

(一)钢筋混凝土受弯构件正截面破坏形态分析

为了研究钢筋混凝土梁的弯曲性能，探讨正截面的应力和应变分布规律，通常是采用图 3-10 所示的试验方案，进行钢筋混凝土梁试验研究。

这样，在两个对称集中荷载间的“纯弯段”内，不仅可以基本上排除剪力的影响（忽略自重），同时也有利于布置测试仪表以观察试验梁受荷后变形和裂缝出现与开展的情况。

图 3-11 为有代表性的单筋矩形截面梁的弯矩—跨中挠度曲线。图中纵坐标为无量纲 M^t/M_u^t 值；横坐标为跨中挠度 f 的实测值。M^t 为各级荷载下的实测弯矩；M_u^t 为试验梁破坏时所能承受的极限弯矩。可见，当弯矩较小时，挠度和弯矩关系接近直线变化，梁的工作特点是未出现裂缝，称为第Ⅰ阶段；当弯矩超过开裂弯矩 M_{cr}^t 后将产生裂缝，且随着荷载的增加将不断出现新的裂缝，随着裂缝的出现与不断开展，挠度的增长速度较开裂前加快，梁的工作特

学习记录

点是带有裂缝，称为第Ⅱ阶段。在图中纵坐标为 M_{cr}^{t}/M_{u}^{t} 处，$M^{t}/M_{u}^{t}\sim f$ 关系曲线上出现了第一个明显转折点，即转折点1，这时梁的截面受拉边缘混凝土即将开裂。

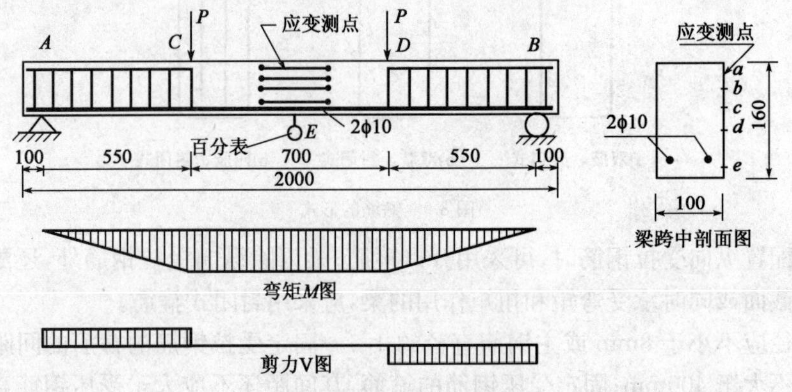

图 3-10　试验梁(尺寸单位:mm)

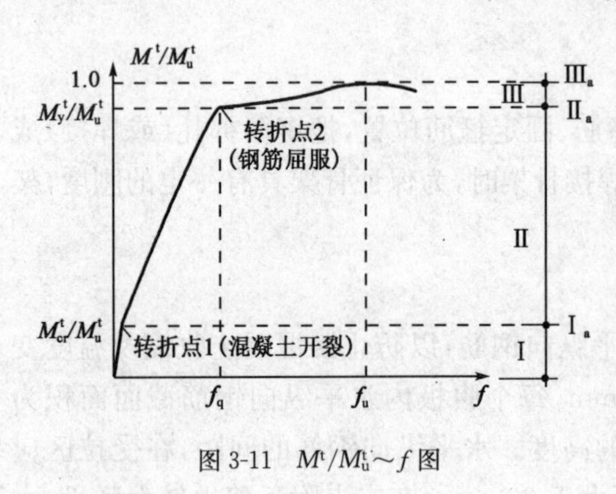

图 3-11　$M^{t}/M_{u}^{t}\sim f$ 图

在第Ⅱ阶段整个发展过程中，钢筋的应力将随着荷载的增加而增加。当受拉钢筋刚刚到达屈服强度(对应于梁所承受的弯矩为 M_{y}^{t})瞬间，标志着第Ⅱ阶段的终结而转化为第Ⅲ阶段的开始(此时，在 $M^{t}/M_{u}^{t}\sim f$ 关系上出现了第二个明显转折点)。第Ⅲ阶段梁的工作特点是裂缝急剧开展，挠度急剧增加，而钢筋应变有较大的增长但其应力始终维持屈服强度不变。当 M^{t} 从 M_{y}^{t} 再增加不多时，即到达梁所承受的极限弯矩 M_{u}^{t}，此时标志着梁开始破坏。

在 $M^{t}/M_{u}^{t}\sim f$ 关系曲线上的两个明显的转折点，把梁的截面受力和变形过程划分为图3-12所示的三个阶段。

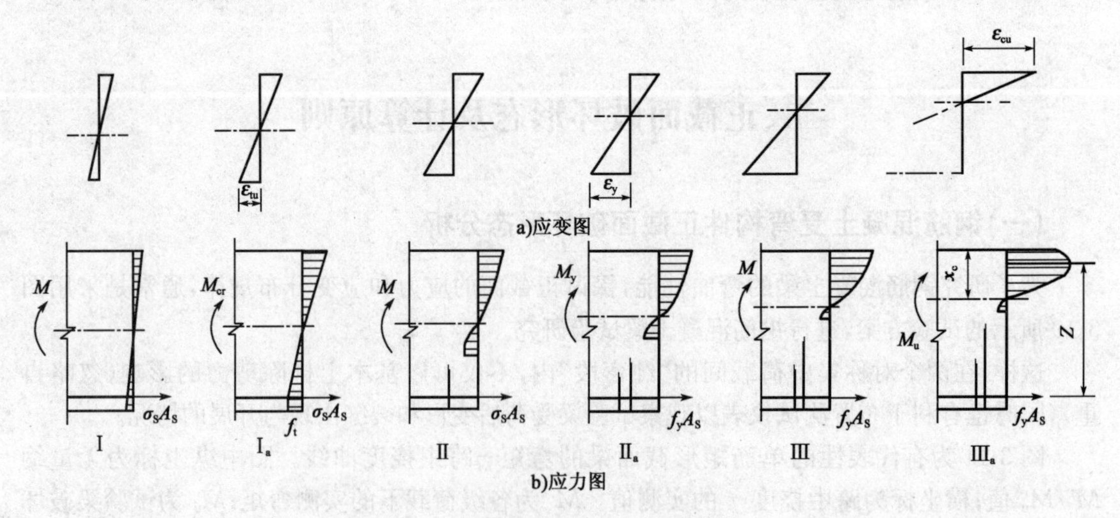

图 3-12　钢筋混凝土梁工作的三个阶段

(1)第Ⅰ阶段。开始加载时，由于弯矩很小，量测的梁截面上各个纤维应变也很小，且变形的变化规律符合平截面假定，这时梁的工作情况与匀质弹性体梁相似，混凝土基本上处于弹性工作阶段，应力与应变成正比，受压区和受拉区混凝土应力分布图形可假设为三角形。

当弯矩再增大，量测到的应变也将随之加大，但其变化规律仍符合平截面假定。由于混凝土受拉时应力—应变关系呈曲线性质，故在受拉区边缘处混凝土将首先开始表现出塑性性质，应变较应力增长速度为快。从而可以推断出受拉区应力图形开始偏离直线而逐步变弯，随着弯矩继续增加，受拉区应力图形中曲线部分的范围将不断沿梁高向上发展。

在弯矩增加到 M_{cr}^{t} 时，受拉区边缘纤维应变恰好到达混凝土受弯时极限拉应变 ε_{tu}，梁处于将裂而未裂的极限状态，此即第Ⅰ阶段末，以 $Ⅰ_a$ 表示，这时受压区边缘纤维应变值相对还很小，受压区混凝土基本上属于弹性工作性质，即受压区应力图形接近三角形。但这时受拉区应力图形则呈曲线分布。在 $Ⅰ_a$ 时，由于黏结力的存在，受拉钢筋的应变与周围同一水平处混凝土拉应变相等，这时钢筋应力 $\sigma_s=\varepsilon_{tu}E_s$，量值较小。由于受拉区混凝土塑性的发展，第Ⅰ阶段末中和轴的位置较Ⅰ阶段的初期略有上升。$Ⅰ_a$ 可作为受弯构件抗裂度的计算依据。

(2)第Ⅱ阶段。当 $M=M_{cr}^{t}$ 时，在"纯弯段"抗拉能力最薄弱的截面处将首先出现第一条裂缝，一旦开裂，梁即由第Ⅰ阶段进入第Ⅱ阶段工作。在裂缝截面处，由于混凝土开裂，受拉区工作将主要由钢筋承受，在弯矩不变的情况下，开裂后的钢筋应力较开裂前将突然增大许多，使裂缝一出现即具有一定的开展宽度，并将沿梁高延伸到一定的高度，从而在这个截面处中和轴的位置也将随之上移。但在中和轴以下裂缝尚未延伸到的部位，混凝土仍可承受一小部分拉力。

随着弯矩继续增加，受压区混凝土压应变与受拉钢筋的拉应变值均不断增长，但其平均应变的变化规律仍符合平截面假定(图 3-13)。

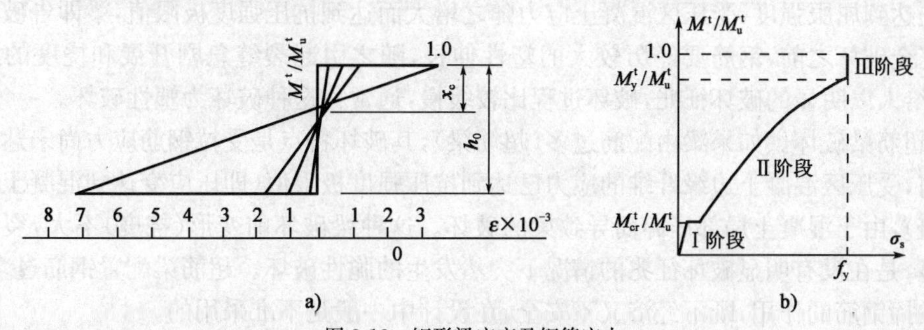

图 3-13　矩形梁应变及钢筋应力

在第Ⅱ阶段中，受压区混凝土塑性性质将表现得越来越明显，应力增长速度越来越慢，故受压应力图形将呈曲线变化。当弯矩继续增加使得受拉钢筋应力刚刚到达屈服强度(M_y^t)时，称为第Ⅱ阶段末，以 $Ⅱ_a$ 表示。

阶段Ⅱ相当于梁在正常使用时的受力状态，可作为正常使用极限状态的变形和裂缝宽度计算时的依据。

(3)第Ⅲ阶段。在图 3-11 中 $M^t/M_u^t\sim f$ 曲线的第二个明显转折点($Ⅱ_a$)之后，梁就进入第Ⅲ阶段工作。这时钢筋因屈服，将在变形继续增大的情况下保持应力不变。当弯矩再稍有增加，则钢筋应变骤增，裂缝宽度随之扩展并沿梁高向上延伸，中和轴继续上移，受压区高度进一步减小。但为了平衡钢筋的总拉力，受压区混凝土的总压力也将始终保持不变。这时受压区边缘纤维应变也将迅速增长，这时受压区混凝土塑性特征将表现得更为充分，可以推断受压区应力图形将更趋丰满。

弯矩再增加直至梁承受极限弯矩 M_u^t 时，称为第Ⅲ阶段末，以 $Ⅲ_a$ 表示。此时，边缘纤维压应变达到(或接近)极限压应变 ε_{cu}，标志着梁已开始破坏。其后，在试验室一定条件下，试验梁

学习记录

虽可继续变形,但所承受的弯矩将有所降低,最后在破坏区段上受压区混凝土被压碎甚至崩落而完全破坏。

在第Ⅲ阶段整个过程中,钢筋所承受的总拉力和混凝土所承受的总压力始终保持不变。但由于中和轴逐步上移,内力臂 Z 不断略有增加,故截面破坏弯矩 M_u^t 较 II_a 时的 M_y^t 也略有增加。第Ⅲ阶段末(III_a)可作为截面承载力计算时的依据。

总结上述试验梁从加荷到破坏的整个过程,应注意以下几个特点。

(1)由图 3-11 可知,第Ⅰ阶段梁的挠度增长速度较慢,第Ⅱ阶段梁因带裂缝工作,使挠度增长速度较快,第Ⅲ阶段由于钢筋屈服,故挠度急剧增加。

(2)由图 3-12 可见,随着弯矩的增加,中和轴不断上移,受压区高度 x_c^t 逐渐缩小,混凝土边缘纤维压应变随之加大,受拉钢筋的拉应变也是随着弯矩的增长而加大。但应变图基本上仍是上下两个三角形,即平均应变符合平截面假定。受压区应力图形在第Ⅰ阶段为三角形分布,第Ⅱ阶段为微曲线形状,第Ⅲ阶段呈更为丰满的曲线分布。

(3)由图 3-12 中 M^t/M_u^t 与 σ_s 关系可以看出:在第Ⅰ阶段受拉钢筋应力 σ_s 增长速度较慢;当 $M=M_{cr}^t$ 时,开裂前、后的钢筋应力发生突变;第Ⅱ阶段 σ_s 较第Ⅰ阶段增长速度加快;当 $M=M_y^t$ 时,钢筋应力到达屈服强度 f_y^t,以后应力不再增加直到破坏。

对于常用的钢筋和混凝土等级而言,梁的正截面破坏形态主要受配筋率影响。按照钢筋混凝土梁的配筋情况,正截面破坏形式可归纳为下列三种情况:

(1)适筋梁破坏。配筋适当的梁(适筋梁)的破坏情况已如上述,其主要特点是受拉钢筋的应力首先达到屈服强度,受压区混凝土应力随之增大而达到抗压强度极限值,梁即告破坏。这种梁在完全破坏之前,钢筋要经历较大的塑性伸长,随之引起裂缝急剧开展和挠度的急剧增加,它将给人以明显的破坏征兆,破坏过程比较缓慢,通常称这种破坏为塑性破坏。

(2)超筋梁破坏。如果梁内配筋过多(超筋梁),其破坏特点是受拉钢筋应力尚未达到屈服强度之前,受压区混凝土边缘纤维的应力已达到抗压强度极限值(即压应变达到混凝土抗压应变极限值),由于混凝土局部压碎而导致梁的破坏。这种梁破坏前变形(挠度)不大,裂缝开展也不明显,是在没有明显破坏征兆的情况下突然发生的脆性破坏。超筋梁配置钢筋过多,并没有充分发挥钢筋的作用,既不经济又不安全,在设计中一般是不准采用的。

(3)少筋梁破坏。对于配筋过少的梁(少筋梁),其破坏特点是受拉区混凝土一旦出现裂缝,受拉钢筋的应力立即达到屈服强度,这时裂缝迅速向上延伸,开展宽度很大,即使受压区混凝土尚未压碎,由于裂缝宽度过大,已标志着梁的“破坏”。少筋梁截面尺寸大,承载能力相对较低,破坏过程发展迅速,即使有破坏征兆,也来不及挽救,是不安全的,在结构设计中也是不准采用的。

在设计规范中,通常是规定最大配筋率和最小配筋率的限制来防止梁发生后两种脆性破坏,保证梁的配筋处于适筋梁的范围,发生正常的塑性破坏。以后课程介绍的钢筋混凝土梁设计计算都是指适筋梁而言,所有的计算公式都是针对适筋梁的截面承载能力破坏状态导出的。

(二)钢筋混凝土受弯构件正截面承载力计算原则

1.基本假设

钢筋混凝土受弯构件正截面承载能力极限状态计算采用第Ⅲa 阶段应力图,以混凝土压应变达到极限值 $\varepsilon_c=\varepsilon_{cu}$ 控制设计,并引入下列基本假设作为计算的基础。

(1)构件变形符合平截面假设。在弯曲变形后构件的截面仍保持平面,即混凝土和钢筋的应变沿截面高度符合线性分布。试验研究表明，钢筋混凝土受弯构件在裂缝出现前，截面应变分布接近直线，较好地符合平截面假设。在裂缝出现以后直至构件破坏时，就裂缝截面而言，平截面假设已不再成立，但是就包括裂缝在内的截面平均应变而言，基本上仍符合平截面假设。

(2)裂缝出现后，不考虑受拉区混凝土的抗拉作用，拉力全部由钢筋承担。

(3)受压区混凝土应力图形可通过混凝土应力—应变关系曲线来描述。

(4)钢筋的应力原则上按钢筋拉伸试验应力—应变关系确定。受拉钢筋的极限拉应变为 $\varepsilon_{su}=0.01$。

2. 正截面承载能力计算图式及基本方程式

按照上述基本假设，给出的受弯构件正截面抗弯承载力计算通用图式如图 3-14 所示。

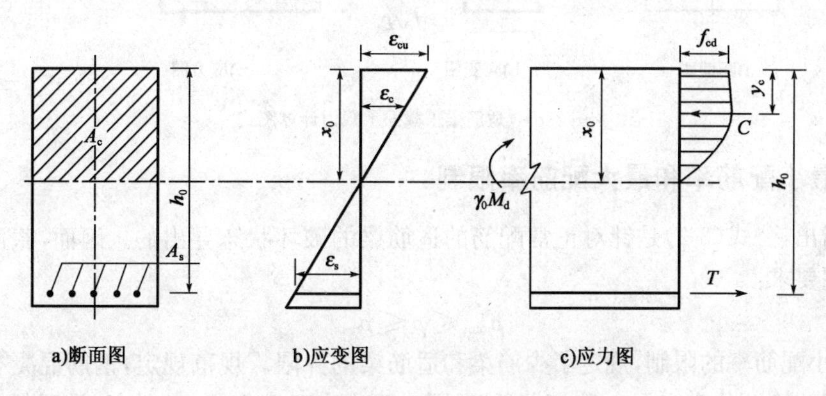

图 3-14 正截面抗弯承载力计算通用图式

基本方程式为：

$$\left.\begin{array}{lll} \text{由} \sum X = 0 & C = T & \int_0^x \sigma_c \mathrm{d}A_c = \sigma_s A_s \\ \text{由} \sum M = 0 & \gamma_0 M_d \leqslant M_{du} = \sigma_s A_s (h_0 - y_c) & \end{array}\right\} \tag{3-1}$$

式中：y_c——受压区混凝土合力作用点至截面受压边缘的距离。

运用上述方程式进行正截面承载力计算时，受压区混凝土合力 C 及其作用位置 y_c 的计算，都需要进行积分运算，特别是对于受压区混凝土形状比较复杂的情况，这种积分运算是很麻烦的。为了计算方便，可以设想在保持混凝土压应力合力 C 的大小和作用位置 y_c 不变的条件下，用等效矩形应力图来代替实际的曲线形应力图。显然这样处理，对承载力的计算结果是没有影响的。

经过大量的等效换算，规范推荐采用的受压区混凝土等效矩形应力图宽度取抗压强度设计值 f_{cd}，矩形应力图的高度(即受压区高度)取 $x=\beta x_0$，式中 x_0 为曲线形应力图的高度，β 为矩形应力图高度系数，对 C50 以及以下混凝土取 $\beta=0.8$。

此外，上述第(4)项关于钢筋应力取值的规定，是针对不同配筋的通用情况而言的。对适筋梁来说，构件破坏时受拉钢筋的应力均能达到其抗拉强度设计值 f_{sd}，换句话说，如果满足适筋梁的限制条件，受拉钢筋的应力取抗拉强度设计值 f_{sd}。

这样，就可以给出针对适筋梁而言的，受压区混凝土应力采用等效矩形应力图表示的正截面承载力计算图式(图 3-15)。

相应的基本方程式为：

$$\left.\begin{array}{lll} \text{由} \sum X = 0 & C = T & f_{cd} A_c = f_{sd} A_s \\ \text{由} \sum M = 0 & \gamma_0 M_d \leqslant M_{du} = f_{sd} A_s (h_0 - y_c) & \end{array}\right\} \tag{3-2}$$

学习记录

式中：A_c——等效矩形应力图对应的受压区混凝土面积；

y_c——等效矩形应力图合力作用至截面受压边缘的距离。

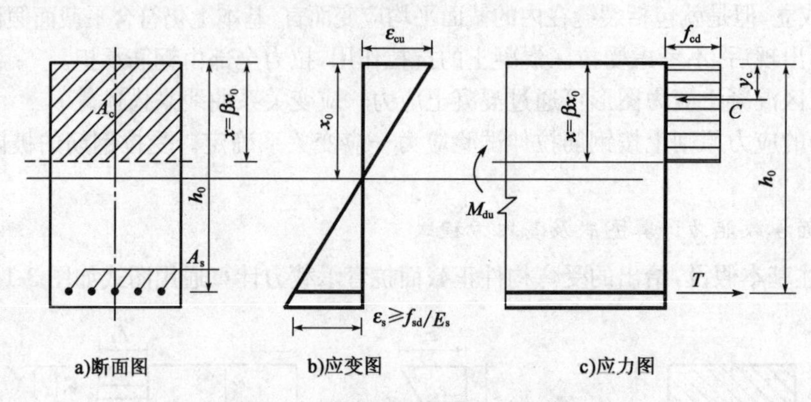

图 3-15 适筋梁正截面承载力计算图式

(三)最小配筋率和最大配筋率限制

必须指出，公式(3-2)是针对正常配筋的适筋梁的破坏状态导出的。因而，截面配筋率必须满足下列要求：

$$\rho_{min} \leqslant \rho \leqslant \rho_{max} \tag{3-3}$$

(1)最小配筋率的限制，规定了少筋梁和适筋梁的界限。规范规定，钢筋混凝土受弯构件的受拉钢筋配筋百分率应不小于 $45f_{td}/f_{sd}$，同时不应小于 0.20%，此处 f_{td} 为混凝土抗拉强度设计值，f_{sd} 为钢筋的抗拉强度设计值。受弯构件受拉钢筋的配筋率应按扣除受压翼缘后的有效面积计算。这样，矩形和 T 形截面受弯构件的最小配筋率限制可写为下列形式：

$$\rho = \frac{A_s}{bh_0} \geqslant \rho_{min} = 0.45\frac{f_{td}}{f_{sd}}\text{，且不小于 } 0.2\% \tag{3-4}$$

式中：b——矩形截面的梁宽，T 形截面的腹板宽度；

h_0——截面的有效高度，即纵向受拉钢筋合力作用点至受压边缘的距离。

规范给出的最小配筋率限值，是根据钢筋混凝土构件破坏时，截面所能承受的极限弯矩 M_u(按Ⅲ$_a$ 阶段应力图计算)，不小于同一截面的素混凝土构件的开裂弯矩 M_{cr}(按Ⅰ$_a$ 阶段应力图计算)的原则确定的，其目的是保证混凝土受拉边缘出现裂缝时，梁不致因配筋过少而发生脆性破坏。

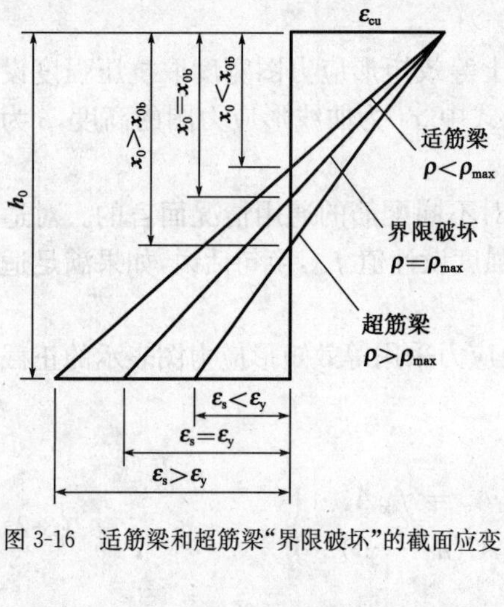

(2)最大配筋率限制，规定了适筋梁和超筋梁的界限。对于钢筋和混凝土强度都已确定了的梁来说，总会有一个特定的配筋率，使得钢筋应力达到屈服强度(应变达到屈服应变)的同时，受压区混凝土边缘纤维的应变也恰好达到混凝土的抗压极限应变值，通常将这种破坏称为“界限破坏”。相应于这种破坏的配筋率就是适筋梁的最大配筋率。

最大配筋率的限制，一般是通过混凝土受压区高度来加以控制。

图 3-16 适筋梁和超筋梁“界限破坏”的截面应变

从图 3-16 可以看出，限制配筋率 $\rho \leqslant \rho_{max}$，可以转换为限制应变图变形零点至截面受压边缘的距离(即混凝土受压区曲线形应力图的高度）$x_0 \leqslant x_{0b}$，进一步转化为限制混凝土受压区等效矩形应力图的高度（一般简称为混凝土受压区高度）：

$$x \leqslant x_b = \xi_b h_0 \tag{3-5}$$

式中：x_b——相对于“界限破坏”时的混凝土受压区高度；

ξ_b——相对界限受压高度，又称为混凝土受压区高度界限系数，其数值按表 3-1 采用。

相对界限受压区高度　　表 3-1

钢筋种类 \ 混凝土强度等级		相对界限受压区高度 ξ_b			
		C50 及以下	C55、C60	C65、C70	C75、C80
普通钢筋	R235	0.62	0.60	0.58	—
	HRB335	0.56	0.54	0.52	—
	HRB400、KL400	0.53	0.51	0.49	—

注：1. 截面受拉区配置不同种类钢筋的受弯构件，其 ξ_b 值应选用相应于各种钢筋的较小者。

2. $\xi_b = x_b/h_0$，x_b 为纵向受拉钢筋和受压区混凝土同时达到其强度设计值时的受压区高度。

三、单筋矩形截面受弯构件正截面承载力计算

只在受拉区配置受力钢筋的截面称为单筋截面。在受拉区和受压区均配置受力钢筋的截面为双筋截面，单筋矩形截面受弯构件正截面承载力计算是其他形式复杂截面计算的基础，本节主要介绍单筋矩形截面受弯构件正截面承载力计算。

（一）计算图式和基本方程式

根据钢筋混凝土受弯构件正截面承载力计算的基本假定，给出单筋矩形截面受弯构件正截面承载力计算图式（图 3-17）。

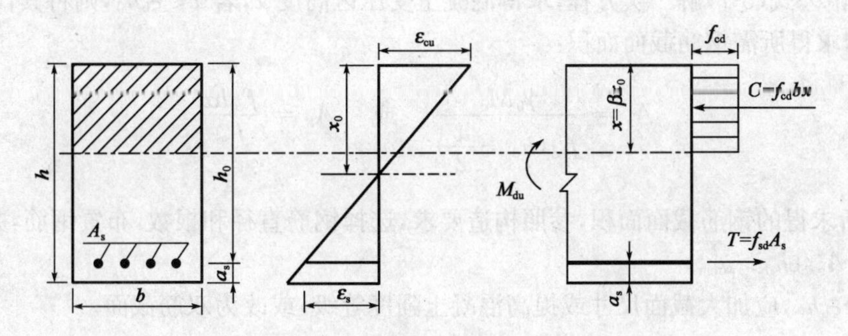

图 3-17　单筋矩形截面受弯构件正截面承载力计算图式

单筋矩形截面受弯构件正截面承载力计算公式，可由内力平衡条件求得。

由水平力平衡条件，即 $\sum X = 0$ 得：

$$f_{cd}bx = f_{sd}A_s \tag{3-6}$$

由所有的力对受拉钢筋合力作用点取矩的平衡条件，即 $\sum M_{A_s} = 0$，得：

$$M_{du} \leqslant f_{cd}bx\left(h_0 - \frac{x}{2}\right) \tag{3-7}$$

由所有的力对受压区混凝土合力作用点取矩的平衡条件，即 $\sum M_C = 0$，得：

学习记录

$$M_{du} \leqslant f_{sd}A_s\left(h_0 - \frac{x}{2}\right) \tag{3-8}$$

上述式中：M_{du}——弯矩设计值；

f_{cd}——混凝土轴心抗压强度设计值，见附表1；

f_{sd}——纵向受拉钢筋抗拉强度设计值，见附表3；

A_s——纵向受拉钢筋的截面面积；

x——混凝土受压区高度；

b——矩形截面宽度；

h_0——截面有效高度，$h_0=h-a_s$，h 为截面高度；a_s 为纵向受拉钢筋合力作用点至截面受拉边缘的距离。

公式的适用条件：

(1) $\rho = A_s/bh_0 \geqslant \rho_{min} = 0.45f_{td}/f_{sd}$，且不小于0.2%。

(2)$x\leqslant\xi_b h_0$。

(二)实用计算方法

在实际设计中，受弯构件正截面承载力计算可分为截面设计和承载能力复核两类问题。

1. 截面设计

根据已知的弯矩设计值进行截面设计。

已知：弯矩设计值 $\gamma_0 M_d$；截面尺寸 $b\times h$；混凝土抗压强度设计值 f_{cd}、钢筋抗拉强度设计值 f_{sd}。

求：钢筋截面面积 A_s。

解：运用基本方程式(3-6)、(3-7)或(3-8)求解此类问题，只有两个未知数 A_s 和 x，问题是可解的。

首先，由公式(3-7)解二次方程，求得混凝土受压区高度 x，若 $x\leqslant\xi_b h_0$，则将其代入式(3-8)或式(3-6)，求得所需钢筋截面面积：

$$A_s = \frac{\gamma_0 M_d}{f_{sd}(h_0 - \frac{x}{2})} \quad 或 \quad A_s = \frac{f_{cd}bx}{f_{sd}}$$

根据所求得的钢筋截面面积，参照构造要求，选择钢筋直径和根数，布置钢筋，并验算实际配筋率 $\rho=A_s/bh_0>\rho_{min}$。

若 $x>\xi_b h_0$，应加大截面尺寸或提高混凝土强度等级，或改为双筋截面。

2. 承载能力复核

承载能力复核是指已知截面尺寸、混凝土强度和钢筋配置，进行承载力复核，判断其安全程度。

已知：截面尺寸 b、h_0；钢筋截面面积 A_s；材料性能参数 f_{cd}、f_{sd}、ξ_b；弯矩设计值 $\gamma_0 M_d$。

求：截面所能承受的弯矩设计值 M_{du}，并判断安全程度。

解：首先验算配筋率，若 $\rho=\dfrac{A_s}{bh_0}>\rho_{min}$，再由式(3-6)求混凝土受压区高度：

$$x=\frac{f_{sd}A_s}{f_{cd}b}$$

若 $x \leqslant \xi_b h_0$，则将其代入式(3-7)或式(3-8)求得截面所能承受的弯矩设计值：

$$M_{du} = f_{cd} b x \left(h_0 - \frac{x}{2}\right) \quad 或 \quad M_{du} = f_{sd} A_s \left(h_0 - \frac{x}{2}\right)$$

若截面所能承受的弯矩设计值大于截面应承受的弯矩设计值，即 $M_{du} > \gamma_0 M_d$，则说明该截面的承载力是足够的，结构是安全的。

若按式(3-6)求得的 $x > \xi_b h_0$，说明该截面配筋已超出适筋梁的范围，应修改设计，适当增加梁高或提高混凝土强度等级，或改为双筋截面。

[例 3-1] **已知：**矩形截面尺寸 $b \times h = 250\text{mm} \times 500\text{mm}$，承受的弯矩设计值 $M_d = 130\text{kN} \cdot \text{m}$，结构重要性系数 $\gamma_0 = 1$；拟采用 C25 混凝土，HRB335 钢筋。

求：所需钢筋截面面积 A_s。

解：根据拟采用的材料查得：$f_{cd} = 11.5\text{MPa}$，$f_{td} = 1.23\text{MPa}$，$f_{sd} = 280\text{MPa}$，$\xi_b = 0.56$。梁的有效高度 $h_0 = 500 - 40 = 460\text{mm}$（按布置一排钢筋估算）。

首先由式(3-7)求解受压区高度 x：

$$\gamma_0 M_d = f_{cd} b x \left(h_0 - \frac{x}{2}\right)$$

$$130 \times 10^6 = 11.5 \times 250 x \left(460 - \frac{x}{2}\right)$$

求解一元二次方程，解得 $x = 112\text{mm} < \xi_b h_0 = 0.56(460 = 257.6\text{mm}$。将所得 x 值，代入式(3-6)，求得所需钢筋截面面积：

$$A_s = \frac{f_{cd} b x}{f_{sd}} = 11.5 \times 250 \times \frac{112}{280} = 1150\text{mm}^2$$

选取 4 Φ 20（外径 22.7mm），钢筋截面面积 $A_s = 1256\text{mm}^2$，钢筋按一排布置，所需截面最小宽度 $b_{min} = 2 \times 30 + 4 \times 22.7 + 3 \times 30 = 240.8\text{mm} < b = 250\text{mm}$。

保护层厚度 $c = 30\text{mm}$，$\alpha_s = 30 + 22.7/2 = 41.35\text{mm}$，取 $\alpha_s = 45\text{mm}$，则 $h_0 = 500 - 45 = 455\text{mm}$

实际配筋率 $\rho = A_s / b h_0 = 1256/250 \times 455 = 0.01104 > \rho_{min} = 0.45 f_{td} / f_{sd} = 0.45 \times 1.23/280 = 0.00197 \approx 0.002$

[例 3-2] 如图 3-18 所示，有一计算跨径为 2.15m 的人行道板，承受的人群荷载为 3.5kN/m^2，板厚为 80mm，下缘配置Φ 8 的 R235 钢筋，间距为 130mm，混凝土强度等级为 C20。试复核正截面抗弯承载能力，验算构件是否安全。

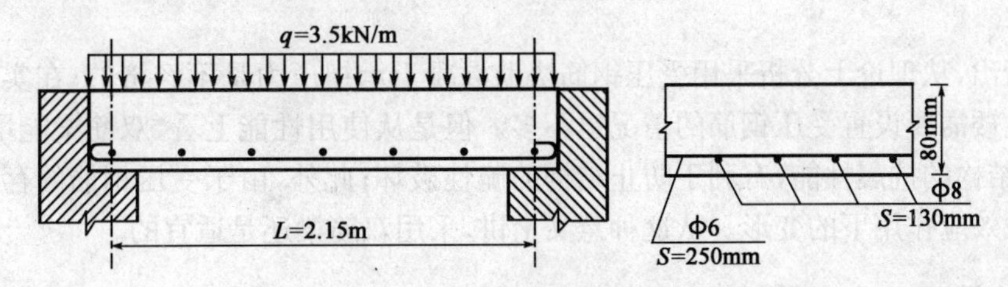

图 3-18 人行道板配筋示意图

解：取板宽 $b = 1000\text{mm}$ 的板条做为计算单元，混凝土重度取 25kN/m^3，自重荷载集度 $g = 25 \times 0.08 \times 1 = 2\text{kN/m}$。由自重荷载和人群荷载标准值产生的跨中截面的弯矩为：

学习记录

$$M_{GK}=\frac{1}{8}gL^2=\frac{1}{8}\times2\times2.15^2=1.156\text{kN}\cdot\text{m}$$

$$M_{QK}=\frac{1}{8}qL^2=\frac{1}{8}\times3.5\times2.15^2=2.022\text{kN}\cdot\text{m}$$

考虑荷载分项系数后的弯矩设计值为：

$$M_d=1.2M_{GK}+1.4M_{QK}=1.2\times1.156+1.4\times2.022=4.218\text{kN}\cdot\text{m}$$

取结构重要性系数 $\gamma_0=1.0$，则得：

$$\gamma_0M_d=4.218\text{kN}\cdot\text{m}$$

按给定的材料查得：$f_{cd}=9.2\text{MPa}$，$f_{td}=1.06\text{MPa}$，$f_{sd}=195\text{MPa}$，$\xi_b=0.62$；受拉钢筋为 $\phi8$，间距 $S=130\text{mm}$，每米宽度范围内提供的钢筋截面面积 $A_s=387\text{mm}^2$，板宽 $b=1000\text{mm}$，板的有效高度 $h_0=80-(20+8/2)=56\text{mm}$。

截面的配筋率 $\rho=A_s/bh_0=387/1000\times56=0.0069>\rho_{min}=0.45\times1.06/195=0.00245$，满足最小配筋率要求。

由式(3-6)求受压区高度：

$$x=\frac{f_{sd}A_s}{f_{cd}b}=\frac{195\times387}{9.2\times1000}=8.2\text{mm}\leqslant\xi_bh_0=0.62\times56=34.7\text{mm}$$

将所得 x 值代入式(3-7)，求得截面所能承受的弯矩设计值为：

$$M_{du}=f_{cd}bx\left(h_0-\frac{x}{2}\right)$$

$$=9.2\times1000\times8.2\times\left(56-\frac{8.2}{2}\right)=31915336\text{N}\cdot\text{mm}$$

$$=3.915\text{kN}\cdot\text{m}<\gamma_0M_d=4.218\text{kN}\cdot\text{m}$$

计算结果表明，该构件正截面承载力是不能满足要求的，需要重新设计，可采取的改进方法：增加人行道板厚度，加大截面配筋，提高混凝土等级。有兴趣的读者可自行验算。

四、双筋矩形截面受弯构件正截面承载力计算

在单筋矩形截面梁计算中，出现 $x>\xi_bh_0$ 并且梁截面尺寸受到限制或混凝土强度不宜提高的情况时，可以采用双筋梁，即在受压区配置钢筋协助混凝土承受压力，减少混凝土的受压区高度，使混凝土不致过早压碎。此外某些构件截面需要承受正、负号弯矩时，也需采用双筋梁。

必须指出，从理论上分析采用受压钢筋协助混凝土承担压力是不经济的；在实际工程中，由于梁高过矮需要设置受压钢筋的情况也不多。但是从使用性能上看，双筋梁能增强截面的延性，提高结构的抗震性能，有利于防止结构的脆性破坏；此外，由于受压钢筋的存在，可以减小长期荷载效应作用下的变形。从这种意义上讲，采用双筋梁还是适宜的。

(一)计算图式和基本方程式

双筋梁正截面破坏时的特点与单筋截面梁相似，其计算图式如图 3-19 所示，其中除受压钢筋的应力取钢筋抗压强度设计值 f'_{sd} 以外，其余各项均与单筋截面梁相同。

双筋矩形截面受弯构件正截面承载力计算公式，可由内力平衡条件求得。

学习记录

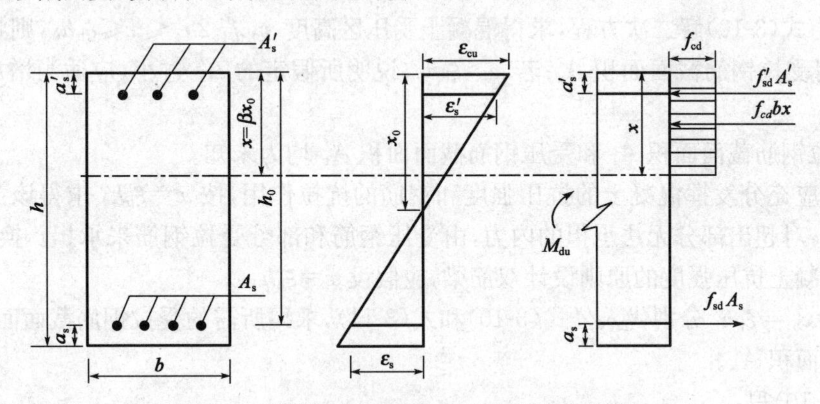

图 3-19　双筋矩形截面受弯构件正截面承载力计算图式

由水平力平衡条件，即$\sum X=0$，得：

$$f_{cd}bx+f_{sd}'A_s'=f_{sd}A_s \tag{3-9}$$

由所有的力对受拉钢筋合力作用点取矩的平衡条件，即$\sum M_{As}=0$，得：

$$\gamma_0 M_d \leqslant M_{du}=f_{cd}bx\left(h_0-\frac{x}{2}\right)+f_{sd}'A_s'(h_0-a_s') \tag{3-10}$$

应用上述公式时，必须满足下列条件。

(1)$x\leqslant\xi_b h_0$。

(2)$x\geqslant 2a_s'$。

上述第一个限制条件，与单筋截面梁相同，是为了保证梁的破坏从受拉钢筋屈服开始，防止梁发生脆性破坏；第二个限制条件是为了保证在极限状态下，受压钢筋的应力能达到其抗压强度设计值，若$x<2a_s'$，表明受压钢筋离中性轴太近，梁破坏时受压钢筋的应变不能充分发挥，其应力达不到抗压强度设计值，这时，截面所能承受的弯矩设计值，可由下列近似公式计算：

$$M_{du}=f_{sd}A_s(h_0-a_s') \tag{3-11}$$

式(3-11)是假定受压混凝土的合力点与受压钢筋合力点重合，钢筋拉力对合力点取矩建立的。

(二)承载能力计算公式应用

利用式(3-9)～式(3-11)进行双筋梁正截面承载力计算，亦可分为截面设计和承载能力复核两种情况。

1. 截面设计

双筋梁的截面尺寸一般是按构造要求和总体布置预先确定的。因此，双筋梁设计的任务是确定受拉钢筋截面面积A_s和受压钢筋截面面积A_s'。前面给出的双筋矩形截面受弯构件正截面承载力计算公式(3-9)、式(3-10)或式(3-11)，只有两个独立方程，而截面设计问题实际上存在三个未知数(A_s、A_s'、x)，问题的解答有无数个。为了求得一个比较合理的解答，应根据不同的设计要求，预先假定一个未知数。这样，剩下两个未知数，问题就可解了。

在进行双筋梁配筋设计时，可能会遇到下列两种情况。

(1)受压钢筋截面面积A_s'已知。

学习记录

两个方程中，只剩下两个未知数(A_s 和 x)，问题是可解的。

首先，由式(3-10)解二次方程，求得混凝土受压区高度 x，若 $2a'_s \leqslant x \leqslant \xi_b h_0$，则将其代入式(3-11)，求得受拉钢筋截面面积 A_s；若 $x > \xi_b h_0$，说明所假定的 A'_s 过小，应适当增加 A'_s，再重新计算。

(2)受拉钢筋截面面积 A_s 和受压钢筋截面面积 A'_s 均为未知。

双筋梁应充分发挥混凝土的抗压强度和钢筋的抗拉作用，按 $x=\xi_b h_0$ 求得该截面所能承受的弯矩值，对超出部分无法承担的内力，由受压钢筋和部分受拉钢筋来承担。换句话说，按充分利用混凝土抗压强度的原则设计双筋梁，应假设 $x=\xi_b h_0$。

将 $x=x_b=\xi_b h_0$ 分别代入公式(3-10)和式(3-11)，求得所需的受拉钢筋截面面积 A_s 和受压钢筋截面面积 A'_s。

由式(3-10)得：

$$A'_s=\frac{\gamma_0 M_d - f_{cd} b x_b\left(h_0-\frac{x_b}{2}\right)}{f_{sd}(h_0-a'_s)}$$

由式(3-11)得：

$$A_s=\frac{\gamma_0 M_d + f_{cd} b x_b\left(\frac{x_b}{2}-a'_s\right)}{f_{sd}(h_0-a'_s)}$$

2. 承载力复核

承载能力复核，是对已知截面进行承载力计算，判断其安全程度。

首先由式(3-9)计算混凝土受压区高度：

$$x=\frac{f_{sd}A_s-f'_{sd}A'_s}{f_{cd}b}$$

若满足 $2a'_s \leqslant x \leqslant \xi_b h_0$ 的限制条件，则将其代入式(3-10)，求得截面所能承受的弯矩设计值：

$$M_{du}=f_{cd}bx\left(h_0-\frac{x}{2}\right)+f'_{sd}A'_s(h_0-a'_s)$$

若所求得的截面所能承受的弯矩设计值大于该截面实际承受的弯矩设计值，即 $M_{du}>\gamma_0 M_d$，说明该截面的承载力是足够的，结构是安全的。

若按式(3-9)求得的 $x<2a'_s$，受压钢筋的应力达不到抗压强度设计值。这时，截面所能承受的弯矩设计值，可由下列近似公式计算

$$M_{du}=f_{sd}A_s(h_0-a'_s)$$

[例 3-3] 有一截面尺寸为 250mm×600mm 的矩形梁，所承受的最大弯矩设计值 $M_d=400\text{kN}\cdot\text{m}$，结构重要性系数 $\gamma_0=1$。拟采用 C30 混凝土、HRB400 钢筋，$f_{cd}=13.8\text{MPa}$，$f_{sd}=330\text{MPa}$，$f'_{sd}=330\text{MPa}$，$\xi_b=0.53$。试选择截面配筋，并复核正截面承载能力。

解：假设 $a_s=70\text{mm}$，$a'_s=40\text{mm}$，则 $h_0=600-70=530\text{mm}$。

首先，按单筋梁计算其所能承受的最大弯矩 M_{db}，与弯矩设计值对比，判断截面配筋类型，取 $x_b=\xi_b h_0=0.53\times530=280.9\text{mm}$。

$$M_{db}=f_{cd}bx_b\left(h_0-\frac{x_b}{2}\right)$$

$$=13.8\times250\times280.9\times\left(530-\frac{280.9}{2}\right)=377.51\times10^6\text{N}\cdot\text{mm}$$

$$=377.51\text{kN}\cdot\text{m}<\gamma_0 M_d=500\text{kN}\cdot\text{m}$$

学习记录

故应按双筋梁设计。

从充分利用混凝土抗压强度出发，取 $x=\xi_b h_0=0.53\times530=280.9\text{mm}$，将其分别代入式(3-9)、式(3-10)得：

$$A_s'=\frac{\gamma_0 M_d-f_{cd}bx\left(h_0-\frac{x}{2}\right)}{f_{sd}(h_0-a_s')}$$

$$=\frac{400\times10^6-13.8\times250\times280.9\times\left(530-\frac{280.9}{2}\right)}{330\times(530-40)}=139.08\text{mm}^2$$

$$A_s=\frac{\gamma_0 M_d+f_{cd}bx\left(\frac{x}{2}-a_s'\right)}{f_{sd}(h_0-a_s')}$$

$$=\frac{400\times10^6+13.8\times250\times280.9\times\left(\frac{280.9}{2}-40\right)}{330\times(530-40)}=3075.57\text{mm}^2$$

受压钢筋选 2⌀12(外径 13.9mm)，供给的 $A_s'=226\text{mm}^2$。

受拉钢筋选 8⌀22(外径 25.1mm)，供给的 $A_s=3041\text{mm}^2$，布置成两排，所需截面最小宽度为：

$$b_{min}=2\times30+4\times25.1+3\times30=250\text{mm}=b=250\text{mm}$$

双筋截面配置钢筋较多，无须进行最小配筋率验算。

五、T 形截面受弯构件正截面承载力计算

(一)概述

T 形截面受弯构件广泛应用于工程实际中。

在桥梁结构中最常见的 T 形截面受弯构件有两种：一种是整体现浇桥梁中，桥面板和支撑的梁通常浇筑成整体，形成平板下有若干梁肋的结构，进行正截面计算时，截面划分为若干 T 形截面受弯构件；另一种是预制装配桥梁中的独立 T 梁。

在荷载作用下，T 形截面受弯构件的翼缘板与梁肋(也叫腹板)共同弯曲。当承受正弯矩时，梁上部受压，位于受压区的翼缘板参与工作，而成为梁的有效截面的一部分，梁的截面成为 T 形截面[图 3-20a)]；当承受负弯矩时，梁上部受拉，位于梁上部的板受拉后，混凝土开裂，不起受力作用，梁有效截面仍为矩形截面[图 3-20b)]。换言之，判断一个截面在计算时是否属于 T 形截面，不是看截面本身的形状，而是由混凝土受压区的形状而定。从这种意义上讲，I 形、Ⅱ形、箱形和空心板梁，在承受正弯矩时，混凝土受压区的形状与 T 形截面相似。在计算正截面承载力时均可按 T 形截面处理。

中间带有圆孔的空心板梁，在计算正截面承载力时，可将其换算为等效的工字形截面处理。

将空心板截面按抗弯等效的原则，换算为等效工字形截面的方法是在保持截面面积、惯性矩和形心位置不变的条件下，将空心板的圆孔(直径为 D)换算为 $b_k\cdot h_k$ 的矩形孔(图 3-21)。

学习记录

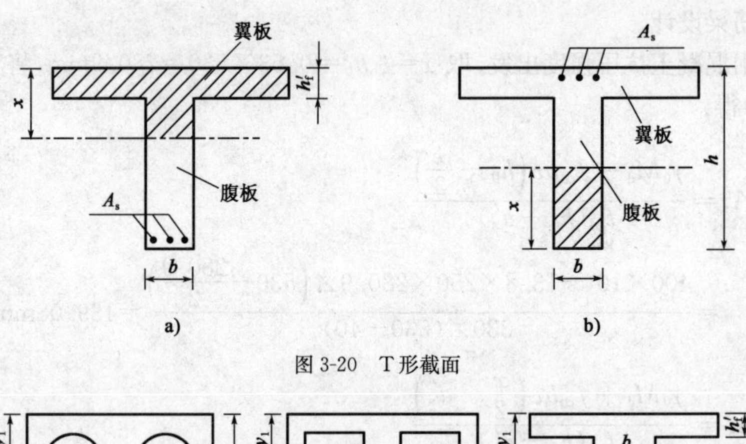

图 3-20 T 形截面

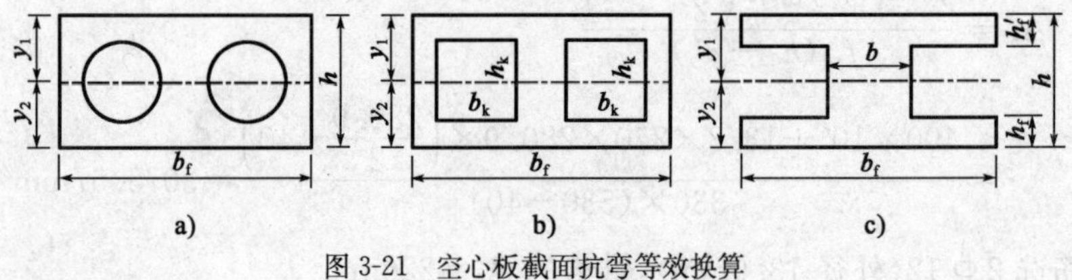

图 3-21 空心板截面抗弯等效换算

按面积相等：

$$b_k h_k = \frac{\pi D^2}{4}$$

按惯性矩相等：

$$\frac{b_k h_k^3}{12} = \frac{\pi D^4}{6}$$

联立解求得：

$$h_k = \frac{\sqrt{3}}{2} D$$

$$b_k = \frac{\sqrt{3}}{6} \pi D$$

这样，在保持原截面高度、宽度及圆孔形心位置不变的情况下，等效工字形截面尺寸为：

上翼缘厚度 $h'_f = y_1 - \frac{h_k}{2} = y_1 - \frac{\sqrt{3}}{4} D$

下翼缘厚度 $h_f = y_2 - \frac{h_k}{2} = y_2 - \frac{\sqrt{3}}{4} D$

腹板厚度 $b = b_f - 2b_k = b_f - \frac{\sqrt{3}}{3} \pi D$

T 形截面梁由腹板和翼缘组成，主要依靠翼缘承担压力，钢筋承担拉力，通过腹板将受压区混凝土和受拉钢筋联系在一起共同工作。

(二)受压有效翼缘宽度

力学分析表明，T 形截面梁受弯时，在翼缘宽度方向压应力的分布是不均匀的，离腹板越远压应力越小，如图 3-22a)所示。在实际工程中，有时翼缘很宽，考虑到远离腹板处翼缘的压应力很小，故在设计中把翼缘的工作宽度限制在一定范围内，一般称为翼缘的有效宽度 b'_f，并假定在 b'_f 范围内压应力是均匀分布的[图 3-22b)]。

还应指出，T 形梁的翼缘参与主梁工作是靠翼缘与腹板连接处的水平抗剪强度来保证的。

学习记录

为此，与腹板连接处的翼缘厚度不能太小。规范规定，T形和工字形截面梁翼缘与腹板连接处的翼缘厚度应不小于梁高的1/10。如设置承托(图3-23)，翼缘厚度可计入承托加厚部分厚度$h_h = \tan\alpha \cdot b_h$，其中$b_h$为承托长度，$\tan\alpha$为承托底坡；当$\tan\alpha$大于1/3时，取用$h_h = b_h/3$。

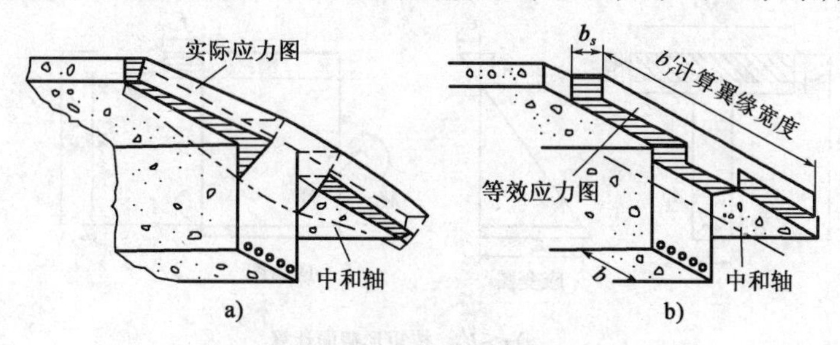

图3-22 T形截面应力分布图

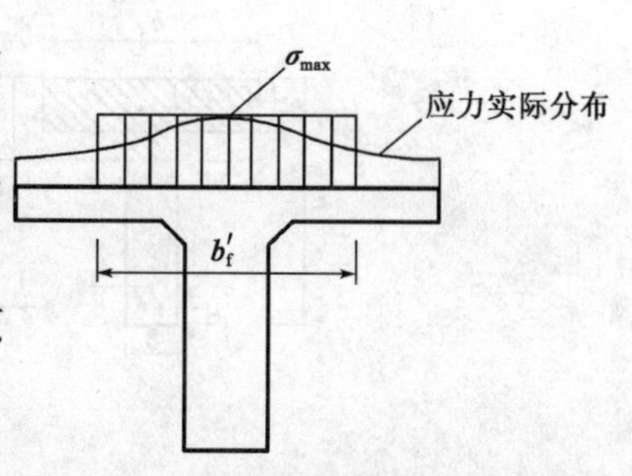

图3-23 T形截面梁受压翼缘的计算宽度

规范规定，T形和工字形截面梁，翼缘有效宽度b_f'，内梁可取用下列三者较小者。

(1)对于简支梁，取计算跨径的1/3。对于连续梁，各中跨正弯矩区段，取该计算跨径的0.2倍；边跨正弯矩区段，取该跨计算跨径的0.27倍；各中间支点负弯矩区段，取该支点相邻两计算跨径之和的0.07倍。

(2)相邻两梁的平均间距。

(3)$b + 2b_h + 12h_f'$，此处b为梁腹板宽度，b_h为承托长度，h_f'为受压区翼缘悬出板的厚度。当$b_h > 3h_h$时，上式中b_h应以$3h_h$代替，此处h_h为承托根部厚度。

外梁翼缘的有效宽度取内梁翼缘有效宽度的1/2，加上腹板宽度的1/2，再加上外侧悬臂板平均厚度的6倍和实际悬臂长度的小值。外梁翼缘的有效宽度不应大于内梁翼缘有效宽度。

(三)基本计算公式及适用条件

T形截面梁受力性能及计算方法与矩形截面梁相同。图3-24给出了T形截面受弯构件正截面承载力计算图式。

T形截面的计算，按中性轴所在位置不同分为两种类型。

1.第一类T形截面($x \leqslant h_f'$)

中性轴位于翼缘内，即$x \leqslant h_f'$，混凝土受压区为矩形，中性轴以下部分的受拉混凝土不起作用，故这种类型的T形截面与宽度为b_f'的矩形截面的正截面承载力完全相同。其正截面承载力计算公式，可由内力平衡条件求得[图3-24a)]。

由水平力平衡条件，即$\sum X = 0$，得：

$$f_{cd} b_f' x = f_{sd} A_s \tag{3-12}$$

由所有的力对受拉钢筋合力作用点取矩的平衡条件，即$\sum M_{As} = 0$，得：

$$M_{du} = f_{cd} b_f' x \left(h_0 - \frac{x}{2} \right) \tag{3-13}$$

由所有的力对受压区混凝土合力作用点取矩的平衡条件，即$\sum M_C = 0$，得：

学习记录

$$M_{du}=f_{sd}A_s\left(h_0-\frac{x}{2}\right) \tag{3-14}$$

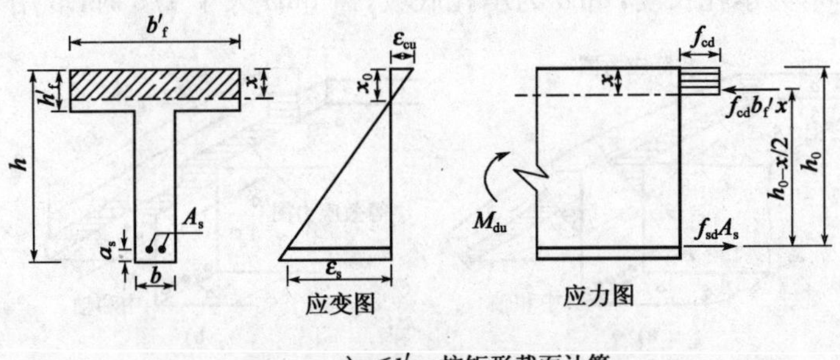

a) $x\leqslant h'_f$ 按矩形截面计算

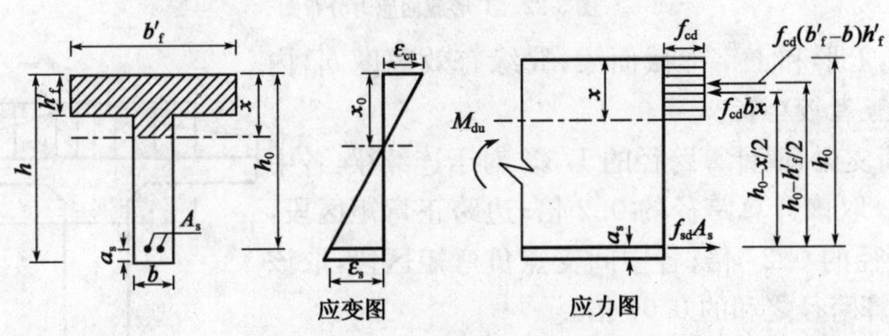

b) $x\geqslant h'_f$ 按T形截面计算

图 3-24 T形截面梁受弯计算图式

应用上述公式时，原则上应满足下列条件：

(1) $x\leqslant\xi_b h_0$。对于 $x\leqslant h'_f$ 的情况，一般均能满足 $x\leqslant\xi_b h_0$ 的限制条件，故可不必作判别验算。

(2) $\rho=A_s/bh_0>\rho_{min}$。这里的配筋率 ρ 是相对于腹板宽度计算的，即 $\rho_s=A_s/bh_0$，而不是相对于 $b'_f h_0$ 的配筋率。最小配筋率 ρ_{min} 是根据素混凝土梁的破坏弯矩与同截面钢筋混凝土梁的破坏弯矩相等的条件得出的。计算表明，腹板宽度为 b、梁高度为 h 的T形截面素混凝土梁的破坏弯矩，比宽度为 b、梁高为 h 的矩形截面素混凝土梁的破坏弯矩提高不多。为简化计算，并考虑以往设计经验，此处 ρ_{min} 仍取用矩形截面的数值。

2. 第二类T形截面($x>h'_f$)

中性轴位于腹板内，即 $x>h'_f$，混凝土受压区为T形，其正截面承载力计算公式，可由内力平衡条件求得[图 3-24b)]。

由水平力平衡条件，即 $\sum X=0$ 得：

$$f_{cd}bx+f_{cd}(b'_f-b)h'_f=f_{sd}A_s \tag{3-15}$$

由所有的力对受拉钢筋合力作用点取矩的平衡条件，即 $\sum M_{As}=0$ 得：

$$M_{du}=f_{cd}bx\left(h_0-\frac{x}{2}\right)+f_{cd}(b'_f-b)h'_f\left(h_0-\frac{h'_f}{2}\right) \tag{3-16}$$

由所有的力对受压钢筋合力作用点取矩的平衡条件，即 $\sum M_{A'_s}=0$ 得：

$$M_{du}=f_{cd}bx\left(\frac{x}{2}-a'_s\right)+f_{cd}(b'_f-b)h'_f\left(\frac{h'_f}{2}-a'_s\right) \tag{3-17}$$

应用上述公式时，应满足 $x\leqslant\xi_b h_0$ 的限制条件。对于 $x>h'_f$ 的情况，$\rho>\rho_{min}$ 的限制条件一般均能满足要求，故可不必作判别验算。

(四)实用设计方法

学习记录

1. 截面设计与配筋

已知:截面弯矩设计值$\gamma_0 M_d$、截面尺寸、混凝土强度等级和钢筋级别,求受拉钢筋截面面积A_s。

(1)首先应确定中性轴位置,判断截面类型。这时可利用$x=h'_f$的界限条件来判断截面类型。显然,若满足:

$$M_{du}\leqslant f_{cd}b'_f h'_f\left(h_0-\frac{h'_f}{2}\right) \tag{3-18}$$

则$x\leqslant h'_f$,中性轴位于腹板内,即属于第一类T形,应按矩形截面计算。反之,若:

$$M_{du}> f_{cd}b'_f h'_f\left(h_0-\frac{h'_f}{2}\right) \tag{3-19}$$

则$x>h'_f$,中性轴位于腹板内,即属于第二类T形,应按T形截面计算。

(2)当为第一类截面时,首先由式(3-13),解二次方程,求得混凝土受压区高度x,若$x\leqslant h'_f$,则将其代入式(3-12)或式(3-14)求得受拉钢筋截面面积A_s,选择和布置钢筋,并验算截面最小配筋率。

(3)当为第二类截面时,首先由式(3-16),解二次方程,求得混凝土受压区高度x,若$h'_f<x\leqslant\xi_b h_0$,则将其代入式(3-17),求得受拉钢筋截面面积A_s,然后选择和布置钢筋。

(4)选择钢筋直径和数量,按照构造要求进行布置。

2. 承载能力复核

对现有的T形截面梁进行正截面承载能力复核,可按下列步骤进行。

(1)判断截面类型。对于现有截面,钢筋截面面积已知,可利用下列条件判断截面类型,若满足下列条件:

$$f_{cd}b'_f h'_f\geqslant f_{sd}A_s \tag{3-20}$$

表明钢筋所承担的拉力小于或等于全部受压翼板内混凝土压应力的合力,则$x\leqslant h'_f$,即属于第一类T形;反之,则$x>h'_f$,即属于第二类T形。

(2)当为第一类T形截面时,由式(3-13)确定混凝土受压区高度x,则将其代入式(3-14)。计算该截面所能承担的弯矩设计值M_{du},若$M_{du}>\gamma_0 M_d$说明该截面的承载力是足够的。

(3)当为第二类T形截面时,由式(3-15)确定混凝土受压区高度x,若$h'_f<x\leqslant\xi_b h_0$,则将其代入式(3-16)或式(3-17)。计算该截面所能承担的弯矩设计值M_{du},若$M_{du}>\gamma_0 M_d$说明该截面的承载力是足够的。

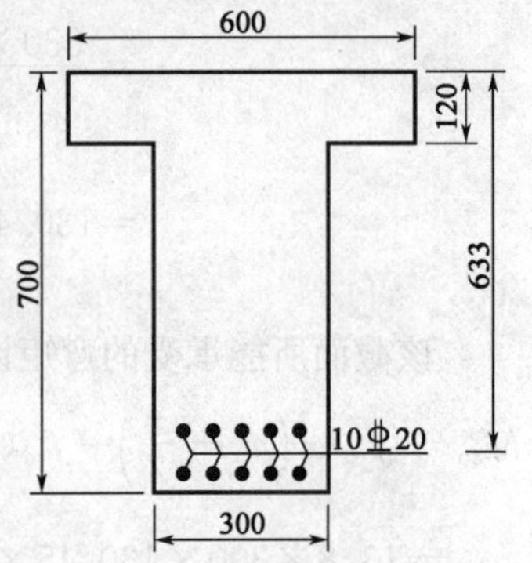

图3-25　T形梁截面尺寸及配筋(尺寸单位:mm)

[例3-4]　T形截面梁截面尺寸如图3-25所示,所承受的弯矩设计值$M_d=580$kN·m,结构重要性系数$\gamma_0=1.0$。拟采用C30混凝土,HRB400钢筋,$f_{cd}=13.8$MPa,$f_{td}=1.39$MPa,$f_{sd}=330$MPa,$\xi_b=0.53$。试选择钢筋,并复核正截面承载能力。

解:　(1)截面设计

按受拉钢筋布置成两排估算$a_s=70$mm,梁的有效高度$h_0=700-70=630$mm。梁的翼缘有效宽度$b'_f=b+12h'_f=300+$

$12\times120=1740\text{mm}>600\text{mm}$，故取 $b_f'=600\text{mm}$。

学习记录

判断截面类型，当 $x=h_f'$ 时，截面所能承受的弯矩设计值为：

$$f_{cd}b_f'h_f'\left(h_0-\frac{h_f'}{2}\right)=13.8\times600\times120\times\left(630-\frac{120}{2}\right)=566.3\times10^6\text{N}\cdot\text{mm}$$

$$=566.3\text{kN}\cdot\text{m}<\gamma_0M_d=580\text{kN}\cdot\text{m}$$

故应按第二类 T 形截面计算。

这时，应由式(3-16)求得混凝土受压区高度 x：

$$M_{du}=f_{cd}bx(h_0-\frac{x}{2})+f_{cd}(b_f'-b)h_f'\left(h_0-\frac{h_f'}{2}\right)$$

$$580\times10^6=13.8\times300x\left(630-\frac{x}{2}\right)+13.8\times(600-300)\times120\times\left(630-\frac{120}{2}\right)$$

展开整理后，得：

$$x^2-1260x+143393.23=0$$

解得：

$$x=126.5\text{mm}\begin{array}{l}>h_f'=120\text{mm}\\<\xi_bh_0=0.53\times630=333.9\text{mm}\end{array}$$

将所得 x 代入式(3-15)得：

$$A_s=\frac{f_{cd}bx+f_{cd}(b_f'-b)h_f'}{f_{sd}}$$

$$=\frac{13.8\times300\times126.5+13.8\times(600-300)\times120}{330}$$

$$=3092.45\text{mm}^2$$

选择 10 Φ 20(外径 22.7mm)，钢筋截面面积 $A_s=3142\text{mm}^2$，10 根钢筋布置成两排，每排 5 根，所需截面最小宽度 $b_{min}=2\times30+5\times22.7+4\times30=293.5\text{mm}<b=300\text{mm}$，受拉钢筋合力作用点至梁下边缘的距离 $a_s=30+22.7+30/2=67.7\text{mm}$，梁的实际有效高度 $h_0=700-67.7=632.3\text{mm}$。

(2)截面复核

按梁的实际配筋情况，计算混凝土受压区高度 x

$$x=\frac{f_{sd}A_s-f_{cd}(b_f'-b)h_f'}{f_{cd}b}$$

$$=\frac{330\times3142-13.8\times(600-300)\times120}{13.8\times300}$$

$$=130.45\text{mm}\begin{array}{l}>h_f'=120\text{mm}\\<\xi_bh_0=0.53\times632.5=335.1\text{mm}\end{array}$$

该截面所能承受的弯矩设计值为：

$$M_{du}=f_{cd}bx\left(h_0-\frac{x}{2}\right)+f_{cd}(b_f'-b)h_f'\left(h_0-\frac{h_f'}{2}\right)$$

$$=13.8\times300\times130.45\times\left(632.5-\frac{130.45}{2}\right)+13.8\times(600-300)\times120\times\left(632.3-\frac{120}{2}\right)$$

$$=590.57\times10^6\text{N}\cdot\text{mm}=590.57\text{kN}\cdot\text{m}>\gamma_0M_d=580\text{kN}\cdot\text{m}$$

计算结果表明，该截面的抗弯承载能力是足够的，结构是安全的。

学习记录

［例 3-5］　预制的钢筋混凝土简支空心板，截面尺寸如图 3-26a）所示，截面宽度 b＝1000mm，截面高度 h＝450mm，截面承受的弯矩设计值 M_d＝550kN·m，结构重要性系数 γ_0＝0.9。拟采用 C25 混凝土，HRB335 钢筋，f_{cd}＝11.5MPa，f_{td}＝1.23MPa，f_{sd}＝280MPa，ξ_b＝0.56。试选择钢筋，并复核承载能力。

a)

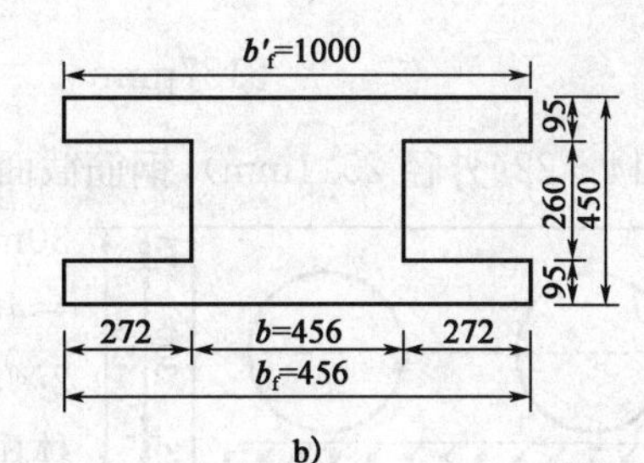

b)

图 3-26　钢筋混凝土空心板截面尺寸（尺寸单位：mm）

解：（1）截面设计

将空心板截面换算为抗弯等效的 I 形截面，按下式求得等效 I 形截面尺寸［图 3-26b）］。

上翼缘厚度：

$$h'_f = y_1 - \frac{\sqrt{3}}{4}D = 225 - \frac{\sqrt{3}}{4} \times 300 = 95\text{mm}$$

下翼缘厚度：

$$h_f = y_2 - \frac{\sqrt{3}}{4}D = 225 - \frac{\sqrt{3}}{4} \times 300 = 95\text{mm}$$

腹板厚度：

$$b = b_f - \frac{\sqrt{3}}{3}\pi D = 100 - \frac{\sqrt{3}}{3} \times 3.14 \times 300 = 456\text{mm}$$

空心板采用单根钢筋配筋，假设 a_s＝40mm，板的有效高度 h_0＝450－40＝410mm。

判别截面类型，当 $x=h'_f$ 时，截面所能承受的弯矩设计值为：

$$f_{cd}b'_f h'_f\left(h_0 - \frac{h'_f}{2}\right) = 11.5 \times 1000 \times 95 \times \left(410 - \frac{95}{2}\right) = 399.45 \times 10^6\text{N} \cdot \text{mm}$$

$$= 399.45\text{kN} \cdot \text{m} < \gamma_0 M_d = 0.9 \times 550 = 495\text{kN} \cdot \text{m}$$

按第二类 T 形截面计算。

求混凝土受压区高度 x：

$$M_{du} = f_{cd}bx\left(h_0 - \frac{x}{2}\right) + f_{cd}(b'_f - b)h'_f\left(h_0 - \frac{h'_f}{2}\right)$$

$$0.9 \times 550 \times 10^6 = 11.5 \times 456x\left(410 - \frac{x}{2}\right) + 11.5 \times (1000 - 456) \times 95 \times \left(410 - \frac{95}{2}\right)$$

$$> h'_f = 95\text{mm}$$

解方程得：x＝162mm

$$< \xi_b h_0 = 0.56 \times 410 = 229.6\text{mm}$$

求所需钢筋截面面积：

学习记录

$$A_s=\frac{f_{cd}bx+f_{cd}(b'_f-b)h'_f}{f_{sd}}$$

$$=\frac{11.5\times456\times162+11.5\times(1000-456)\times95}{280}$$

$$=5157\text{mm}^2$$

选择 14ф22(外径 25.1mm),钢筋截面面积 $A_s=5321.4\text{mm}^2$。板的混凝土保护层厚度取30mm,则板的实际有效高度 $h_0=450-(30+25.1/2)=407.5\text{mm}$。钢筋布置一排所需截面最小宽度 $b_{min}=2\times30+14\times25.1+13\times30=801.4\text{mm}<1000\text{mm}$,具体配筋如图 3-27 所示。

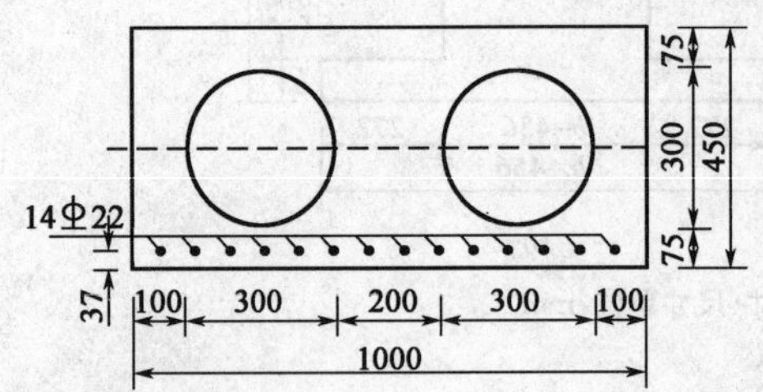

图 3-27 钢筋混凝土空心板的配筋(尺寸单位:mm)

(2)截面复核

按实际配筋情况,复核截面抗弯承载能力。

计算混凝土受压区高度 x

$$x=\frac{f_{sd}A_s-f_{cd}(b'_f-b)h'_f}{f_{cd}b}$$

$$=\frac{280\times5321.4-11.5\times(1000-456)\times95}{11.5\times456}$$

$$=170.8\text{mm}\begin{cases}>h'_f=95\text{mm}\\<\xi_bh_0=0.56\times409=229.04\text{mm}\end{cases}$$

属于第二类T形截面,将 x 值代入式(3-16),求得该截面所能承受的弯矩设计值为:

$$M_{du}=f_{cd}bx\left(h_0-\frac{x}{2}\right)+f_{cd}(b'_f-b)h'_f\left(h_0-\frac{h'_f}{2}\right)$$

$$=11.5\times456\times170.8\times\left(407.5-\frac{170.8}{2}\right)+11.5\times(1000-456)\times95\times\left(407.5-\frac{95}{2}\right)$$

$$=502.45\times10^6\text{N}\cdot\text{mm}=502.45\text{kN}\cdot\text{m}<\gamma_0M_d=0.9\times550=495\text{kN}\cdot\text{m}$$

该T形截面的抗弯承载力满足要求。

单元回顾与学习指导

本单元学习了受弯构件的正截面和斜截面受力性能及计算,受弯构件是实际工程中非常常见的构件形式,知识要点如下。

1.钢筋混凝土受弯构件正截面破坏形态按其配筋率不同,可分为三类:少筋梁破坏、适筋梁破坏、超筋梁破坏。

(1)当梁配筋率很低时为少筋梁破坏。少筋梁的开裂弯矩等于构件的极限弯矩,因此梁一开裂,裂缝处的钢筋就进入屈服阶段,裂缝迅速向上延伸,梁从中部被劈成两半,破坏突然,属脆性破坏。

(2)当梁的配筋适当时为适筋梁破坏。适筋梁破坏始于受拉区钢筋屈服,终于受压区混凝土被压碎,此过程经历时间较长,梁有明显挠曲变形,破坏前有明显预兆,属延性破坏。

(3)当梁配筋率很高时属于超筋破坏。破坏始于受压区混凝土的压碎,受拉区钢筋达不到屈服,不能充分利用钢筋强度,破坏时梁挠度无明显增长,裂缝不宽,受压区高度延伸不明显。

2.适筋梁的破坏经历三个阶段。第Ⅰ阶段末(Ⅰ_a)为受弯构件抗裂度的计算依据;第Ⅱ阶段是一般钢筋混凝土受弯构件的使用阶段，是裂缝宽度和变形的计算依据；第Ⅲ阶段末（$Ⅲ_a$）是受弯构件正截面承载力的计算依据。

学习记录

3. 受弯构件截面可分为单筋矩形截面、双筋矩形截面、T形截面和I形截面。

4. 在进行截面设计时，截面大小、钢筋直径、净距、保护层等应符合《公路桥规》有关构造规定。

习 题

3.1 在外荷载作用下，受弯构件任一截面上均存在哪些内力？受弯构件有哪两种可能的破坏形式？破坏时主裂缝的方向如何？

3.2 适筋梁从加载到破坏共经历哪几个阶段？各阶段的主要特征是什么？每个阶段是哪个极限状态的计算依据？

3.3 什么是配筋率？配筋量对梁的正截面承载力有何影响？

3.4 适筋梁、超筋梁和少筋梁的破坏特征有何区别？

3.5 什么是最小配筋率，最小配筋率是根据什么原则确定的？

3.6 如何确定单筋矩形截面梁正截面承载力的计算应力图形？受压区混凝土等效应力图形的等效原则是什么？

3.7 在什么情况下可采用双筋截面？如何确定其计算应力图形？其基本计算公式与单筋截面有何不同？在双筋截面中受压钢筋起什么作用？其适应条件除了满足 $\xi \leqslant \xi_b$ 之外为什么还要满足 $x \geqslant 2a_s'$？

3.8 在进行T形截面的截面设计和承载力校核时，如何判别T形截面的类型？其判别式是依据什么原理确定的？

3.9 已知梁的截面尺寸为 $b \times h = 200mm \times 500mm$；混凝土强度等级为C25，$f_{cd} = 11.5MPa$；钢筋采用HRB335，$f_{sd} = 280MPa$；截面弯矩设计值 $M = 165kN \cdot m$，保护层厚度为30mm。求受拉钢筋截面面积。

3.10 已知梁的截面尺寸为 $b \times h = 250mm \times 450mm$；受拉钢筋为4根直径为16mm的HRB335钢筋，$f_{sd} = 280MPa$，$A_s = 804mm^2$；混凝土强度等级为C40，$f_{cd} = 18.4MPa$；控制截面的弯矩设计值 $M_d = 86kN \cdot m$，保护层厚度为30mm。验算此梁截面是否安全。

第四单元 DISIDANYUAN

钢筋混凝土受弯构件斜截面承载力计算

单元导读

钢筋混凝土受弯构件斜截面承载力计算是受弯构件设计计算的重点内容。要学好本章内容，需要利用以前学过的材料力学中主应力的计算结合混凝土材料易开裂的特点，理解混凝土梁出现斜裂缝的原因和腹筋的作用；理解斜截面抗剪承载力的含义及影响因素；理解规范计算公式及适用条件的应用；掌握保证或提高斜截面承载力的措施和方法。

学习目标

1. 掌握受弯构件斜截面的三种破坏形态及破坏特征；
2. 掌握斜截面抗剪承载力的影响因素、计算公式和适用条件；
3. 理解腹筋的设计及构造要求；
4. 理解抵抗弯矩图的作法和用途；
5. 理解斜截面抗剪承载力的校核；
6. 了解全梁承载力校核的方法。

学习重点

1. 斜截面受剪破坏的三种破坏类型及特点；
2. 影响斜截面受剪承载力的主要因素；
3. 有腹筋梁斜截面受剪承载力的计算公式及适用条件。

学习难点

1. 抗剪承载力校核；
2. 利用弯矩图和材料图校核正截面受弯承载力。

单元学习计划

内　　容	建议自学时间（学时）	学 习 建 议	学 习 记 录
第四单元　钢筋混凝土受弯构件斜截面承载力计算	10		
一、概述	1	复习剪应力、主应力的计算，理解斜截面开裂的原因和裂缝方位	
二、钢筋混凝土受弯构件斜截面的剪切破坏	1	结合试验了解不同破坏形态的主要破坏特征	
三、钢筋混凝土受弯构件斜截面抗剪承载力的主要影响因素	2	理解影响抗剪承载力的主要因素及影响规律	
四、受弯构件的斜截面抗剪承载力计算	2	掌握公式确定的依据、适用条件	
五、斜截面抗弯承载力保证措施	1	了解抗弯承载力的定义和保证措施	
六、全梁承载能力校核	3	理解校核的截面和校核内容	

引　言

对在运营过程中的某城市立交桥进行检测，发现混凝土梁侧面有很多斜裂缝和正裂缝，斜裂缝整体呈八字形，均与水平方向夹角略大于 45°[图 4-1a)]。经过分析研究，需对该桥进行加固，图 4-1b)为加固后的混凝土梁。加固用的钢板与裂缝接近垂直布置，粘贴在梁的腹板侧面。

为什么梁会出现图 4-1a)中的斜裂缝呢？通过本单元的学习，我们将了解斜裂缝出现的原因，了解保证斜截面承载力的措施，并学习如何进行梁腹筋的设计。

a)立交桥侧面的裂缝

b)加固后的混凝土梁

图 4-1　某立交桥

一、概　　述

钢筋混凝土受弯构件在竖向荷载作用下，截面内力有弯矩和剪力。

弯矩引起截面正应力，正拉应力超过混凝土抗拉强度的截面，会产生正裂缝，构件可能沿该正截面破坏，工程中通过设置受力纵筋保证正截面的承载力。这在第 3 单元已讲过。

剪力会引起剪应力，而正应力和剪应力共同作用下会产生斜向主拉应力和主压应力。对于混凝土材料，其抗拉强度很低，当主拉应力达到混凝土抗拉强度极限值时，就会出现垂直于主拉应力方向的斜裂缝。如图 4-2a)中，受拉区 A 点的应力有正拉应力和剪应力，产生的主拉应力与水平方向夹角小于 45°，当主拉应力超过混凝土的抗拉极限强度值时，会出现与主拉应力方向垂直的斜裂缝。随着斜裂缝的发展，梁可能出现沿斜裂缝的破坏，这种沿斜裂缝的破坏称为斜截面破坏。为了防止梁沿斜截面破坏，通常在梁内设置与斜裂缝相交的钢筋，工程中用箍筋和弯起钢筋(斜筋)。箍筋和弯起筋总称为腹筋。

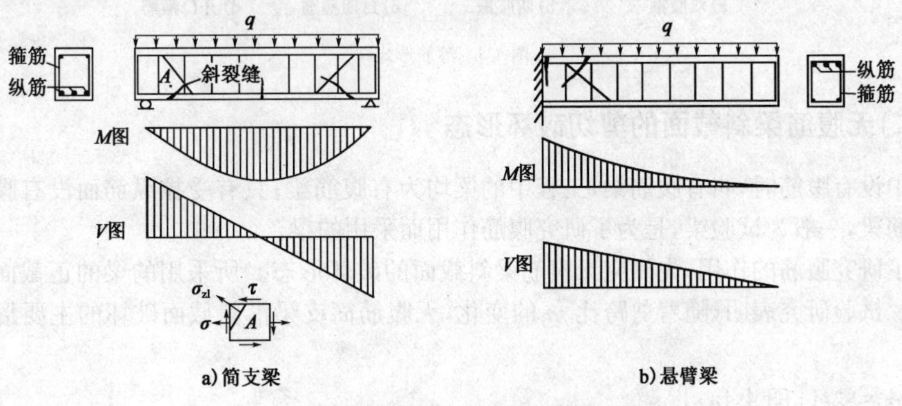

a)简支梁　　b)悬臂梁

图 4-2　钢筋混凝土梁内可能的裂缝及钢筋布置

学习记录

不同受力形式的梁，内力图、正裂缝和斜裂缝方位不同，纵筋、箍筋和弯起筋的布置也不同。图4-2为承受均布荷载作用的简支梁和悬臂梁的内力图、可能的裂缝方位、钢筋的布置情况。

二、钢筋混凝土受弯构件斜截面的剪切破坏

(一)基本概念

1. 剪跨比 m

狭义剪跨比：指梁承受的集中力作用点到近支点的距离 a（一般称为剪跨）与梁的有效高度 h_0 之比，即 $m=a/h_0$。

广义剪跨比：$m=M/Vh_0$。

剪跨比的大小反映了梁内正应力和剪应力的大小比例关系，是影响受弯构件斜截面破坏形态的一个重要因素。

2. 配箍率 ρ_{sv}

配箍率是影响钢筋混凝土受弯构件承载力的主要因素之一，表示箍筋用量的相对大小，用 ρ_{sv}(%)表示，即：

$$\rho_{sv}=\frac{A_{sv}}{bS_v}=\frac{nA_{sv1}}{bS_v} \tag{4-1}$$

式中：b——截面宽度，对T形截面梁取 b 为肋宽；

S_v——沿梁长度方向箍筋的间距；

A_{sv}——与斜裂缝相交的一道箍筋各肢总截面积；

n——箍筋肢数，双肢箍 $n=2$，如图4-3a)、c)、d)，四肢箍 $n=4$，如图4-3b)；

A_{sv1}——单肢箍筋截面面积。

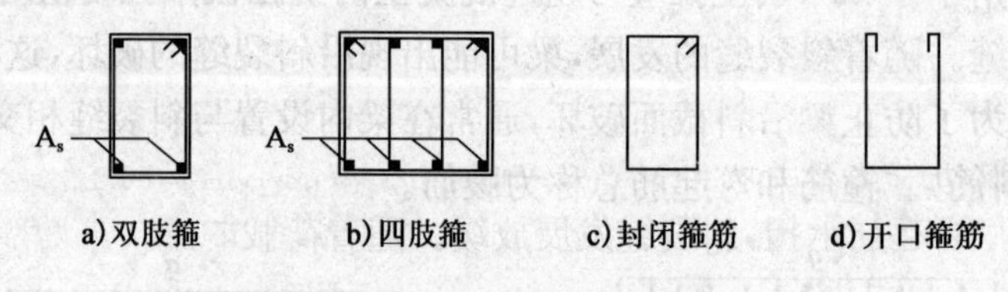

图4-3 箍筋形式

(二)无腹筋梁斜截面的剪切破坏形态

梁中设有腹筋时，叫有腹筋梁，工程中的梁均为有腹筋梁；只有受拉纵筋而没有腹筋的梁叫无腹筋梁，一般为试验梁，是为了研究腹筋作用而采用的梁。

为了研究腹筋的作用，先研究无腹筋梁斜截面的破坏形态。所采用的梁的正截面承载力要足够。试验研究表明，随着剪跨比 m 的变化，无腹筋简支梁沿斜截面破坏的主要形态有以下三种。

1. 斜拉破坏[图4-4a)]

这种破坏往往发生于剪跨比较大($m>3$)时。

在荷载作用下，梁的剪跨段产生由梁底竖向的裂缝沿主压应力轨迹线向上延伸发展而成的斜裂缝。其中有一条主要斜裂缝（又称临界斜裂缝）很快形成，并迅速伸展至荷载垫板边缘而使梁体混凝土裂通，梁被撕裂成两部分而丧失承载力，同时，沿纵向钢筋往往伴随产生水平撕裂裂缝，这种破坏称为斜拉破坏。这种破坏发生突然，破坏荷载等于或略高于主要斜裂缝出现时的荷载，破坏面较整齐，无混凝土压碎现象。

2. 剪压破坏[图 4-4b)]

这种破坏多见于剪跨比为 $1\leqslant m\leqslant 3$ 的情况中。

梁在剪弯区段内出现斜裂缝。随着荷载的增大，陆续出现几条斜裂缝，其中一条发展成为临界斜裂缝。临界斜裂缝出现后，梁还能继续被增加荷载，而斜裂缝伸展至荷载垫板下，直到斜裂缝顶端（剪压区）的混凝土在正应力 σ_x，剪应力 τ 及荷载引起的竖向局部压应力 σ_y 的共同作用下被压碎而破坏。破坏处可见到很多平行的斜向短裂缝和混凝土碎渣，这种破坏称为剪压破坏。

3. 斜压破坏[图 4-4c)]

这种情况剪跨比较小（$m<1$）时。

首先是荷载作用点和支座之间出现一条斜裂缝，然后出现若干条大体相平行的斜裂缝，梁腹被分割成若干个倾斜的小柱体。随着荷载增大，梁腹发生类似混凝土棱柱体被压坏的情况。破坏时斜裂缝多而密，但没有主裂缝，故称为斜压破坏。

总的来看，不同剪跨比无腹筋简支梁的破坏形态虽有不同，但荷载达到峰值时梁的跨中挠度都不大，而且破坏较突然，均属于脆性破坏，而其中斜拉破坏最为明显。

同样尺寸的无腹筋梁，发生斜压破坏时的抗剪承载力最大，发生斜拉破坏时的抗剪承载力最小，发生剪压破坏时的延性最好。

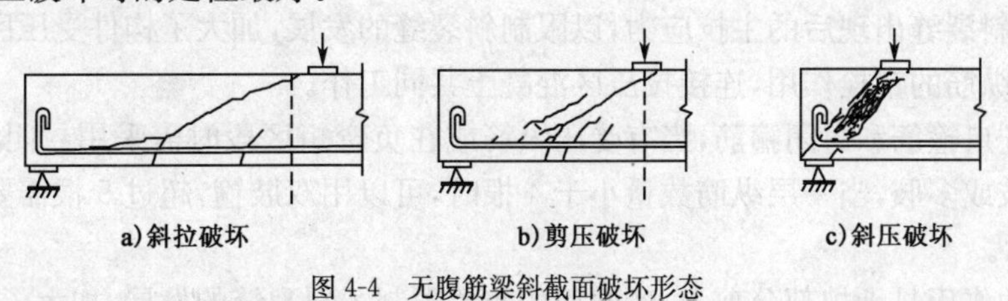

图 4-4 无腹筋梁斜截面破坏形态

（三）钢筋混凝土有腹筋梁斜截面剪切破坏形态

钢筋混凝土有腹筋梁受力出现斜裂缝后，混凝土不再能承担斜向主拉应力，主拉应力由与斜裂缝相交的箍筋和弯起筋承担，斜裂缝发展放缓。随着荷载的进一步增加，斜裂缝不断发展直至截面破坏。斜截面破坏类型有剪切破坏和受弯破坏两种。

根据大量的试验观测，钢筋混凝土梁的斜截面剪切破坏，大致可归纳为下列三种主要破坏形态：斜拉破坏、剪压破坏和斜压破坏。图 4-5 所示为钢筋混凝土有腹筋梁的斜截面剪切破坏形态。

1. 斜拉破坏

当剪跨比较大（$m>3$），且梁内配置的腹筋数量过少时，将发生斜拉破坏[图 4-5a)]。此时，斜裂缝一旦出现，由于箍筋数量少，梁很快屈服，临界斜裂缝形成，并迅速伸展到受压边缘，构件被斜拉为两部分而破坏。破坏是在无预兆情况下突然发生的，属于脆性破坏。承载力由混凝土的抗拉强度决定。这种破坏的危险性较大，在设计中应通过保证箍筋用量来避免。

2. 剪压破坏

当剪跨比适中（$1<m<3$），且梁内配置的腹筋数量适当时，常发生剪压破坏[图 4-5b)]。

学习记录

这时，随着荷载的增加，首先出现一些垂直裂缝和微细的斜裂缝，与裂缝相交的钢筋拉应力加大。当荷载增加到一定程度时，出现主斜裂缝，随着荷载的增加，主裂缝斜向上伸展，直到与斜裂缝相交的箍筋和弯起钢筋的应力达到屈服强度，同时斜裂缝末端剪压区的混凝土在剪应力和法向压应力的共同作用下达到强度极限值而破坏。这种破坏因钢筋受拉屈服，使斜裂缝发展较宽，具有较明显的破坏征兆，是设计中普遍要求的情况。

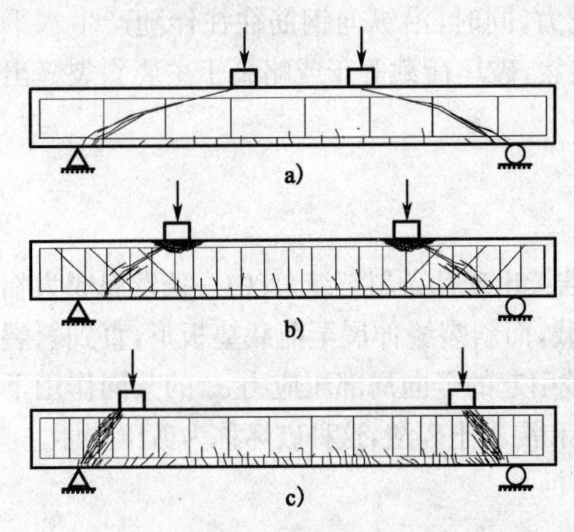

图 4-5　有腹筋梁斜截面剪切破坏形态

3. 斜压破坏

当剪跨比较小($m<1$)，或剪跨比适当、但截面尺寸过小而腹筋配置过多时，都会由于主压应力过大，发生斜压破坏[图 4-5c)]。这时，随着荷载的增加，梁腹板出现若干条平行的斜裂缝，将腹板分割成许多倾斜的受压短柱。最后，因短柱被压碎而破坏。破坏时与斜裂缝相交的箍筋和弯起钢筋的应力尚未达到屈服强度，梁的抗剪承载力主要取决于斜压短柱的抗压承载力。这种破坏也是明显的脆性破坏，设计中应通过保证截面尺寸来避免。

(四)腹筋的作用

受弯构件中，箍筋的作用很大，其主要作用有以下几个方面。

(1)与纵筋形成钢筋骨架，这是箍筋的构造作用。

(2)承担斜裂缝出现后的主拉应力，以限制斜裂缝的发展，加大了构件受压区的面积。

(3)保证纵筋的销栓作用，连接拉压区混凝土共同工作。

箍筋有开口箍筋和封闭箍筋，当有受压纵筋或在负弯矩区段时需采用封闭箍筋。每道箍筋可以是双肢或多肢，当一层纵筋数量小于 4 根时，可以用双肢箍，超过 5 根需要采用多肢箍，如图 4-3 所示。

弯起筋的作用是承担部分剪力，弯起筋的布置限制了斜裂缝的发展，加大了剪压区混凝土面积，提高了抗剪能力。弯起筋由主筋在合适的位置弯起，一般为 45°或 60°。

三、钢筋混凝土受弯构件斜截面抗剪承载力的主要影响因素

斜截面抗剪承载力指受弯构件发生斜截面破坏时，斜截面上承担的所有竖向力之和，用 V_u 表示。图 4-6 为一发生剪压破坏的构件，抗剪承载力由与斜截面相交的箍筋拉力和 V_{sv}、弯起筋拉力的竖向力分量 V_{sb} 及剪压区混凝土剪力 V_c、斜裂缝上的骨料咬合力的竖向力分量、纵筋的销栓力等组成。

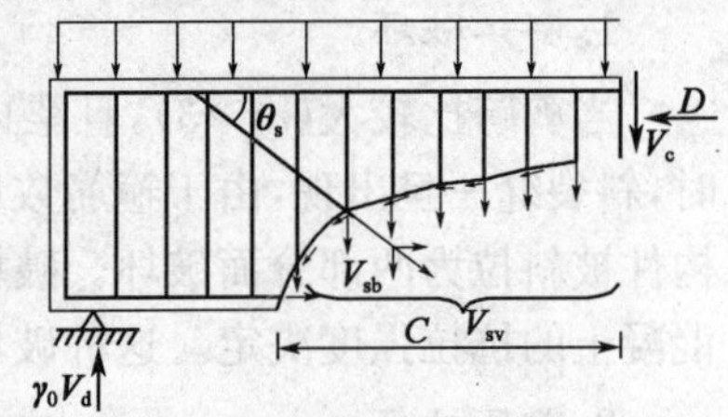

图 4-6　梁斜截面的破坏图式

试验研究表明，影响有腹筋梁斜截面抗剪能力的主要因素有剪跨比、混凝土强度、纵向受拉钢筋配筋率、箍筋数量及强度等。

学习记录

1. 剪跨比 m

对于无腹筋梁，随着剪跨比 m 的加大，破坏形态按斜压、剪压和斜拉的顺序演变，且抗剪能力逐步降低。当 $m>3$ 后，斜截面抗剪能力趋于稳定，剪跨比的影响不明显了，如图 4-7a)所示。

对于有腹筋梁，由于腹筋的作用，剪跨比对斜截面破坏形态和抗剪承载力的影响变小，如图 4-7b)所示。表 4-1 为有腹筋梁不同配箍率和不同剪跨比时斜截面可能的剪切破坏形态。

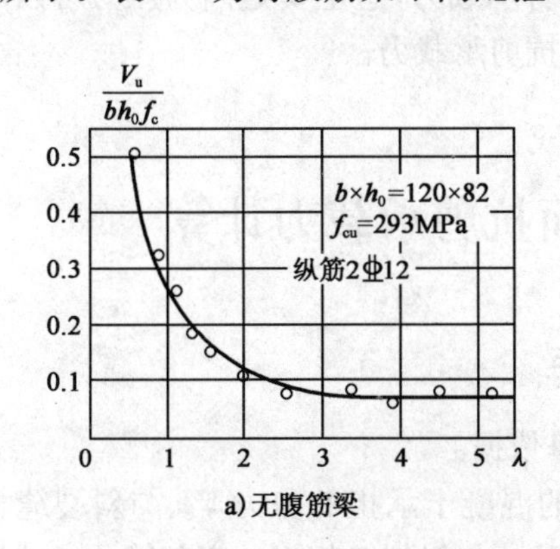

a)无腹筋梁

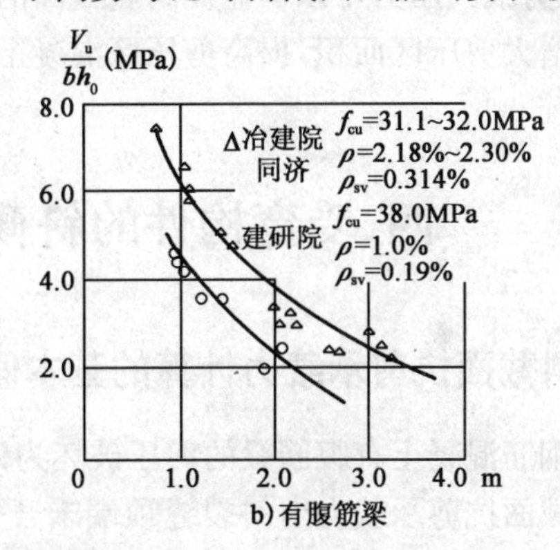

b)有腹筋梁

图 4-7　m 对 V_u 的影响曲线

有腹筋梁的斜截面剪切破坏形态　　表 4-1

m / ρ_{sv}	$m<1$	$1<m<3$	$m>3$
无腹筋	斜压破坏	剪压破坏	斜拉破坏
ρ_{sv}很小	斜压破坏	剪压破坏	斜拉破坏
ρ_{sv}适量	斜压破坏	剪压破坏	剪压破坏
ρ_{sv}很大	斜压破坏	斜压破坏	斜压破坏

2. 混凝土强度等级

混凝土的强度等级对梁的抗剪能力影响很大。混凝土强度等级提高，抗压强度、抗拉强度和抗剪强度都有提高。斜压破坏的承载力由混凝土抗压强度决定，混凝土强度等级提高对承载力影响明显；剪压破坏时斜裂缝的发展程度与混凝土抗拉强度有关；剪压区混凝土受剪破坏的承载力受混凝土的抗剪强度影响，试验证明，此时的抗剪承载力大致与混凝土的$\sqrt{f_{cu,k}}$成正比；斜拉破坏的承载力由混凝土抗拉强度决定，混凝土强度的提高对承载力提高影响很小。

3. 纵筋配筋率

试验表明，梁的抗剪能力随纵筋配筋率 ρ 的提高而增大。因为纵向钢筋能抑制斜裂缝的开展和延伸，使斜裂缝上端的混凝土剪压区的面积增大，从而提高了剪压区混凝土承受的剪力 V_c；同时，纵筋数量的增加，其销栓作用随之增大，斜裂缝接触面上的咬合力有所增大。

4. 配箍率和箍筋强度

有腹筋梁出现斜裂缝后，箍筋不仅直接承受相当部分的剪力，而且有效地抑制斜裂缝的开展和延伸，对提高剪压区混凝土的抗剪能力和纵向钢筋的销栓作用都有着积极的影响。

由于梁斜截面破坏属于脆性破坏，为了提高斜截面延性，不宜采用高强钢筋作箍筋。

学习记录

5.截面形状和尺寸

受压区有受压翼缘时，其斜截面受剪承载力会有提高，如T梁比同样宽度的矩形截面梁的抗剪承载力要高10%～30%。

截面尺寸越大，抗剪承载力越大，腹板宽度对承载力的影响比截面高度要大的多。

6.轴向压力或预压力

轴向压力或预压力可以明显提高斜截面的抗剪承载力，这主要是因为压力可以限制斜裂缝的发展，增大剪压区面积，提高剪压区混凝土的抗剪承载力。

四、受弯构件的斜截面抗剪承载力计算

(一)斜截面抗剪承载力计算的基本假定

(1)以钢筋混凝土有腹筋梁的剪压破坏为计算依据。

(2)斜截面抗剪承载力由斜裂缝顶端未开裂的混凝土承担的剪力V_c、与斜裂缝相交的箍筋承担的拉力V_{sv}、与斜裂缝相交的弯起筋承担的拉力的竖向力分量V_{sb}三者共同承担(图4-8)，忽略了斜截面上交错的咬合力和纵筋的销栓力，即$V_u=V_c+V_{sv}+V_{sb}$。

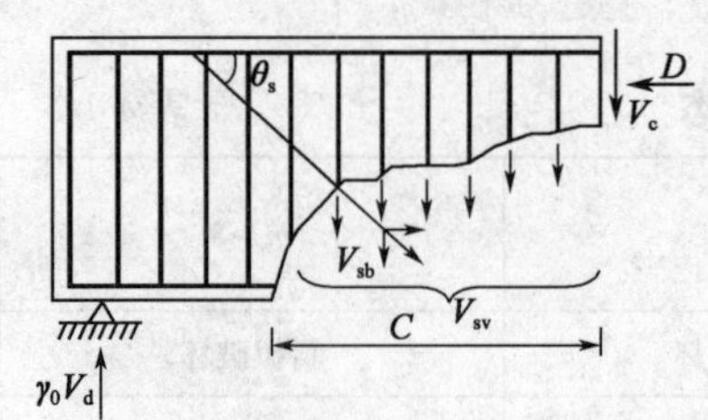

图4-8 斜截面抗剪承载力的计算图式

(二)计算公式及公式适用条件

箍筋配箍率的大小对剪压区混凝土的抗剪承载力影响比较大，当配箍率大时，斜裂缝开展缓慢，剪压区混凝土面积就大，混凝土承担的抗剪承载力也大。因此，V_c和V_{sv}的大小是紧密相关的，不好分开，一般用V_{cs}表示箍筋和剪压区混凝土共同承担的剪力。

根据影响抗剪承载力的主要因素，结合国内外的大量试验，我国《公路钢筋混凝土及预应力混凝土桥涵设计规范》(JTG D62—2004)(以下简称《公路桥规》)对配有箍筋和弯起筋的矩形、T形、箱形、I形截面的等高度梁，建议采用下面的半经验半理论公式计算抗剪承载力：

$$V_u=V_{cs}+V_{sb} \tag{4-2}$$

$$V_u=\alpha_1\alpha_2\alpha_3 0.45\times10^{-3}bh_0\sqrt{(2+0.6P)\sqrt{f_{cu,k}}\rho_{sv}f_{sv}}+0.75\times10^{-3}f_{sd}\sum A_{sb}\sin\theta_s \tag{4-3}$$

$$\gamma_0 V_d\leqslant V_u$$

式中：α_1——异号弯矩影响系数，计算简支梁和连续梁近边支点梁段的抗剪承载力时，$\alpha_1=1.0$；计算悬臂梁和连续梁近中间支点梁段的抗剪承载力时，$\alpha_1=0.9$；

α_2——预应力提高系数，对于预应力混凝土受弯构件，$\alpha_2=1.25$，对于钢筋混凝土受弯构件，$\alpha_2=1.0$；

α_3——受压翼缘的影响系数，对具有受压翼缘的截面，取$\alpha_3=1.1$，矩形截面，$\alpha_3=1.0$；

b——斜截面受压区顶端截面处矩形截面宽度(mm)，或T形和I形截面腹板宽度(mm)；

h_0——斜截面受压端正截面的有效高度，自纵向受拉钢筋合力点到受压边缘的距离(mm)；

P——斜截面内纵向受拉钢筋的配筋率，$P=100\rho$，$\rho=A_s/bh_0$，当$P>2.5$时，取$P=2.5$；

学习记录

$f_{cu,k}$——混凝土立方体抗压强度标准值(MPa)；

ρ_{sv}——箍筋配筋率，见式(4-1)；

f_{sv}——箍筋抗拉强度设计值(MPa)；

f_{sd}——弯起钢筋的抗拉强度设计值(MPa)；

A_{sb}——斜截面内在同一个弯起钢筋平面内的弯起钢筋总截面面积(mm^2)；

θ_s——弯起钢筋的切线与构件水平纵向轴线的夹角；

V_d——验算斜截面受压端由作用(或荷载)产生的剪力组合设计值(kN)。

这里要指出以下几点。

(1)当不设弯起钢筋时，梁的斜截面抗剪承载力$V_u = V_{cs}$。

(2)式(4-3)是半经验半理论公式，使用时必须按规定的单位代入数值，而计算得到的斜截面抗剪承载力V_u的单位为kN。

(3)式(4-3)是根据发生剪压破坏时的受力特征和试验资料而得到的，公式有其适用条件。适用条件为配有计算腹筋、不发生斜压和斜拉破坏三个条件。

①公式的上限值——截面的最小尺寸限制

当梁的截面尺寸较小、剪力过大而腹筋较多时，在构件破坏时腹筋达不到受拉屈服，而肋板的混凝土由于过大的主压力而破坏，这种破坏即斜压破坏，类似与正截面的超筋破坏。这种梁的抗剪承载力取决于混凝土的抗压强度及梁的截面尺寸，不能用增加腹筋数量来提高抗剪承载力。为此，《公路桥规》规定了截面的最小尺寸。截面尺寸应满足：

$$\gamma_0 V_d \leqslant 0.51 \times 10^{-3} \sqrt{f_{cu,k}} b h_0 \quad (kN) \tag{4-4}$$

式中：V_d——验算斜截面处由作用(或荷载)产生的剪力组合设计值(kN)；

$f_{cu,k}$——混凝土立方体抗压强度标准值(MPa)；

b——相应于剪力组合设计值处矩形截面的宽度(mm)，或T形和I形截面腹板宽度(mm)；

h_0——相应于剪力组合设计值处截面的有效高度(mm)。

若式(4-4)不满足，则应加大截面尺寸或提高混凝土强度等级。

②公式的下限值——需配置计算箍筋的条件

$$\gamma_0 V_d \geqslant (0.5 \times 10^{-3}) \alpha_2 f_{td} b h_0 \quad (kN) \tag{4-5}$$

式中：f_{td}——混凝土抗拉强度设计值(MPa)。

其他符号的物理意义及相应取用单位与式(4-4)相同。

当剪力较大满足式(4-5)时，才需要配置计算箍筋，公式(4-3)才能使用。当截面的剪力较小不满足式(4-5)时，剪力由混凝土和构造箍筋就可以承担，不需要配置计算箍筋。

③箍筋最小配箍率

为了防止斜截面发生斜拉破坏，梁内需配置合适数量的箍筋。《公路桥规》规定，配箍率要满足下式：

$$\rho_{sv} \geqslant \rho_{sv,min} = \begin{cases} 0.12\% & (\text{箍筋采用HRB335}) \\ 0.18\% & (\text{箍筋采用R235}) \end{cases} \tag{4-6}$$

且箍筋间距要小于最大构造间距。

对于钢筋混凝土板，一般没有抗剪钢筋，这是因为板的宽度大，剪应力很小，剪应力由混凝

学习记录

土自身承担。板的抗剪承载力可采用下式计算：

$$V_u = 1.25 \times 0.5 \times 10^{-3} \alpha_2 f_{td} b h_0 = (0.625 \times 10^{-3}) \alpha_2 f_{td} b h_0 \quad (kN) \tag{4-7}$$

(三)腹筋的构造要求

公路桥涵设计规范规定了钢筋混凝土梁内箍筋和弯起筋的构造要求。

1. 箍筋的构造要求

(1)箍筋直径：大于 8mm，且不小于纵筋直径的 1/4；

(2)箍筋采用 R235 或 HRB335；

(3)箍筋间距：不大于梁高一半，且不大于 400mm 和 15 倍受压纵筋直径；

(4)距支座中心梁高范围内、集中荷载作用点处和绑扎钢筋接头范围内，箍筋要加密，间距≤100mm；

(5)有受压纵筋或在负弯矩区段内，箍筋为封闭箍筋；

(6)箍筋可用双肢箍、4 肢箍，(剪力大、一排纵筋多于 5 根、梁宽较大时用)；

(7)相邻箍筋的弯钩接头，沿纵向交替布置。

2. 弯起筋的构造要求

(1)弯起筋由纵筋弯起，弯起角度有 45°和 60°，弯起筋不足时，可加设斜筋或鸭筋，不得采用浮筋；

(2)弯起筋要对称布置；

(3)在支点处，最少要有 2 根下层钢筋且不少于下层纵筋数的 1/5 伸入支座；

(4)弯起筋要有锚固长度：在受拉区要不小于 20 倍钢筋直径，在受压区要不小于 10 倍钢筋直径；当采用环氧树脂涂层钢筋时要增加 25%的锚固长度；

(5)近支座的第一排弯起筋的弯终点应位于支座中心截面处，以后各排弯起筋的弯终点应在前一排弯起点处或弯起点内侧，即相邻弯起筋的倾斜部分的水平投影要有搭接。

(四)斜截面抗剪承载力计算

斜截面抗剪承载力计算可分为腹筋设计和承载力复核两种情况。

1. 等高度简支梁腹筋的初步设计

已知条件：梁的计算跨径 L，截面尺寸，混凝土强度等级，纵筋及箍筋种类，跨中纵向受拉钢筋布置，梁的剪力包络图(各截面最大剪力组合设计值 V_d 连线)。

要求：根据梁的斜截面抗剪承载力要求配置箍筋、初步确定弯起钢筋(或斜筋)的数量及弯起点位置。

(说明：一般情况下，抗剪腹筋既有箍筋又有弯起筋，有时剪力较小时可以只配抗剪箍筋。本算例按既配抗剪箍筋又配弯起筋的情况进行初步设计)。

计算步骤：

(1)验算公式的上限，即截面尺寸要求。

根据式(4-4)进行验算。若不满足，说明截面尺寸过小，通过多配置腹筋也不能避免混凝土先破坏，构件斜截面将发生斜压破坏，此时，须加大截面尺寸或提高混凝土强度等级。

(2)计算只需配构造箍筋的梁段长度 l_1，由此确定需配计算腹筋的梁段长度。

学习记录

当截面剪力 $\gamma_0 V_d < 0.5\times10^{-3} f_{td} b h_0$ 时，截面剪力小，混凝土自身可以承担该剪力，只需配构造箍筋。由于梁的跨中剪力一般最小，所以此处 b 和 h_0 可取跨中截面计算值，由计算剪力包络图可得到按构造配置箍筋的区段长度 l_1，其余梁段内配计算腹筋，如图 4-9 所示。

(3)确定计算剪力由箍筋、混凝土和弯起筋各自承担的比例。

《公路桥规》规定：最大剪力计算值取用距支座中心 $h/2$ 处截面的数值 V'，其中混凝土和箍筋共同承担不少于 $0.6V'$ 的剪力计算值，弯起钢筋(按 45°弯起)承担不超过 $0.4V'$ 的剪力计算值。由《公路桥规》规定可见混凝土和箍筋共同承担了大部分剪力，这主要是国内外试验研究都表明，混凝土和箍筋共同的抗剪作用效果好于弯起钢筋的抗剪作用。

(4)根据确定的 $V_{cs}=0.6V'$ 设计箍筋。

现取 $V_{cs}=0.6V'$，$0.6V'=\alpha_1\alpha_3 0.45\times10^{-3} b h_0\sqrt{(2+0.6P)\sqrt{f_{cu,k}}\rho_{sv} f_{sv}}$，$\rho_{sv}$ 为待求，其余参数均已知。解得箍筋配筋率 ρ_{sv} 为：

$$\rho_{sv}=\frac{1.78\times10^{6}}{(2+0.6P)\sqrt{f_{cu,k}}f_{sv}}\left(\frac{V'}{\alpha_1\alpha_3 b h_0}\right)^2>\rho_{sv,min} \quad (4\text{-}8)$$

选择箍筋直径和箍筋肢数 n，计算所需箍筋间距 S_v，S_v 为：

$$S_v=\frac{\alpha_1^2\alpha_3^2 0.56\times10^{-6}(2+0.6P)\sqrt{f_{cu,k}}A_{sv}f_{sv}bh_0^2}{(V')^2}\quad(\text{mm}) \quad (4\text{-}9)$$

实际箍筋间距取值要小于计算的箍筋间距，并满足规范构造要求，而且取整。

(5)弯起钢筋的初步设计(图 4-9)。

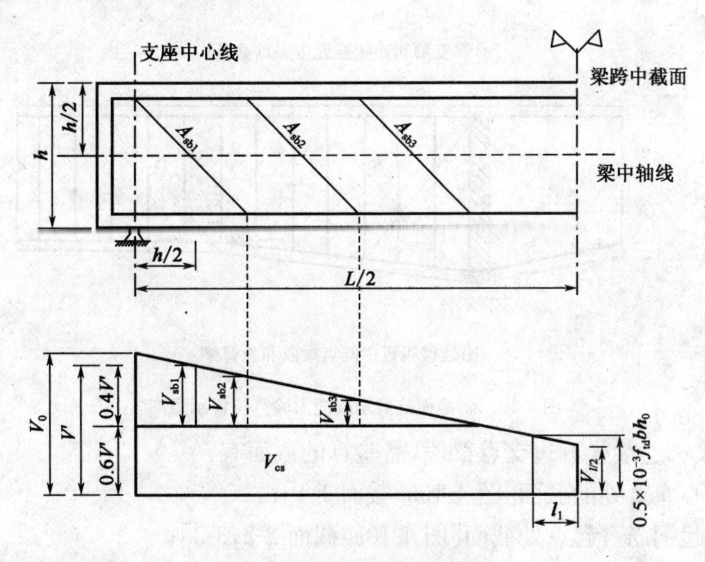

图 4-9　腹筋初步设计计算图

确定第一排弯起筋，并实施弯起。

根据距支座 $h/2$ 截面的剪力 V'，取 40%的 V'，该值由第一排弯起筋承担。计算第一排弯起筋的面积和数量，由 $0.4V'=V_{sb1}=0.75\times10^{-3} f_{sd}A_{sb1}\sin\theta_s$ 确定出所需的弯起筋面积为 A_{sb1}，结合已设计好的纵筋直径及布置，确定哪根纵筋弯起及弯起筋的数量。弯起第一排弯起筋时，弯终点位于支座中心正上方与架立筋交点，弯起角 45°，确定弯起点的

学习记录

位置。

计算第二排弯起筋的面积和数量。当第一排弯起筋弯起点所在截面的剪力大于 $0.6V'$ 时，需布置第二排弯起筋。由 $V_{sb2}=0.75\times10^{-3}f_{sd}A_{sb2}\sin\theta_s$，计算出所需的 A_{sb2}，确定第二排弯起筋的数量和哪根可以弯起；弯起第二排弯起筋时，弯终点要位于第一排弯起筋弯起点的正上方或左侧；顺次确定以后各排弯起筋的面积 A_{sbi} 和数量，实施弯起，直到弯起点处剪力小于 $0.6V'$ 为止。

初步设计好弯起筋后，还需要根据梁的斜截面受弯承载力和正截面受弯承载力需要，调整弯起筋弯起点的位置或补充斜筋。这一点将在后面介绍。

2. 抗剪承载力复核

对已经设计好的梁需要进行斜截面抗剪承载能力复核，复核时按公式(4-3)计算 V_u，若 $\gamma_0V_d\leqslant V_u$，则说明该斜截面的抗剪承载力是足够的。

1)需验算的截面位置

应对承受剪力较大或抗剪强度相对薄弱的斜截面进行抗剪承载力验算。《公路桥规》规定，受弯构件斜截面抗剪承载力的验算位置，应按下列规定采用(图 4-10)。

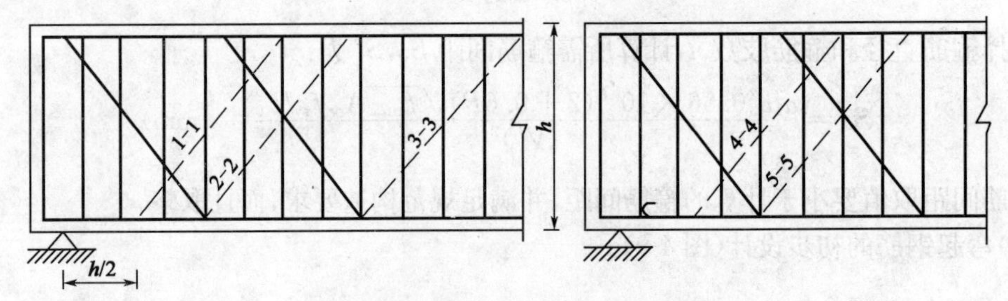

a)简支梁和连续梁近边支点梁段

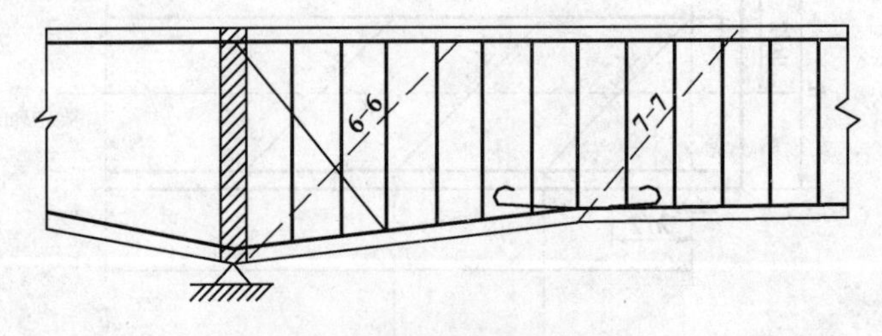

b)连续梁近中间点梁段和悬臂梁

图 4-10 斜截面抗剪承载能力验算位置示意图

(1)在简支梁和连续梁近边支点梁段，需验算的截面有：

①距支点中心 $h/2$ 处的截面[图 4-10a)截面 1-1]；

②受拉区弯起钢筋弯起点处截面[图 4-10a)截面 2-2,3-3]；

③锚于受拉区的纵向钢筋开始不受力处的截面[图 4-10a)截面4-4]；

④箍筋数量或间距改变处的截面[图 4-10a)截面 5-5]；

⑤构件腹板宽度变化处的截面。

(2)在连续梁近中间支点梁段和悬臂梁，需要验算的截面有：

①支点横隔梁边缘处截面图[4-10b)截面 6-6]；

②参照简支梁的要求，需要进行验算的截面。

学习记录

2)斜截面受压端位置的确定

按公式(4-3)进行斜截面抗剪承载能力复核时，需确定剪力组合设计值V_d，V_d应取验算斜截面受压端的数值。前面给出的验算截面位置为斜截面受拉端，受压端的位置待定。《公路桥规》规定：验算斜截面的水平投影长度近似为：

$$C = 0.6mh_0 \tag{4-10}$$

式中：m——剪跨比。

确定了C的大小后即可确定斜截面受压端。确定C的简化做法为：选定验算斜截面；往跨中方向，取距离验算截面受拉端为h_0的正截面，该截面的剪力和弯矩计算值分别为$V_{d,x}$、$M_{d,x}$；接着，计算$m=M_{d,x}/V_{d,x}h_0$；按计算的m代入式(4-10)，求得的C即为斜截面的水平投影长度。如图4-11所示。

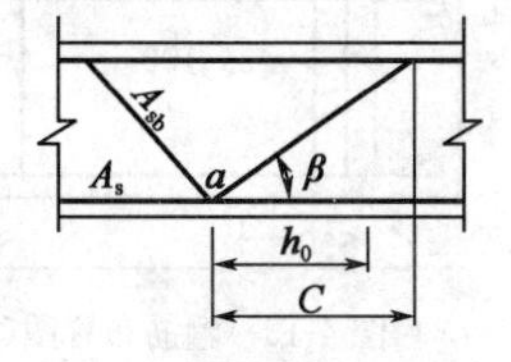

图4-11 斜截面受压端位置确定简图

斜截面的受压端确定了后，即可确定V_d，代入式(4-3)可计算V_u。

[例4-1] 已知等高等宽矩形截面简支梁，计算跨度为8m，截面尺寸$b=250$mm，$h=550$mm。混凝土为C30，纵筋采用HRB335。纵筋沿梁长布置，$A_s=1256\text{mm}^2$，单层布置，$a_s=45$mm。支座中心处剪力组合设计值$V_{d,0}=140$kN，距支座中心$h/2$处剪力设计值$V'=135$kN，剪力包络图为直线；箍筋采用R235的双肢箍；结构安全等级二级，处于Ⅰ类环境类别。如该梁腹筋仅配箍筋，试确定梁内的箍筋间距s_v并绘制箍筋布置图。

解：$h_0=\bar{h}-a_s=550\text{mm}-45\text{mm}=505\text{mm}$

(1)验算公式上限

本题因梁的截面尺寸不变，取最大剪力即支座中心处的剪力设计值进行截面尺寸验算。

$\gamma_0 V_{d,0}=1\times 140\text{kN}<0.51\times 10^{-3}\sqrt{f_{cu,k}}bh_0=0.51\times 10^{-3}\sqrt{30}\times 250\times 505=352.65\text{ kN}$，满足要求。

(2)验算公式下限(看是否需要配计算箍筋)

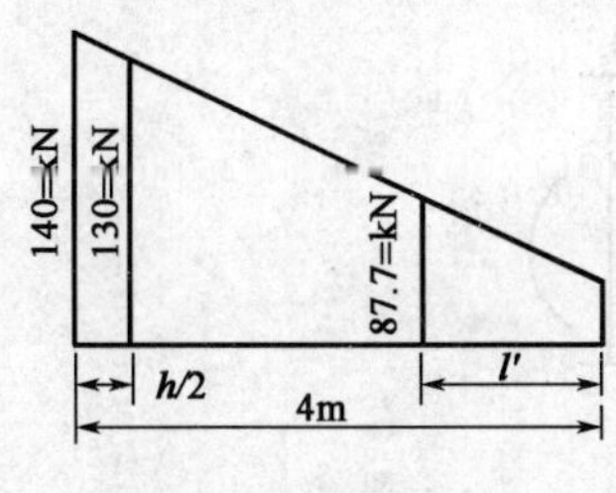

图4-12 剪力包络图

计算斜截面位置为距支座中心$h/2$处，故

$\gamma_0 V'=135\text{kN}>0.5\times 10^{-3}\alpha_2 f_{td}bh_0=0.5\times 10^{-3}\times 1.39\times 250\times 505=87.7\text{kN}$，需配计算箍筋。不需要配计算腹筋的梁段长度(图4-12)。

$$\frac{140-87.7}{4-l'}=\frac{135-87.7}{4-0.275-l'}\Rightarrow l'=1.123\text{m}$$

(3)求纵筋配筋率ρ

$$\rho=\frac{A_s}{bh_0}=\frac{1256}{250\times 505}=0.995\%$$

由公式(4-3)：

$$V'=135=\alpha_1\alpha_2\alpha_3 0.45\times 10^{-3}bh_0\sqrt{(2+0.6p)\sqrt{f_{cu,k}}\rho_{sv}f_{sv}}$$

$$=1\times 1\times 1\times 0.45\times 10^{-3}\times 250\times 505\times\sqrt{(2+0.6\times 0.995)\sqrt{30}\rho_{sv}\times 195}$$

$$\rho_{sv}=0.00204=0.204\%>\rho_{sv,min}=0.18\%$$

学习记录

箍筋为双肢箍，拟定直径为 8mm，由：

$$\rho_{sv}=\frac{2\times A_{sv1}}{bS_v}=\frac{2\times 50.3}{250\times S_v}=0.00204$$

得 S_v＝197.2mm，小于规范要求的箍筋最大间距 300mm。实际取箍筋间距小于计算的箍筋间距 S_v＝150mm。

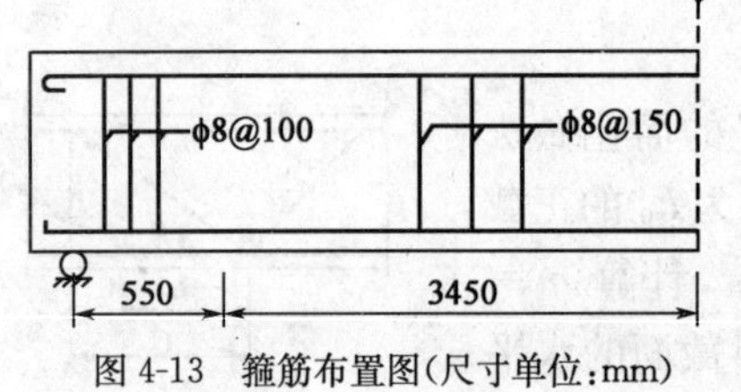

图 4-13　箍筋布置图(尺寸单位：mm)

《公路桥规》规定：距离支座中心梁高范围内，箍筋间距 100mm，其余梁内计算箍筋间距按 150mm，在仅需配构造箍筋的梁段 l' 内可以按最大箍筋间距布置，本题也取 150mm。

箍筋布置图如图 4-13 所示。

五、斜截面抗弯承载力保证措施

钢筋混凝土梁斜截面工作性能试验研究表明，斜裂缝的发生和发展，除了可能引起受剪破坏外，还可能引起斜截面的受弯破坏，特别是当梁内纵向受拉钢筋配置不足时，由于斜裂缝的开展，使与斜裂缝相交的箍筋和纵向钢筋的应力达到屈服强度。梁被斜裂缝分开的两部分，将绕位于受压区的公共铰而转动，最后，混凝土产生法向裂缝，导致压碎破坏。

图 4-14 所示为斜截面抗弯承载力计算图式。在极限状态下，与斜裂缝相交的纵向钢筋、箍筋和弯起钢筋的应力均达到其抗拉强度设计值，受压区混凝土的应力达到抗压强度设计值。

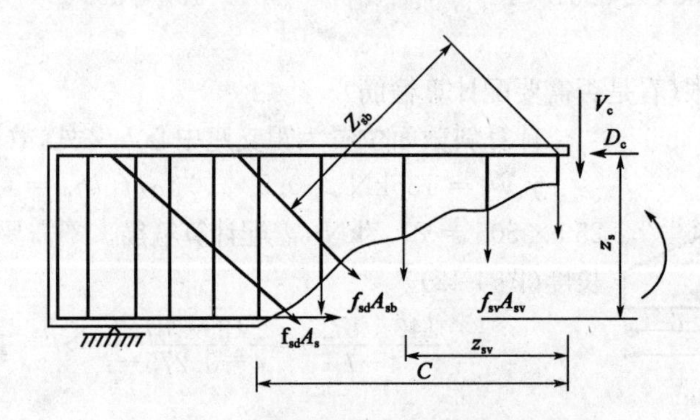

图 4-14　斜截面抗弯承载能力计算图式

斜截面抗弯承载力计算的基本公式，可由破坏时斜截面内所有的力对受压区混凝土合力作用点取矩的平衡条件求得：

$$\gamma_0 M_d \leqslant f_{sd}A_s z_s + f_{sd}A_{sb}z_{sb} + \sum f_{sv}A_{sv}z_{sv} \tag{4-11}$$

式中：M_d——斜截面受压端正截面处最大弯矩组合设计值；

A_s、A_{sb}、A_{sv}——与斜截面相交的纵向钢筋、弯起钢筋和箍筋的截面面积；

z_s、z_{sb}、z_{sv}——与斜截面相交的纵向钢筋、弯起钢筋和箍筋合力对受压区混凝土合力点的力臂。

斜截面受压区高度由所有的力对构件纵轴的投影之和为零的平衡条件求得：

$$f_{cd}A_c = f_{sd}A_s + \sum f_{sd}A_{sb}\cos\theta_s \tag{4-12}$$

学习记录

按照式(4-11)和式(4-12)可进行斜截面抗弯承载力计算。

对于受弯构件，应该保证构件破坏时发生正截面破坏而不发生斜截面破坏，为此，弯起筋对混凝土受压区合力作用点的力臂应该较大。

通过计算，只要满足：弯起点到该钢筋的充分利用点的距离 $S \geqslant h_0/2$，就可以保证斜截面抗弯承载力不低于相应的正截面抗弯承载力，此时，可不必再进行斜截面抗弯承载力计算，如图4-15所示。

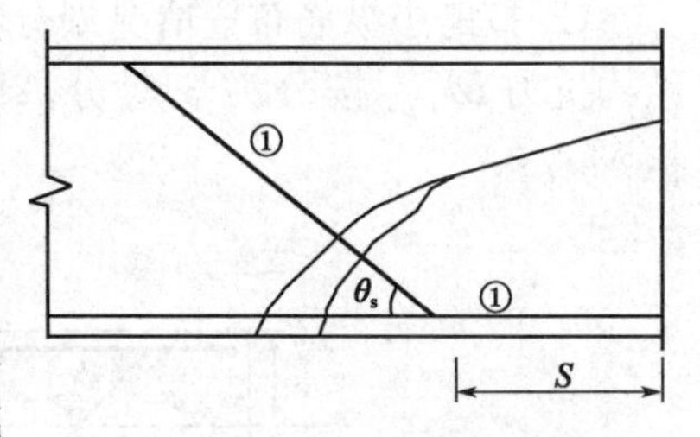

图4-15　弯起点到充分利用点距离 S

六、全梁承载能力校核

实际工作中，一般是首先根据主要控制截面(例如简支梁的跨中截面)的正截面抗弯承载力计算要求，确定纵向钢筋的数量和布置方案；然后根据支点附近区段的斜截面抗剪承载力计算要求，确定箍筋和弯起钢筋的数量和布置方案；最后根据弯矩和剪力设计值沿梁长方向的变化情况，综合考虑正截面抗弯、斜截面抗剪和斜截面抗弯三个方面的要求，进行全梁承载能力校核。

(一)梁布置有弯起筋时的正截面承载力校核

在进行正截面承载力校核之前，先介绍弯矩设计值包络图和材料图的概念。

弯矩包络图：在最不利荷载效应组合作用下，梁每个截面可能出现的最大弯矩设计值的连线。简支梁桥的弯矩包络图近似为二次曲线，表达式为：

$$M_{d,x} = M_{d,\frac{l}{2}}\left(1-\frac{4x^2}{L^2}\right) \tag{4-13}$$

式中：$M_{d,x}$——距跨中截面为 x 处截面上的弯矩组合设计值；

$M_{d,\frac{l}{2}}$——跨中截面处的弯矩组合设计值；

L——简支梁的计算跨径。

材料图：也叫抵抗弯矩图，是梁每个正截面的受弯承载力的连线，与截面尺寸和配筋有关。 全梁段纵筋都相同时，材料图为矩形，有弯起筋时，材料图呈台阶形。

正截面承载力足够时，梁的材料图应该将弯矩包络图包住。材料图与弯矩设计值包络图的差值越小，说明设计越经济；差值越大，说明正截面的安全度越高。

材料图和弯矩包络图的用途有两个：一是进行弯起点位置的确定，属于设计问题；二是利用已经确定的弯起筋的弯起点确定实际梁的材料图，校核正截面抗弯承载力，同时也可以校核斜截面抗弯承载力。这里主要进行后一个内容的工作。

下面以图4-16为例，说明校核钢筋混凝土梁正截面承载力的图解法。已知跨中截面配置6⌽20的纵向受拉钢筋，按斜截面抗剪承载力计算，配置了两排弯起钢筋。图解法的具体步骤为如下。

(1)按跨中实际配筋情况(6⌽20)，做出材料图。求得跨中截面正截面抗弯承载力(即结

学习记录

构抗力)为：

$$M_{u,l/2}=f_{sd}A_s\left(h_0-\frac{x}{2}\right)$$

(2)按跨中纵筋布置情况划分材料图(图 4-16)。弯起钢筋成对弯起，为此可将跨中截面结构抗力 $M_{u,l/2}$ 按分为 3 等分，2N1 钢筋承担 $M_{u,1}$，2N1 和 2N2 承担 $M_{u,1,2}$，全部纵筋承担 $M_{u,l/2}$。

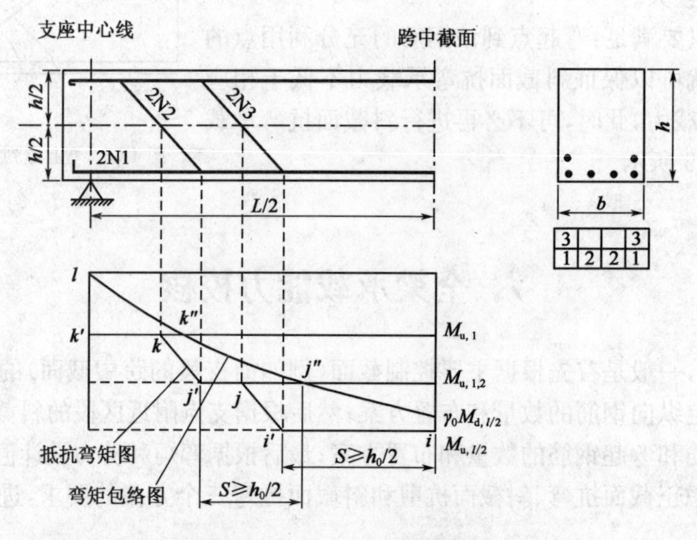

图 4-16　正截面承载能力校核图

(3)在同一个图中做出弯矩包络图。

(4)按照如下布置校核正截面受弯承载力。

由于弯起筋的位置已经根据抗剪承载力初步设计好，如图 4-16 的上图。现在，从 N3 钢筋与梁中线的交点及弯起点分别做材料图的垂线，分别与材料图交于 j 和 i'，在 i' 右侧，N1、N2、N3 钢筋充分利用，正截面承载力为 $M_{u,l/2}$；在 j 点左侧，N3 钢筋不再提供任何抗弯承载力，此时正截面承载力为 $M_{u,1,2}$，即弯起 N3 钢筋后的材料图为 $ii'j$。

接着，从 N2 钢筋与梁中线交点及弯起点分别做材料图的垂线，与材料图分别交于 k 和 j' 点，在 j' 点右侧，N1、N2 钢筋在工作，提供的正截面承载力为 $M_{u,l/2}$，在 k 点左侧，N2 钢筋不再工作，此时的正截面承载力为 $M_{u,1}$，即弯起 N2 后，材料图变为 $jj'k$。

N1 钢筋需要伸入支座。最终，弯起 N2、N3 后的材料图变为 $ii'jj'kk'l$，即图中的外包线。外包线将弯矩包络图包住，说明正截面承载力满足要求。

(二)斜截面受弯承载力校核

根据《公路桥规》的规定，弯起筋弯起点距离该钢筋的充分利用点不小于 $h_0/2$，说明斜截面抗弯承载力满足要求。

图 4-16 中的材料图中，N3 钢筋的弯起点 i'，充分利用点为 i，ii' 长度不小于 $h_0/2$，满足斜截面抗弯承载力要求。N2 钢筋的弯起点为 j'，充分利用点为 j''，$j'j''$ 长度不小于 $h_0/2$，满足斜截面抗弯承载力要求。

(三)纵筋的锚固与截断

在梁近支座处出现斜裂缝时，斜裂缝处纵向钢筋应力将增大，支座边缘附近纵筋应力大小与伸入支座纵筋的数量有关。这时，梁的承载能力取决于纵向钢筋在支座处的锚固情况，若锚固长度不足，钢筋与混凝土的相对滑移将导致斜裂缝宽度显著增大[图 4-17a)]，甚至会发生黏结锚固破坏。为了防止钢筋被拔出而破坏，《公路桥规》规定：

(1)在钢筋混凝土梁的支点处，应至少有两根且不少于总数 1/5 的下层受拉主钢筋通过；

(2)底层两外侧之间不向上弯曲的受拉主筋，伸出支点截面以外的长度应不小于 $10d$(R235 钢筋应带半圆钩)，如图 4-17b)所示；对环氧树脂涂层钢筋应不小于 $12.5d$，d 为受拉主筋直径。图 4-17c)为绑扎骨架普通钢筋(R235 钢筋)在支座锚固的示意图。

纵筋锚固端的弯钩设置要求见表 4-2。

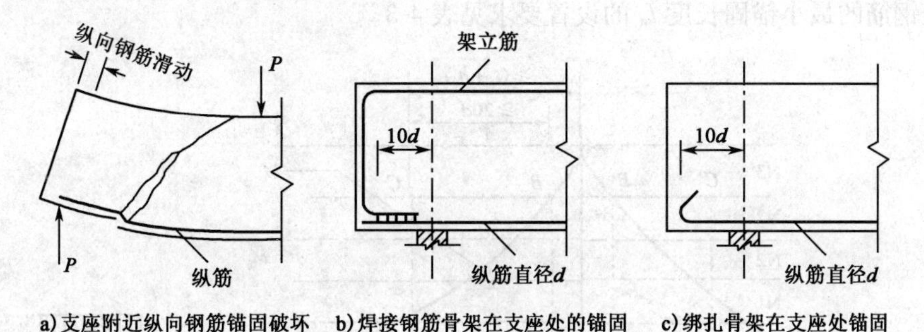

a)支座附近纵向钢筋锚固破坏　b)焊接钢筋骨架在支座处的锚固　c)绑扎骨架在支座处锚固

图 4-17　主钢筋在支座处的锚固

受力主钢筋端部弯钩　　表 4-2

弯曲部位	弯曲角度	形　状	钢筋	弯曲直径(D)	平直段长度
末端弯钩	180°	d　D　≥3d	R235	≥2.5d	≥3d
	135°	d　D　≥5d	HRB335	≥4d	≥5d
			HRB400 KL400	≥5d	
	90°	d　D　≥10d	HRB335	≥4d	≥10d
			HRB400 KL400	≥5d	
中间弯折	≤90°	D　d　D	各种钢筋	≥20d	—

注：采用环氧树脂涂层钢筋时，除应满足表内固定外，当钢筋直径 $d \leqslant 20$mm 时，弯钩内直径 D 不小于 $4d$；当 $d > 20$mm 时，弯钩内直径 D 不应小于 $6d$；直线段长度不应小于 $5d$。

学习记录

《公路桥规》规定，梁内纵向受拉钢筋不宜在受拉区截断，以保证纵筋能有效工作。在正弯矩区不需要纵筋的梁段一般采用弯起，在负弯矩区，如需截断时，必须满足规范要求，保证纵筋与周围混凝土不出现黏结破坏。纵筋截断示意图如图 4-18 所示，截断纵筋(3 号钢筋)需满足如下要求：

(1)实际截断点(C,C')要超过充分利用点 A 大于(l_a+h_0)的长度，此处 l_a 为受拉钢筋的最小锚固长度，见表 4-3，h_0为梁的有效高度；

(2)实际截断点(C,C')要超过该钢筋的不需要点(B,B')至少 $20d$(对环氧树脂涂层钢筋为 $25d$)。

普通钢筋的最小锚固长度 l_a 的设置要求见表 4-3。

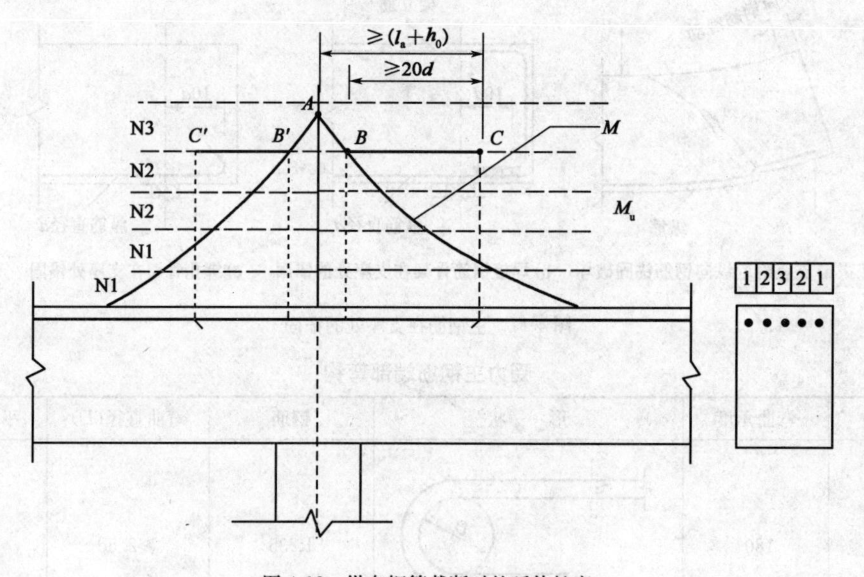

图 4-18 纵向钢筋截断时的延伸长度

普通钢筋的最小锚固长度 l_a 表 4-3

项目	钢筋	R235				HRB335				HRB400，KL400			
	混凝土	C20	C25	C30	≥C40	C20	C25	C30	≥C40	C20	C25	C30	≥C40
受压钢筋(直端)		$40d$	$35d$	$30d$	$25d$	$35d$	$30d$	$25d$	$20d$	$40d$	$35d$	$30d$	$25d$
受拉钢筋	直端	—	—	—	—	$40d$	$35d$	$30d$	$25d$	$45d$	$40d$	$35d$	$30d$
	弯钩端	$35d$	$30d$	$25d$	$20d$	$30d$	$25d$	$25d$	$20d$	$35d$	$30d$	$30d$	$25d$

注：1. d 为钢筋直径。

2. 采用环氧树脂涂层钢筋时，受拉钢筋最小锚固长度应增加 25%。

3. 当混凝土在凝固过程中易受扰动时(如滑模施工)，锚固长度应增加 25%。

附：某桥装配式钢筋混凝土 T 梁主梁钢筋骨架图纸(16m、20m 梁)(图 4-19 和图 4-20)

学习记录

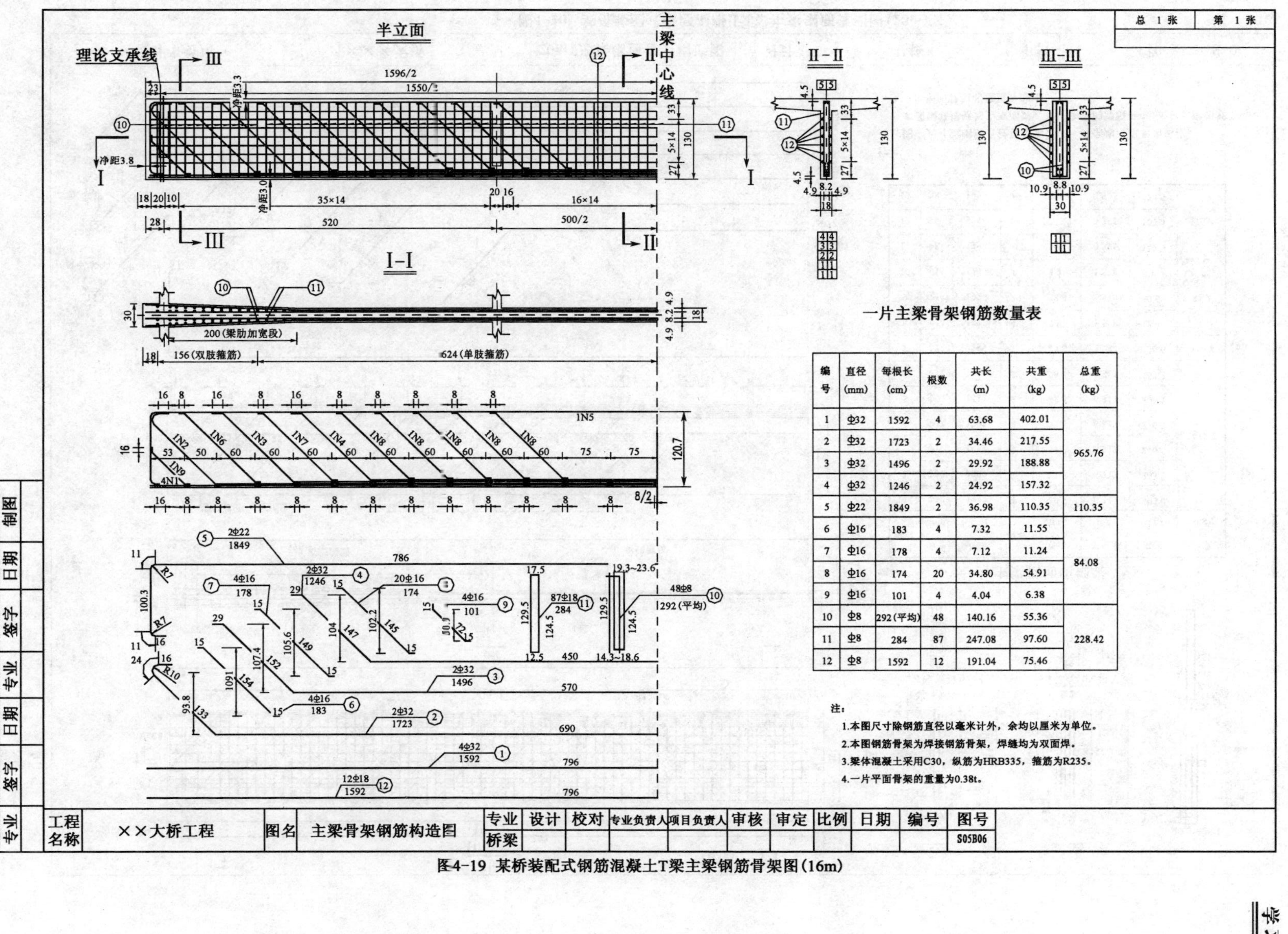

一片主梁骨架钢筋数量表

编号	直径(mm)	每根长(cm)	根数	共长(m)	共重(kg)	总重(kg)
1	Φ32	1592	4	63.68	402.01	965.76
2	Φ32	1723	2	34.46	217.55	
3	Φ32	1496	2	29.92	188.88	
4	Φ32	1246	2	24.92	157.32	
5	Φ22	1849	2	36.98	110.35	110.35
6	Φ16	183	4	7.32	11.55	84.08
7	Φ16	178	4	7.12	11.24	
8	Φ16	174	20	34.80	54.91	
9	Φ16	101	4	4.04	6.38	
10	Φ8	292(平均)	48	140.16	55.36	228.42
11	Φ8	284	87	247.08	97.60	
12	Φ8	1592	12	191.04	75.46	

注：

1.本图尺寸除钢筋直径以毫米计外，余均以厘米为单位。
2.本图钢筋骨架为焊接钢筋骨架，焊缝均为双面焊。
3.梁体混凝土采用C30，纵筋为HRB335，箍筋为R235。
4.一片平面骨架的重量为0.38t。

图4-19 某桥装配式钢筋混凝土T梁主梁钢筋骨架图(16m)

学习记录

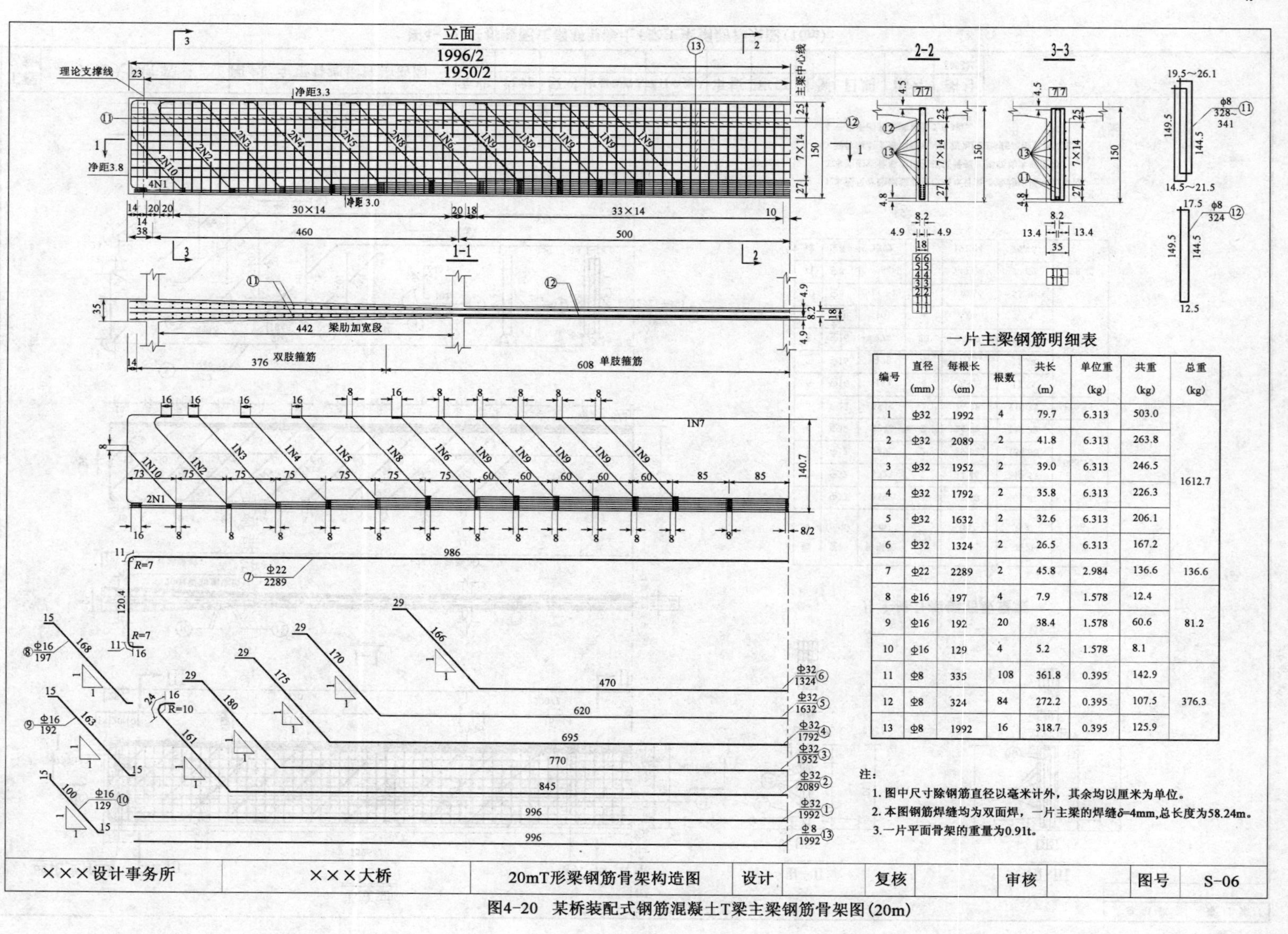

一片主梁钢筋明细表

编号	直径(mm)	每根长(cm)	根数	共长(m)	单位重(kg)	共重(kg)	总重(kg)
1	Φ32	1992	4	79.7	6.313	503.0	1612.7
2	Φ32	2089	2	41.8	6.313	263.8	
3	Φ32	1952	2	39.0	6.313	246.5	
4	Φ32	1792	2	35.8	6.313	226.3	
5	Φ32	1632	2	32.6	6.313	206.1	
6	Φ32	1324	2	26.5	6.313	167.2	
7	Φ22	2289	2	45.8	2.984	136.6	136.6
8	Φ16	197	4	7.9	1.578	12.4	81.2
9	Φ16	192	20	38.4	1.578	60.6	
10	Φ16	129	4	5.2	1.578	8.1	
11	Φ8	335	108	361.8	0.395	142.9	376.3
12	Φ8	324	84	272.2	0.395	107.5	
13	Φ8	1992	16	318.7	0.395	125.9	

注：
1. 图中尺寸除钢筋直径以毫米计外，其余均以厘米为单位。
2. 本图钢筋焊缝均为双面焊，一片主梁的焊缝δ=4mm，总长度为58.24m。
3. 一片平面骨架的重量为0.91t。

×××设计事务所	×××大桥	20mT形梁钢筋骨架构造图	设计	复核	审核	图号	S-06

图4-20 某桥装配式钢筋混凝土T梁主梁钢筋骨架图(20m)

单元回顾与学习指导

学习记录

(1)斜裂缝出现前,钢筋混凝土梁可视为匀质弹性材料梁,梁剪弯段的应力可用材料力学方法分析;斜裂缝的出现将引起截面应力重分布,开裂混凝土退出工作,材料力学方法则不适用。

(2)随着梁的剪跨比和配箍率的变化,梁沿斜截面可能发生斜拉破坏、剪压破坏和斜压破坏等破坏形态。斜拉破坏和斜压破坏都是脆性破坏,剪压破坏有一定的破坏预兆,但也属于脆性破坏。

(3)影响斜截面受剪承载力的主要因素有剪跨比、混凝土强度等级、配箍率及箍筋强度、纵筋配筋率、截面尺寸和形状、轴向压力或预应力等。

(4)斜截面抗剪承载力计算公式以剪压破坏为计算依据,考虑主要影响因素,以试验统计结果为基础,考虑斜截面承载力可靠度的要求建立。计算公式的适用条件有以下三个:

①保证截面尺寸,使斜截面不发生斜压破坏(即公式上限);

②保证最小配箍率,保证斜截面不发生斜拉破坏(即最小配箍率要求);

③需配置计算腹筋的条件(即公式下限)。

(5)斜截面抗剪承载力校核截面主要有距支点中心 $h/2$ 处的截面;受拉区弯起钢筋弯起点处截面;锚于受拉区的纵向钢筋开始不受力处的截面;箍筋数量或间距改变处的截面;构件腹板宽度变化处的截面。

(6)梁的承载力包括正截面抗弯承载力、斜截面抗剪承载力和斜截面抗弯承载力。

(7)满足斜截面抗弯承载力的构造措施是弯起筋弯起点距该钢筋的充分利用点的距离不小于 $h_0/2$。

(8)腹筋设计除了要满足承载力要求外,还要满足相应的规范要求。

习　题

4.1　选择题

1.对于钢筋混凝土无腹筋梁,当剪跨比 $m<1$ 时,常发生的斜截面受剪破坏形态为(　　)。

A.弯曲破坏　　B.剪压破坏　　C.斜拉破坏　　D.斜压破坏

2.相同截面尺寸的无腹筋梁,抗剪承载力最大的破坏形态是(　　)。

A.斜压破坏　　B.剪压破坏　　C.斜拉破坏

3.防止梁发生斜压破坏最有效的措施是(　　)。

A.保证箍筋间距　　B.保证弯起筋弯起面积

C.保证纵筋配筋率　　D.保证截面尺寸

4.一矩形截面梁,截面尺寸 $b\times h=300\text{mm}\times 500\text{mm}$,箍筋采用双肢箍,直径为 8mm,间距 $S=100\text{mm}$,则配箍率 ρ_{sv} 为(　　)。

A.0.168%　　B.0.335%　　C.0.067%

5.图 4-21 为一矩形截面梁正截面的抵抗弯矩图和弯矩包络图,只有纵筋 N1 提供弯起,则 N1 的不需要点为(　　)。

A.A　　B.B　　C.C　　D.D

6.不能提高钢筋混凝土受弯构件斜截面抗剪承载力的措施是(　　)。

学习记录

A. 加大箍筋间距

B. 加大纵筋配筋率

C. 提高混凝土强度等级

D. 加大截面宽度

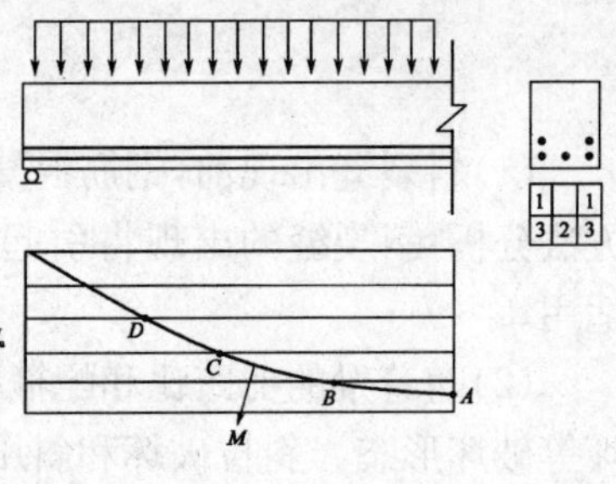

图 4-21 习题 4.1(5)图

4.2 填空题

1. 影响受弯构件斜截面受剪承载力的主要因素有(　　)、(　　)、(　　)、(　　)等。

2. 无腹筋梁的抗剪承载力随剪跨比的增大而(　　)，随混凝土强度等级的提高而(　　)。

3. 受弯构件斜截面破坏的三种破坏形态有(　　)、(　　)和(　　)。

4. 梁中箍筋的配筋率 ρ_{sv} 的计算公式为(　　)。

5. 规范规定，梁内应配置一定数量的箍筋，箍筋的间距不能超过规定的箍筋最大间距，这是为了保证(　　)。

6. 为保证梁斜截面受弯承载力，梁弯起钢筋在受拉区的弯点应设在该钢筋的充分利用点以外，该弯点至充分利用点的距离(　　)。

4.3 简答题

1. 说明剪跨比的定义及物理意义。

2. 有腹筋梁斜截面受剪破坏形态有哪些？说明每种破坏形态的发生条件、破坏特征。

3. 钢筋混凝土受弯构件斜截面抗剪承载力的基本计算公式的计算依据和适用范围是什么？公式的上下限的意义是什么？

4. 在进行梁的斜截面受剪承载力的复核时，其截面位置如何选取？

5. 什么是梁的抵抗弯矩图 M_u？有效工作的梁，抵抗弯矩图 M_u 与设计弯矩图 M 是什么关系？

6. 纵筋在支座处锚固有什么要求？

4.4 计算题

1. 已知等高度矩形截面简支梁，计算跨度为 6m，截面尺寸 $b=200$mm，$h=600$mm，混凝土为 C30，纵筋 HRB335，$A_s=672\text{mm}^2$，$a_s=40$mm；支座中心处剪力组合设计值 $V_{d,0}=121$kN，距支座中心 $h/2$ 处剪力设计值 $V'=110$kN；箍筋采用 R235；结构安全等级二级，处于Ⅰ类环境类别。设该梁腹筋仅配箍筋，试确定梁内的箍筋间距 S_v 并绘制配筋图。

2. 等高度矩形截面简支梁，截面尺寸 $b\times h=200\text{mm}\times 550\text{mm}$，$a_s=40$mm，C25；箍筋采用 R235，为双肢箍，直径 8mm，间距沿梁长相等，均为 100mm；纵筋配筋率 $\rho=3\%$，不设弯起筋，求距支点 $h/2$ 处斜截面抗剪承载力 V_u。

第五单元 DIWUDANYUAN

受压构件承载力计算

单元导读

对于钢筋混凝土轴心受压构件，要掌握设计计算方法和构造要求，了解长柱的破坏荷载小于短柱的原因，理解螺旋箍筋能提高构件的承载力和极限变形，大大增加构件延性的原理。

对于偏心受压构件，需要掌握两类偏心受压构件的判别方法及设计计算方法。当偏心距较大，受拉钢筋配置不多时，会发生大偏心受压破坏，其破坏形态和配置与受压钢筋的适筋梁类似；当偏心距较小或偏心距较大但纵筋配置很多时，会发生小偏心受压破坏，此时，距离轴力较远一侧的钢筋，一般均未屈服。当 $\xi \leqslant \xi_b$ 时，截面为大偏心受压破坏；当 $\xi > \xi_b$ 时，截面为小偏心受压破坏。

学习目标

1. 掌握两种轴心受压构件正截面的破坏特征及承载力的计算；
2. 理解两类偏心受压构件的判别方法；
3. 掌握偏心受压构件的破坏形态和矩形截面受压承载力的计算、矩形截面对称配筋偏心受压构件的正截面承载力的计算；
4. 理解受压构件的构造要求。

学习重点

1. 掌握普通箍筋柱和螺旋箍筋柱正截面承载力的计算；
2. 充分理解长细比对受压构件承载力影响的物理意义；
3. 掌握偏心受压构件正截面承载力的计算方法；
4. 熟悉受压构件的构造要求。

学习难点

1. 螺旋箍筋柱的破坏过程及承载力计算；
2. 偏心受压构件正截面承载力计算。

单元学习计划

内　　容	建议自学时间（学时）	学 习 建 议	学 习 记 录
第五单元　受压构件承载力计算	10		
一、受压构件的构造要求	1		
二、轴心受压构件	3		
三、偏心受压构件	6	矩形截面偏心受压构件承载力设计计算是重点	

学习记录

引　　言

受压构件是钢筋混凝土结构中最常见的构件之一，如框架柱、单层厂房的柱、桥墩、拱桥的拱肋、桩、墩(台)柱等均属于受压构件(图 0-1)。

受压构件的设计计算，主要指承载力极限状态计算，另外，设计还应满足相应的构造要求。

钢筋混凝土受压构件在其截面上一般有轴力、弯矩和剪力。**当只作用有轴向压力且轴向压力作用线与构件截面形心轴重合时，称为轴心受压构件；当同时作用有轴压力和弯矩或轴向压力作用线与构件截面形心轴不重合时，称为偏心受压构件。**在计算受压构件时，常将作用在截面上的轴力和弯矩简化为等效的、偏离截面形心的轴向力来考虑。当轴向压力作用线与截面的形心轴平行且沿某一主轴偏离形心时，称为单向偏心受压构件。当轴向压力作用线与截面的形心轴平行且偏离两个主轴时，称为双向偏心受压构件，如图 5-1 所示。

在实际工程中，由于混凝土材料的非均质性，钢筋实际布置的不对称性以及制作安装的误差等原因，理想的轴心受压构件是不存在的。如果偏心距很小，设计中可以略去不计，近似简化为按轴心受压构件计算。

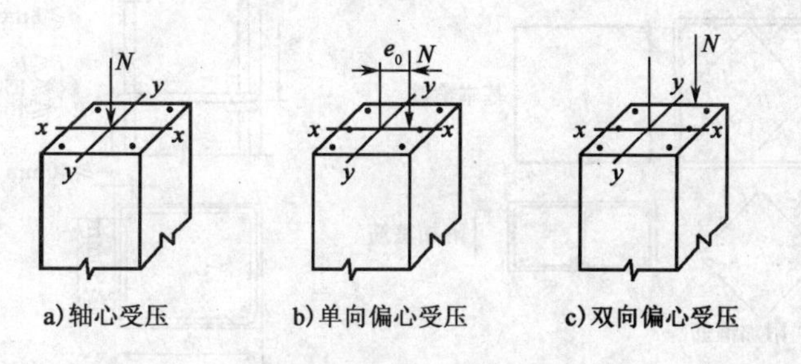

图 5-1　轴心受压与偏心受压

一、受压构件的构造要求

(一)材料选择

1. 混凝土

受压构件的混凝土常用等级多采用 C25～C40 级。采用强度较高的混凝土，可以减小截面尺寸，减轻结构自重。

2. 钢筋

(1)纵向钢筋

纵向受力钢筋一般采用 R235 级、HRB335 级和 HRB400 级热轧钢筋。

纵向钢筋的直径不应小于 12mm，其净距不应小于 50mm，也不应大于 350mm；配筋率不应小于 0.5%，当混凝土强度等级为 C50 及以上时应不小于 0.6%；同时，一侧钢筋的配筋率不应小于 0.2%。

对于螺旋箍筋柱，纵向受力钢筋截面面积应不小于螺旋形或焊接环形箍筋圈内混凝土核芯截面面积的 0.5%，构件核芯混凝土截面面积应不小于整个截面面积的 2/3。

学习记录

矩形截面偏心受压构件的纵向受力钢筋沿截面短边 b 配置，截面全部纵向钢筋和一侧钢筋的最小配筋率见附表 8。

(2)箍筋

柱内除配置纵向钢筋外，在横向围绕着纵向钢筋配置有箍筋，箍筋与纵向钢筋形成骨架，如图 5-2 所示。柱的箍筋应做成封闭式，其直径应不小于纵向钢筋直径的 1/4，且不小于 8mm。构件的纵向钢筋应设置于离角筋中距不大于 150mm 范围内，如超出此范围设置纵向钢筋，应设复合箍筋。箍筋的间距不应大于纵向受力钢筋直径的 15 倍或构件短边尺寸(圆形截面采用 0.8 倍直径)，并不大于 400mm。在纵向受力钢筋搭接范围内箍筋间距不应大于搭接受压钢筋直径的 10 倍，且不大于 200mm。纵向钢筋的配筋率大于 3%时，箍筋间距不应大于纵向受力钢筋直径的 10 倍，且不大于 200mm。

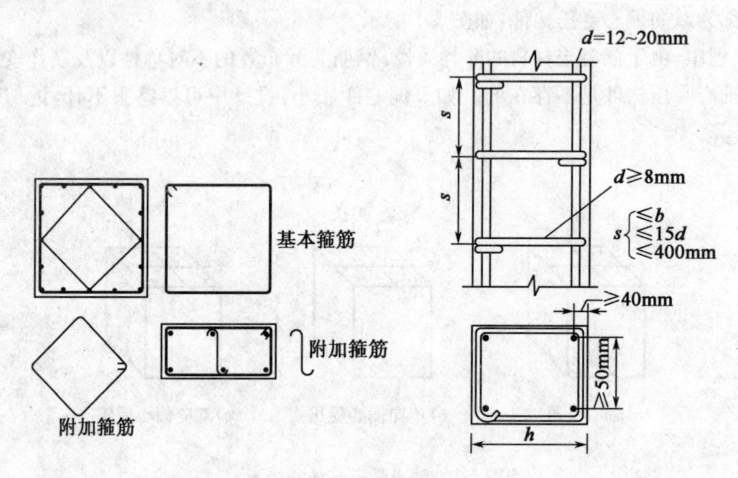

图 5-2 普通箍筋柱

螺旋箍筋柱的配筋特点是除了纵向受力钢筋外，还配置密集的螺旋形或焊接环形箍筋，如图 5-3 所示。

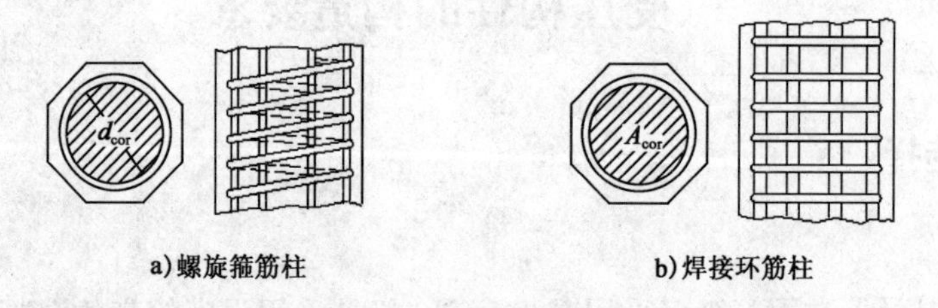

图 5-3 螺旋箍筋柱

螺旋箍筋的直径应不小于纵向受力钢筋直径的 1/4，且不小于 8mm。为了保证螺旋箍筋能起到限制核芯混凝土横向变形的作用，必须对箍筋的间距(即螺距)加以限制。《公路钢筋混凝土及预应力混凝土桥涵设计规范》(JTG D62—2004)(以下简称《公路桥规》)规定，螺旋箍筋的间距应不大于核芯混凝土直径的 1/5，亦不大于 80mm，也不应小于 40mm，以利于混凝土浇筑。

螺旋箍筋的数量，一般以换算截面面积 A_{so} 表示。所谓换算截面面积是将螺旋箍筋的截面面积折算成相当的纵向钢筋截面面积，即一圈螺旋箍筋的体积除以螺旋箍筋的间距：

$$A_{so}=\frac{\pi d_{cor}A_{so1}}{S} \tag{5-1}$$

式中：A_{so}——螺旋箍筋的换算截面面积；

d_{cor}——构件截面的核芯直径；

A_{so1}——单根螺旋箍筋的截面面积；

S——沿构件轴线方向螺旋箍筋的间距。

为了更好地发挥螺旋箍筋的作用，《公路桥规》规定，螺旋箍筋换算截面面积 A_{so}应不小于全部纵向钢筋截面面积的 25%。

(二)截面形式和尺寸

轴心受压构件截面一般采用方形或矩形，有时也采用圆形或多边形。偏心受压构件一般采用矩形截面，有时也采用工字形截面、空心截面。

矩形截面尺寸不宜过小，不宜小于 250mm。

二、轴心受压构件

轴心受压构件按其配筋形式不同，可分为两种形式：一种为配有纵向钢筋及普通箍筋的构件，称为普通箍筋柱(直接配筋)；另一种为配有纵向钢筋和密集的螺旋箍筋或焊接环形箍筋的构件，称为螺旋箍筋(间接配筋)，如图 5-2 和图 5-3 所示。在一般情况下，承受同一荷载时，螺旋箍筋柱所需截面尺寸较小，但施工较复杂，用钢量较多，因此，只有当承受荷载较大，而截面尺寸又受到限制时才采用。

普通箍筋柱的截面形状多为正方形、矩形和圆形等。纵向钢筋为对称布置，沿构件高度设置等间距的箍筋。轴心受压构件的承载力主要由混凝土提供，设置纵向钢筋的目的是：①协助混凝土承受压力，可减少构件截面尺寸；②承受可能存在的不大的弯矩；③防止构件的突然脆性破坏。普通箍筋作用是：防止纵向钢筋局部压屈，并与纵向钢筋形成钢筋骨架，便于施工。

螺旋箍筋柱的截面形状多为圆形或正多边形，纵向钢筋外围设有连续环绕的间距较密的螺旋箍筋(或间距较密的焊接环形箍筋)。螺旋箍筋的作用是使截面中间部分(核心)混凝土成为约束混凝土，从而提高构件的承载力和延性。

普通箍筋柱即可用于轴心受压构件也可用于偏心受压构件，而螺旋箍筋柱仅用于轴心受压构件。

(一)轴心受压构件的破坏特征

配有纵向受力钢筋和普通箍筋的短柱轴心受压试验指出，在受荷后整个截面的应变是均匀分布的。最初，在荷载较小时，混凝土和钢筋都处于弹性工作阶段，钢筋和混凝土的应力基本上按其弹性模量的比值来分配。随着荷载逐渐加大，混凝土的塑性变形开始发展，变形模量降低，柱子的变形增加越来越大，混凝土应力的增加则越来越慢，而钢筋的应力基本上与其应变成正比增加。加载至构件破坏时，柱子出现纵向裂缝，混凝土保护层剥落，箍筋间的纵向钢筋向外弯曲，混凝土被压碎。破坏时混凝土的应力达到轴心抗压强度极限值，相应的应变达到轴心抗压应变极限值(一般取 $\varepsilon_0=0.002$)，而钢筋应力为 $\sigma'_s=\varepsilon'_s E_s=\varepsilon_0 E_s$，但应小于其屈服强度。

学习记录

上述破坏情况是针对比较矮粗的短柱而言的。当柱子比较长细时，其破坏是由于丧失稳定所造成的。破坏时柱子侧向挠度增大，一侧混凝土被压碎，另一侧出现横向裂缝。与截面尺寸、混凝土强度等级和配筋相同的短柱相比，长柱的破坏荷载较小，一般是采用纵向稳定系数φ来表示长柱承载能力的降低程度。试验表明，稳定系数φ与构件的长细比有关。长细比l_0/i，对矩形截面用l_0/b表示，圆形截面用l_0/d表示（l_0为柱的计算长度，i为截面的最小回转半径，$i=\sqrt{I/A}$；b为矩形截面的短边尺寸，L_0为构件的计算长度；d为圆形截面的直径）。l_0/b（或l_0/d）越大，即柱子越长细，则φ值越小，承载力越低。

配置有纵向钢筋和密集的螺旋形或焊接环形箍筋的柱子承受轴向压力时，包围着混凝土核芯的螺旋形箍筋（或焊接环形箍筋），犹如环筒一样，阻止核芯混凝土的横向变形，使混凝土处于三向受力状态，因而大大提高了核芯混凝土的抗压强度。当轴向压力增加到一定数值时，混凝土保护层开始剥落。随着轴向压力的进一步增加，螺旋箍筋的应力也逐渐加大。最后，由于螺旋箍筋的应力达到屈服强度，失去了对核芯混凝土的约束作用，使混凝土压碎而破坏。

由此可见，螺旋箍筋的作用是间接地提高了核芯混凝土的抗压强度，从而增加了柱的承载力。所以，常将这种螺旋箍筋柱称为间接配筋柱。

螺旋箍筋对柱的承载力的影响程度，与螺旋箍筋换算截面面积的多少有关。

试验研究和理论分析表明，螺旋箍筋所提高的承载力为同体积纵向受力钢筋承载力的2～2.5倍，一般以$kf_{sd}A_{so}$表示。

必须指出，上述破坏情况是针对长细比较小的螺旋箍筋柱而言的。对于长细比较大的螺旋箍筋柱有可能发生失稳破坏，构件破坏时核芯混凝土的横向变形不大，螺旋箍筋的约束作用不能有效发挥，甚至不起作用。换句话说，螺旋箍筋的作用只能提高核芯混凝土的抗压强度，而不能增加柱的稳定性。为此，《公路桥规》规定，构件的长细比$l_0/i>48$（相当于$l_0/d>12$）时，不考虑螺旋箍筋对核芯混凝土的约束作用，应按普通箍筋柱计算其承载力。所以，只能对$l_0/i\leqslant 48$（相当于$l_0/d\leqslant 12$）的构件，设计成螺旋箍筋柱才有意义。

（二）轴心受压构件承载力计算

1. 计算公式

配有纵向受力钢筋和普通箍筋的轴心受压构件正截面承载力计算式为：

$$\gamma_0 N_d \leqslant 0.9\varphi(f_{cd}A + f'_{sd}A'_s) \tag{5-2}$$

式中：N_d——轴向力组合设计值；

γ_0——结构的重要性系数；

φ——轴心受压构件稳定系数，按表5-1采用；

A'_s——全部纵向钢筋的截面面积；

A——构件截面面积，当纵向钢筋配筋率大于3%时，应扣除钢筋所占的混凝土面积，即将A改为A_n，$A_n=A-A'_s$。

螺旋箍筋柱的承载力由三部分组成：核芯混凝土承载力取$f_{cd}A_{cor}$；纵向受力钢筋的承载力取$f'_{sd}A'_s$；螺旋箍筋增加的承载力取$kf_{sd}A_{so}$。因此，螺旋箍筋柱承载力计算的基本公式可写为下列形式。

学习记录

钢筋混凝土轴心受压构件的稳定系数　　表 5-1

l_0/b	≤8	10	12	14	16	18	20	22	24	26	28
l_0/d	≤7	8.5	10.5	12	14	15.5	17	19	21	22.5	24
l_0/i	≤28	35	42	48	55	62	69	76	83	90	97
φ	1.0	0.98	0.95	0.92	0.87	0.81	0.75	0.70	0.65	0.60	0.56
l_0/b	30	32	34	36	38	40	42	44	46	48	50
l_0/d	26	28	29.5	31	33	34.5	36.5	38	40	41.5	43
l_0/i	104	111	118	125	132	139	146	153	160	167	174
φ	0.52	0.48	0.44	0.40	0.36	0.32	0.29	0.26	0.23	0.21	0.19

注：1. L_0 为构件的计算长度；b 为矩形截面的短边尺寸；d 为圆形截面的直径；i 为截面最小回转半径，$i=\sqrt{I/A}$（I 为截面惯性矩，A 为截面面积）。

2. 对于构件计算长度 l_0，当构件两端固定时取 $0.5l$；当一端固定一端为不移动的铰时取 $0.7l$；当两端为不移动的铰时取 l；当一端固定一端自由时取 $2l$。l 为构件支点间长度。

$$\gamma_0 N_d \leqslant 0.9(f_{cd}A_{cor}+f'_{sd}A'_s+kf_{sd}A_{so}) \tag{5-3}$$

式中：A_{cor}——螺旋箍筋圈内的核芯混凝土截面面积；

A_{so}——螺旋箍筋的换算截面面积，其数值按式(5-1)计算；

f_{sd}——螺旋箍筋的抗拉强度设计值；

k——间接钢筋影响系数，其数值与混凝土强度等级有关，混凝土强度等级为 C50 及以下时，取 $k=2.0$，混凝土强度等级为 C50～C80 时，取 $k=2.0$～1.7，中间直接插入取用。

2. 计算方法

(1)普通箍筋柱

在实际设计中，普通箍筋轴压柱承载能力计算可分为截面设计和承载复核两种情况。

①截面设计。当截面尺寸已知时，首先根据构件的长细比(l_0/b)，由表 5-1 查得稳定系数 φ，再由式(5-2)计算所需钢筋截面面积：

$$A'_s=\frac{\gamma_0 N_d-0.9\varphi f_{cd}A}{0.9\varphi f'_{sd}} \tag{5-4}$$

若截面尺寸未知，可在适宜的配筋率范围($\rho=0.8\%$～1.5%)内，选取一个 ρ 值，并暂设 $\varphi=1$。这时，可将 $A'_s=\rho A$ 代入式(5-2)：

$$\gamma_0 N_d \leqslant 0.9\varphi(f_{cd}A+f'_{sd}\rho A)$$

所以：

$$A\geqslant\frac{\gamma_0 N_d}{0.9\varphi(f_{cd}+f'_{sd}\rho)} \tag{5-5}$$

所需构件截面面积 A 确定后，应结合构造要求选取截面尺寸，截面的边长应取整数。然后，按构件的实际长细比(l_0/b)，由表 5-1 查得稳定系数 φ，再由式(5-4)计算所需的钢筋截面面积 A'_s。

②承载力复核。对已初步设计好的截面进行承载力复核时，首先应根据构件的长细比(l_0/b)，查表得稳定系数 φ，然后由式(5-2)求得截面所能承受的轴向力设计值。

$$N_u=0.9\varphi(f_{cd}A+f'_{sd}A'_s)$$

学习记录

若所求得的 $N_u > \gamma_0 N_d$，说明构件的承载力是足够的。

(2)螺旋箍筋柱

当截面尺寸未知时，可将纵向钢筋 A'_s 和螺旋筋换算截面面积 A_{so} 分别以配筋率 $\rho = A'_s/A_{cor}$ 和 $\rho_{so} = A_{so}/A_{cor}$ 表示，将式(5-3)改写为下列形式：

$$\gamma_0 N_d \leqslant 0.9(f_{cd}A_{cor} + f'_{sd}\rho A_{cor} + kf_{sd}\rho_{so}A_{cor})$$

$$\gamma_0 N_d \leqslant 0.9(f_{cd} + f'_{sd}\rho + kf_{sd}\rho_{so})A_{cor}$$

所以：

$$A_{cor} \geqslant \frac{\gamma_0 N_d}{0.9(f_{cd} + \rho f'_{sd} + k\rho_{so} f_{sd})} \tag{5-6}$$

在经济配筋范围内选取一个配筋率 ρ 和 ρ_{so}，一般可取 $\rho = 0.01 \sim 0.03$，$\rho_{so} = 0.01 \sim 0.025$。代入式(5-6)求得核芯混凝土截面面积 A_{cor}，核芯混凝土直径为：

$$d_{cor} = \sqrt{\frac{4A_{cor}}{\pi}} = 1.128\sqrt{A_{cor}} \tag{5-7}$$

构件直径为 $d = d_{cor} + 2c$(此处 c 为纵向受力钢筋的混凝土保护层厚度)，并取整数。

截面尺寸确定后，求得实际的核芯混凝土截面面积 A_{cor} 和相应的纵向钢筋截面面积 $A'_s = \rho A_{cor}$。然后，再将其代入式(5-3)，求得螺旋箍筋的换算截面面积。

$$A_{so} = \frac{\gamma_0 N_d - 0.9(f_{cd}A_{cor} + f'_{sd}A'_s)}{0.9kf_{sd}} \tag{5-8}$$

若已选定螺旋箍筋的直径，其间距可由式(5-1)求得：

$$S \leqslant \frac{\pi d_{cor} \cdot A_{so1}}{A_{so}} \tag{5-9}$$

在应用上述公式进行计算时，尚应注意以下两点：

①为了保证在使用荷载作用下，混凝土保护层不致脱落，《公路桥规》规定，按螺旋箍筋柱计算的承载力设计值[式(5-3)]，不应大于按普通箍筋柱计算的承载力设计值[式 5-2)]的1.5倍。

②不满足构造要求(即 $S > 80$mm，$A_{so} < 0.25A'_s$)或构件长细比 $l_0/i > 48$(相当于 $l_0/d > 12$)的螺旋箍筋柱，不考虑螺旋箍筋的作用，其承载力应按普通箍筋柱计算。

[例 5-1] 钢筋混凝土轴心受压构件截面尺寸为 $b \times h = 300\text{mm} \times 350\text{mm}$，计算长度 $l_0 = 4.5$m。采用 C25 级混凝土，$f_{cd} = 11.5$MPa，HRB335 级钢筋(纵向钢筋)，$f_{sd} = 280$MPa 和 HPB235 级钢筋(箍筋)，$f_{sd} = 195$MPa。作用的轴向压力设计值 $N_d = 1600$kN，I 类环境条件，安全等级二级，试进行构件的截面设计。

解：轴心受压构件截面短边尺寸 $b = 300$mm，则计算长细比 $\lambda = l_0/b = 4.5 \times 10^3/300 = 15$，查表可得到稳定系数 $\varphi = 0.895$。

轴心压力计算值 $N = \gamma_0 N_d = 1600$kN，由式(5-2)可得所需要的纵向钢筋数量 A'_s 为：

$$A'_s = \frac{1}{f'_{sd}}\left(\frac{N}{0.9\varphi} - f_{cd}A\right)$$

$$= \frac{1}{280}\left[\frac{1600 \times 10^3}{0.9 \times 0.895} - 11.5(300 \times 350)\right]$$

$$= 2782\text{mm}^2$$

现选用纵向钢筋为 8Φ22，$A'_s = 3041\text{mm}^2$，截面配筋率 $\rho' = A'_s/A = 3041/300 \times 350 = 2.89\% >$

学习记录

$\rho'_{\min}=0.5\%$，且小于$\rho'_{\max}=5\%$。截面一侧的纵筋配筋率$\rho'=1140/(300\times350)=1.09\%>0.2\%$。

纵向钢筋在截面上布置如图5-4所示。纵向钢筋距截面边缘净距

$c=45-25.1/2=32.5\text{mm}>30\text{mm}$　及　$d=22\text{mm}$

则布置在截面短边b方向上的纵向钢筋间距

$S_n=(300-2\times32.5-3\times25.1)/2\approx80\text{mm}>50\text{mm}$，且小于350mm，满足规范要求。

封闭式箍筋选用Φ8，满足直径大于$d/4=22/4=5.5\text{mm}$，且不小于8mm的要求。根据构造要求，箍筋间距S应满足：$S\leqslant15d=15\times22=330\text{mm}$；$S\leqslant b=300\text{mm}$；$S\leqslant400\text{mm}$，故选用箍筋间距$S=300\text{mm}$(图5-4)。

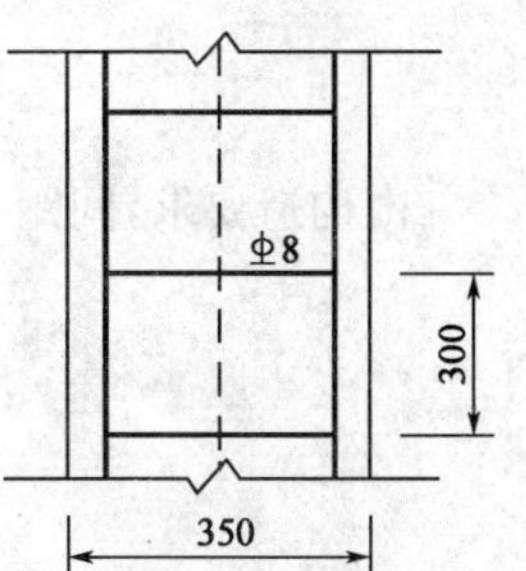

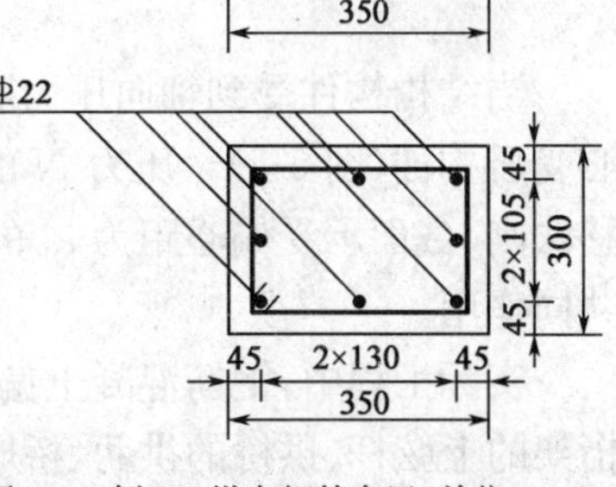

图5-4　例5-1纵向钢筋布置(单位：mm)

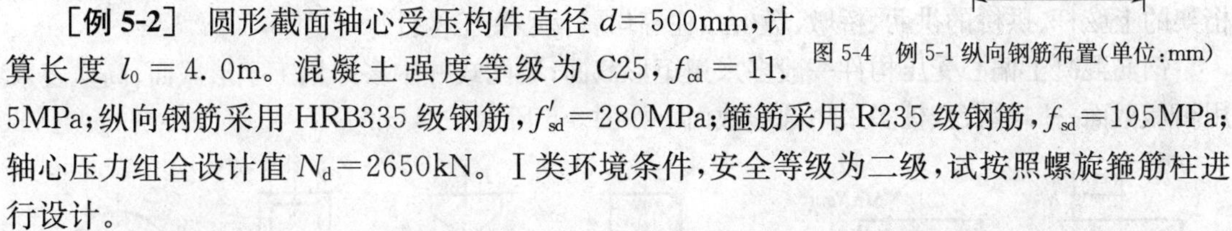

[例5-2]　圆形截面轴心受压构件直径$d=500\text{mm}$，计算长度$l_0=4.0\text{m}$。混凝土强度等级为C25，$f_{cd}=11.5\text{MPa}$；纵向钢筋采用HRB335级钢筋，$f'_{sd}=280\text{MPa}$；箍筋采用R235级钢筋，$f_{sd}=195\text{MPa}$；轴心压力组合设计值$N_d=2650\text{kN}$。Ⅰ类环境条件，安全等级为二级，试按照螺旋箍筋柱进行设计。

解：由于长细比$\lambda=l_0/d=2750/400=6.88<12$，故可以按螺旋箍筋柱设计。

(1)计算所需的纵向钢筋截面积

取纵向钢筋的混凝土保护层厚度为$c=30\text{mm}$，则可得到：

核心面积直径　　$d_{cor}=d-2c=500-2\times30=440\text{mm}$

柱截面面积　　$A=\dfrac{\pi d^2}{4}=\dfrac{3.14\times(500)^2}{4}=196250\text{mm}^2$

核心面积　　$A_{cor}=\dfrac{\pi(d_{cor})^2}{4}=\dfrac{3.14(440)^2}{4}=151976\text{mm}^2>\dfrac{2}{3}A(=130833\text{mm}^2)$

假定纵向钢筋配筋率$\rho'=0.012$，则可得到：

$$A'_s=\rho' A_{cor}=0.012\times151976=1823.7\text{mm}^2$$

现选用8Φ18，$A'_s=2036\text{mm}^2$。

(2)确定箍筋的直径和间距S

由式(5-3)且取$N_u=N_d=2650\text{kN}$，可得到螺旋箍筋换算截面面积A_{so}为：

$$A_{so}=\frac{N/0.9-f_{cd}A_{cor}-f'_{sd}A'_s}{kf_{sd}}$$

$$=\frac{2650000/0.9-11.5\times151976-280\times2036}{2\times195}$$

$$=1606.8\text{mm}^2>0.25A'_s(=0.25\times2036=509\text{mm}^2)$$

现选Φ10，单肢箍筋的截面积$A_{so1}=78.5\text{mm}^2$。这时，螺旋箍筋所需的间距为：

学习记录

$$S=\frac{\pi d_{\mathrm{cor}}A_{\mathrm{sol}}}{A_{\mathrm{so}}}=\frac{3.14\times440\times78.5}{1606.8}=67.5\mathrm{mm}$$

由构造要求，间距 S 应满足 $S\leqslant d_{\mathrm{cor}}/5(=88\mathrm{mm})$ 和 $S\leqslant80\mathrm{mm}$，故取 $S=60\mathrm{mm}>40\mathrm{mm}$。

三、偏心受压构件

当结构构件受到轴向压力和弯矩的共同作用或受到偏心压力的时候，该结构构件称为偏心受压构件(图 5-5)。压力 N 的作用点离构件截面形心的距离 e_0 称为偏心距。根据力的平移法则，截面承受偏心距为 e_0 的偏心压力 N 相当于承受轴向压力 N 和弯矩 $M(e_0=M/N)$ 的共同作用。

实际工程中，钢筋混凝土偏心受压(或压弯)构件的应用比较广泛。如框架柱、钢筋混凝土桁架的上弦杆、拱桥的拱肋、桥墩、墩(台)柱等均属偏心受压构件。

钢筋混凝土偏心受压构件一般多采用矩形截面；装配式柱中多采用工字形截面；高墩多采用箱形截面；柱式墩台、桩多采用圆形截面。如图 5-6 所示。

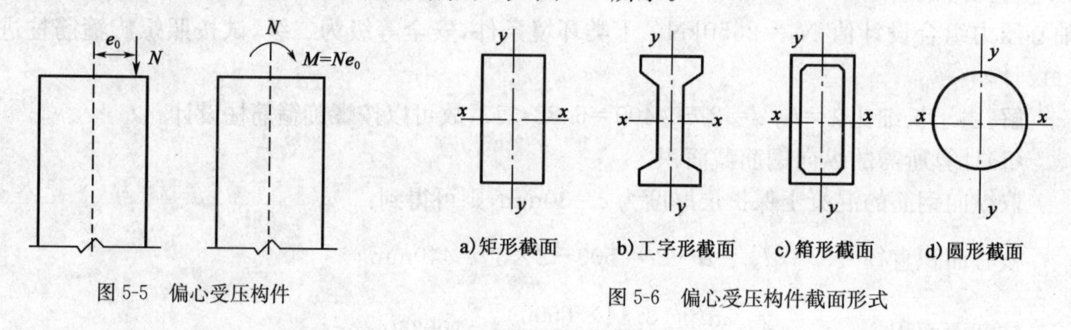

图 5-5 偏心受压构件

图 5-6 偏心受压构件截面形式

(一)偏心受压构件破坏特征

1. 偏心受压构件的破坏特征

钢筋混凝土偏心受压构件可分为短柱和长柱。现以矩形截面的偏心受压短柱受压破坏试验说明其受力特点和破坏特征。根据轴向压力 N 偏心距的大小及纵向钢筋配筋率的情况，偏心受压构件的破坏特征有两种。

(1)受拉破坏——大偏心受压破坏

当相对偏心距 e_0/h 较大，且受拉钢筋配置不太多时，会发生受拉破坏。在偏心压力的作用下，截面靠近偏心压力 N 的一侧(钢筋为 A_s')受压，另一侧(钢筋为 A_s)受拉。随着荷载的增大，受拉一侧混凝土首先出现横向裂缝，裂缝的开展使受拉钢筋 A_s 的应力增长较快，首先达到屈服。随着裂缝的开展，受压区高度减小，受压区混凝土的压应变迅速增大，最后，受压区钢筋屈服，受压区混凝土达到极限压应变而被压碎[图 5-7a)]。

大量试验表明，当偏心距较大，且受拉钢筋配筋率不高时，偏心受压构件的破坏是受拉钢筋先屈服，然后受压区混凝土被压坏，其承载力取决于受拉钢筋的强度和数量，称为受拉破坏，其破坏特征与适筋梁的破坏类似，属于延性破坏。

(2)受压破坏——小偏心受压破坏

当相对偏心距较小或当偏心距较大但纵筋配筋率很高时，会发生受压破坏。在偏心压力

学习记录

的作用下，截面可能部分受拉、部分受压[图 5-7b)]，也可能全部受压[图 5-7c)]。受力后，靠近偏心压力 N 的一侧（钢筋为 A_s'）受到的压应力较大，另一侧（钢筋为 A_s）压应力较小。随着荷载的逐渐增加，混凝土应力也增大。当靠近偏心压力一侧的混凝土压应变达到其极限压应变时，受压边缘混凝土被压碎，同时，该侧的受压钢筋 A_s 也达到屈服；但是，破坏时另一侧的混凝土和钢筋 A_s 的应力都很小，在临近破坏时，受拉一侧才出现短而小的裂缝。

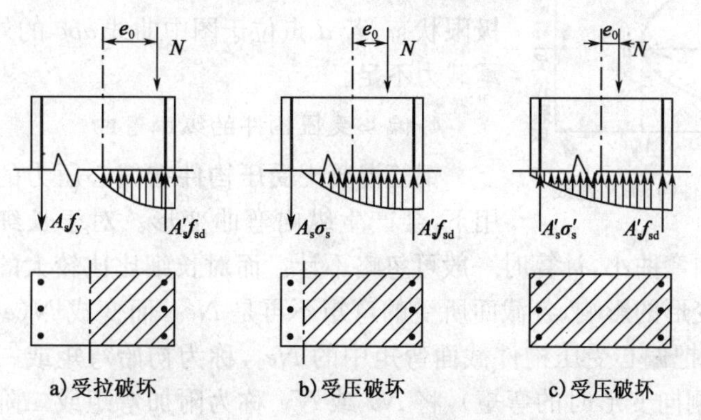

图 5-7 偏心受压构件的破坏形态

总之，小偏心受压构件的破坏特点是受压区混凝土先被压碎；受拉一侧钢筋，不论受拉还是受压，均未屈服，这种破坏称为受压破坏，其承载力取决于受压区混凝土抗压强度和受压钢筋强度。这种破坏无明显预兆，属于脆性破坏。

2. 大、小偏心受压的界限

从两类偏心受压构件的破坏特征可以看出，两类破坏的本质区别在于破坏时受拉钢筋能否屈服。若受拉钢筋先屈服，然后受压区混凝土被压碎即为受拉破坏；如果受拉一侧钢筋不论受拉还是受压均不屈服，则为受压破坏。图 5-8 为偏心受压构件的混凝土应变分布图形，从图中可以看到，随着偏心压力偏心距的减小或受拉一侧钢筋配筋率的增加，受拉破坏一步步转变为受压破坏。和受弯构件的界限破坏类似，当受拉钢筋达到屈服应变时，受压边缘混凝土也刚好达到极限压应变值，这就是偏心受压构件的界限破坏状态。可采用界限相对受压区高度 ξ_b 来判别两种偏心受压破坏：当 $\xi\leqslant\xi_b$ 时，截面为大偏心受压破坏；当 $\xi<\xi_b$ 时，截面为小偏心受压破坏。

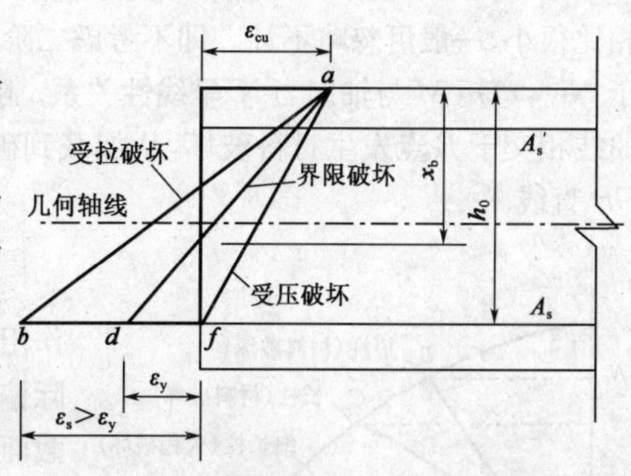

图 5-8 偏心受压构件的截面应变分布

3. 偏心受压构件的 M-N 相关曲线

偏心受压构件同时承受弯矩和轴力的共同作用，因此轴力与弯矩对于构件的作用不是独立的，而是相关的，也就是当给定轴力 N 时，有其唯一对应的弯矩 M，或者说构件可以在不同的 N 和 M 的组合下达到其极限承载力。图 5-9 为偏心受压构件 M-N 相关曲线图。图中，ab 段表示大偏心受压时的 M-N 相关曲线，为二次抛物线。随着轴向压力 N 的增大，截面能承担的弯矩也相应提高。b 点为钢筋与受压区混凝土同时达到其强度极限的界限状态。此时，偏心受压构件承受的弯矩 M 最大。bc 段表示小偏心受压时的 M-N 相关曲线，是一条接近于直

学习记录

线的二次函数曲线。可以看出，在小偏心受压情况下，随着轴向压力的增大，截面所能承担的弯矩反而降低。

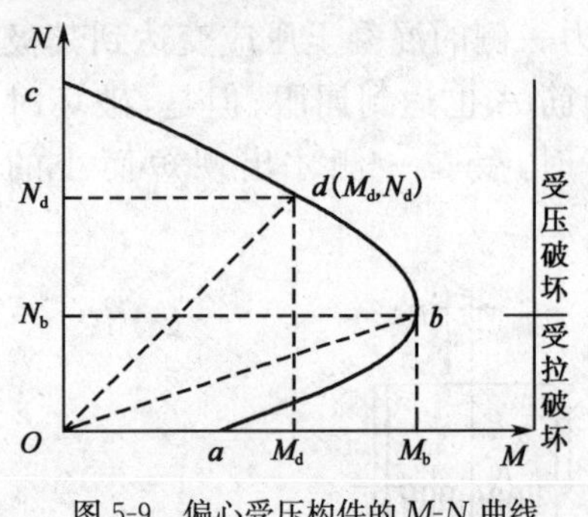

图 5-9　偏心受压构件的 M-N 曲线

在图 5-9 中，c 点表示轴心受压的情况，a 点表示受弯构件的情况。图中曲线上的任一点 d 代表截面强度的一种 M 和 N 的组合。若任意点 d 位于曲线 abc 的内侧，说明在该点坐标给出的 M 和 N 的组合作用下截面未达到承载力极限状态；若 d 点位于图中曲线 abc 的外侧，则表明截面的承载力不足。

4. 偏心受压构件的纵向弯曲

钢筋混凝土受压构件在偏心压力的作用下，会产生纵向弯曲变形。对于长细比比较小的短柱，纵向弯曲小，计算时一般可忽略不计。而对长细比比较大的长柱，由于纵向弯曲变形的影响，各截面所受的弯矩不再是 Ne_0，而变成 $N(e_0+y)$（图 5-10）。一般把偏心受压构件截面弯矩中的 Ne_0，称为初始弯矩或一阶弯矩（不考虑构件侧向变形时的弯矩），将 Nu 或 Ny 称为附加弯矩或二阶弯矩。计算中须考虑二阶弯矩对偏心受压构件承载力的影响。

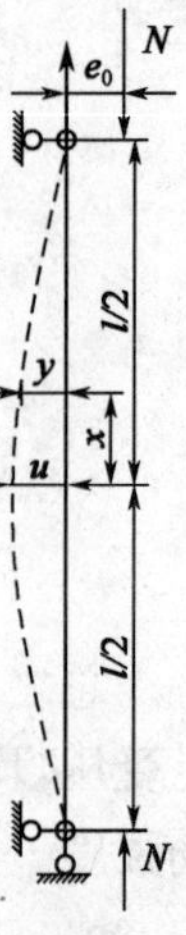

图 5-10　偏心受压构件的受力图示

按长细比的不同，钢筋混凝土偏心受压构件分为短柱、长柱和细长柱。

(1)短柱

偏心受压短柱中，虽然偏心力作用将产生一定的侧向变形，但和偏心距 e_0 相比很小，一般可忽略不计。即不考虑二阶弯矩，各截面中的弯矩均可认为等于 Ne_0，弯矩 M 与轴向力 N 呈线性关系。随着荷载的增大，直线与 M-N 相关曲线相交于 B 点发生材料破坏，从加载到破坏的路径为直线，即图 5-11 中的 OB 直线。

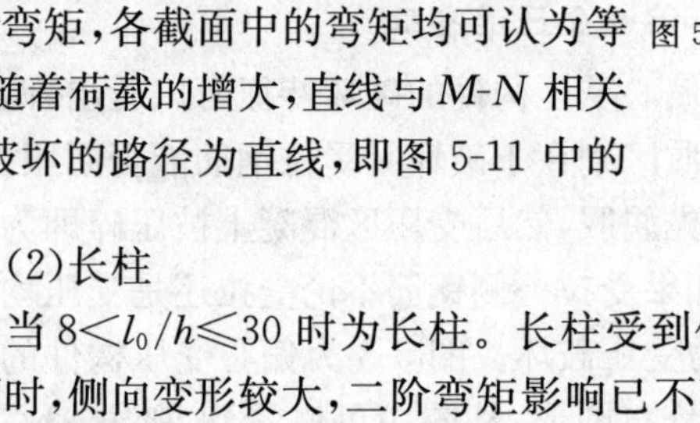

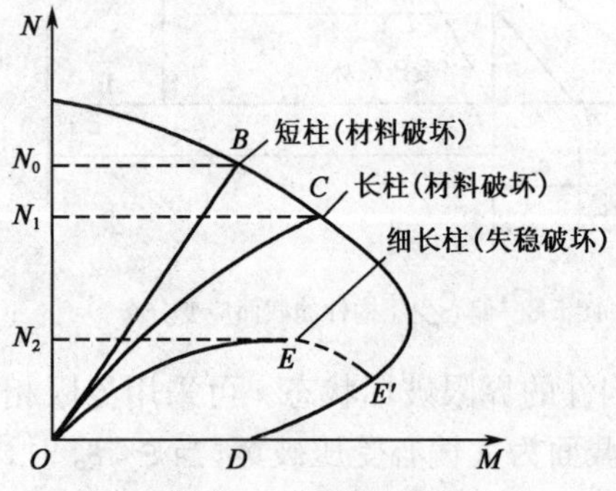

图 5-11　构件长细比的影响

(2)长柱

当 $8<l_0/h\leqslant 30$ 时为长柱。长柱受到偏心压力的作用时，侧向变形较大，二阶弯矩影响已不可忽视。实际偏心距是随荷载的增大而非线性增加的，构件控制截面最终仍然是由于材料达到其强度极限而破坏，属材料破坏。偏心受压长柱在 M-N 相关曲线图上从加荷到破坏的受力路径为曲线，与 M-N 相关曲线相交于 C 点而发生材料破坏，即图 5-11 中 OC 曲线。

(3)细长柱

当柱的长细比很大时，偏心压力 N 达到最大值时（图 5-11 中 E 点），侧向变形突然剧增，此时，偏心受压构件截面上钢筋和混凝土的应变均未达到材料破坏时的极限值，即发生失稳破坏。由于失稳破坏与材料破坏有本质的区别，故设计中一般尽量不采用细长柱。

如图 5-11 所示，在初始偏心距相同的情况下，随着柱长细比的增大，其承载力依次降低，$N_2<N_1<N_0$。

5. 偏心距增大系数

实际结构中最常见的柱，其最终破坏属于材料破坏，在设计中需考虑由于构件的侧向变形引起的二阶弯矩的影响。

偏心受压构件控制截面的实际弯矩为：

$$M = N(e_0 + u) = N\frac{e_0 + u}{e_0}e_0$$

令：

$$\eta = 1 + \frac{u}{e_0} \tag{5-10}$$

则

$$M = N \cdot \eta e_0$$

式中：η——偏心受压构件考虑纵向弯曲影响（二阶效应）的轴向力偏心距增大系数。

《公路桥规》根据偏心压杆的极限曲率理论分析，规定偏心距增大系数 η 的计算公式为

$$\eta = 1 + \frac{1}{1400\frac{e_0}{h_0}}\left(\frac{l_0}{h}\right)^2\zeta_1\zeta_2 \tag{5-11}$$

$$\zeta_1 = 0.2 + 2.7\frac{e_0}{h_0} \leqslant 1.0 \tag{5-12a}$$

$$\zeta_2 = 1.15 - 0.01\frac{l_0}{h} \leqslant 1.0 \tag{5-12b}$$

式中：l_0——构件的计算长度；

e_0——轴向力对截面重心轴的偏心距；

h_0——截面的有效高度，对圆形截面取 $h_0 = r + r_s$；

h——截面的高度，对圆形截面取直径 d；

ζ_1——荷载偏心率对截面曲率的影响系数；

ζ_2——构件长细比对截面曲率的影响系数。

《公路桥规》规定，计算偏心受压构件正截面承载力时，对长细比 $l_0/r > 17.5$（r 为构件截面回转半径）的构件或长细比 l_0/h（矩形截面）>5、长细比 l_0/d_1（圆形截面）>4.4 的构件，应考虑构件在弯矩作用平面内的变形（变位）对轴向力偏心距的影响。此时，应将轴向力对截面重心轴的偏心距 e_0 乘以偏心距增大系数 η。

（二）矩形截面偏心受压构件承载力计算

工程中常用的偏心受压构件有矩形截面和工字形截面，配筋方式有对称配筋和非对称配筋。矩形截面长边为 h，短边为 b。在设计中，应该以长边方向的截面主轴面 x-x 为弯矩作用平面（图 5-7）。

矩形偏心受压构件的纵向钢筋一般集中布置在弯矩作用方向的截面两对边位置上，A_s 和 A_s'分别代表离偏心压力较远一侧和较近一侧的钢筋面积。当 $A_s = A_s'$时，为对称配筋；当 $A_s \neq A_s'$时，为非对称配筋。

1. 计算公式

与受弯构件相似，偏心受压构件的正截面承载力计算采用以下基本假定。

（1）平截面假定。

学习记录

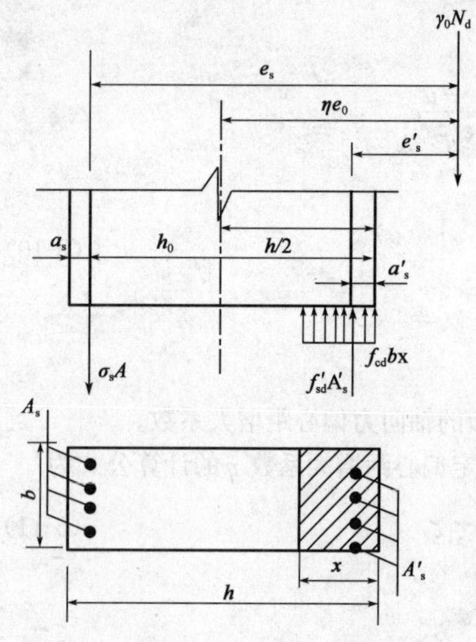

图 5-12　矩形截面偏心受压构件正截面承载力计算图式

(2)不考虑混凝土的抗拉强度。

(3)受压混凝土的极限压应变 $\varepsilon_{cu}=0.0033\sim0.0035$。

(4)混凝土的压应力图形为矩形，应力大小为 f_{cd}，受压区高度 x 取等于按平截面确定的受压区高度 x_c 乘以系数 β，即 $x=\beta x_c$。

矩形截面偏心受压构件正截面承载力计算图式如图 5-12 所示。

对于矩形截面偏心受压构件，用 ηe_0 表示纵向弯曲的影响。只要是材料破坏类型，无论是大偏心受压破坏，还是小偏心受压破坏，受压区边缘混凝土都达到极限压应变，同一侧的受压钢筋 A'_s，一般都能达到抗压强度设计值 f'_{sd}，而对面一侧的钢筋 A_s，可能受拉可能受压，在图 5-12 中以 σ_s 表示 A_s 钢筋中的应力，拉为正。

根据正截面承载力计算图式，由轴力平衡条件可得：

$$\gamma_0N_d\leqslant N_u=f_{cd}bx+f'_{sd}A'_s-\sigma_sA_s \tag{5-13}$$

对受拉钢筋 A_s 合力点取矩可得：

$$\gamma_0N_de_s\leqslant N_ue_s=f_{cd}bx\left(h_0-\frac{x}{2}\right)+f'_{sd}A'_s(h_0-a'_s) \tag{5-14}$$

对受压钢筋 A'_s合力点取矩可得：

$$\gamma_0N_de'_s\leqslant N_ue'_s=-f_{cd}bx\left(\frac{x}{2}-a'_s\right)+\sigma_sA_s(h_0-a'_s) \tag{5-15}$$

其中：

$$e_s=\eta e_0+\frac{h}{2}-a_s \tag{5-16}$$

$$e'_s=\eta e_0-\frac{h}{2}+a'_s \tag{5-17}$$

式中：x——混凝土受压区高度；

e_s、e'_s——分别为偏心压力 γ_0N_d 作用点至钢筋 A_s 和 A'_s合力作用点的距离；

e_0——轴向力对截面重心轴的偏心距，$e_0=M_d/N_d$；

η——偏心距增大系数，按式(5-11)计算。

有关说明：

(1)钢筋 A_s 的应力 σ_s 取值。

当 $\xi=x/h_0\leqslant\xi_b$ 时，构件属于大偏心受压构件，取 $\sigma_s=f_{sd}$；

当 $\xi=x/h_0>\xi_b$ 时，构件属于小偏心受压构件，σ_s 应按式(5-18)计算，但应满足$-f'_{sd}\leqslant\sigma_{si}\leqslant f_{sd}$

$$\sigma_{si}=\varepsilon_{cu}E_s\left(\frac{\beta h_{0i}}{x}-1\right) \tag{5-18}$$

式中：σ_{si}——第 i 层普通钢筋的应力，按公式计算正值表示拉应力；

E_s——受拉钢筋的弹性模量；

h_{0i}——第 i 层普通钢筋截面重心至受压较大边边缘的距离；

学习记录

x——受压区高度。

(2)为了保证构件破坏时，大偏心受压构件截面上的受压钢筋能达到抗压强度设计值 f'_{sd}，必须满足：

$$x \geqslant 2a'_s \tag{5-19}$$

当 $x<2a'_s$时，受压钢筋 A'_s的应力可能达不到 f'_{sd}。与双筋截面受弯构件类似，这时近似取 $x=2a'_s$，如图5-13所示。

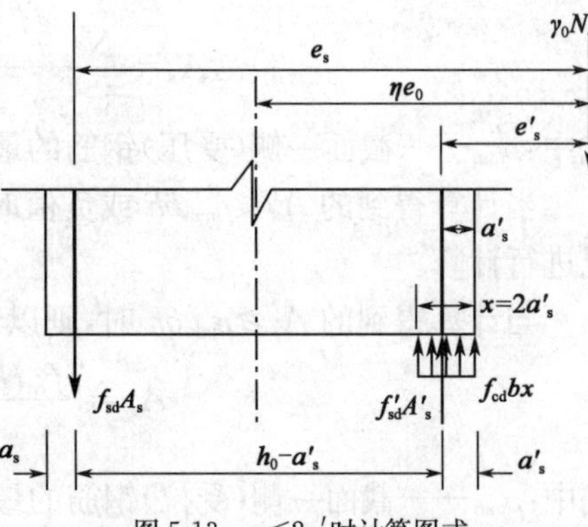

图5-13　$x<2a'_s$时计算图式

受压区混凝土压应力合力的作用位置与受压钢筋压力 $f'_{sd}A'_s$作用位置重合。对受压钢筋 A'_s合力点取矩得到：

$$\gamma_0 N_d e'_s \leqslant N_u e'_s = f_{sd}A_s(h_0 - a'_s) \tag{5-20}$$

(3)当偏心压力的偏心距很小时会发生全截面受压。若靠近偏心压力一侧的纵向钢筋 A'_s 配置较多，而远离偏心压力一侧的纵向钢筋 A_s 配置较少时，钢筋 A_s 的应力可能达到受压屈服强度，离偏心受力较远一侧的混凝土也有可能压坏，这种破坏叫反向破坏，截面应力分布如图5-14所示。为使钢筋 A_s 数量不致过少，防止出现受压破坏，《公路桥规》规定：对于小偏心受压构件，若偏心压力作用于钢筋 A_s 合力点和 A'_s合力点之间时，尚应符合式(5-21)要求：

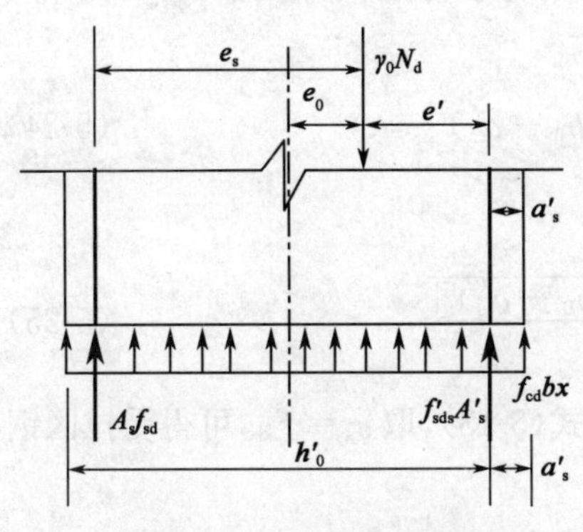

图5-14　小偏压时计算图式

$$\gamma_0 N_d e' \leqslant N_u e' = f_{cd}bh\left(h'_0 - \frac{h}{2}\right) + f'_{sd}A_s(h'_0 - a_s) \tag{5-21}$$

式中：h'_0——纵向钢筋 A'_s合力点距离偏心压力较远一侧边缘的距离，$h'_0=h-a'_s$；

e'——按 $e'=h/2-e_0-a'_s$计算。

2. 矩形截面偏心受压构件非对称配筋的计算方法

1)截面设计

(1)大、小偏心受压的初步判别

当截面尺寸、材料强度及荷载产生的内力组合设计值已知时，要求计算纵向钢筋数量。首先需要判别构件属于哪一类偏心受压情况，才能采用相应的公式进行计算。

前述所知，判别两种偏心受压情况的基本条件是：当 $\xi \leqslant \xi_b$ 时为大偏心受压；当 $\xi > \xi_b$ 时为小偏心受压。但是在配筋计算时，纵向钢筋数量未知，无从计算相对受压区高度 ξ，因此不能利用 ξ 来判别。此时，可近似按下面的方法初步进行判别。

①当 $\eta e_0 \leqslant 0.3h_0$ 时，按小偏压进行计算。

②当 $\eta e_0 > 0.3h_0$ 时，按大偏压进行计算。

(2)大偏压构件的计算

①第一种情况：A_s 和 A'_s均未知。

A_s 和 A'_s 均未知时，式(5-13)、式(5-14)或式(5-15)中有三个未知数：A_s、A'_s及 x，不能求得唯一解，必须补充设计条件。

与双筋矩形截面受弯构件截面设计类似，此时可采用充分利用混凝土的抗压强度、使得受拉和受压钢筋总用量最少的方法，取 $\xi=\xi_b$，即以 $x=\xi_b h_0$ 为补充条件。

学习记录

由式(5-14)，令 $N=\gamma_0 N_d$，可得受压钢筋的截面面积为：

$$A'_s=\frac{Ne_s-f_{cd}bh_0^2\xi_b(1-0.5\xi_b)}{f'_{sd}(h_0-a'_s)}\geqslant\rho'_{min}bh \tag{5-22}$$

式中：ρ'_{min}——截面一侧(受压)钢筋的最小配筋率，见附表 8。

当计算得到的 $A'_s<\rho'_{min}bh$ 或负值时，应按照 $A'_s=\rho'_{min}bh$ 选择钢筋，然后按 A'_s为已知的情况进行计算。

当计算得到的 $A'_s\geqslant\rho'_{min}bh$ 时，则以所求的 A'_s代入式(5-13)，并取 $\sigma_s=f_{sd}$，可得

$$A_s=\frac{f_{cd}bh_0\xi_b+f'_{sd}A'_s-N}{f_{sd}}\geqslant\rho_{min}bh \tag{5-23}$$

式中：ρ_{min}——截面一侧(受拉)钢筋的最小配筋率，按附表 8 选取。

②第二种情况：A'_s已知，A_s 未知。

A'_s已知，A_s 未知时，式(5-13)、式(5-14)中有两个未知数，可求得唯一解。令 $N=\gamma_0 N_d$，可得关于 x 的一元二次方程为：

$$Ne_s=f_{cd}bx\left(h_0-\frac{x}{2}\right)+f'_{sd}A'_s(h_0-a'_s) \tag{5-24}$$

解此方程可得受压区高度为：

$$x=h_0-\sqrt{h_0^2-\frac{2[Ne_s-f'_{sd}A'_s(h_0-a'_s)]}{f_{cd}b}} \tag{5-25}$$

当计算得到的受压区高度满足 $2a'_s\leqslant x\leqslant\xi_b h_0$ 时，则由式(5-13)，取 $\sigma_s=f_{sd}$，可得受拉区钢筋截面面积为：

$$A_s=\frac{f_{cd}bx+f'_{sd}A'_s-N}{f_{sd}} \tag{5-26}$$

当计算得到的受压区高度满足 $x\leqslant\xi_b h_0$ 但 $x\leqslant 2a'_s$时，按式(5-20)计算所需受拉钢筋：

$$A_s=\frac{Ne'_s}{f_{sd}(h_0-a'_s)} \tag{5-27}$$

(3)小偏压构件的计算

①第一种情况：A_s 和 A'_s均未知。

此时基本公式只有两个，却有三个未知数：A_s、A'_s及 x，不能求得唯一解。和大偏压设计方法一样，必须补充条件以便求解。

试验表明，对于小偏压情况，远离偏心压力一侧的钢筋 A_s 不论拉压其应力都达不到屈服强度，显然，配置过多的 A_s 是没有意义的。故 A_s 可取等于受压构件截面一侧钢筋的最小配筋量。由附表 8 查得 $A_s=\rho'_{min}bh=0.002bh$。

按照补充条件，剩下两个未知数，可利用基本公式来进行计算。

首先，令 $N=\gamma_0 N_d$，由式(5-15)和式(5-18)可得：

$$Ne'_s=-f_{cd}bx\left(\frac{x}{2}-a'_s\right)+\sigma_s A_s(h_0-a'_s) \tag{5-28}$$

$$\sigma_{si}=\varepsilon_{cu}E_s\left(\frac{\beta h_0}{x}-1\right) \tag{5-29}$$

即得到关于 x 的一元三次方程为：

$$Ax^3+Bx^2+Cx+D=0 \tag{5-30}$$

$$A=-0.5f_{cd}b \tag{5-31a}$$

$$B=f_{cd}ba'_s \tag{5-31b}$$

$$C=\varepsilon_{cu}E_sA_s(a'_s-h_0)-Ne'_s \tag{5-31c}$$

$$D=\beta\varepsilon_{cu}E_sA_s(h_0-a'_s)h_0 \tag{5-31d}$$

其中 $e'_s=\eta e_0-h/2+a'_s$。

由式(5-30)求得 x 值后，可得相对受压区高度 $\xi=x/h_0$。

当 $h/h_0>\xi>\xi_b$ 时，截面为部分受压、部分受拉，这时以 $\xi=x/h_0$ 代入式(5-18)求得钢筋 A_s 中的应力值 σ_s。再将钢筋面积 A_s、钢筋应力计算值 σ_s 以及 x 值代入式(5-13)中，即可得所需钢筋面积 A'_s，且应满足 $A'_s\geqslant\rho'_{min}bh$。

当 $\xi\geqslant h/h_0$ 时，截面为全截面受压，但实际受压区高度最大只能为截面高度 h。所以，此时可近似取 $x=h$ 进行计算，则钢筋面积 A'_s 为

$$A'_s=\frac{Ne_s-f_{cd}bh(h_0-h/2)}{f'_{sd}(h_0-a'_s)}\geqslant\rho'_{min}bh \tag{5-32}$$

按照上述方法进行截面设计时，必须先求解 x 的一元三次方程，计算工作量较大，下面介绍用经验公式来计算钢筋应力及求解混凝土受压区高度的方法：

根据我国对于小偏心受压构件大量试验资料的分析并且考虑边界条件：$\xi=\xi_b$ 时，$\sigma_s=f_{sd}$；$\xi=\beta$ 时，$\sigma_s=0$，据此可以将式(5-18)转化为近似的线性关系：

$$\sigma_s=\frac{f_{sd}}{\xi_b-\beta}(\xi-\beta)-f'_{sd}\leqslant\sigma_s\leqslant f_{sd} \tag{5-33}$$

将式(5-33)代入式(5-15)可得关于 x 的一元二次方程为：

$$Ax^2+Bx+C=0 \tag{5-34}$$

$$A=-0.5f_{cd}bh_0 \tag{5-35a}$$

$$B=\frac{h_0-a'_s}{\xi_b-\beta}f_{sd}A_s+f_{cd}bh_0a'_s \tag{5-35b}$$

$$C=-\beta\frac{h_0-a'_s}{\xi_b-\beta}f_{sd}A_sh_0-Ne'_sh_0 \tag{5-35c}$$

由于式(5-33)中钢筋应力与 ξ 的关系近似为线性关系，因此可利用式(5-34)来近似求解 x，就避免了按式(5-30)来求解 x 的一元三次方程的麻烦。这种近似计算方法适用于混凝土强度为C50以下的普通混凝土构件。

②第二种情况：A'_s已知，A_s 未知。

此时，两个独立计算公式，两个未知数，可求得唯一解。

由式(5-14)求得截面受压区高度 x，并得到相对受压区高度 $\xi=x/h_0$，当 $h/h_0>\xi>\xi_b$ 时，截面为部分受压、部分受拉，这时将计算得到的 ξ 代入式(5-18)求得钢筋应力 σ_s。由式(5-13)求得钢筋面积 A_s。

当 $\xi\geqslant h/h_0$ 时，为全截面受压，以 $\xi=h/h_0$ 代入式(5-18)求得钢筋应力 σ_s。再由式(5-13)求得钢筋面积 A_{s1}。

学习记录

小偏心受压时，若偏心压力作用于钢筋 A_s 合力点和 A'_s 之间时，此时 $\eta e_0 < h/2 - a'_s$，钢筋数量还应当满足式(5-21)的要求，可得到：

$$A_s \geqslant \frac{Ne' - f_{cd}bh\left(h'_0 - \frac{h}{2}\right)}{f'_{sd}(h'_0 - a_s)} \tag{5-36}$$

由式(5-36)可求得截面一侧所需钢筋数量 A_{s2}，而设计所采用的钢筋面积 A_s 应取上述计算值 A_{s1} 和 A_{s2} 中的较大值，以防止出现远离偏心压力一侧的混凝土边缘先破坏的情况。

2)截面复核

当构件的截面尺寸、配筋面积、材料强度均已知，并已知轴向力设计值及相应的弯矩设计值，要求复核偏心受压构件截面是否能承受已知的组合设计值。首先需要进行截面在两个平面内的承载力复核，即弯矩作用平面内和垂直于弯矩作用平面的承载力复核。

(1)弯矩作用平面内截面承载力复核

①大、小偏心受压的判别。

在截面承载力复核中，由于截面钢筋布置已定，故可采用 ξ 和 ξ_b 的关系来进行判别，当 $\xi \leqslant \xi_b$ 时为大偏压；当 $\xi > \xi_b$ 时为小偏压。

首先假设构件为大偏压，这时，受拉侧钢筋应力达到屈服强度，即 $\sigma_s = f_{sd}$，由截面上所有力对 N_u 作用点取矩得：

$$f_{cd}bx\left(e_s - h_0 + \frac{x}{2}\right) = f_{sd}A_se_s - f'_{sd}A'_se'_s \tag{5-37}$$

由上式解得受压区高度 x，再求得 $\xi = x/h_0$。当 $\xi \leqslant \xi_b$ 时为大偏压；当 $\xi > \xi_b$ 时为小偏压。

②当 $\xi \leqslant \xi_b$ 时，由式(5-37)计算得到的 x 值即为大偏压构件截面受压区高度，然后按式(5-13)进行截面承载力复核。

③当 $\xi > \xi_b$ 时，此时不能按照式(5-37)来确定截面受压区高度，因为在小偏压情况下，离偏心压力较远一侧的钢筋往往不能屈服。

这时，要联合使用式(5-18)和式(5-38)来确定截面受压区高度 x，即：

$$f_{cd}bx\left(e_s - h_0 + \frac{x}{2}\right) = \sigma_sA_se_s - f'_{sd}A'_se'_s \tag{5-38}$$

及

$$\sigma_{si} = \varepsilon_{cu}E_s\left(\frac{\beta h_0}{x} - 1\right)$$

可得到关于 x 的一元三次方程：

$$Ax^3 + Bx^2 + Cx + D = 0 \tag{5-39}$$

$$A = 0.5f_{cd}b \tag{5-40a}$$

$$B = f_{cd}b(e_s - h_0) \tag{5-40b}$$

$$C = \varepsilon_{cu}E_sA_se_s + f'_{sd}A'_se'_s \tag{5-40c}$$

$$D = -\beta\varepsilon_{cu}E_sA_se_sh_0 \tag{5-40d}$$

式中：$e'_s = \eta e_0 - h/2 + a'_s$。

若钢筋 A_s 中的应力 σ_s 采用 ξ 的线性表达，即：

$$Ax^2 + Bx + C = 0 \tag{5-41}$$

$$A = 0.5f_{cd}bh_0 \tag{5-42a}$$

$$B = f_{cd}bh_0(e_s - h_0) - \frac{f_{sd}A_se_s}{\xi_b - \beta} \tag{5-42b}$$

$$C=\left(\frac{\beta f_{sd}A_{s}e_{s}}{\xi_{b}-\beta}+f'_{sd}A'_{s}e'_{s}\right)h_{0} \quad (5\text{-}42c)$$

由式(5-39)或式(5-41)可解得小偏心受压构件受压区高度及相应的相对受压区高度。当 $h/h_0>\xi>\xi_b$ 时，截面为部分受压、部分受拉，这时将计算得到的 ξ 代入式(5-18)，求得钢筋应力 σ_s。由式(5-13)计算截面承载力 N_{u1} 并复核。

当 $\xi\geqslant h/h_0$ 时，截面为全截面受压，此时偏心距较小。首先考虑近纵向压力作用点一侧的截面边缘混凝土破坏，以计算的 ξ 值代入式(5-18)求得钢筋应力 σ_s。再由式(5-13)求得截面承载力 N_{u1}。

若偏心压力作用于钢筋 A_s 合力点和 A'_s 合力点之间时，应由式(5-21)求得截面承载力 N_{u2}。

构件承载力 N_u 应取 N_{u1} 和 N_{u2} 中的较小值。

(2)垂直于弯矩作用平面的截面承载力复核

偏心受压构件，除了在弯矩作用平面内可能发生破坏外，还可能在垂直于弯矩作用平面内发生破坏。因此，当偏心受压构件在两个方向的截面尺寸 b、h 及长细比 λ 值不同时，应对垂直于弯矩作用平面进行承载力复核。

《公路桥规》规定，对于偏心受压构件除应计算弯矩作用平面内的承载力外，还应按轴心受压构件复核垂直于弯矩作用平面的承载力。这时不考虑弯矩作用，而按轴心受压构件考虑稳定系数 φ，并取截面短边来计算相应的长细比。

［例 5-3］　钢筋混凝土偏心受压预制构件，水平浇筑，截面尺寸为 $b\times h=300\text{mm}\times400\text{mm}$，两个方向的计算长度均为 $l_0=4.8\text{m}$；轴向力组合设计值为 $N_d=200\text{kN}$，相应的弯矩组合设计值为 $M_d=120\text{kN}\cdot\text{m}$；混凝土强度等级为 C20，纵向受力钢筋为 HRB335，环境类别为一类，安全等级为二级，试选择钢筋，并进行截面复核。

解：查表得，$f_{cd}=9.2\text{MPa}$，$f_{sd}=f'_{sd}=280\text{MPa}$，$\xi_b=0.56$，$\gamma_0=1.0$

(1)截面设计

轴向压力设计值 $N=\gamma_0N_d=200\text{kN}$，弯矩设计值 $M=\gamma_0M_d=120\text{kN}\cdot\text{m}$，可得到偏心距 e_0 为：

$$e_0=\frac{M}{N}=\frac{120\times10^3}{200}=600\text{mm}$$

弯矩作用平面内的长细比为 $l_0/h=4800/400=12>5$，因此应考虑偏心距增大系数 η，η 值按式(5-11)进行计算。

设 $a_s=a'_s=45\text{mm}$，则 $h_0=h-a_s=400-45=355\text{mm}$

$$\zeta_1=0.2+2.7\frac{e_0}{h_0}=0.2+2.7\times\frac{600}{355}=4.8>1.0\text{，取 }\zeta_1=1.0$$

$$\zeta_2=1.15-0.01\frac{l_0}{h}=1.15-0.01\times12=1.03>1.0\text{，取 }\zeta_2=1.0$$

则

$$\eta=1+\frac{1}{1400\dfrac{e_0}{h_0}}\left(\frac{l_0}{h}\right)^2\zeta_1\zeta_2=1+\frac{1}{1400\times\dfrac{600}{355}}\times12^2\times1\times1=1.06$$

$$\eta e_0=1.06\times600=636\text{mm}>0.3h_0=0.3\times355=107\text{mm}$$

学习记录

可先按大偏心受压情况进行计算：

$$e_s = \eta e_0 + h/2 - a_s = 636 + 400/2 - 45 = 791\text{mm}$$

因为 A_s、A_s' 均未知，引入补充条件 $\xi=\xi_b$，由式(5-22)得到：

$$A_s' = \frac{Ne_s - f_{cd}bh_0^2\xi_b(1-0.5\xi_b)}{f'_{sd}(h_0-a_s')}$$

$$= \frac{200\times10^3\times791-9.2\times300\times355^2\times0.56\times(1-0.5\times0.56)}{280\times(355-45)}$$

$$= 207\text{mm}^2 < \rho_{min}bh = 0.002\times300\times400 = 240\text{mm}^2$$

需要按最小配筋率选择受压钢筋。

选择受压钢筋 3Φ12，实际受压钢筋面积为 $A_s'=339\text{mm}^2$，$a_s'=45\text{mm}$。

$$\rho' = \frac{A_s'}{bh} = \frac{339}{300\times400} = 0.28\% > 0.2\%$$

由式(5-25)可得受压区高度为：

$$x = h_0 - \sqrt{h_0^2 - \frac{2[Ne_s - f'_{sd}A_s'(h_0-a_s')]}{f_{cd}b}}$$

$$= 355 - \sqrt{355^2 - \frac{2[200\times10^3\times791-280\times339\times(355-45)]}{9.2\times300}}$$

$$= 174\text{mm}$$

可知：

$$2a_s' = 90\text{mm} < x < \xi_b h_0 = 0.56\times355 = 199\text{mm}$$

由式(5-26)可得到受拉钢筋面积为：

$$A_s = \frac{f_{cd}bx + f'_{sd}A_s' - N}{f_{sd}}$$

$$= \frac{9.2\times300\times174+280\times339-200\times10^3}{280}$$

$$= 1340\text{mm}^2 > \rho_{min}bh = 0.002\times300\times400 = 240\text{mm}^2$$

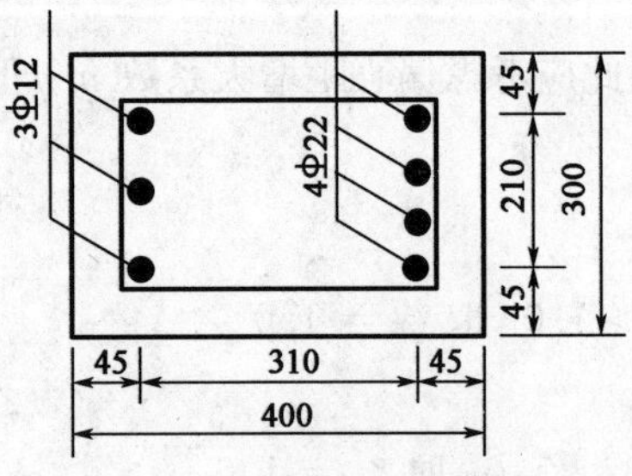

选择受拉钢筋为 4Φ22，实际受拉钢筋面积为 $A_s=1520\text{mm}^2$，$\rho=A_s/bh=1520/(300\times400)=1.27\%>0.2\%$，$\rho+\rho'=1.55\%>0.5\%$

纵向钢筋沿短边 b 单排布置(图 5-15)，纵向钢筋最小净距采用 30mm，$a_s'=45\text{mm}$。$a_s=45\text{mm}$，钢筋 A_s 的混凝土保护层厚度为 $(45-25.1/2)=32\text{mm}$，满足规范要求。所需截面最小宽度 $=32\times2+25.1\times4+3\times30=254\text{mm}<b'=300\text{mm}$

图 5-15 例 5-3 截面配筋图

(尺寸单位：mm)

(2)截面复核

①垂直于弯矩作用平面的截面复核。

长细比为 $\frac{l_0}{b} = \frac{4800}{300} = 16 > 5$，查表得 $\varphi=0.87$，则

$$N_u = 0.9\varphi[f_{cd}bh + f'_{sd}(A_s + A_s')]$$

$$=0.9\times0.87\times[9.2\times300\times400+280\times(339+1520)]$$

$$=1272\times10^3\mathrm{N}=1272\mathrm{kN}>N=200\mathrm{kN}$$

满足设计要求。

②弯矩作用平面的截面复核。

截面有效高度 $h_0=h-a_s=400-45=355\mathrm{mm}$，计算得到 $\eta=1.06$。$\eta e_0=636\mathrm{mm}$，则

$$e_s=\eta e_0+h/2-a_s=636+\frac{400}{2}-45=791\mathrm{mm}$$

$$e'_s=\eta e_0-h/2+a'_s=636-\frac{400}{2}+45=481\mathrm{mm}$$

假定为大偏压，由式(5-37)解得混凝土受压区高度为：

$$x=h_0-e_s+\sqrt{(h_0-e_s)^2+2\frac{f_{sd}A_se_s-f'_{sd}A'_se'_s}{f_{cd}b}}$$

$$=355-791+\sqrt{(355-791)^2+2\times\frac{280\times1520\times791-280\times339\times481}{9.2\times300}}$$

$$=197.21\mathrm{mm}$$

因此：

$$2a'_s=80\mathrm{mm}<x<\xi_bh_0=0.56\times355=199\mathrm{mm}$$

该构件确定为大偏压。

由式(5-13)可得正截面承载力为：

$$N_u=f_{cd}bx+f'_{sd}A'_s-\sigma_sA_s=9.2\times300\times197.21+280\times339-280\times1520$$

$$=213.62\mathrm{kN}>N=200\mathrm{kN}$$

满足正截面承载力要求。

[例 5-4] 钢筋混凝土偏心受压构件，截面尺寸为 $b\times h=400\mathrm{mm}\times600\mathrm{mm}$，两个方向的计算长度均为 $l_0=4.8\mathrm{m}$；轴向力组合设计值为 $N_d=1600\mathrm{kN}$，相应的弯矩组合设计值为 $M_d=200\mathrm{kN\cdot m}$；混凝土强度等级为 C20，纵向受力钢筋为 HRB335，环境类别为一类，安全等级为二级，试选择钢筋。

解：查表得 $f_{cd}=9.2\mathrm{MPa}$，$f_{sd}=f'_{sd}=280\mathrm{MPa}$，$\xi_b=0.56$，$\gamma_0=1.0$。

轴向压力设计值 $N=\gamma_0N_d=1600\mathrm{kN}$，弯矩设计值 $M=\gamma_0M_d=200\mathrm{kN\cdot m}$，可得到偏心距 e_0 为：

$$e_0=\frac{M}{N}=\frac{200\times10^3}{1600}=125\mathrm{mm}$$

弯矩作用平面内的长细比为 $\frac{l_0}{h}=\frac{4800}{600}=8>5$，因此应考虑偏心距增大系数 η，η 值按式(5-11)进行计算。

设 $a_s=a'_s=45\mathrm{mm}$，则

$$h_0=h-a_s=600-45=555\mathrm{mm}$$

$$\zeta_1=0.2+2.7\frac{e_0}{h_0}=0.2+2.7\times\frac{125}{555}=0.81$$

$$\zeta_2=1.15-0.01\frac{l_0}{h}=1.15-0.01\times8=1.07>1.0\text{，取 }\zeta_2=1.0\text{。}$$

学习记录

则

$$\eta = 1 + \frac{1}{1400\frac{e_0}{h_0}}\left(\frac{l_0}{h}\right)^2\zeta_1\zeta_2 = 1 + \frac{1}{1400\times\frac{125}{555}}\times 8^2\times 0.81\times 1 = 1.16$$

$$\eta e_0 = 1.16\times 125 = 145\text{mm} < 0.3h_0 = 0.3\times 555 = 166.5\text{mm}$$

可按小偏心受压情况进行计算。

因为A_s、A_s'均未知，对于小偏心受压构件取$A_s=0.002bh=0.002\times 400\times 600=480\text{mm}^2$

$$e_s = \eta e_0 + h/2 - a_s = 145 + 600/2 - 45 = 400\text{mm}$$

$$e_s' = \eta e_0 - h/2 + a_s' = 145 - 600/2 + 45 = -110\text{mm}$$

按式(5-34)计算x值：

$$Ax^2 + Bx + C = 0$$

$$A = -0.5f_{cd}bh_0 = -0.5\times 9.2\times 400\times 555 = -1021200$$

$$B = \frac{h_0 - a_s'}{\xi_b - \beta}f_{sd}A_s + f_{cd}bh_0a_s'$$

$$= \frac{555-45}{0.56-0.8}280\times 480 + 9.2\times 400\times 555\times 45$$

$$= -193692000$$

$$C = -\beta\frac{h_0 - a_s'}{\xi_b - \beta}f_{sd}A_sh_0 - Ne_s'h_0$$

$$= -0.8\times\frac{555\text{-}45}{0.56-0.8}\times 280\times 480\times 555 + 1600\times 10^3\times 110\times 555$$

$$= 2.24\times 10^{11}$$

解此一元二次方程，得到$x=441\text{mm}$。

$$\xi = \frac{x}{h_0} = \frac{441}{555} = 0.79 > \xi_b = 0.56$$

$$< h/h_0 = 1.08$$

将$\xi=0.79$代入式(5-18)得到钢筋A_s的应力为：

$$\sigma_s = \varepsilon_{cu}E_s\left(\frac{\beta}{\xi} - 1\right)$$

$$= 0.0033\times 2\times 10^5\times\left(\frac{0.8}{0.83} - 1\right)$$

$$= 8\text{MPa}(拉应力)$$

将受拉钢筋面积，受拉钢筋应力及受压区高度代入式(5-13)得到受压侧钢筋面积为$A_s'=-68\text{mm}^2$，可按最小配筋率进行配筋。$A_s'=0.002\times 400\times 600=480\text{mm}^2$。

选择受压钢筋为2Φ25，实际受压钢筋面积为$A_s'=982\text{mm}^2$。

选择受拉钢筋为2Φ25，实际受拉钢筋面积为$A_s=982\text{mm}^2$。

$$\rho=\rho'=\frac{A_s'}{bh}=\frac{982}{400\times 600}=0.41\%>0.2\%,\ \rho+\rho'=0.82\%>0.5\%$$

纵向钢筋沿短边b单排布置(图5-16)，纵向钢筋最小净距采用40mm，$a_s'=45\text{mm}$，$a_s=45\text{mm}$，钢筋A_s的混凝土保护层厚度为(45−28.4/2)=31mm，满足规范要求。

截面最小宽度$=32\times2+28.4\times2+40=161\text{mm}<b=400\text{mm}$。

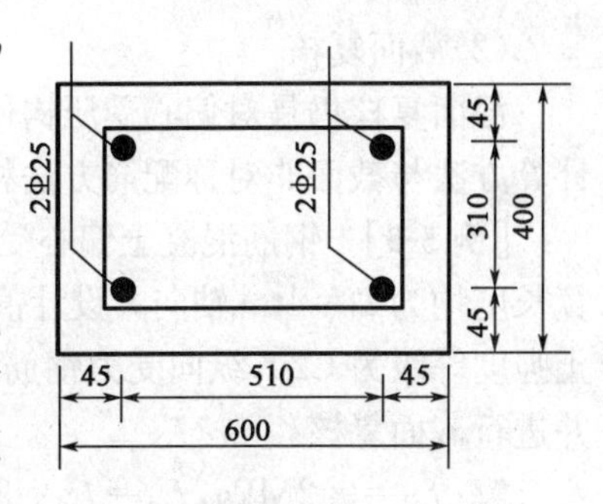

图5-16　例5-4截面配筋图(尺寸单位:mm)

3.矩形截面偏心受压构件对称配筋的计算方法

实际工程中,在不同荷载组合作用下,偏心受压构件可能会受到方向相反的弯矩作用。当两者数值相差不大时,或即使相差较大,但按对称配筋设计求得的纵筋总量比按非对称设计所得纵筋的总量增加不多时,为使构造简单及便于施工,宜采用对称配筋。装配式偏心受压构件,为了保证安装时不会出错,一般采用对称配筋。

对称配筋要求$A_s=A'_s,f_{sd}=f'_{sd},a_s=a'_s$。

对于矩形截面对称配筋的偏心受压构件,仍依据式(5-13)～式(5-21)进行计算,分为截面设计和截面复核两种情况。

(1)截面设计

①大、小偏心受压的初步判别。

先假定为大偏压,由于是对称配筋,相当于补充了一个条件。令轴向压力设计值$N=\gamma_0 N_d$,则由式(5-13)得到:

$$N=f_{cd}bx$$

整理后得到:

$$x=\frac{N}{f_{cd}b} \tag{5-43}$$

当计算所得的$\xi=\frac{x}{h_0}\leqslant\xi_b$时,按大偏心受压构件设计;当$\xi=\frac{x}{h_0}>\xi_b$时,按小偏心受压构件设计。

②大偏心受压构件。

当$2a'_s\leqslant x\leqslant\xi_b h_0$时,直接利用式(5-14)计算得:

$$A_s=A'_s=\frac{Ne_s-f_{cd}bx\left(h_0-\frac{x}{2}\right)}{f'_{sd}(h_0-a'_s)} \tag{5-44}$$

当$x<2a'_s$时,按式(5-27)计算钢筋。

③小偏心受压构件。

对称配筋的小偏心受压构件,由于$A_s=A'_s$,即使在全截面受压情况下,也不会出现远离偏心压力作用点一侧混凝土先破坏的情况。

首先应计算截面受压区高度x。《公路桥规》建议矩形截面对称配筋的小偏心受压构件截面相对受压区高度ξ按下式计算:

$$\xi=\frac{N-\xi_b f_{cd}bh_0}{\frac{Ne_s-0.43f_{cd}bh_0^2}{(\beta-\xi_b)(h_0-a'_s)}+f_{cd}bh_0}+\xi_b \tag{5-45}$$

式中:β——截面受压区矩形应力图高度与实际受压区高度的比值,对C50以下混凝土取$\beta=0.8$。

求得ξ的值后,由式(5-44)可求得所需的钢筋面积。

学习记录

(2)截面复核

截面复核仍是对偏心受压构件垂直于弯矩作用平面和弯矩作用平面内的方向进行计算，计算方法与截面非对称配筋方法相同。

[例 5-5] 钢筋混凝土偏心受压构件，截面尺寸为 $b\times h=400\text{mm}\times500\text{mm}$，两个方向的计算长度均为 $l_0=4\text{m}$；轴向力设计值为 $N=400\text{kN}$，相应的弯矩设计值为 $M=240\text{kN}\cdot\text{m}$；混凝土强度等级为C20，纵向受力钢筋为HRB335，环境类别为一类。试求对称配筋时所需钢筋，并进行截面复核。

解：$f_{cd}=9.2\text{MPa}$，$f_{sd}=f'_{sd}=280\text{MPa}$，$\xi_b=0.56$

(1)截面设计

由 $N=400\text{kN}$，$M=240\text{kN}\cdot\text{m}$，可得到偏心距 e_0 为：

$$e_0=\frac{M}{N}=\frac{240\times10^3}{400}=600\text{mm}$$

弯矩作用平面内的长细比为 $\frac{l_0}{h}=\frac{4000}{500}=8>5$，因此应考虑偏心距增大系数 η，η 值按式(5-11)进行计算得到 $\eta=1.03$，$\eta e_0=618\text{mm}$。

设 $a_s=a'_s=50\text{mm}$，则

$$h_0=h-a_s=500-50=450\text{mm}$$

$$e_s=\eta e_0+\frac{h}{2}-a_s=618+500/2-50=818\text{mm}$$

由式(5-43)可得：

$$x=\frac{N}{f_{cd}b}=\frac{400\times10^3}{9.2\times400}=108.7\text{mm}>2a'_s=100\text{mm}$$

$$<\xi_b h_0=0.56\times450=252\text{mm}$$

由式(5-44)可得纵向钢筋面积为：

$$A_s=A'_s=\frac{Ne_s-f_{cd}bx\left(h_0-\frac{x}{2}\right)}{f'_{sd}(h_0-a'_s)}$$

$$=\frac{400\times10^3\times818-9.2\times400\times108.7\times(450-108.7/2)}{280\times(450-50)}$$

$$=1508.34\text{mm}^2$$

选每侧钢筋为4⌀22，实际钢筋面积为：

$$A_s=A'_s=1520\text{mm}^2>0.002bh=0.002\times400\times500=400\text{mm}^2$$

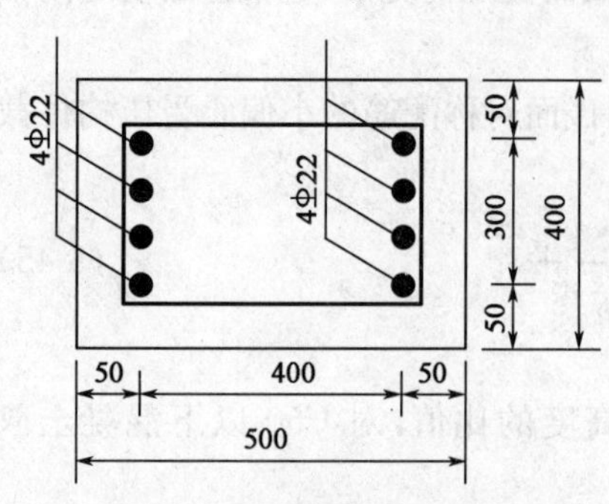

图 5-17 例 5-5 截面配筋图(尺寸单位：mm)

纵向钢筋沿短边 b 单排布置(图5-17)，纵向钢筋最小净距采用30mm，钢筋净距=(400－25.1×4－30×2)/3=79.9mm>50mm，设计截面中 $a'_s=50\text{mm}$，$a_s=50\text{mm}$，钢筋 A_s 的混凝土保护层厚度为(50－25.1/2)=37.45mm，满足规范要求。

(2)截面复核

①垂直于弯矩作用平面的截面复核。

长细比为 $l_0/b=4000/400=10$，查表5-1，得，$\varphi=0.98$，则

$$N_u = 0.9\varphi[f_{cd}bh + f'_{sd}(A_s + A'_s)]$$
$$=0.9\times0.98\times[9.2\times400\times500+280\times(1520+1520)]$$
$$=2374\times10^3\text{N}=2374\text{kN}>N=400\text{kN}$$

满足要求。

②弯矩作用平面的截面复核。

截面有效高度 $h_0 = h - a_s = 500 - 50 = 450\text{mm}$，计算得到 $\eta=1.03$。$\eta e_0=618\text{mm}$，则：

$$e_s = \eta e_0 + h/2 - a_s = 618 + 500/2 - 50 = 818\text{mm}$$
$$e'_s = \eta e_0 - h/2 + a'_s = 618 - 500/2 + 50 = 418\text{mm}$$

假定为大偏心受压，由式(5-37)解得混凝土受压区高度为：

$$x = h_0 - e_s + \sqrt{(h_0 - e_s)^2 + 2\frac{f_{sd}A_se_s - f'_{sd}A'_se'_s}{f_{cd}b}}$$
$$=450-818+\sqrt{(450-818)^2+2\times\frac{280\times1520\times(818-418)}{9.2\times400}}$$
$$=109.44\text{mm}>2a'_s=100\text{mm}$$
$$<\xi_bh_0=0.56\times450=252\text{mm}$$

该构件确实为大偏压情况。

由式(5-13)可得截面承载力为：

$$N_u = f_{cd}bx = 9.2\times400\times109.44$$
$$=402.74\times10^3\text{N}=402.74\text{kN}>N=400\text{kN}$$

满足正截面承载力要求。

[例 5-6] 已知钢筋混凝土偏心受压构件，截面尺寸为 $b\times h=400\text{mm}\times600\text{mm}$，两个方向的计算长度均为 $l_0=4.8\text{m}$；轴向力设计值为 $N=2000\text{kN}$，相应的弯矩设计值为 $M=240\text{kN}\cdot\text{m}$；混凝土强度等级为 C30，纵向受力钢筋为 HRB335，环境类别为一类，试求对称配筋时所需钢筋。

解：$f_{cd}=13.8\text{MPa}$，$f_{sd}=f'_{sd}=280\text{MPa}$，$\xi_b=0.56$，$\beta=0.8$

由 $N=2000\text{kN}$，$M=240\text{kN}\cdot\text{m}$，可得到偏心距 e_0 为：

$$e_0=\frac{M}{N}=\frac{240\times10^3}{2000}=120\text{mm}$$

设 $a_s=a'_s=50\text{mm}$，则

$$h_0=h-a_s=600-50=550\text{mm}$$

弯矩作用平面内的长细比为 $l_0/h = 4800/600 = 8 > 5$，因此应考虑偏心距增大系数 η，η 值按式(5-11)进行计算得到 $\eta=1.168$，$\eta e_0=140\text{mm}$。

由式(5-43)可得：

$$\xi = \frac{N}{f_{cd}bh_0} = \frac{2000\times10^3}{13.8\times400\times550} = 0.66 > \xi_b = 0.56$$

应按小偏压情况进行设计。

学习记录

$$e_s = \eta e_0 + h/2 - a_s = 140 + 600/2 - 50 = 390\text{mm}$$

$$e'_s = \eta e_0 - h/2 + a'_s = 140 - 600/2 + 50 = -110\text{mm}$$

由式(5-45)计算 ξ 值为：

$$\xi = \frac{N - \xi_b f_{cd} b h_0}{\dfrac{N e_s - 0.43 f_{cd} b h_0^2}{(\beta - \xi_b)(h_0 - a'_s)} + f_{cd} b h_0} + \xi_b$$

$$= \frac{2000 \times 10^3 - 0.56 \times 13.8 \times 400 \times 550}{\dfrac{2000 \times 10^3 \times 390 - 0.43 \times 13.8 \times 400 \times 550^2}{(0.8 - 0.56)(550 - 50)} + 13.8 \times 400 \times 550} + 0.56$$

$$= 0.644 > \xi_b = 0.56$$

$$x = \xi h_0 = 0.644 \times 550 = 354\text{mm}$$

由式(5-44)可得纵向钢筋面积为：

$$A_s = A'_s = \frac{N e_s - f_{cd} b x \left(h_0 - \dfrac{x}{2}\right)}{f'_{sd}(h_0 - a'_s)}$$

$$= \frac{2000 \times 10^3 \times 390 - 13.8 \times 400 \times 354 \times \left(550 - \dfrac{354}{2}\right)}{280 \times (550 - 50)}$$

$$= 365\text{mm}^2$$

选每侧钢筋为 3Φ20,实际钢筋面积为：

$A_s = A'_s = 942\text{mm}^2 > 0.002bh = 0.002 \times 400 \times 600 = 480\text{mm}^2$。

截面布置如图 5-18 所示。

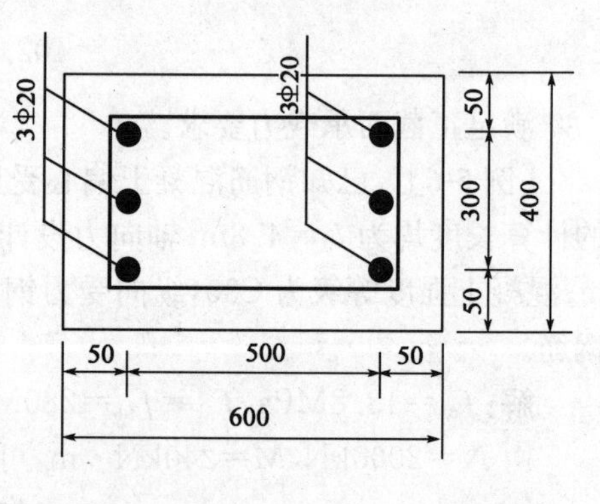

图 5-18　例 5-6 截面配筋图(尺寸单位:mm)

(三)工字形和 T 形截面偏心受压构件承载力计算

工字形截面、T 形截面偏心受压构件的正截面破坏形态、计算方法与矩形截面类似,和矩形截面不同的是增加了受压翼缘参与受压(图 5-19)。计算时同样分大偏心受压和小偏心受压两种情况。

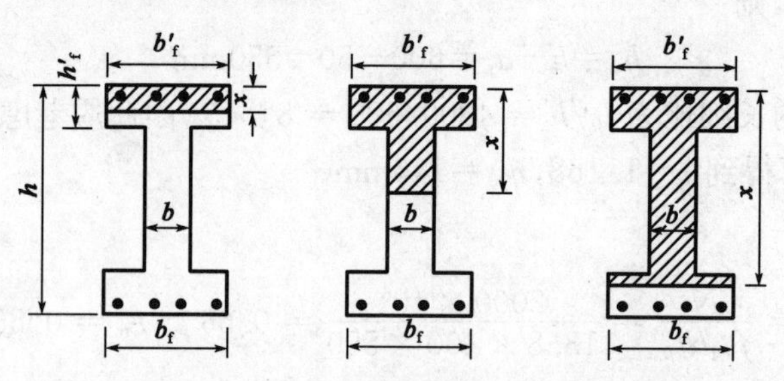

图 5-19　工字形截面偏心受压构件

学习记录

1.计算公式

(1)当 $x \leqslant h'_f$ 时，中和轴在翼缘内(图 5-20)，可按宽度为 b'_f 的矩形截面计算，仅需将计算公式中的 b 换为 b'_f 即可。

(2)当 $h'_f < x \leqslant (h-h_f)$ 时，受压区高度进入腹板(图 5-21)，根据截面平衡条件，可得下列基本计算公式：

$$\gamma_0 N_d \leqslant N_u = f_{cd}[bx+(b'_f-b)h'_f]+f'_{sd}A'_s-\sigma_s A_s \tag{5-46}$$

$$\gamma_0 N_d e_s \leqslant N_u e_s = f_{cd}\left[bx\left(h_0-\frac{x}{2}\right)+(b'_f-b)h'_f\left(h_0-\frac{h'_f}{2}\right)\right]+f'_{sd}A'_s(h_0-a'_s) \tag{5-47}$$

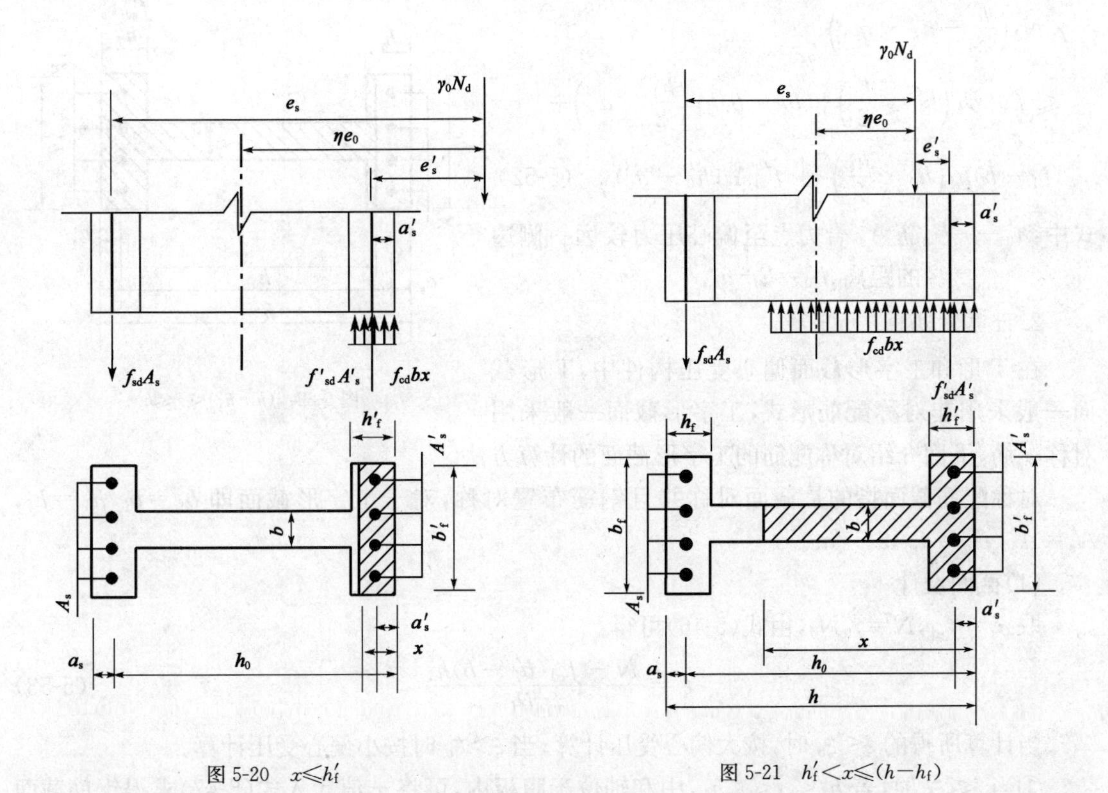

图 5-20　$x \leqslant h'_f$

图 5-21　$h'_f < x \leqslant (h-h_f)$

式中各符号意义与前面相同。具体计算时可与T形截面受弯构件的处理方法一样，将截面分解为矩形部分和受压翼缘部分。钢筋 A_s 的的应力 σ_s 取值规定为：当 $x \leqslant \xi_b h_0$ 时，取 $\sigma_s = f_{sd}$；当 $x > \xi_b h_0$ 时，取 $\sigma_s = \varepsilon_{cu} E_s(\beta/\xi - 1)$。

(3)当 $(h-h_f) < x \leqslant h$ 时，受压区高度进入工字形截面受拉或受压较小的翼缘内(图 5-22)，这时为小偏压情况，基本计算公式为：

$$\gamma_0 N_d \leqslant N_u = f_{cd}[bx+(b'_f-b)h'_f+(b_f-b)(x-h+h_f)]+f'_{sd}A'_s-\sigma_s A_s \tag{5-48}$$

$$\gamma_0 N_d e_s \leqslant N_u e_s = f_{cd}\left[bx\left(h_0-\frac{x}{2}\right)+(b'_f-b)h'_f\left(h_0-\frac{h'_f}{2}\right)+(b_f-b)(x-h+h_f)\right.$$
$$\left.\left(h_f-a_s-\frac{x-h+h_f}{2}\right)\right]+f'_{sd}A'_s(h_0-a'_s) \tag{5-49}$$

(4)当 $x > h$ 时，全截面混凝土受压，取 $x=h$ 计算，基本公式为：

$$\gamma_0 N_d \leqslant N_u = f_{cd}[bh+(b'_f-b)h'_f+(b_f-b)h_f]+f'_{sd}A'_s-\sigma_s A_s \tag{5-50}$$

学习记录

$$\gamma_0 N_d e_s \leqslant N_u e_s$$
$$= f_{cd}\left[bh\left(h_0-\frac{h}{2}\right)+(b_f'-b)h_f'\left(h_0-\frac{h_f'}{2}\right)+(b_f-b)h_f\left(\frac{h_f}{2}-a_s\right)\right]$$
$$+f_{sd}'A_s'(h_0-a_s') \tag{5-51}$$

对于小偏心受压构件，还应防止远离偏心压力作用点一侧截面边缘混凝土先压坏的可能性，应满足：

$$\gamma_0 N_d\left(\frac{h}{2}-a_s'-\eta e_0\right)$$
$$\leqslant f_{cd}\left[bh\left(h_0'-\frac{h}{2}\right)+(b_f'-b)h_f'\left(\frac{h_f'}{2}-a_s'\right)+\right.$$
$$\left.(b_f-b)h_f\left(h_0'-\frac{h_f}{2}\right)\right]+f_{sd}'A_s(h_0'-a_s) \tag{5-52}$$

式中：h_0'——钢筋 A_s' 合力点至偏心压力较远一侧边缘的距离，$h_0'=h-a_s$。

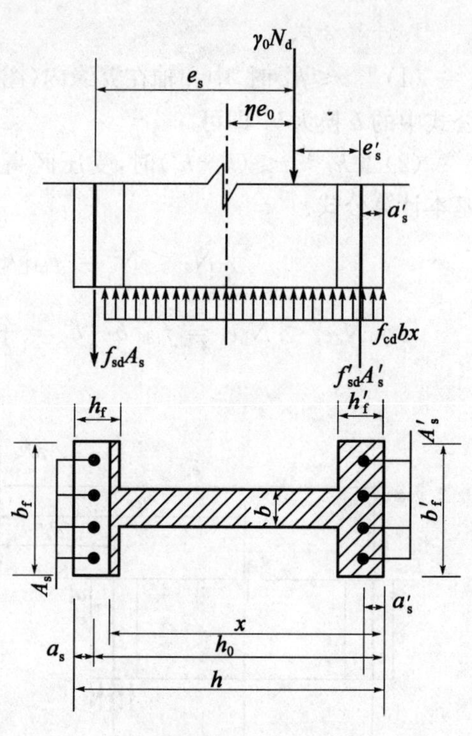

图 5-22 $(h-h_f)<x\leqslant h$

2.计算方法

在T形和工字形截面偏心受压构件中，T形截面一般采用非对称配筋形式，工字形截面一般采用对称配筋，下面介绍对称配筋的工字形截面的计算方法。

对称配筋截面指的是截面对称并且钢筋布置对称，对于工字形截面即 $b_f'=b_f$，$h_f'=h_f$，$A_s'=A_s$，$f_{sd}'=f_{sd}$，$a_s'=a_s$。

(1)截面设计

取 $\sigma_s=f_{sd}$，$N=\gamma_0 N_d$，由式(5-46)可得：

$$\xi=\frac{N-f_{cd}(b_f'-b)h_f'}{f_{cd}bh_0} \tag{5-53}$$

当计算所得的 $\xi\leqslant\xi_b$ 时，按大偏心受压计算；当 $\xi>\xi_b$ 时按小偏心受压计算。

①当 $\xi\leqslant\xi_b$ 时，若 $h_f'<x<\xi_b h_0$，中和轴位于腹板内，可将 x 值代入式(5-47)求得钢筋截面面积为：

$$A_s'=A_s=\frac{Ne_s-f_{cd}\left[bx\left(h_0-\frac{x}{2}\right)+(b_f'-b)h_f'\left((h_0-\frac{h_f'}{2}\right)\right]}{f_{sd}'(h_0-a_s')} \tag{5-54}$$

若 $2a_s'\leqslant x\leqslant h_f'$，中和轴位于受压翼缘内，受压区高度为：

$$x=\frac{N}{f_{cd}b_f'} \tag{5-55}$$

钢筋截面面积为：

$$A_s'=A_s=\frac{Ne_s-f_{cd}b_f'x\left(h_0-\frac{x}{2}\right)}{f_{sd}'(h_0-a_s')} \tag{5-56}$$

若 $x<2a_s'$，取 $x=2a_s'$ 按矩形截面方法计算。

②当 $\xi>\xi_b$ 时，此时为小偏压情况，与矩形截面类似，由迭代法求得 ξ 的近似值。

若$\xi_b h_0 < x \leqslant (h-h'_f)$，

$$\xi=\frac{N-f_{cd}\left[(b'_f-b)h'_f+b\xi_b h_0\right]}{\dfrac{Ne_s+f_{cd}\left[(b'_f-b)h'_f\left(h_0-\dfrac{h'_f}{2}\right)+0.43bh_0^2\right]}{(\beta-\xi_b)(h_0-a'_s)}+f_{cd}bh_0}+\xi_b \tag{5-57}$$

若$(h-h'_f)<x\leqslant h$，

$$\xi=\frac{N+f_{cd}\left[(b_f-b)(h-2h_f)-b_f\xi_b h_0\right]}{\dfrac{Ne_s+f_{cd}\left[0.5(b_f-b)(h-2h_f)(h_0-a'_s)-0.43b_f h_0^2\right]}{(\beta-\xi_b)(h_0-a'_s)}+f_{cd}b_f h_0}+\xi_b \tag{5-58}$$

(2)截面复核

截面复核方法与矩形截面对称配筋的复核方法相似。

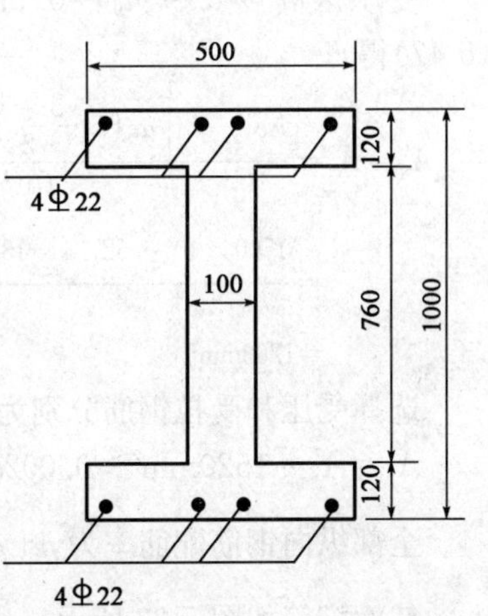

图 5-23　例 5-7 图(尺寸单位:mm)

[例 5-7]　已知工字形截面钢筋混凝土偏心受压构件，截面尺寸如图 5-23，构件两个方向的计算长度为 12m，计算轴向力 $N=1500$kN，计算弯矩 $M=800$kN·m，环境类别为一类，安全等级为二级，混凝土采用 C30，钢筋采用 HRB335，试按对称配筋进行截面设计。

解：$f_{cd}=13.8$MPa，$f_{sd}=280$MPa，$\xi_b=0.56$，$\beta=0.8$，$\gamma_0=1.0$。

取 $a_s=a'_s=50$mm，则 $h_0=h-a_s=1000-50=950$mm，$l_0/h=12$，偏心距为：

$$e_0=\frac{M}{N}=\frac{800\times10^6}{1500\times10^3}=53.3\text{mm}$$

$$\zeta_1=0.2+2.7\frac{e_0}{h_0}=0.2+2.7\times\frac{53.3}{950}=0.35$$

$$\zeta_2=1.15-0.01\frac{l_0}{h}=1.15-0.01\times12=1.03>1.0\text{，取}\zeta_2=1.0$$

则

$$\eta=1+\frac{1}{1400\dfrac{e_0}{h_0}}\left(\frac{l_0}{h}\right)^2\zeta_1\zeta_2=1+\frac{1}{1400\times\dfrac{53.3}{950}}\times12^2\times0.35\times1=1.64$$

$$\eta e_0=1.64\times53.3=87.4\text{mm}$$

假设为大偏压情况，并且中和轴在腹板内，由式(5-53)得：

$$\xi=\frac{N-f_{cd}(b'_f-b)h'_f}{f_{cd}bh_0}$$

$$=\frac{1500\times10^3-13.8\times(500-100)\times120}{13.8\times100\times950}$$

$$=0.639>\xi_b=0.56$$

因此需按小偏压进行计算：

$$e_s=\eta e_0+\frac{h}{2}-a_s=87.4+\frac{1000}{2}-50=527.4\text{mm}$$

由式(5-57)计算ξ值为：

学习记录

$$\xi=\frac{N-f_{cd}[(b_f'-b)h_f'+b\xi_b h_0]}{\frac{Ne_s-f_{cd}\left[(b_f'-b)h_f'\left(h_0-\frac{h_f'}{2}\right)+0.43bh_0^2\right]}{(\beta-\xi_b)(h_0-a_s')}+f_{cd}bh_0}+\xi_b$$

$$=\frac{1500\times10^3-13.8\times[(500-100)\times120+100\times0.56\times950)]}{\frac{1500\times10^3\times527.4-13.8\times[(500-100)\times120\times(950-120/2)+0.43\times100\times950^2]}{(0.8-0.56)\times(950-50)}+13.8\times100\times950}+0.56$$

$$=0.596$$

受压区高度 $x=\xi h_0=0.596\times950=566.2\text{mm}$，位于腹板内，所需钢筋截面面积由式(5-47)得：

$$A_s'=A_s=\frac{Ne_s-f_{cd}\left[bx\left(h_0-\frac{x}{2}\right)+(b_f'-b)h_f'\left(h_0-\frac{h_f'}{2}\right)\right]}{f_{sd}'(h_0-a_s')}$$

$$=\frac{1500\times10^3\times527.4-13.8\left[(100\times566.2\times\left(950-\frac{566.2}{2}\right)+(500-100)\times120\times\left(950-\frac{120}{2}\right)\right]}{280\times(950-50)}$$

$$=1268\text{mm}^2$$

选择受压和受拉钢筋分别为 4 ⌽ 22，实际钢筋面积为：

$A_s=A_s'=1520\text{mm}^2>0.002bh=0.002\times400\times500=400\text{mm}^2$。

全部纵向钢筋配筋率为 $\rho+\rho'=\frac{2\times1520}{196000}=1.55\%>0.6\%$，满足要求。

截面配筋如图 5-23 所示。

(四)圆形截面偏心受压构件承载力计算

圆形截面偏心受压构件的纵向受力钢筋，通常沿周边均匀布置，根数不应少于 6 根，不宜少于 8 根，对于一般钢筋混凝土圆形截面偏心受压构件，纵向钢筋直径不宜小于 12mm，混凝土保护层厚度详见附表 7。桥梁工程中采用的钻孔灌注桩，直径不小于 800mm，桩内纵向受力钢筋直径不宜小于 14mm，根数不宜少于 8 根，箍筋间距为 200～400mm。

1.计算公式

圆形截面偏心受压构件的正截面承载力计算采用以下基本假定：

(1)平截面假定。

(2)不考虑混凝土的抗拉强度。

(3)受压混凝土的极限压应变 $\varepsilon_{cu}=0.0033$。

(4)受压区混凝土的压应力图形等效为矩形，应力大小为 f_{cd}，受压区高度 $x=\beta x_c$。

(5)钢筋为理想的弹塑性体，应力—应变关系表达式见第 3 单元。

对于周边均匀配筋的圆形截面偏心受压构件，纵向钢筋不少于 6 根时，可以将纵向钢筋看作是总面积为 A，半径为 r_s 的等效薄壁钢环，并认为等效薄壁钢环的壁厚中心至截面形心的距离为 $r_s=gr$(r 为圆形截面的半径)，则等效薄壁钢环的厚度为：

$$t_s=\frac{A_s}{2\pi r_s}=\frac{\rho r}{2g}\qquad(5\text{-}59)$$

式中：ρ——纵向钢筋配筋率，$\rho=\frac{A_s}{\pi r^2}$；

g——纵向钢筋所在圆周的半径 r_s 与圆截面半径之比，即 $g=r_s/r$，一般取 $g=0.88\sim0.92$。

圆形截面偏心受压构件正截面承载力计算图式如图 5-24 所示。

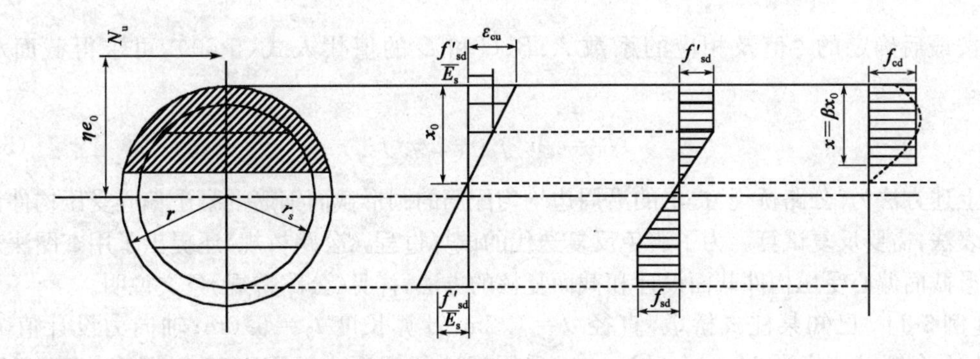

图 5-24 圆形截面偏心受压构件正截面承载力计算图式

圆形截面承载力基本计算公式为：

$$\gamma_0 N_d \leqslant N_u = Ar^2 f_{cd} + C\rho r^2 f_{sd} \tag{5-60}$$

$$\gamma_0 N_d \eta e_0 \leqslant M_u = Br^3 f_{cd} + D\rho g r^3 f_{sd} \tag{5-61}$$

式中系数 A、B 仅与 $\xi=x_0/D$ 有关，系数 C、D 与 ξ、E_s 有关，数值见附表 9。

2. 计算方法

圆形截面偏心受压构件的正截面承载力计算，同样分为截面设计和截面复核。

(1)截面设计

已知截面尺寸、计算长度、材料强度、轴力设计值和弯矩设计值，计算纵向钢筋面积。直接采用公式无法求得纵向钢筋面积，一般采用试算法。

将圆形截面基本公式进行整理，式(5-60)除以式(5-61)可得：

$$\rho \frac{f_{cd}}{f_{sd}} \cdot \frac{Br - A\eta e_0}{C\eta e_0 - Dgr} \tag{5-62}$$

计算时先假设 $\xi(\xi=x_0/2r)$ 值，由附表查的相应的系数 A、B、C 和 D，代入上式得到配筋率 ρ。再将系数 A、C 和 ρ 的值代入式(5-60)可得 N_d，若 N_d 与已知的 N 比较接近，误差在 2%以内，则假定的 ξ 值和计算得到的 ρ 值即为设计用值。若二者相差太多，需要重新假定 ξ 值，重复以上步骤，直至基本符合为止。

按最后确定的 ξ 值及计算得到的 ρ 值代入下式，得到所需的纵筋面积为：

$$A_s = \rho\pi r^2 \tag{5-63}$$

(2)截面复核

已知截面尺寸、计算长度、材料强度、纵向钢筋面积、轴力设计值和弯矩设计值，要求复核截面承载力，仍采用试算法。

将式(5-61)除以式(5-60)，整理得到：

$$\eta e_0 = \frac{Bf_{cd} + D\rho g f'_{sd}}{Af_{cd} + C\rho f'_{sd}} r \tag{5-64}$$

先假设ξ值，由附表可查得系数A、B、C和D的值，代入上式计算得到ηe_0。若此ηe_0与由M和N并考虑偏心距增大系数后得到的ηe_0基本相符（允许误差在2%以内），则假定的ξ值即为计算所用的ξ值。若二者不符，需要重新假设ξ值，重复以上步骤，直至二者基本相符为止。

按最后确定的ξ值及相应的系数A、B、C和D的值代入式(5-60)，可求得截面承载力为：

$$N_u = Ar^2 f_{cd} + C\rho r^2 f_{sd} \tag{5-65}$$

上述方法为《公路桥规》提出的沿周边均匀配筋的圆形截面钢筋混凝土偏心受压构件计算的查表法，需要反复试算。为了避免反复迭代的试算过程，《公路桥规》还提出了用查图法来进行圆形截面偏心受压构件截面设计和截面复核的方法，详见《公路桥规》条文说明。

[例 5-8] 已知某柱式桥墩，直径$d=1.2\text{m}$，计算长度$l_0=6.0\text{m}$；轴向力设计值$N=6000\text{kN}$，弯矩设计值为$M=1345\text{kN}\cdot\text{m}$；采用C30级混凝土，HRB335级钢筋，试进行配筋计算。

解：查表得，$f_{cd}=13.8\text{MPa}$，$f_{sd}=280\text{MPa}$。

(1)计算偏心距增大系数

$$e_0 = \frac{M}{N} = \frac{1345\times10^6}{6000\times10^3} = 224\text{mm}$$

长细比$l_0/d=6000/1200=5>4.4$，考虑纵向弯曲对偏心距的影响。取$r_s=0.9r=0.90\times600=540\text{mm}$，则截面有效高度$h_0=r+r_s=600+540=1140\text{mm}$。

$$\zeta_1 = 0.2+2.7\frac{e_0}{h_0} = 0.2+2.7\frac{224}{1140} = 0.73 < 1.0$$

$$\zeta_2 = 1.15-0.01\frac{l_0}{h} = 1.15-0.01\frac{6000}{1200} = 1.1 > 1.0 \text{ 取 } \zeta_2 = 1$$

$$\eta = 1+\frac{1}{1400\frac{e_0}{h_0}}\left(\frac{l_0}{h}\right)^2\zeta_1\zeta_2 = 1+\frac{1}{1400\times\frac{224}{1140}}\times5^2\times0.73 = 1.066$$

则$\eta e_0=1.066\times224=239\text{mm}$。

(2)计算受压区高度系数

$$\begin{aligned}\rho &= \frac{f_{cd}}{f_{sd}}\times\frac{Br-A(\eta e_0)}{C(\eta e_0)-Dgr}\\ &= \frac{13.8}{280}\times\frac{B\times600-A\times239}{C\times239-D\times0.9\times600}\\ &= \frac{8280B-3298.2A}{66920C-151200D}\end{aligned}$$

$$\begin{aligned}N_u &= Ar^2 f_{cd}+C\rho r^2 f_{sd}\\ &= A(600)^2\times13.8+C\rho(600)^2\times280\\ &= 4968000A+100800000C\rho\end{aligned}$$

下面采用试算法列表计算（各系数查附表9），见表5-2。

例 5-8 的查表计算结果　　表 5-2

ξ	A	B	C	D	ρ	N_u (N)	N (N)	$\frac{N_u}{N}$
0.5	1.1735	0.6271	0	1.9018	−0.004597	5830×10^3	6000×10^3	0.97
0.51	1.2049	0.6331	0.048	1.8971	−0.004471	5964×10^3	6000×10^3	0.994
0.52	1.2364	0.6386	0.0963	1.8909	−0.004329	6100×10^3	6000×10^3	1.016

由计算结果可知，当 $\xi=0.51$ 时，计算偏心压力 N_u 与设计值 N 相近。这时得到 $\rho=0.00447$。

(3)求所需的纵向钢筋截面积

由于 $\rho=0.00447$ 小于规定的最小配筋率 $\rho_{min}=0.005$，故采用 $\rho=0.005$ 计算。由式(5-63)，可得：

$$A_s=\rho\pi r^2=0.005\times3.14\times(600)^2=5652\text{mm}^2$$

选用 20 Φ 20，$A_s=6282\text{mm}^2$，实际配筋率 $\rho=4A_s/\pi d^2=4\times6282/3.14\times1200^2=0.55\%>0.5\%$，钢筋布置如图 5-25 所示，$a_s=45$mm；纵向钢筋间净距为 174mm，满足规定的净距不应小于 50mm 且不应大于 350mm 的要求。

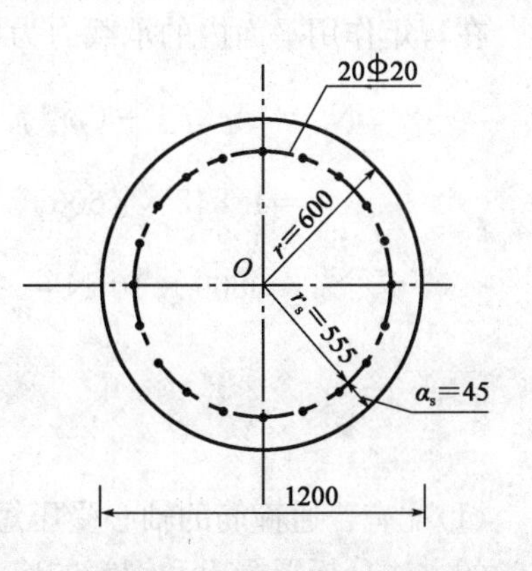

图 5-25　例 5-8 截面配筋图(尺寸单位：mm)

[例 5-9]　已知条件同例 5.8，试进行柱截面承载力复核。

解：$a_s=45$mm，$r_s=555$mm，$g=0.925$。

计算可得 $\eta e_0=239$mm

(1)在垂直于弯矩作用平面内

长细比 $l_0/d=6000/1200=5<7$，故稳定系数 $\varphi=1$。

混凝土截面积为 $A_c=\pi d^2/4=3.14\times1200^2/4=1130400\text{mm}^2$，实际纵向钢筋面积 $A_s=6282\text{mm}^2$，则在垂直于弯矩作用平面的承载力为：

$$N_u=0.9\varphi(f_{cd}A_c+f'_{sd}A_s)$$

$$=0.9\times1\times(13.8\times1130400+280\times6282)$$

$$=15623\times10^3\text{N}=15623\text{kN}>N(=6000\text{kN})$$

(2)在弯矩作用平面内

$$\eta e_0=\frac{Bf_{cd}+D\rho gf_{sd}}{Af_{cd}+C\rho f_{sd}}r$$

$$=\frac{B\times13.8+D\times0.0055\times0.925\times280}{A\times13.8+C\times0.0055\times280}\times600$$

$$=\frac{8280B+854.7D}{13.8A+1.54C}$$

下面采用试算法列表计算各系数查附表 9，见表 5-3。

学习记录

例 5-9 的查表计算结果 表 5-3

ξ	A	B	C	D	(ηe_0) (mm)	ηe_0 (mm)	$\frac{(\eta e_0)}{\eta e_0}$
0.71	1.842	0.6483	1.1876	1.4045	241	239	1.008
0.72	1.8736	0.6437	1.244	1.3697	234	239	0.979

由计算结果可知，当 $\xi=0.71$ 时，$\eta e_0=241\text{mm}$，与设计的 $\eta e_0=239\text{mm}$ 很接近，故取 $\xi=0.71$为计算值。

在弯矩作用平面内的承载力为：

$$N_u = Ar^2 f_{cd} + C\rho r^2 f_{sd}$$
$$=1.842\times(600)^2\times13.8+1.1876\times0.0055\times(600)^2\times280$$
$$=9809\times10^3\text{N}=9809\text{kN}>N(=6000\text{kN})$$

单元回顾与学习指导

(1)配有普通箍筋的轴心受压短柱，钢筋和混凝土的共同工作可直到破坏为止，可用材料力学的方法分析混凝土和钢筋的应力，且应考虑混凝土塑性变形的影响；构件破坏时，应力达到轴心抗压强度，纵向钢筋应力达到抗压屈服强度。配有螺旋箍筋的柱，由于螺旋箍筋对混凝土的约束可以提高柱的承载力。

(2)轴心受压构件由于纵向弯曲的影响将降低构件的承载力，因而在计算时引入稳定系数 φ，短柱的 $\varphi=1.0$。

(3)偏心受压构件破坏形式随受压区高度 ξ 的不同，可分为受拉破坏和受压破坏，这两种破坏形式与受弯构件的适筋破坏和超筋破坏基本相同。两种偏心受压构件的正截面承载力计算方法不同，因此计算时首先需要进行判别：$\xi\leqslant\xi_b$ 时为大偏心受压破坏，$\xi>\xi_b$ 时为小偏心受压破坏。但在截面设计时，往往无法首先确定 ξ 值，也就不可能利用这一条件进行判别，此时可用 ηe_0 近似判别，即 $\eta e_0>0.3h_0$ 时为大偏心受压构件，否则为小偏心受压构件。

(4)实际工程中常见的是长柱，在设计计算时需考虑由于构件侧向变形引起的二阶弯矩的影响，《公路桥规》规定，将轴向力对截面重心轴的偏心距乘以偏心距增大系数来考虑二阶弯矩的影响。

(5)偏心受压构件正截面承载力计算公式的基本假定与受弯构件基本一样。大偏心受压构件的计算方法与受弯构件双筋截面的计算方法基本相同，小偏心受压构件由于受拉侧钢筋的应力为非定值，使得计算较为复杂。

(6)偏心受压构件有非对称配筋和对称配筋两种配筋形式，对称配筋在实际工程中较为常用。

(7)偏心受压构件常用的截面形式有矩形、T 形、工字形、箱形和圆形，其正截面受力特征基本相同，只是由于截面形式的不同而在计算公式的表达上有所不同。

(8)在进行受压构件的承载力计算时，除满足计算公式要求外，尚需符合有关构造要求，配筋不应小于最小配筋百分率，也不应超过最大配筋百分率的规定。

学习记录

习　　题

5.1　简述轴心受压构件中纵筋和箍筋的作用。

5.2　简述轴心受压构件短柱和长柱的破坏特点。

5.3　为什么轴心受压构件长柱的承载力比短柱的小？影响稳定系数的主要因素是什么？

5.4　为什么螺旋箍筋柱的受压承载力比同条件的普通箍筋柱的受压承载力大？

5.5　试说明偏心距增大系数的意义，为什么要考虑偏心距的影响？

5.6　简述钢筋混凝土偏心受压构件的破坏形态和破坏类型？

5.7　如何判别钢筋混凝土偏心受压构件是大偏压还是小偏压？

5.8　钢筋混凝土偏心受压构件，截面尺寸为 $b\times h=300\text{mm}\times500\text{mm}$，两个方向的计算长度均为 $l_0=4.5\text{m}$；轴向力组合设计值为 $N_d=500\text{kN}$，相应的弯矩组合设计值为 $M_d=300\text{kN}\cdot\text{m}$；混凝土强度等级为C20，纵向受力钢筋为HRB335，环境类别为一类，安全等级为二级，试按非对称截面进行截面设计，并进行截面复核。

5.9　条件同5.8题，试按对称配筋进行截面设计。

5.10　矩形截面偏心受压构件，截面尺寸为 $b\times h=400\text{mm}\times600\text{mm}$，两个方向的计算长度均为 $l_0=4.2\text{m}$；轴向力组合设计值为 $N_d=1200\text{kN}$，相应的弯矩组合设计值为 $M_d=150\text{kN}\cdot\text{m}$；混凝土强度等级为C20，纵向受力钢筋为HRB335，环境类别为一类，安全等级为二级，试按非对称截面进行截面设计，并进行截面复核。

5.11　矩形截面偏心受压构件，截面尺寸为 $b\times h=400\text{mm}\times600\text{mm}$，两个方向的计算长度均为 $l_0=4.5\text{m}$；轴向力组合设计值为 $N=1500\text{kN}$，相应的弯矩组合设计值为 $M=180\text{kN}\cdot\text{m}$；混凝土强度等级为C20，纵向受力钢筋为HRB335，环境类别为一类，安全等级为二级，试按对称配筋进行截面设计。

第六单元 DILIUDANYUAN

受扭构件承载力计算

单元导读

本单元主要介绍了与钢筋混凝土受扭构件承载力计算相关的一些基本概念和公式，包括受扭时的破坏特征和开裂扭矩的大小以及承载力的计算公式。由于受力工况较多，且在扭转作用下，构件受力非常复杂，因此本单元的计算假定很多，公式也比较复杂。受扭构件的配筋计算，即涉及受力纵筋的计算也包括受力箍筋的计算，并且都要满足相应的构造要求，因此，在学习本单元时，要准确把握不同受力状态下的破坏特征，并理解公式的适用范围，通过例题与课后习题的训练来达到熟练应用承载力计算公式的目的。

学习目标

1. 掌握矩形截面纯扭构件的破坏特征和承载力计算；
2. 理解矩形截面纯扭构件的开裂扭矩的计算；
3. 了解剪力和扭矩共同作用时，抗剪、抗扭承载力计算特点、计算公式及适用范围。

学习重点

1. 矩形截面纯扭构件的破坏特征；
2. 矩形截面纯扭构件的开裂扭矩和抗扭承载力的计算；
3. 弯、剪、扭共同作用下矩形截面构件的破坏特征；
4. 受扭构件的构造要求。

学习难点

1. 弯、剪、扭共同作用下矩形截面的承载力计算；
2. T 形或 I 形截面受扭构件塑性抵抗矩；
3. I 形、T 形和箱形截面钢筋混凝土钢筋的抗扭承载力计算。

单元学习计划

内　　容	建议自学时间 （学时）	学习建议	学习记录
第六单元　受扭构件承载力计算	4		
一、矩形截面纯扭构件的破坏特征和承载力计算	2		
二、弯、剪、扭共同作用下矩形截面构件承载力计算	1		
三、T形、I形和箱形截面受扭构件	0.5		
四、受扭构件的构造要求	0.5		

学习记录

引 言

扭转是结构构件的基本受力形态之一，例如，公路中的弯梁桥、斜梁(板)桥，即使仅在恒载作用下，梁的截面上除有弯矩 M、剪力 V 外，还存在着扭矩 T。实际工程中，纯扭构件很少见，较多出现的是弯矩、剪力和扭矩共同作用的构件。由于弯矩、剪力和扭矩的共同作用，构件的截面上将产生相应的主拉应力，当主拉应力超过混凝土的抗拉强度时，构件便会开裂。设计中采用配置适量的纵筋和箍筋的方法来限制裂缝的开展和提高混凝土构件的承载能力。

一、矩形截面纯扭构件的破坏特征和承载力计算

(一)破坏特征

扭矩在构件中引起的主拉应力方向与构件轴线成45°角，如图6-1所示，因此理论上在纯扭构件中最有效的配筋方式是沿45°方向布置螺旋形箍筋，这样，当混凝土开裂后，主拉应力直接由钢筋承担。但是，这种配筋方式施工较复杂，且无法适应扭矩方向的变化，实际中很少采用。通常是配置附加的抗扭纵筋和抗扭箍筋来承担主拉应力，以抵抗扭矩。抗扭纵筋和抗扭箍筋合称为抗扭钢筋，在实际设计时，应使其尽量靠近构件表面，以增强其抗扭能力。

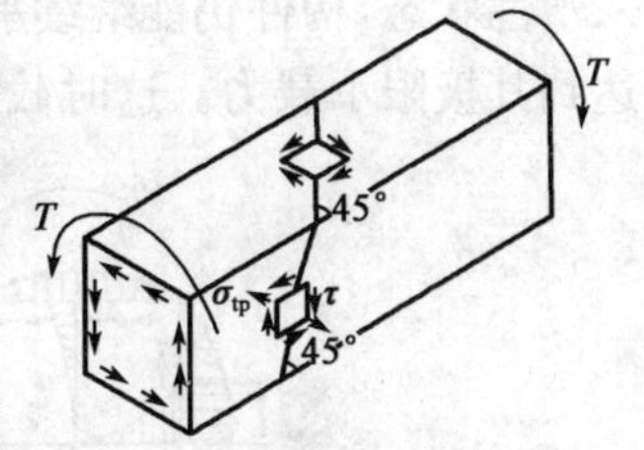

图6-1 矩形截面纯扭构件的破坏

根据抗扭钢筋用量(一般用抗扭配筋率来反映)的多少，钢筋混凝土受扭构件的破坏形态可分为以下四种：

(1)少筋破坏。当抗扭钢筋数量过少时，构件开裂之后，由于没有足够的能力承受混凝土开裂后卸给它的那部分扭矩，因而破坏特征与素混凝土构件相似，属于脆性破坏。

(2)适筋破坏。在正常配筋情况下，随着外扭矩的增大，构件出现临界斜裂缝，与这条临界斜裂缝相交的箍筋和纵筋的应力将首先达到屈服，此后斜裂缝将进一步加宽，直到空间扭曲破坏面受压边混凝土被压碎，导致构件破坏。破坏特征与适筋梁类似，属于塑性破坏。

(3)部分超筋破坏。当构件中的箍筋或纵筋配置过多时，构件破坏前，数量相对较少的那部分钢筋受拉屈服，而另一部分钢筋直到构件破坏，仍未能屈服。由于构件破坏时有部分钢筋达到屈服，破坏特征并非完全脆性，所以这类构件在设计中允许采用，但不经济。

(4)完全超筋破坏。当构件中的箍筋和纵筋配置都过多时，在两者未达到屈服前，构件中混凝土被压碎而导致突然破坏。这类破坏具有明显的脆性，工程设计中应予以避免。

由于抗扭钢筋是由纵筋和箍筋两部分组成，因此，纵筋的数量、强度和箍筋的数量、强度的比例(简称配筋强度比，以 ζ 表示)对抗扭承载力有一定的影响。当箍筋用量相对较少时，构件抗扭承载力就由箍筋控制，这时再增加纵筋也不能起到提高抗扭承载力的作用。反之，当纵筋用量很少时，增加箍筋也将不能充分发挥作用。

若将纵筋和箍筋之间的数量比例用钢筋的体积比来表示，则配筋强度比 ζ 的表达式为：

$$\zeta = \frac{f_{sd} A_{st} S_v}{f_{sv} A_{sv1} U_{cor}} \tag{6-1}$$

学习记录

式中：A_{st}、f_{sd}——分别为对称布置的全部纵筋截面面积及纵筋的抗拉强度设计值；

A_{sv1}、f_{sv}——分别为单肢箍筋的截面面积和箍筋的抗拉强度设计值；

S_v——箍筋的间距；

U_{cor}——截面核心混凝土部分的周长，计算时可取箍筋内表皮间的距离来得到。

试验表明，当满足 $0.6 \leqslant \zeta \leqslant 1.7$ 时，破坏时抗扭箍筋和抗扭纵筋均能达到屈服。工程设计中常采用 $\zeta = (1.0 \sim 1.2)$。

(二)矩形截面纯扭构件的开裂扭矩和承载力计算

1. 矩形截面纯扭构件的开裂扭矩

钢筋混凝土构件受扭时，在开裂前，应变很小，钢筋的应力也很小，对开裂扭矩影响不大。所以，在研究纯扭构件开裂扭矩时，可以忽略钢筋的影响，将其视为素混凝土构件。

由材料力学知，匀质弹性材料的矩形截面构件在扭矩作用下截面上的剪应力分布如图6-2a)所示。最大剪应力发生在截面长边的中点处，且等于最大主拉应力。当最大主拉应力达到混凝土的抗拉强度极限值时，构件将开裂。

对于塑性材料来说，截面上某一点应力达到材料的屈服强度时，只意味着局部材料开始进入塑性状态，构件仍能继续承担荷载，直到截面上的应力全部达到材料的屈服强度时，构件才达到其极限承载力。这时截面上剪应力的分布如图 6-2b)所示。

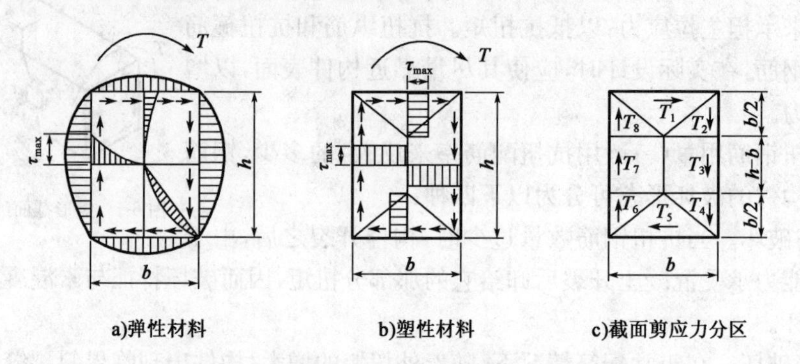

图 6-2 矩形截面纯扭构件开裂前截面剪应力分布

设矩形截面的长边为 h，短边为 b，将截面上的剪应力分布图划分为 8 个部分[图 6-2c)]，分别计算各部分剪应力的合力，并将其对截面的扭转中心取矩，由平衡条件得：

$$T_{cr} = \tau_{max}\left\{2 \times \frac{b}{2}(h-b) \times \frac{b}{4} + 4 \times \frac{1}{2} \times \left(\frac{b}{2}\right)^2 \times \frac{2}{3} \times \frac{b}{2} + 2 \times \frac{1}{2}b \times \frac{b}{2} \times \left[\frac{2}{3} \times \frac{b}{2} + \frac{1}{2}(h-b)\right]\right\} \tag{6-2}$$

将其化简，成为 $T_{cr} = \frac{b^2}{6}(3h-b)\tau_{max}$，取 $\tau_{max} = f_{td}$，则得到开裂扭矩：

$$T_{cr} = f_{td}\frac{b^2}{6}(3h-b) = f_{td}W_t \tag{6-3}$$

$$W_t = \frac{b^2}{6}(3h-b) \tag{6-4}$$

式中：W_t——矩形截面受扭构件的受扭塑性抵抗矩；

f_{td}——混凝土的抗拉强度设计值。

若将混凝土视为弹性材料，则当最大扭剪应力或最大主拉应力达到混凝土的抗拉强度 f_{td} 时，构件开裂，从而开裂扭矩 T_{cr} 为：

$$T_{cr} = f_{td}\alpha b^2 h \tag{6-5}$$

式中：α——与比值$\frac{h}{b}$有关的系数，当比值$\frac{h}{b}=(1\sim10)$时，$\alpha=(0.208\sim0.313)$。

若将混凝土视为理想塑性材料，则当全部扭剪应力达到混凝土的抗拉强度 f_{td}时，构件才开裂，由此开裂扭矩用式(6-3)计算。

实际上，对于钢筋混凝土构件来说，其主要组成材料混凝土既非理想弹性体，又非理想塑性体，而是介于两者之间的弹塑性材料。因此，如果按弹性材料的应力分布进行计算，将低估构件的开裂扭矩；而按完全塑性的应力分布进行计算，却又高估构件的开裂扭矩。根据试验资料分析，建议采用塑性材料的应力图形，但将混凝土的抗拉强度 f_{td}乘以折减系数 0.7，即矩形截面混凝土构件的开裂扭矩可按下列公式计算：

$$T_{cr} = 0.7 f_{td} W_t \tag{6-6}$$

将混凝土抗拉强度 f_{td}乘以折减系数 0.7，一方面是考虑混凝土不是完全的塑性材料，另一方面是考虑到受扭构件中除了有主拉应力作用外，在与主拉应力正交的方向上还作用有主压应力，在拉压复合应力作用下，混凝土的抗拉强度低于单向轴心受拉时的抗拉强度 f_{td}。

2. 矩形截面纯扭构件承载力计算

由于受扭构件破坏机理比较复杂，国内外尚难建立一个比较完善的理论计算公式。在试验研究和理论分析的基础上，《公路钢筋混凝土及预应力混凝土桥涵设计规范》(JTG D62—2004)(以下简称《公路桥规》)给出的矩形截面钢筋混凝土纯扭构件抗扭承载力的计算公式如下：

$$\gamma_0 T_d \leqslant T_u = 0.35 f_{td} W_t + 1.2\sqrt{\zeta}\,\frac{f_{sv} A_{sv1} A_{cor}}{S_v} \tag{6-7}$$

式中：T_d——扭矩组合设计值(N·mm)；

f_{td}——混凝土轴心抗拉强度设计值(MPa)；

W_t——矩形截面受扭塑性抵抗矩(mm^3)；

ζ——纵向钢筋与箍筋的配筋强度比，应满足 $0.6\leqslant\zeta\leqslant1.7$；

f_{sv}——抗扭箍筋抗拉强度设计值(MPa)；

A_{sv1}——抗扭箍筋单肢截面面积(mm^2)；

A_{cor}——箍筋内表面所围成的混凝土核心面积(mm^2)，$A_{cor}=b_{cor}h_{cor}$，这里 b_{cor}、h_{cor}分别为核心面积的短边和长边边长；

S_v——抗扭箍筋间距(mm)。

需要指出的是，上面给出的抗扭承载力计算公式是以适筋受扭破坏为前提建立的。为此，使用该公式时，必须满足下列限制条件。

(1)抗扭承载力上限值

当抗扭钢筋配置过多时，构件可能发生混凝土被压碎而抗扭钢筋应力尚未达到屈服强度的完全超筋受扭脆性破坏。在这种情况下，即使增加抗扭钢筋数量，其抗扭承载力几乎不再增加，这时构件的抗扭承载力取决于混凝土的强度等级和截面尺寸。为了防止出现这种脆性破坏，《公路桥规》规定截面的最小尺寸以限制截面应力，即：

$$\frac{\gamma_0 T_d}{W_t} \leqslant 0.51\times10^{-3}\sqrt{f_{cu,k}}\quad (kN/mm^2) \tag{6-8}$$

学习记录

式中：$f_{cu,k}$——混凝土立方体抗压强度标准值；

T_d——扭矩组合设计值(kN·mm)。

(2)抗扭承载力下限值

钢筋混凝土纯扭构件，当所承担的扭矩小于开裂扭矩(相应于素混凝土构件的破坏扭矩)时，不致出现裂缝。因此，规范规定钢筋混凝土纯扭构件当满足下式要求时，可不进行抗扭承载力计算，但必须按构造要求配置抗扭钢筋。

$$\frac{\gamma_0 T_d}{W_t} \leqslant 0.5\times10^{-3} f_{td} \quad (\mathrm{kN/mm^2}) \tag{6-9}$$

这样，钢筋混凝土纯扭构件承载能力计算公式的适用条件就是：

$$0.5\times10^{-3} f_{td} \leqslant \frac{\gamma_0 T_d}{W_t} \leqslant 0.51\times10^{-3}\sqrt{f_{cu,k}} \quad (\mathrm{kN/mm^2}) \tag{6-10}$$

若剪应力大于抗扭强度上限值，则应加大截面尺寸；若剪应力小于抗扭强度下限值，则应按构造要求配置抗扭钢筋。

(3)纯扭构件的最小配筋率

由于抵抗扭矩的钢筋包括抗扭纵筋和抗扭箍筋，因此，最小配筋率包括最小纵筋配筋率$\rho_{st,min}$和最小箍筋配筋率(又称配箍率)$\rho_{sv,min}$两层含义。规范规定最小配筋率的目的是防止构件开裂后发生突然的脆性破坏。

《公路桥规》规定，抗扭纵筋的最小配筋率：

$$\rho_{st,min} = \frac{A_{st,min}}{bh} = 0.08\frac{f_{cd}}{f_{sd}} \tag{6-11}$$

抗扭箍筋的最小配筋率：

$$\rho_{sv,min} = \frac{A_{sv,min}}{bS_v} = 0.055\frac{f_{cd}}{f_{sv}} \tag{6-12}$$

(4) 防止发生部分超筋破坏的条件

抗扭纵筋和抗扭箍筋的配筋强度比满足$0.6\leqslant\zeta\leqslant1.7$，就不会发生部分超筋受扭破坏。

[**例 6-1**] 钢筋混凝土矩形截面纯扭构件的截面尺寸$b\times h=150\mathrm{mm}\times300\mathrm{mm}$，承受扭矩设计值$T_d=7.6\mathrm{kN\cdot m}$，纵筋的混凝土保护层厚度$c=30\mathrm{mm}$。混凝土强度等级为C30，纵向钢筋采用HRB400级钢筋，箍筋采用HRB335级钢筋，结构重要性系数$\gamma_0=1.0$。试进行配筋设计。

解：查表得到，$f_{cd}=13.8\mathrm{MPa}$，$f_{td}=1.39\mathrm{MPa}$，$f_{cu,k}=30\mathrm{MPa}$，HRB400钢筋$f_{sd}=330\mathrm{MPa}$，HRB335箍筋$f_{sd}=280\mathrm{MPa}$。

(1)公式适用条件复核

截面受扭塑性抵抗矩：

$$W_t = \frac{b^2}{6}(3h-b) = \frac{150^2}{6}(3\times300-150) = 2.8125\times10^6\mathrm{mm^3}$$

于是：

$$\frac{\gamma_0 T_d}{W_t} = \frac{1.0\times7.6\times10^3}{2.8125\times10^6} = 2.702\times10^{-3}$$

而：

$$0.5\times10^{-3} f_{td} = 0.5\times10^{-3}\times1.39 = 0.695\times10^{-3}$$

$$0.51\times10^{-3}\sqrt{f_{cu,k}} = 0.51\times10^{-3}\times\sqrt{30} = 2.79\times10^{-3}$$

满足 $0.5\times10^{-3}f_{td}\leqslant\gamma_0T_d/W_t\leqslant0.51\times10^{-3}\sqrt{f_{cu,k}}$ 的要求，表明截面尺寸满足要求，但需要配置抗扭钢筋。

(2)抗扭箍筋设计

$$A_{cor}=b_{cor}h_{cor}=(150-2\times30)(300-2\times30)=90\times240=21600\text{mm}^2$$

依据规范对 ζ 的规定，设 $\zeta=1.2$，于是：

$$\frac{A_{svl}}{S_v}=\frac{\gamma_0T_d-0.35f_{td}W_t}{1.2\sqrt{\zeta}f_{sv}A_{cor}}$$

$$=\frac{7.6\times10^6-0.35\times1.39\times2.8125\times10^6}{1.2\times\sqrt{1.2}\times280\times21600}=0.7838\text{mm}^2/\text{mm}$$

依据构造要求，箍筋选 ф10，$A_{svl}=78.5\text{mm}^2$。于是，箍筋间距：

$$S_v=\frac{A_{svl}}{0.7838}=\frac{78.5}{0.7838}=100.15\text{mm}$$

实际取箍筋间距为 100mm。此时箍筋配箍率为：

$$\rho_{sv}=\frac{2A_{svl}}{bS_v}=\frac{2\times78.5}{150\times100}=1.05\%>\rho_{sv,min}=0.055\frac{f_{cd}}{f_{sv}}=0.055\times\frac{13.8}{280}=0.27\%$$

满足抗扭箍筋最小配筋率要求。

(3)抗扭纵筋设计

$$U_{cor}=2(b_{cor}+h_{cor})=2\times(90+240)=660\text{mm}$$

$$A_{st}=\zeta\frac{A_{svl}}{S_v}\times\frac{f_{sv}U_{cor}}{f_{sd}}=1.2\times\frac{78.5}{100}\times\frac{280\times660}{330}=527.52\text{mm}^2$$

抗扭纵筋选用 6 ф12，可提供钢筋截面面积 679mm^2，在梁两侧中间部位及四角布置。此时抗扭纵筋的配筋率为：

$$\rho_{st}=\frac{A_{st}}{bh}=\frac{679}{150\times300}=1.51\%>\rho_{st,min}=0.08\frac{f_{cd}}{f_{sd}}=0.08\times\frac{13.8}{330}=0.335\%$$

满足抗扭纵筋最小配筋率要求。

二、弯、剪、扭共同作用下矩形截面构件承载力计算

(一)破坏特征

处于弯矩、剪力和扭矩共同作用下的钢筋混凝土构件，其受力状态是十分复杂的，构件的破坏特征及其承载力，与荷载条件及构件的内在因素有关。对于荷载条件，通常以扭弯比 $\psi(=T/M)$ 和扭剪比 $\chi=(T/Vb)$ 表示。构件的内在因素是指构件的截面尺寸、配筋及材料强度。

试验表明，弯、剪、扭共同作用下的矩形截面构件，随着扭弯比或扭剪比的不同及配筋情况的差异，主要有三种破坏类型。

1.第Ⅰ类型(弯型)破坏——受压区在构件的顶面

对于弯、扭共同作用的构件，当扭弯比较小时，弯矩起主导作用。裂缝首先在弯曲受拉区梁底面出现，然后发展到两个侧面。顶部的受扭斜裂缝受到抑制而出现较迟，也可能一直不出

学习记录

现。但底部的弯扭裂缝开展较大，当底部钢筋应力达到屈服强度时裂缝迅速发展，即形成受弯型的破坏形态。

若底部配筋很多，弯、扭共同作用的构件也会发生顶部混凝土先被压碎的破坏形式（脆性破坏），这也属第Ⅰ类型的破坏形态。

2. 第Ⅱ类型（剪扭型）破坏——受压区在构件的一个侧面

当扭矩和剪力起控制作用，特别是扭剪比 χ 也较大时，裂缝首先在梁的某一竖向侧面出现，在该侧面由剪力与扭矩产生的拉应力方向一致，两者叠加后将加剧该侧面裂缝的开展；而在另一侧面，由于上述两者主拉应力方向相反，将抑制裂缝的开展，甚至不出现裂缝，这就造成一侧受拉、另一侧面受压的破坏形态。

3. 第Ⅲ型（扭型）破坏——受压区在构件的底面

当扭弯比 ψ 较大而顶部钢筋明显少于底部纵筋时，弯曲受压区的纵筋不足以承受被弯曲压应力抵消后余下的纵向拉力，这时顶部纵筋先于底部纵筋屈服，斜破坏面由顶面和两个侧面上的螺旋裂缝引起，受压区仅位于底面附近，从而发生底部混凝土被压碎的破坏形态。

除上述三种破坏形态外，试验表明，若剪力作用十分显著，而扭矩较小即扭剪比 χ 较小时，还会发生与剪压破坏十分相近的剪切破坏形态。

（二）矩形截面弯、剪、扭构件承载力计算

钢筋混凝土构件受弯、剪、扭共同作用时，由于承载力受到弯矩、剪力、扭矩的相互影响，受力情况十分复杂。目前多采用简化计算方法，将其分解为受弯构件和受剪扭构件，要求其承载力分别满足要求。

1. 受剪扭构件承载力计算

试验表明，构件在剪、扭共同作用下，其抗剪、抗扭能力均小于单独受剪和受扭的构件承载力。由于构件的受力比较复杂，目前的做法是：分别计算抗剪和抗扭承载力，但是在计算公式中引入受扭承载力降低系数 β_t。

《公路桥规》规定，构件承受剪、扭共同作用时，抗剪承载力、抗扭承载力分别按照以下公式计算：

$$\gamma_0 V_d \leqslant \alpha_1\alpha_3 \frac{(10-2\beta_t)}{20} \times 10^{-3} bh_0\sqrt{(2+0.6P)\sqrt{f_{cu,k}}\rho_{sv}f_{sv}} + 0.75\times 10^{-3} f_{sd}\sum A_{sb}\sin\theta_s \quad (kN) \tag{6-13}$$

$$\gamma_0 T_d \leqslant 0.35\beta_t f_{td} W_t + 1.2\sqrt{\zeta}\frac{f_{sv}A_{sv1}A_{cor}}{S_v} \quad (N\cdot mm) \tag{6-14}$$

$$\beta_t = \frac{1.5}{1+0.5\dfrac{V_d W_t}{T_d bh_0}} \tag{6-15}$$

式中：β_t——剪扭构件混凝土抗扭承载力降低系数，当求得的 $\beta_t<0.5$ 时，取 $\beta_t=0.5$；$\beta_t>1.0$ 时，取 $\beta_t=1.0$；

其他符号意义可参考第四单元斜截面计算中相应公式的说明。

需要指出的是，上面给出的剪扭构件承载力计算公式，是以适筋梁的塑性破坏为基础建立的。因此，在按上述公式进行剪扭构件承载力计算时，必须满足规范规定的截面尺寸及最小配筋率的限制条件。

(1)截面尺寸限制条件

《公路桥规》规定，承受剪扭共同作用的钢筋混凝土矩形截面构件，其截面尺寸应符合下式要求：

$$\frac{\gamma_0 V_d}{bh_0}+\frac{\gamma_0 T_d}{W_t}\leqslant 0.51\times 10^{-3}\sqrt{f_{cu,k}}\quad (kN/mm^2) \tag{6-16}$$

(2)最小配筋率限制条件

抗扭纵筋和抗扭箍筋应满足最小配筋率要求，二者的最小配筋率分别按照下式确定：

$$\rho_{st,min}=0.08(2\beta_t-1)\frac{f_{cd}}{f_{sd}} \tag{6-17}$$

$$\rho_{sv,min}=(2\beta_t-1)\left(0.055\frac{f_{cd}}{f_{sd}}-c\right)+c \tag{6-18}$$

式中：c——系数，当箍筋采用 R235 时，取 $c=0.0018$；采用 HRB335 钢筋时，取 $c=0.0012$。

当符合下式条件时，可不进行构件抗扭承载力计算，仅需按构造要求配置抗扭钢筋。

$$\frac{\gamma_0 V_d}{bh_0}+\frac{\gamma_0 T_d}{W_t}\leqslant 0.5\times 10^{-3}f_{td}\quad (kN/mm^2) \tag{6-19}$$

2. 构件在弯矩、剪力、扭矩共同作用下的承载力计算

对于在弯矩、剪力和扭矩共同作用下的构件，其纵向钢筋和箍筋应按下列规定计算并分别进行配置。

(1)抗弯纵向钢筋应按受弯构件正截面承载力计算所需的钢筋截面面积，配置在受拉区边缘。

(2)按剪扭构件计算纵向钢筋和箍筋。根据抗扭承载力计算公式计算所需的纵向抗扭钢筋面积，并均匀、对称地布置在矩形截面的周边，其间距不应大于 300mm，在矩形截面的四角必须配置纵向钢筋，分配到抗弯纵筋位置处的抗扭钢筋应与该处的抗弯纵筋截面面积叠加；箍筋按抗剪和抗扭承载力计算公式计算所需的截面面积之和，并进行布置。这里要注意的是，由抗剪得到的是 A_{sv}/S_v，而由抗扭得到的是 A_{sv1}/S_v，应将 A_{sv}/S_v 除以箍筋肢数后才能与 A_{sv1}/S_v 相加。箍筋最小配筋率应符合承受剪扭作用时的最小配筋率。

[例 6-2] 有一矩形截面钢筋混凝土弯剪扭构件，截面尺寸 $b\times h=250\text{mm}\times 600\text{mm}$，承受最大弯矩组合设计值 $M_d=110\text{kN}\cdot\text{m}$，剪力组合设计值 $V_d=120\text{kN}$，扭矩组合设计值 $T_d=10\text{kN}\cdot\text{m}$，采用 C25 混凝土，纵筋采用 HRB335，箍筋采用 R235，结构重要性系数 $\gamma_0=1.0$。试进行配筋设计。

解：查表得到，$f_{cd}=11.5\text{MPa}$，$f_{td}=1.23\text{MPa}$，HRB335 钢筋 $f_{sd}=280\text{MPa}$，R235 钢筋 $f_{sd}=195\text{MPa}$。

(1)有关参数计算

假设 $a_s=40\text{mm}$，则 $h_0=600-40=560\text{mm}$。取混凝土保护层厚度为 30mm，于是：

$$b_{cor}=250-2\times 30=190\text{mm},h_{cor}=600-2\times 30=540\text{mm}$$

$$A_{cor}=190\times 540=102600\text{mm}^2,U_{cor}=2\times(190+540)=1460\text{mm}$$

受扭塑性抵抗矩为：

$$W_t=\frac{b^2}{6}(3h-b)=\frac{250^2}{6}(3\times 600-250)=16.1458\times 10^6\text{mm}^3$$

(2)验算受剪扭作用时的上、下限条件

学习记录

$$\frac{\gamma_0 V_d}{bh_0}+\frac{\gamma_0 T_d}{W_t}=\frac{120}{250\times 600}+\frac{10\times 10^3}{16.1458\times 10^6}$$
$$=0.0008+0.000619=1.419\times 10^{-3}\text{kN/mm}^2$$

而：

$$0.5\times 10^{-3}f_{td}=0.5\times 10^{-3}\times 1.23=0.615\times 10^{-3}\text{kN/mm}^2$$
$$0.51\times 10^{-3}\sqrt{f_{cu,k}}=0.51\times 10^{-3}\times\sqrt{25}=2.55\times 10^{-3}\text{kN/mm}^2$$

满足：

$$0.5\times 10^{-3}f_{td}\leqslant\frac{\gamma_0 V_d}{bh_0}+\frac{\gamma_0 W_d}{W_t}\leqslant 0.51\times 10^{-3}\sqrt{f_{cu,k}}$$

表明截面尺寸满足要求，但需要按计算要求设置抗剪扭钢筋。

(3)配筋设计

①抗弯纵筋计算。

$$x=h_0-\sqrt{h_0^2-\frac{2\gamma_0 M_d}{f_{cd}b}}=560-\sqrt{560^2-\frac{2\times 110\times 10^6}{11.5\times 250}}=73.093<345.2\text{mm}$$

于是所需纵筋截面面积为：

$$A_s=\frac{f_{cd}bx}{f_{sd}}=\frac{11.5\times 250\times 73.093}{280}=750.51\text{mm}^2$$
$$\rho_{min}=0.45\frac{f_{td}}{f_{sd}}=0.45\times\frac{1.23}{195}=0.284\%$$

抗弯纵筋截面面积最小为 $\rho_{min}bh_0=0.284\%\times 250\times 560=398\text{mm}^2$，计算值满足要求。

②抗扭箍筋计算。

剪扭共同作用时的承载能力降低系数：

$$\beta_t=\frac{1.5}{1+0.5\times\frac{V_d}{T_d}\cdot\frac{W_t}{bh_0}}=\frac{1.5}{1+0.5\times\frac{120}{10\times 10^3}\times\frac{16.1458\times 10^6}{250\times 560}}=1.49>1.0$$

依据规范规定，取 $\beta_t=1.0$，另外假设 $\zeta=1.0$，则：

$$\frac{A_{sv1}}{S_v}=\frac{\gamma_0 T_d-0.35\beta_t f_{td}W_t}{1.2\sqrt{\zeta}f_{sv}A_{cor}}=\frac{10\times 10^6-0.35\times 1.0\times 1.23\times 16.1458\times 10^6}{1.2\times\sqrt{1.0}\times 195\times 102600}$$
$$=0.127\text{mm}^2/\text{mm}$$

③抗剪箍筋计算。

假定只配置箍筋抵抗剪力，斜截面范围内的纵筋配筋率按照前面求得的 $A_s=750.51\text{mm}^2$(是偏于安全的方法)计算，则：

$$P=100\rho=100\times\frac{A_s}{bh_0}=100\times\frac{750.51}{250\times 560}=0.536$$

$$\rho_{sv}=\frac{\gamma_0^2 V_d^2}{\alpha_1^2\alpha_3^2\left(\frac{10-2\beta_t}{20}\right)\times 10^{-6}b^2h_0^2(2+0.6P)\sqrt{f_{cu,k}}f_{sv}}$$

$$=\frac{120^2}{\frac{10-2\times 1}{20}\times 10^{-6}\times 250^2\times 560^2\times(2+0.6\times 0.536)\times\sqrt{25}\times 195}$$

$$=0.811\times 10^{-3}$$

采用双肢闭口箍，$n=2$，则：

$$\frac{A_{sv1}}{S_v}=\frac{b\rho_{sv}}{2}=\frac{250\times 0.811\times 10^{-3}}{2}=0.101\text{mm}^2/\text{mm}$$

于是，考虑抗扭和抗剪要求后：

$$\frac{A_{sv1}}{S_v}=0.127+0.101=0.228\text{mm}^2/\text{mm}$$

箍筋选用φ 8，单肢截面面积 50.3mm²，此时，要求 $S_v\leqslant 50.3/0.228=220.614\text{mm}$，初步选择箍筋间距为 200mm。

$$\rho_{sv,min}=(2\beta_t-1)\left(0.055\frac{f_{cd}}{f_{sv}}-c\right)+c$$

$$=(2\times 1-1)\left(0.055\times\frac{11.5}{195}-0.0018\right)+0.0018=0.324\%$$

实际配箍率：

$$\rho_{sv}=\frac{2A_{sv1}}{bS_v}=\frac{2\times 50.3}{250\times 200}=0.2012\%<\rho_{sv,min}=0.324\%$$

不满足最小配箍率要求，现改取 $S_v=100\text{mm}$，此时 $\rho_{sv}=2A_{sv1}/bS_v=2\times 50.3/(250\times 100)=0.402\%>\rho_{sv,min}=0.324\%$满足最小配箍率要求。

④抗扭纵筋计算。

$$A_{st}=\zeta\frac{A_{sv1}}{S_v}\times\frac{f_{sv}U_{cor}}{f_{sd}}=1.0\times 0.127\times\frac{195\times 1460}{280}=129.13\text{mm}^2$$

此时，抗扭纵筋配筋率为，

$$\rho_{st}=\frac{A_{st}}{bh}=\frac{129.13}{250\times 600}=0.086\%<\rho_{st,min}=0.329\%$$

应按照构造要求配置抗扭纵筋，需要纵筋截面积 $0.329\%\times 250\times 600=494\text{mm}^2$。

(4)钢筋布置

由于受扭纵筋间距应不大于 300mm，故将受扭纵筋分成三层布置。

受拉区应配置钢筋截面积为 $750.51+494/3=915.18\text{mm}^2$，今选用 5⌀16，可提供截面积 1005mm²。

受压区应配置钢筋截面积为 $494/3=165\text{mm}^2$，今选用 2⌀16，可提供截面积 402mm²。

沿梁高配置钢筋截面积为 $494/3=165\text{mm}^2$，今每侧布置 1 根⌀16 纵筋。

截面钢筋布置如图 6-3 所示。

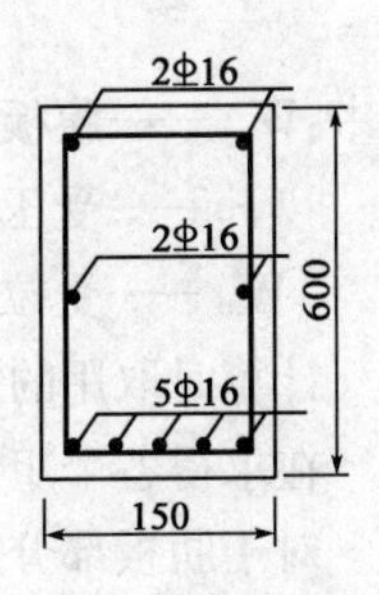

图 6-3 例 6-2 截面配筋图

(尺寸单位:mm)

学习记录

三、T 形、I 形和箱形截面受扭构件

(一)T 形、I 形截面受扭构件

在计算 T 形和 I 形等组合截面受扭构件的承载力时，可将整个截面划分成 n 个矩形截面，并将扭矩 T_d 按各个矩形分块的受扭塑性抵抗矩分配给各个矩形分块，以求得各个矩形分块所承担的扭矩。

各个矩形面积划分的原则一般是，按截面总高度确定肋板截面，然后再划分受压翼缘和受拉翼缘，如图 6-4 所示。

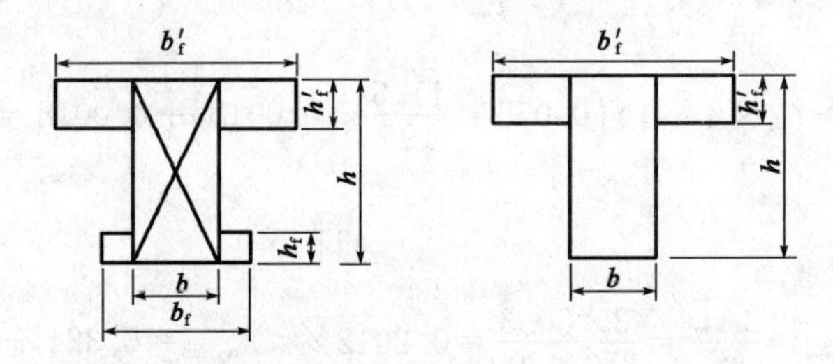

图 6-4 T 形和 I 形截面分块示意图

T 形或 I 形截面受扭构件塑性抵抗矩为：

$$W_t = W_{tw} + W'_{tf} + W_{tf} \tag{6-20}$$

其中：

$$W_{tw} = \frac{b^2}{6}(3h - b) \tag{6-21}$$

$$W'_{tf} = \frac{h'^2_f}{2}(b'_f - b) \tag{6-22}$$

$$W_{tf} = \frac{h^2_f}{2}(b_f - b) \tag{6-23}$$

式中：W_{tw}——腹板的受扭塑性抵抗矩；

W'_{tf}——受压翼缘的受扭塑性抵抗矩；

W_{tf}——受拉翼缘的受扭塑性抵抗矩。

计算时取用的翼缘宽度应满足 $b'_f \leqslant b + h'_f$ 以及 $b_f \leqslant b + h_f$ 的规定。

在求得各个矩形分块的塑性抵抗矩之后，按下列各式完成扭矩在各矩形分块上的分配。

对于肋板部分矩形分块：

$$T_{wd} = \frac{W_{tw}}{W_t} T_d \tag{6-24}$$

对于受压翼缘矩形分块：

$$T'_{fd}=\frac{W'_{tf}}{W_t}T_d \tag{6-25}$$

对于受拉翼缘矩形分块：

$$T_{fd}=\frac{W_{tf}}{W_t}T_d \tag{6-26}$$

式中：T_d——构件截面所承受的扭矩组合设计值；

T_{wd}——肋板所承受的扭矩组合设计值；

T'_{fd}、T_{fd}——受压翼缘、受拉翼缘所承受的扭矩组合设计值。

对于T形、I形截面在弯矩、剪力和扭矩共同作用下构件截面设计的计算可按下列方法进行：

(1)按受弯构件的正截面受弯承载力公式计算所需的纵向钢筋截面面积。

(2)按剪、扭共同作用下的承载力公式计算承受剪力所需的箍筋截面面积和承受扭矩所需的纵向钢筋截面面积和箍筋截面面积。

对于肋板，考虑其同时承受剪力(全部剪力)和相应的分配扭矩，按上节所述剪、扭共同作用下的情况，即式(6-13)～式(6-19)计算，但应将公式中的 T_d 和 W_t 分别改为 T_{dw} 和 W_{tw}。对于受压翼缘和受拉翼缘，不考虑其承受剪力，按承受相应的分配扭矩的纯扭构件进行计算，但应将 T_d 和 W_t 改为 T'_{fd}、W'_{tf} 和 T_{fd}、W_{tf}，同时箍筋和纵向抗扭钢筋的配筋率应满足纯扭构件的相应规范值。

(3)叠加上述二者求得的纵向钢筋和箍筋截面面积，即得最后所需的纵向钢筋截面面积，并配置在相应的位置。

(二)箱形截面受扭构件

对于如图6-5所示的箱形截面，其受扭塑性抵抗矩，等于外轮廓矩形截面的塑性抵抗矩减去空心部分的塑性抵抗矩，即按照下式计算：

$$W_t=\frac{b^2}{6}(3h-b)-\frac{(b-2t_1)^2}{6}[3(h-2t_2)-(b-2t_1)] \tag{6-27}$$

式中：b——箱形截面的短边尺寸；

h——箱形截面的长边尺寸；

t_1——箱形截面长边壁厚；

t_2——箱形截面短边壁厚。

带有受压翼缘的箱形截面总的受扭塑性抵抗矩，尚应加上受压翼缘的受扭塑性抵抗矩，其数值按式(6-22)计算。

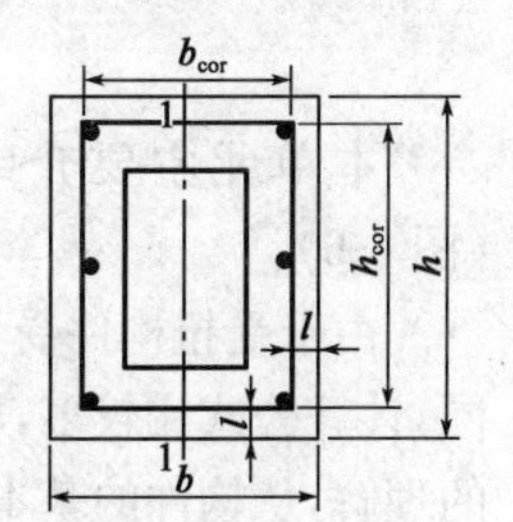

图6-5 受扭构件箱形截面尺寸($h>b$)
1-1为弯矩作用平面

《公路桥规》在计算箱形截面受扭构件承载力时，借用了矩形截面的承载力计算公式，但考虑到薄壁结构的受力特点，对该公式进行了相应修改，规定箱形截面剪扭构件的抗扭承载力按照下式计算：

$$\gamma_0 T_d\leqslant 0.35\beta_a\beta_t f_{td}W_t+1.2\sqrt{\zeta}\frac{f_{sv}A_{sv1}A_{cor}}{S_v} \tag{6-28}$$

学习记录

式中：β_a——箱形截面有效壁厚折减系数，当 $0.1b \leqslant t_2 \leqslant 0.25b$ 或 $0.1h \leqslant t_1 \leqslant 0.25h$ 时，取 $\beta_a = 4t_2/b$ 或 $\beta_a = 4t_1/h$ 两者较小者；当 $t_2 > 0.25b$ 或 $t_1 > 0.25b$ 时，取 $\beta_a = 1.0$。

四、受扭构件的构造要求

（一）受扭纵筋

受扭纵筋应沿截面周边均匀对称布置。此外，由于位于角隅、棱边处的纵筋受到主压应力的作用，易弯出平面，使混凝土保护层向外侧推出而剥落，因此，纵向钢筋必须布置在箍筋的内侧，靠箍筋来限制其外鼓。

受扭纵筋的间距不应大于 300mm，直径不应小于 8mm，数量至少要有 4 根，布置在矩形截面的四个角隅处；纵筋末端应留有足够的锚固长度；架立钢筋和梁肋两侧纵向抗裂分布筋若有可靠的锚固，也可以当抗扭钢筋；在抗弯钢筋一边，可选用较大直径的钢筋来满足抵抗弯矩和扭矩的需要。

弯剪扭构件中，纵向受力钢筋的配筋应不小于受弯构件纵筋最小配筋率与受扭构件纵筋最小配筋率之和。受弯构件的受拉纵筋最小配筋率为 $\rho_{s,min} = A_{s,min}/bh_0 = 0.45f_{td}/f_{sd}$ 和 0.002 的较大者。受扭构件的纵筋最小配筋率为 $\rho_{st,min} = A_{st,min}/bh = 0.08(2\beta_t - 1)f_{cd}/f_{sd}$。

（二）受扭箍筋

受扭箍筋须采用封闭式，且应沿截面周边布置。当采用复合箍筋时，处于截面内部的箍筋不应计入抗扭箍筋截面面积。

受扭箍筋末端应做成 135°弯钩，弯钩端部应锚入混凝土核心区，其平直段长度不小于 $10d$，d 为钢筋直径。箍筋弯钩应箍牢纵向钢筋，相邻两根箍筋的弯钩和接头沿纵向应交替布置。

箍筋直径应不小于 8mm 和 1/4 主筋直径，间距不应大于梁高的 1/2 和 400mm。

箍筋的配箍率应满足规范规定的最小配箍率 $\rho_{sv,min}$ 的要求。

单元回顾与学习指导

本单元主要介绍了矩形截面受扭构件承载力计算相关的内容，主要知识点如下（图 6-6）。

由于受扭构件受力非常复杂，不同截面、不同受力组合下其破坏特征不同，计算假定也不同，计算公式比较多，属于整个教材中的一个难点。建议同学们在学习过程中加强对基本概念的理解，从构件的基本破坏特征入手，理解公式中各项参数的含义以及公式的适用范围，同时也要对受扭构件的构造要求给予重视。最后再通过大量的习题练习，掌握基本公式在实际问题中的应用。

学习记录

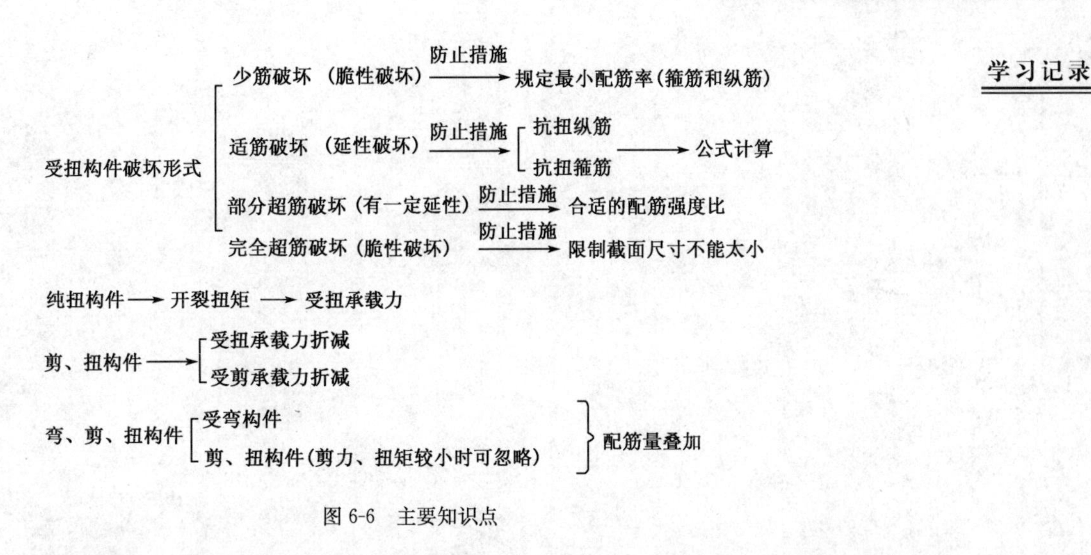

图 6-6 主要知识点

习 题

6.1 钢筋混凝土纯扭构件有哪几种破坏形式？如何保证受扭纵筋与受扭箍筋在破坏时达到屈服？

6.2 弯、剪、扭共同作用下钢筋混凝土构件有哪几种破坏类型？受剪、扭共同作用的构件在什么情况下只需要按照构造配筋而不必计算？

6.3 T 形、I 形截面受扭承载力的计算思路是什么？

6.4 钢筋混凝土构件矩形截面 $b\times h=250\text{mm}\times600\text{mm}$，截面上弯矩组合设计值 $M_d=105\text{kN}\cdot\text{m}$、剪力组合设计值 $V_d=109\text{kN}$、扭矩组合设计值 $T_d=9.23\text{kN}\cdot\text{m}$；I 类环境条件，安全等级为二级；设 $a_s=40\text{mm}$，箍筋内表皮至构件表面距离为 30mm；采用 C25 混凝土和 HPB235 级钢筋，试进行截面的配筋设计。

第七单元 DIQIDANYUAN

受拉构件承载力计算

单元导读

受拉构件根据轴向拉力作用线与截面形心轴线是否重合分为轴心受拉构件和偏心受拉构件。轴心受拉构件破坏时混凝土已退出工作,全部拉力由钢筋承担。小偏心受拉构件破坏时,受拉钢筋和受压钢筋均达到抗拉强度设计值,拉力全部由钢筋承担;大偏心受拉构件破坏时,截面仍有受压区并假定受压钢筋达到抗压强度设计值。对于受拉构件,需掌握轴心受拉构件和大、小偏心受拉构件的承载力计算方法,并熟悉受拉构件的构造要求;轴心受拉构件正截面承载力计算;两类偏心受拉构件的判别方法;偏心受拉构件的正截面承载力计算。

学习目标

1. 掌握轴心受拉构件正截面承载力计算方法;
2. 掌握偏心受拉构件正截面承载力计算方法。

学习重点

1. 了解受拉构件的受力特性;
2. 熟悉受拉构件的破坏特征及两类偏心受拉构件的判别方法;
3. 掌握轴心受拉及偏心受拉构件正截面承载力的计算方法。

学习难点

1. 轴心受拉构件正截面承载力计算方法;
2. 偏心受拉构件正截面承载力计算方法。

单元学习计划

内　　容	建议自学时间 （学时）	学习建议	学习记录
第七单元　受拉构件承载力计算	2		
一、轴心受拉构件	1		
二、偏心受拉构件	1		

学习记录

引　　言

受拉构件是钢筋混凝土结构中的受力构件之一，如钢筋混凝土屋架的下弦杆、桁架拱、桁梁中的拉杆、系杆拱的系杆、水池壁等。当轴向拉力的作用线与构件截面形心轴线重合时，称为轴心受拉构件；当同时作用有轴向拉力和弯矩或轴向拉力作用线与构件截面形心轴线不重合时，称为偏心受拉构件。

一、轴心受拉构件

钢筋混凝土轴心受拉构件开裂以前，拉力由钢筋与混凝土共同承担。构件开裂后，裂缝截面处的混凝土退出工作，全部拉力由钢筋来承担直至钢筋屈服。当钢筋拉应变达到极限拉应变时，构件也达到其极限承载力。轴心受拉构件的正截面承载力按下式进行计算：

$$\gamma_0 N_d \leqslant N_u = f_{sd} A_s \tag{7-1}$$

式中：N_d——轴向拉力设计值；

f_{sd}——钢筋抗拉强度设计值；

A_s——全部纵向受拉钢筋截面面积。

《公路桥规》规定，轴心受拉构件一侧纵筋的配筋率（%）应按毛截面面积计算，其值应不小于 $45f_{td}/f_{sd}$，同时不小于 0.2。

二、偏心受拉构件

偏心受拉构件同时承受轴心拉力和弯矩的作用或偏心拉力的作用，偏心距 $e_0=M/N$。根据偏心拉力作用位置的不同，偏心受拉构件可分为大偏心受拉构件和小偏心受拉构件，距偏心拉力 N 较近一侧的纵向钢筋为 A_s，较远一侧的为 A'_s。当偏心拉力作用在钢筋 A_s 合力点及 A'_s 合力点范围以外时，为大偏心受拉；当偏心拉力 N 作用在钢筋 A_s 合力点及 A'_s 合力点范围以内时，为小偏心受拉。

（一）小偏心受拉构件的正截面承载力计算

当偏心距 $e_0 \leqslant (h/2-a_s)$ 时，也就是纵向拉力作用点在 A_s 和 A'_s 之间时，按小偏心受拉构件计算。小偏心受拉时，构件破坏前混凝土已全部开裂，拉力完全由钢筋承担（图 7-1）；构件破坏时，钢筋 A_s 和 A'_s 的应力均达到抗拉强度设计值 f_{sd}。基本计算公式如下：

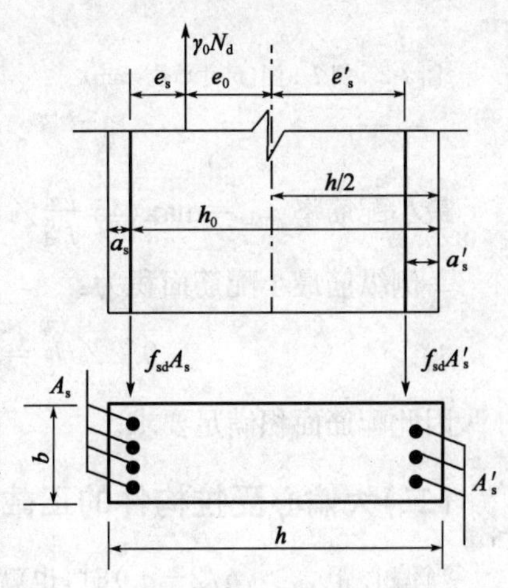

图 7-1　小偏心受拉构件承载力计算图式

$$\gamma_0 N_d e_s \leqslant N_u e_s = f_{sd} A'_s (h_0 - a'_s) \tag{7-2}$$

学习记录

$$\gamma_0 N_d e_s' \leqslant N_u e_s' = f_{sd} A_s (h_0 - a_s') \tag{7-3}$$

e_s 和 e_s' 分别根据下式计算：

$$e_s = \frac{h}{2} - e_0 - a_s \tag{7-4}$$

$$e_s' = \frac{h}{2} + e_0 - a_s' \tag{7-5}$$

《公路桥规》规定，小偏心受拉构件一侧受拉纵筋的配筋率（%）应按构件毛截面面积计算，其值应不小于 $45f_{td}/f_{sd}$，同时不小于 0.2。

［例 7-1］ 已知一偏心受拉构件（图 7-2），截面尺寸为 $b \times h = 300\text{mm} \times 500\text{mm}$，轴向拉力组合设计值 $N_d = 500\text{kN}$，弯矩组合设计值 $M_d = 40\text{kN·m}$，环境类别一类，结构安全等级为二级；混凝土采用 C20，钢筋采用 HRB335，试进行构件截面配筋设计。

解：查表得 $f_{td} = 1.06\text{MPa}$，$f_{sd} = 280\text{MPa}$，$\gamma_0 = 1.0$。

假设 $a_s = a_s' = 40\text{mm}$，则 $h_0 = h_0' = h - a_s = 500 - 40 = 460\text{mm}$

偏心距 $e_0 = \dfrac{M}{N} = \dfrac{40 \times 10^6}{500 \times 10^3} = 80\text{mm} < \dfrac{h}{2} - a_s = \dfrac{500}{2} - 40 = 210\text{mm}$

因此纵向拉力作用在 A_s 和 A_s' 合力点之间，属于小偏心受拉。

由式（7-4）和式（7-5）可得：

$$e_s = \frac{h}{2} - e_0 - a_s = \frac{500}{2} - 80 - 40 = 130\text{mm}$$

$$e_s' = \frac{h}{2} + e_0 - a_s' = \frac{500}{2} + 80 - 40 = 290\text{mm}$$

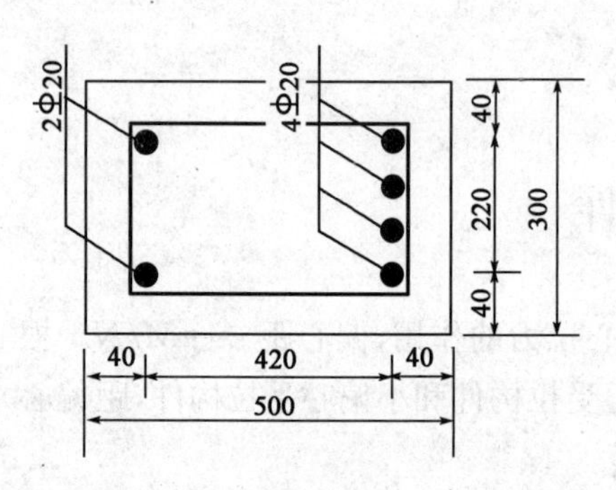

图 7-2 例 7-1 图（尺寸单位：mm）

由式（7-2）可得：

$$A_s' = \frac{\gamma_0 N_d e_s}{f_{sd}(h_0 - a_s')} = \frac{1.0 \times 500 \times 10^3 \times 130}{280 \times (460 - 40)} = 553\text{mm}^2$$

由式（7-3）可得：

$$A_s = \frac{\gamma_0 N_d e_s'}{f_{sd}(h_0 - a_s')} = \frac{1.0 \times 500 \times 10^3 \times 290}{280 \times (460 - 40)} = 1233\text{mm}^2$$

A_s 选用钢筋 4Φ20，$A_s = 1256\text{mm}^2$。

A_s' 选用钢筋 2Φ20，$A_s' = 628\text{mm}^2$。

最小配筋率 $\rho_{min} = \max\left\{45\dfrac{f_{td}}{f_{sd}}\%, 0.2\%\right\} = \max\left\{45\dfrac{1.06}{280}\%, 0.2\%\right\} = 0.2\%$

一侧纵筋最小配筋面积为：

$$0.2\%bh = 0.2\% \times 300 \times 500 = 300\text{mm}^2$$

因此配筋面积满足要求。

（二）大偏心受拉构件的正截面承载力计算

当偏心距 $e_0 > (h/2 - a_s)$ 时，也就是纵向拉力作用点在 A_s 和 A_s' 范围之外时，按大偏心受拉构件计算。大偏心受拉构件随着拉力的增大，离纵向拉力较近一侧将产生裂缝，而离纵向拉力较远一侧的混凝土仍然受压。因此，裂缝不会贯通整个截面。破坏时，A_s 的应力达到其抗拉强度设计值，受压区混凝土被压碎，A'_s 的应力也达到其抗压强度设计值。

矩形截面大偏心受拉构件正截面承载力计算图式如图 7-3 所示，根据平衡条件可得基本计算公式：

$$\gamma_0 N_d \leqslant N_u = f_{sd}A_s - f'_{sd}A'_s - f_{cd}bx \tag{7-6}$$

$$\gamma_0 N_d e_s \leqslant N_u e_s = f_{cd}bx\left(h_0 - \frac{x}{2}\right) + f'_{sd}A'_s(h_0 - a'_s) \tag{7-7}$$

$$e_s = e_0 - \frac{h}{2} + a_s \tag{7-8}$$

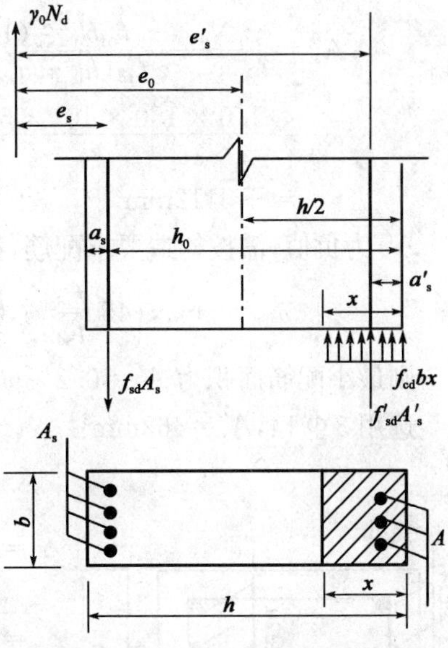

图 7-3 大偏心受拉构件的计算图式

公式的适用条件是：

$$2a'_s \leqslant x \leqslant \xi_b h_0 \tag{7-9}$$

当不满足式(7-9)的要求时，说明受压钢筋离中和轴距离很近，破坏时其应力不能达到其抗压强度设计值。此时，可假定混凝土合力点与受压钢筋重合，即近似的取 $x=2a'_s$ 进行计算，计算公式为：

$$\gamma_0 N_d e'_s \leqslant N_u e'_s = f_{sd}A_s(h_0 - a'_s) \tag{7-10}$$

设计时为了能充分发挥混凝土材料的强度，宜取 $x=\xi_b h_0$，此时设计最为经济，由此，从式(7-6)和式(7-7)可得：

$$A'_s = \frac{\gamma_0 N_d e_s - f_{cd}bh_0^2\xi_b(1-0.5\xi_b)}{f'_{sd}(h_0 - a'_s)} \tag{7-11}$$

$$A_s = \frac{\gamma_0 N_d + f'_{sd}A'_s + f_{cd}bh_0\xi_b}{f_{sd}} \tag{7-12}$$

若按式(7-11)求得的 A'_s 过小或为负值，可按最小配筋率或构造要求配置 A'_s，然后按式(7-6)、式(7-7)计算 A_s。一般情况下，计算的 x 往往小于 $2a'_s$，这时可按式(7-10)求 A_s。

对称配筋时，由于 $f_{sd}=f'_{sd}$，$A_s=A'_s$，代入式(7-6)后，必然会求得 x 为负值，也就是 $x<2a'_s$ 的情况。此时可按式(7-10)求得 A_s 值。

《公路桥规》规定，大偏心受拉构件一侧受拉纵筋的配筋百分率(%)按 A_s/bh_0 计算，其值应不小于 $45f_{td}/f_{sd}$，同时不小于 0.2。

[例 7-2] 已知偏心受拉构件的截面尺寸为 $b\times h=400\text{mm}\times 600\text{mm}$，轴向拉力组合设计值 $N_d=150\text{kN}$，弯矩组合设计值 $M_d=120\text{kN}\cdot\text{m}$，环境类别一类，结构安全等级为二级；混凝土采用 C20，钢筋采用 HRB335，试进行构件截面配筋设计。

解：$f_{td}=1.06\text{MPa}$，$f_{sd}=280\text{MPa}$，$\xi_b=0.56$，$\gamma_0=1.0$。

假设 $a_s=a'_s=40\text{mm}$，则 $h_0=h'_0=h-a_s=600-40=560\text{mm}$

偏心距 $e_0=\dfrac{M}{N}=\dfrac{120\times10^6}{150\times10^3}=800\text{mm}>\dfrac{h}{2}-a_s=\dfrac{600}{2}-40=260\text{mm}$

因此纵向拉力作用在 A_s 和 A'_s 合力点之外，属于大偏心受拉。

由式(7-8)可得：

学习记录

$$e_s = e_0 - \frac{h}{2} + a_s = 800 - \frac{600}{2} + 40 = 540\text{mm}$$

取 $\xi = \xi_b = 0.56$，由式(7-11)可得：

$$A_s' = \frac{\gamma_0 N_d e_s - f_{cd} b h_0^2 \xi_b (1 - 0.5\xi_b)}{f_{sd}'(h_0 - a_s')}$$

$$= \frac{1.0 \times 150 \times 10^3 \times 540 - 9.2 \times 400 \times 600^2 \times 0.56 \times (1 - 0.5 \times 0.56)}{280 \times (560 - 40)}$$

$$= -3112\text{mm}^2$$

A_s' 为负值，需按构造要求配筋，截面一侧最小配筋率为：

$$\rho_{min} = \max\left\{45\frac{f_{td}}{f_{sd}}\%, 0.2\%\right\} = \max\left\{45\frac{1.06}{280}\%, 0.2\%\right\} = 0.2\%$$

则最小配筋面积为 $A_s' = 0.2\% bh_0 = 0.2\% \times 400 \times 560 = 448\text{mm}^2$

选用 3Φ14，$A_s' = 462\text{mm}^2$

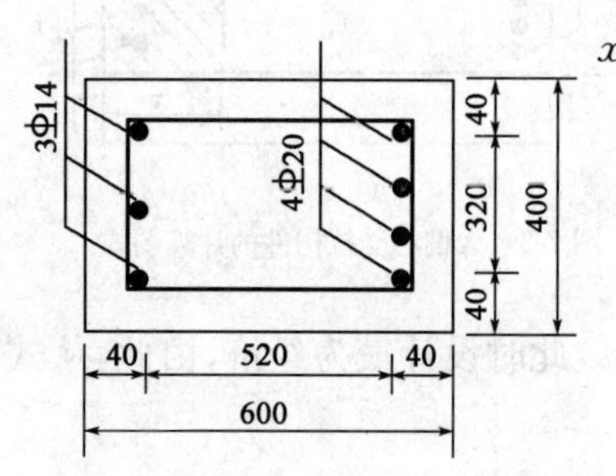

图 7-4　例 7-1 图(尺寸单位：mm)

由式(7-7)计算混凝土受压区高度 x 为：

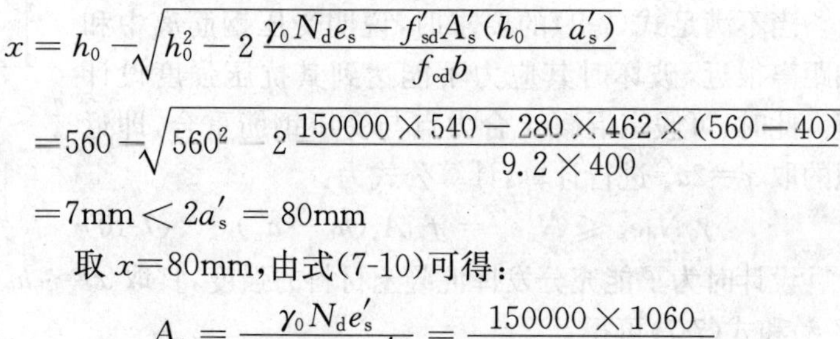

$$x = h_0 - \sqrt{h_0^2 - 2\frac{\gamma_0 N_d e_s - f_{sd}' A_s'(h_0 - a_s')}{f_{cd} b}}$$

$$= 560 - \sqrt{560^2 - 2\frac{150000 \times 540 - 280 \times 462 \times (560 - 40)}{9.2 \times 400}}$$

$$= 7\text{mm} < 2a_s' = 80\text{mm}$$

取 $x = 80\text{mm}$，由式(7-10)可得：

$$A_s = \frac{\gamma_0 N_d e_s'}{f_{sd}(h_0 - a_s')} = \frac{150000 \times 1060}{280 \times (560 - 40)}$$

$$= 1092\text{mm}^2$$

选用 4Φ20，$A_s = 1256\text{mm}^2$。截面配筋如图 7-4 所示。

单元回顾与学习指导

(1)钢筋混凝土轴心受拉构件开裂以前，钢筋与混凝土共同承担拉力。构件开裂后，全部拉力由钢筋来承担。

(2)偏心受拉构件由于偏心力的作用位置不同分为大偏心受拉和小偏心受拉两种情况。小偏心受拉构件破坏时拉力全部由钢筋来承担；大偏心受拉构件的破坏特征类似于受弯构件。

习　题

7.1　如何判断大小偏心受拉？它们的受力特点和破坏特征有何不同？

7.2　《公路桥规》对大小偏心受拉构件纵向钢筋的最小配筋率有哪些要求？

7.3　一偏心受拉构件截面尺寸为 $b \times h = 300\text{mm} \times 400\text{mm}$；轴向拉力组合设计值 $N_d = 400\text{kN}$，弯矩组合设计值 $M_d = 50\text{kN} \cdot \text{m}$；环境类别一类，结构安全等级为二级；混凝土采用 C20，钢筋采用 HRB335，试进行构件截面配筋设计。

第八单元 DIBADANYUAN

应力计算

单元导读

本单元内容与前面单元中的承载能力极限状态计算在计算模型、基本假定、公式推导等方面存在不同点。要学好本单元需要先理清短暂状况下的应力计算与承载能力的计算的异同点。为能够利用材料力学中计算应力的公式,特将两种材料(混凝土和钢筋)等效换算成一种材料(混凝土),以适合材料力学的适用范围。因此,本单元中关于截面特性与应力的计算公式均和材料力学中所学公式直接关联。根据这样的思路来学习,就会感觉到此单元内容相对于前面各单元内容来说并不难。

学习目标

1. 理解换算截面的概念、换算原则和换算公式;
2. 掌握矩形与T形截面正应力的验算。

学习重点

1. 应力计算模型与基本假定;
2. 换算截面的概念、换算原则与换算公式;
3. 矩形截面与T形截面正应力验算公式。

学习难点

1. 换算截面的概念与换算原则;
2. 应力计算公式与材料力学所学公式的异同。

单元学习计划

内　　容	建议自学时间 （学时）	学习建议	学习记录
第八单元　应力计算	2.5		
一、应力计算基本假定	0.5		
二、换算截面	1		
三、应力计算	1		

学习记录

引　言

《公路桥规》要求对受弯构件进行短暂状况的应力计算。在施工阶段，构件受力的动力效应以及计算模式与持久状况下不同，为保证施工阶段构件不产生过大应力而对材料造成损伤，构件需要进行短暂状况下的应力计算。

钢筋混凝土受弯构件的应力计算的依据是正截面受力全过程中的第Ⅱ阶段，即弹性工作阶段。应力计算是以材料力学中弹性材料正应力的计算为基础的。

一、应力计算基本假定

钢筋混凝土受弯构件受力进入第Ⅱ工作阶段的特征是弯曲竖向裂缝已形成并开展，中性轴以下大部分混凝土已退出工作，由钢筋承受拉力，应力 σ_s 还小于其屈服强度，受压区混凝土的压应力图形基本上为抛物线。而受弯构件的荷载—挠度（跨中）关系曲线是一条接近于直线的曲线。因而，钢筋混凝土受弯构件的第Ⅱ工作阶段又可称为开裂后弹性阶段。

对于第Ⅱ工作阶段的计算，一般有下面三项基本假定：

（1）平截面假定。即认为梁的正截面在梁受力并发生弯曲变形以后，仍保持为平面。

根据平截面假定，平行于梁中性轴的各纵向纤维的应变与其到中性轴的距离成正比。同时，由于钢筋与混凝土之间的黏结力，钢筋与其同一水平线的混凝土应变相等，因此，由图 8-1 可得：

$$\frac{\varepsilon_c'}{x}=\frac{\varepsilon_c}{(h_0-x)} \tag{8-1}$$

$$\varepsilon_s=\varepsilon_c \tag{8-2}$$

式中：ε_c、ε_c'——分别为混凝土的受拉和受压平均应变；

ε_s——与混凝土的受拉平均应变为 ε_c 的同一水平位置处的钢筋平均拉应变；

x——受压区高度；

h_0——截面有效高度。

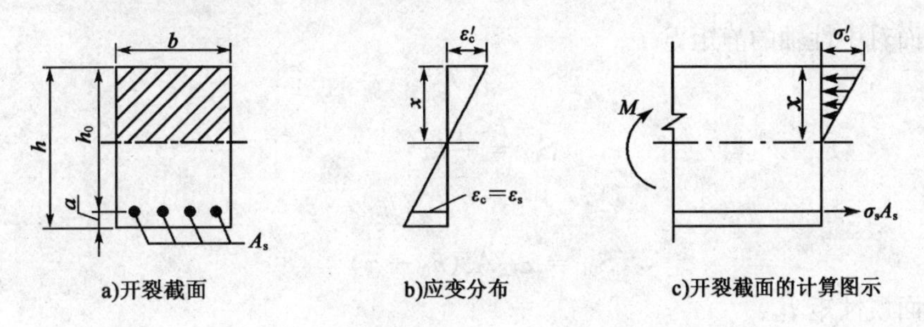

图 8-1　受弯构件的开裂截面

（2）弹性体假定。钢筋混凝土受弯构件在第Ⅱ工作阶段时，混凝土受压区的应力分布图形是曲线，但此时曲线并不丰满，可以近似地看作直线分布，即受压区混凝土的应力与平均应变成正比。故有：

$$\sigma_c'=\varepsilon_c' E_c \tag{8-3}$$

学习记录

(3)受拉区混凝土不承受拉应力,拉应力完全由钢筋承受。

根据三个基本假定得到的计算图式如图 8-1 所示。

二、换 算 截 面

由钢筋混凝土受弯构件第Ⅱ工作阶段计算假定而得到的计算图式与材料力学中匀质梁计算图式非常接近,主要区别是钢筋混凝土梁的受拉区混凝土不参与工作。因此,**将钢筋和受压区混凝土两种材料组成的实际截面换算为一种由拉压性能相同的假想材料组成的匀质截面,这种截面称换算截面。**这样一来,换算截面可以看作是由匀质弹性材料组成的截面,从而能采用材料力学公式进行截面计算。

钢筋截面积 A_s 可等效换算成假想的受拉混凝土截面面积 A_{sc},位于钢筋的重心处(图 8-2)。

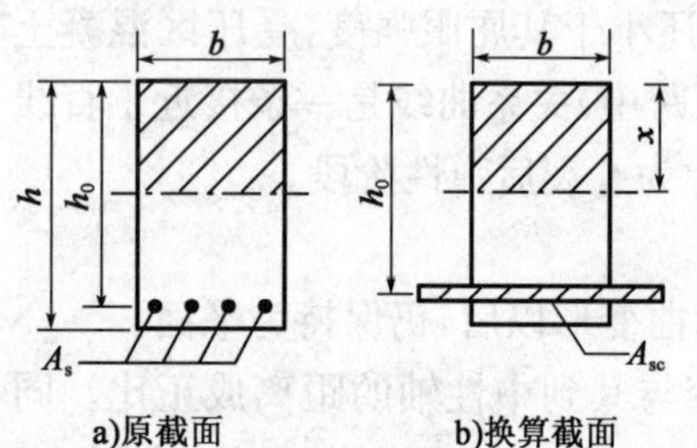

图 8-2 换算截面图

假想的混凝土所承受的总拉力应该与钢筋承受的总拉力相等,故:

$$A_s\sigma_s = A_{sc}\sigma_c \tag{8-4}$$

$$\alpha_{ES} = \frac{\sigma_s}{\sigma_c} \tag{8-5}$$

又由式(8-5)知 $\sigma_c=\frac{\sigma_s}{\alpha_{ES}}$,则可得到:

$$A_{sc} = \frac{A_s\sigma_s}{\sigma_c} = \alpha_{ES}A_s \tag{8-6}$$

将 $A_{sc}=\alpha_{ES}A_s$ 称为钢筋的换算面积,而将受压区的混凝土面积和受拉区的钢筋换算面积所组成的截面称为钢筋混凝土构件开裂截面的换算截面。这样就可以按材料力学的方法来计算换算截面的几何特性。

对于图 8-2 所示的单筋矩形截面,换算截面的几何特性计算表达式为:

换算截面面积 A_0:

$$A_0 = bx + \alpha_{ES}A_s \tag{8-7}$$

换算截面对中性轴的静矩 S_0:

受压区

$$S_{0c} = \frac{1}{2}bx^2 \tag{8-8}$$

受拉区

$$S_{0t} = \alpha_{ES}A_s(h_0 - x) \tag{8-9}$$

换算截面惯性矩 I_{cr}:

$$I_{cr} = \frac{1}{3}bx^3 + \alpha_{ES}A_s(h_0 - x)^2 \tag{8-10}$$

对于受弯构件,开裂截面的中性轴通过其换算截面的形心轴,即 $S_{0c}=S_{0t}$,可得到:

$$\frac{1}{2}bx^2 = \alpha_{ES}A_s(h_0 - x)$$

化简后解得换算截面的受压区高度为:

$$x=\frac{\alpha_{ES}A_s}{b}\left(\sqrt{1+\frac{2bh_0}{\alpha_{ES}A_s}}-1\right) \tag{8-11}$$

学习记录

图 8-3 是受压翼缘有效宽度为 b_f' 时，T 形截面的换算截面计算图式。

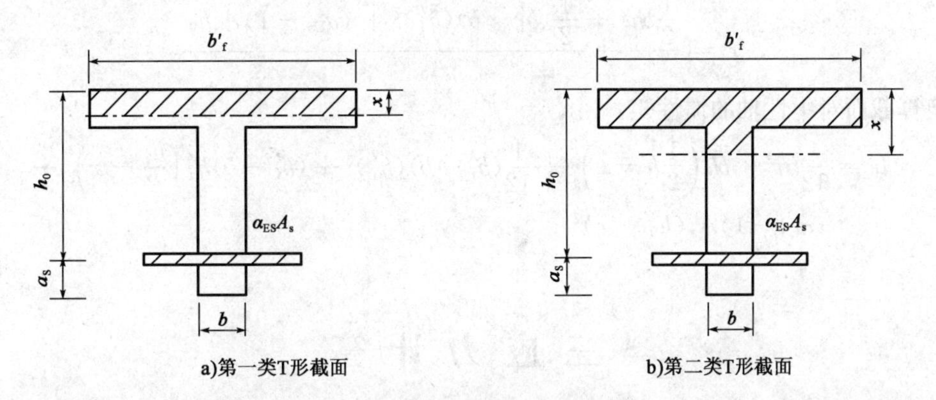

图 8-3 开裂状态下 T 形截面换算计算图式

当受压区高度 $x \leqslant h_f'$ 时，为第一类 T 形截面，可按宽度为 b_f' 高度为 h 的矩形截面，应用式(8-7)至式(8-11)来计算开裂截面的换算截面几何特性。

当受压区高度 $x > h_f'$，表明中性轴位于 T 形截面的肋部，为第二类 T 形截面。这时，换算截面的受压区高度 x 计算式为：

$$x=\sqrt{A^2+B}-A \tag{8-12}$$

$$A=\frac{\alpha_{ES}A_s+(b_f'-b)h_f'}{b}$$

$$B=\frac{2\alpha_{ES}A_sh_0+(b_f'-b)(h_f')^2}{b}$$

开裂截面的换算截面对其中性轴的惯性 I_{cr} 为：

$$I_{cr}=\frac{b_f'x^3}{3}-\frac{(b_f'-b)(x-h_f')^3}{3}+\alpha_{ES}A_s(h_0-x)^2 \tag{8-13}$$

全截面的换算截面是混凝土全截面面积和钢筋的换算面积所组成的截面。对图 8-4 所示的 T 形截面，全截面的换算截面几何特性计算式如下。

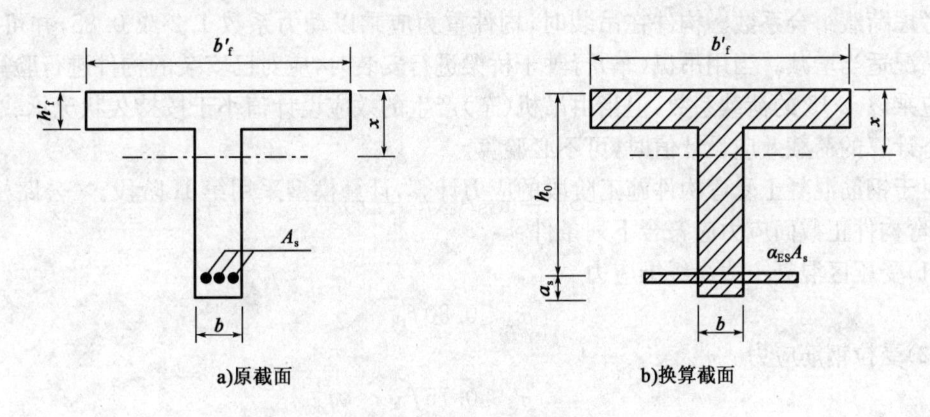

图 8-4 全截面换算示意图

学习记录

换算截面面积：

$$A_0 = bh + (b'_f - b)h'_f + (\alpha_{ES} - 1)A_s \tag{8-14}$$

受压区高度：

$$x = \frac{\frac{1}{2}bh^2 + \frac{1}{2}(b'_f - b)(h'_f)^2 + (\alpha_{ES} - 1)A_s h_0}{A_0} \tag{8-15}$$

换算截面对中性轴的惯性矩：

$$I_0 = \frac{1}{12}bh^3 + bh\left(\frac{1}{2}h - x\right)^2 + \frac{1}{12}(b'_f - b)(h'_f)^3 + (b'_f - b)h'_f\left(\frac{h'_f}{2} - x\right)^2 + (\alpha_{ES} - 1)A_s(h_0 - x)^2 \tag{8-16}$$

三、应 力 计 算

为什么要进行短暂状况下应力的验算？

钢筋混凝土梁在施工阶段，特别是梁的运输、安装过程中，梁的支承条件、受力图式会发生变化。例如，图 8-5b)所示简支梁的吊装，吊点的位置并不在梁设计的支座截面，当吊点位置 a 较大时，将会在吊点截面处引起较大负弯矩。又如图 8-5c)所示，采用"钓鱼法"架设简支梁，在安装施工中，其受力简图不再是简支体系。因此，应该根据受弯构件在施工中的实际受力体系进行正截面和斜截面的应力计算。

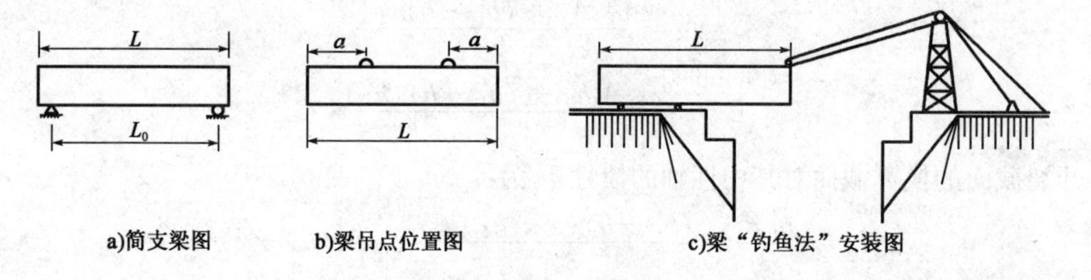

图 8-5　施工阶段受力图

《公路桥规》规定，进行施工阶段验算，施工荷载除有特别规定外均采用标准值，当有组合时不考虑荷载组合系数。构件在吊装时，构件重力应乘以动力系数 1.2 或 0.85，并可视构件具体情况适当增减。当用吊机(车)行驶于桥梁进行安装时，应对已安装的构件进行验算，吊机(车)应乘以 1.15 的荷载系数，但当由吊机(车)产生的效应设计值小于按持久状况承载能力极限状态计算的荷载效应设计值时，可不必验算。

对于钢筋混凝土受弯构件施工阶段的应力计算，计算模型采用第 II 阶段。《公路桥规》规定，受弯构件正截面应力应符合下列条件：

(1)受压区混凝土边缘纤维应力

$$\sigma_{cc}^{t} \leqslant 0.80 f'_{ck}$$

(2)受拉钢筋应力

$$\sigma_{si}^{t} \leqslant 0.75 f_{sk}$$

式中：f'_{ck}——施工阶段相应的混凝土轴心抗压强度标准值；

f_{sk}——普通钢筋的抗拉强度标准值；

σ_{si}^{t}——按短暂状况计算时受拉区第 i 层钢筋的应力。

对于钢筋的应力计算，一般仅需验算最外排受拉钢筋的应力，当内排钢筋强度小于外排钢筋强度时，则应分排验算。

已知：梁的截面尺寸、材料强度、钢筋数量和布置，以及梁在施工阶段控制截面上的弯矩 M_{k}^{t}。

要求：按照换算截面法分别进行矩形截面和T形截面正应力验算。

(1)矩形截面(图8-2)

按式(8-11)计算受压区高度 x；

按式(8-10)求得开裂截面换算截面惯性矩 I_{cr}。

截面应力验算按式(8-17)和式(8-18)进行。

受压区混凝土边缘压应力：

$$\sigma_{cc}^{t}=\frac{M_{k}^{t}x}{I_{cr}}\leqslant 0.80f'_{ck} \tag{8-17}$$

受拉钢筋面积重心处的拉应力：

$$\sigma_{si}^{t}=\alpha_{ES}\frac{M_{k}^{t}(h_{0i}-x)}{I_{cr}}\leqslant 0.75f_{sk} \tag{8-18}$$

式中：I_{cr}——开裂截面换算截面的惯性矩；

M_{k}^{t}——由临时施工荷载标准值产生的弯矩值。

(2)T形截面

在施工阶段，T形截面在弯矩作用下，其翼板可能位于受拉区[图8-6a)]，也可能位于受压区[图8-6b)、图8-6c)]。

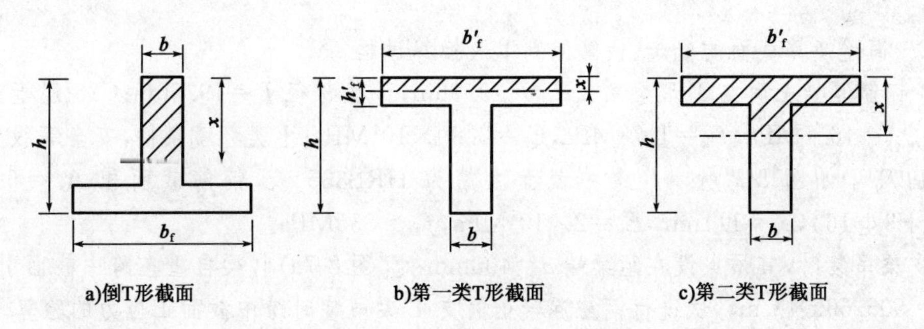

图8-6 T形截面梁受力状态图

翼板位于受拉区时，按照宽度为 b、高度为 h 的矩形截面进行应力验算。

翼板位于受压区时，则应按下式进行计算，判断属于第一类还是第二类T形截面。

$$\frac{1}{2}b'_{f}x^{2}=\alpha_{ES}A_{s}(h_{0}-x) \tag{8-19}$$

式中：b'_{f}——受压翼缘有效宽度；

α_{ES}——截面换算系数。

若按式(8-19)计算的 $x\leqslant h'_{f}$，表明中性轴在翼板中，为第一类T形截面，则可按宽度为 b'_{f}、高度为 h 的矩形梁计算。

若按式(8-19)计算的 $x>h'_{f}$，为第二类T形截面，这时应按式(8-12)重新计算受压区高度 x，再按式(8-13)计算换算截面惯性矩 I_{0}。

学习记录

截面应力验算表达式及应满足的要求，仍按式(8-17)和式(8-18)进行。

若经过计算，钢筋混凝土受弯构件施工阶段应力验算不满足时，应该调整施工方法，甚至重新设计。

单元回顾与学习指导

本单元我们学习了应力计算的原因、基本假定、计算模型、换算截面和应力计算公式等内容。

1. 应力计算基本假定为：平截面假定、弹性体假定、受拉区混凝土不承受拉应力假定。

2. 换算截面指将钢筋和受压区混凝土两种材料组成的实际截面换算为由一种拉压性能相同的假想材料组成的匀质截面。

截面换算的原则：假想的受拉混凝土的总拉力与钢筋承受的总拉力相等、拉应变相等。

3. 应力计算公式。

受压区混凝土边缘压应力：

$$\sigma_{cc}^{t}=\frac{M_{k}^{t}x}{I_{cr}}\leqslant 0.80f'_{ck}$$

受拉钢筋面积重心处的拉应力：

$$\sigma_{si}^{t}=\alpha_{ES}\frac{M_{k}^{t}(h_{0i}-x)}{I_{cr}}\leqslant 0.75f_{sk}$$

习　题

8.1　以钢筋混凝土受弯构件为例，说明承载能力极限状态和正常使用极限状态计算的不同。

8.2　简述换算截面的概念、换算原则以及换算过程。

8.3 钢筋混凝土简支T形梁梁长 $L_0=19.96$m，计算跨径 $L=19.50$m；C25混凝土，吊装时强度 $f'_{ck}=16.7$MPa，$f_{tk}=1.78$MPa，$E_c=2.80\times10^4$MPa；Ⅰ类环境条件，安全等级为二级。主梁截面尺寸如图8-7所示。跨中截面主筋为HRB335级，钢筋截面积 $A_s=6836\text{mm}^2$（8Φ32+2Φ16），$a_s=111$mm，$E_s=2\times10^5$MPa，$f_{sk}=335$MPa。

简支梁吊装时，其吊点设在距梁端 $a=400$mm处[图8-7a)]，梁自重在跨中截面引起的弯矩 $M_{G1}=505.69$kN·m。试进行钢筋混凝土简支T梁吊装时跨中截面正应力的验算。

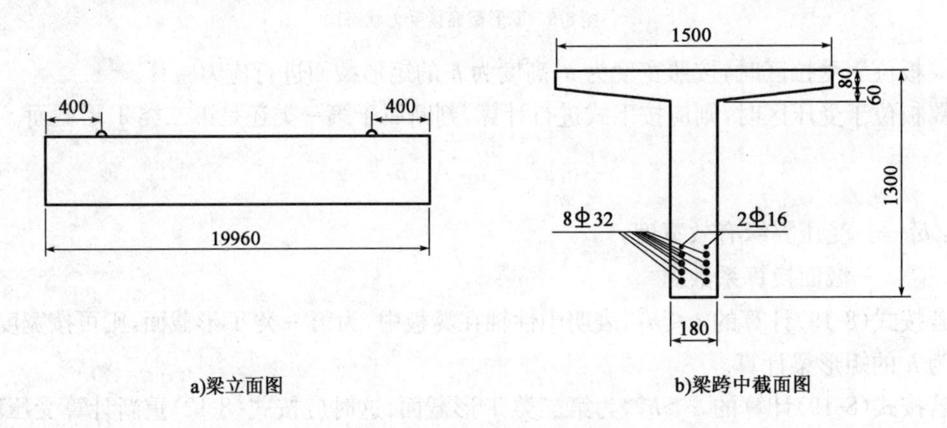

图8-7　习题8.3图(尺寸单位：mm)

第九单元 DIJIUDANYUAN

混凝土受弯构件的裂缝、变形验算和结构耐久性

单元导读

本单元主要介绍目前《公路桥规》中的正常使用极限状态的计算内容和方法。学习时注意与第二单元、第三单元、第八单元中内容的联系与区别,要准确理解计算公式中各参数的取值和物理意义。

学习目标

1. 理解裂缝宽度的计算公式与主要影响因素;
2. 理解挠度的计算公式与主要影响因素;
3. 掌握最小刚度原则;
4. 理解耐久性的主要影响因素。

学习重点

1. 混凝土构件裂缝宽度的计算及影响因素;
2. 受弯构件的刚度与挠度的计算;
3. 混凝土结构耐久性的主要影响因素;
4. 耐久性设计的基本要求。

学习难点

1. 开裂截面受拉钢筋应力的计算;
2. 抗弯刚度的计算;
3. 预拱度的设置。

单元学习计划

内　　容	建议自学时间 （学时）	学 习 建 议	学 习 记 录
第九单元　混凝土受弯构件的裂缝、变形验算和结构耐久性	4		
一、钢筋混凝土构件裂缝宽度验算	2		
二、钢筋混凝土受弯构件的挠度验算	1		
三、钢筋混凝土结构的耐久性	1		

引 言

在结构设计时，一般针对结构在施工和使用环境条件下的不同而将结构设计分为三种设计状况：第一种是持久设计状况，即在结构使用过程中一定出现，其持续时间很长的状况。持久状况持续时间一般与设计使用年限为同一数量，例如结构使用中永久荷载作用的状况等。第二种是短暂设计状况，即在结构施工和使用过程中出现概率较大，而与设计使用年限相比持续期很短的状况，如施工和维修等。第三种是偶然设计状况，就是在结构施工和使用过程中出现概率较小，且持续期很短的状况，如火灾、爆炸、撞击等。

按照混凝土结构的极限状态设计原则，除对上述三种设计状况均应进行承载能力极限状态设计外，同时还要对持久设计状况进行正常使用极限状态设计，而对短暂设计状况可根据需要进行正常使用极限状态设计。

混凝土结构和构件的正常使用极限状态设计是指通过合理的设计和计算，控制结构构件的变形及裂缝宽度不超过影响正常使用或耐久性的某项限值；在设计使用年限期间，使结构保持满足结构功能要求的能力，也就是具有可靠的适用性和耐久性。

要注意的是，本单元的正常使用极限状态设计中的裂缝宽度验算和挠度验算与前面单元介绍的截面承载力计算存在以下区别：

(1)极限状态不同

截面承载力计算是为了使结构和结构构件满足承载能力极限状态要求；挠度、裂缝宽度验算则是为了满足正常使用极限状态要求。

(2)要求不同

结构构件不满足正常使用极限状态对生命财产的危害程度比不满足承载能力极限状态的要小，因此对满足正常使用极限状态的要求可以放宽些。所以，承载能力极限状态计算时汽车荷载应计入冲击系数，作用效应及结构构件的抗力均应采用考虑了分项系数的设计值；在多种作用效应情况下，应将各效应设计值进行最不利组合，并根据参与组合的作用效应情况，取用不同的效应组合系数。

正常使用极限状态计算时作用效应应取用短期效应和长期效应的一种或两种组合，并且《公路桥规》明确规定这时汽车荷载可不计冲击系数。

有关作用短期效应组合和作用长期效应组合的要求参见第二单元“结构设计方法”相关内容。

(3)受力阶段不同

第三单元中讲过，钢筋混凝土受弯构件正截面破坏时经历了三个受力阶段，截面承载力设计以第Ⅲa 阶段，即以承载力极限状态为计算的依据；而正常使用极限状态则是以第Ⅱ阶段作为研究对象，它也是挠度、裂缝宽度验算的依据。

一、钢筋混凝土构件裂缝宽度验算

(一)裂缝的成因与控制

1. 裂缝的成因

混凝土的抗拉强度很低，极限拉应变 $\varepsilon_{tu}=0.0001\sim0.00015$。在不大的拉应力作用下就可能出现裂缝。按其形成原因的不同，钢筋混凝土结构的裂缝分为以下几类：

(1)作用效应引起的裂缝。混凝土构件受到弯矩、轴心拉力、偏心拉力或偏心压力时，当构

学习记录

件受拉区的应变值超过混凝土的极限拉应变值,构件就会出现开裂。对于受弯、大偏心受拉或大偏心受压构件,由于构件正截面上有受压区的存在,因此裂缝不会贯通整个截面;而对于轴心受拉和小偏心受拉构件,裂缝会沿着截面高度贯通整个截面。

(2)由外加变形或约束变形引起的裂缝。外加变形一般有地基的不均匀沉降、混凝土的收缩及温度差等。约束变形越大,裂缝宽度也越大。例如在钢筋混凝土薄腹T形梁的肋板表面上出现中间宽两端窄的竖向裂缝,这是混凝土结硬时,肋板混凝土受到四周混凝土及钢筋骨架约束而引起的裂缝。

(3)钢筋锈蚀裂缝。由于保护层混凝土碳化或冬季施工中掺氯盐(是一种混凝土促凝、早强剂)过多导致钢筋锈蚀。锈蚀产物的体积比钢筋被侵蚀的体积大2~3倍,这种体积膨胀使外围混凝土产生相当大的拉应力,引起混凝土开裂,甚至保护层混凝土剥落。钢筋锈蚀裂缝是沿钢筋长度方向劈裂的纵向裂缝。

2. 裂缝控制的目的

混凝土将开裂的瞬间,钢筋的应力只有 $\sigma_s=\varepsilon_{tu}E_s=(0.0001\sim0.00015)\times2.0\times10^5=20\sim30$MPa。而在正常使用阶段,钢筋的应力远大于这一数值。换句话说,要求普通钢筋混凝土构件不出现裂缝是不经济的也是没必要的。对于一般的混凝土构件允许其带裂缝工作,但基于以下几方面的原因要对裂缝的开展宽度予以控制。

(1)使用功能的要求

有些使用上要求不出现渗漏的储液(气)容器或输送管道,裂缝的存在会直接影响其使用功能,因此要严格控制裂缝的出现。最有效的控制方法是采用预应力混凝土结构。

(2)外观的要求

外观是评价混凝土质量的重要因素之一,裂缝过宽会影响建筑的外观,引起人们的不安全感。满足外观要求的裂缝宽度限值应取多大,取决于多种原因。调查表明,控制裂缝宽度在0.3mm以内,对外观没有显著影响,一般不会引起人们的特别注意。

(3)耐久性的要求

这是控制裂缝最主要的原因。混凝土未开裂以前,可以保护钢筋以避免其锈蚀。而混凝土的抗拉强度远比其抗压强度低,构件在较低的拉力作用下就会出现垂直于钢筋的裂缝。裂缝存在时,大气中的二氧化碳很容易经裂缝渗透到混凝土中,加快裂缝处混凝土的碳化速度,从而缩短了构件从制作到钢筋开始锈蚀(即碳化历程)所经历的时间。同时,化学介质、气体和水分侵入裂缝后,破坏钢筋钝化膜,在钢筋表面发生电化学反应,引起钢筋锈蚀,削弱钢筋受力截面,进而可能引起构件破坏,影响结构的使用寿命。

(二)影响裂缝宽度的因素

试验研究表明,影响裂缝宽度的主要因素有:钢筋应力 σ_{ss}、钢筋直径 d、受拉钢筋配筋率 ρ、保护层厚度 c、钢筋外形、荷载性质(短期、长期、重复作用)、构件受力性质(受弯、受拉、偏心受拉等)。

1. 混凝土抗拉强度的影响

多数研究认为,混凝土抗拉强度对裂缝宽度影响不大,可略去不计。

2. 保护层厚度的影响

保护层厚度对裂缝间距和表面裂缝宽度均有影响,保护层越厚,裂缝越宽。另外,允许裂缝宽度也与保护层厚度有关,也就是说,保护层越厚,钢筋锈蚀的可能越小,对耐久性也就越有利。因此保护层厚度对计算裂缝宽度和允许裂缝宽度限值的影响可大致抵消,在裂缝宽度计算公式中可以不考虑其影响。

3. 受拉钢筋应力的影响

裂缝截面受拉钢筋应力是影响裂缝宽度的最重要因素。一般可近似认为受拉钢筋应力与最大裂缝宽度为线性的关系。

4. 受拉钢筋直径的影响

试验表明,在受拉钢筋配筋率及钢筋应力大致相同的情况下,裂缝宽度随钢筋直径的增大而增大。

5. 受拉钢筋配筋率的影响

试验表明,当钢筋直径相同,钢筋应力大致相等的情况下,裂缝宽度随配筋率的增加而减小。当配筋率 ρ 接近某一数值($\rho \geqslant 0.02$ 时),裂缝宽度基本不变。

6. 钢筋外形的影响

在裂缝宽度计算公式中,引用系数 C_1 来考虑钢筋外形特征对裂缝宽度的影响,带肋钢筋的黏结性能好于光面钢筋,所以带肋钢筋和光面钢筋的 C_1 取值分别为 1.0 和 1.4。

7. 荷载性质的影响

在裂缝宽度计算公式中,引用不同的系数 C_2 来考虑荷载作用性质的影响,例如对短期荷载作用取 $C_2=1.0$。

8. 构件受力性质的影响

在裂缝宽度计算公式中,引用系数 C_3 来考虑构件受力特征对最大裂缝宽度的影响。例如,对受弯构件,取 $C_3=1.0$;对偏心受压构件,取 $C_3=0.9$。C_3 值越大裂缝宽度越大。

(三)最大裂缝宽度验算公式

影响裂缝宽度的因素很多,裂缝机理也十分复杂。近数十年来人们已积累了相当多的研究裂缝问题的试验资料,利用这些已有的试验资料,分析影响裂缝宽度的各种因素,找出主要的因素,舍去次要因素,再用数理统计方法给出简单适用而又有一定可靠性的裂缝宽度计算公式,这种方法称为数理统计方法。我国《公路桥规》便是采取这一方法建立了裂缝宽度计算公式。

依据《公路桥规》,矩形、T形和I形截面钢筋混凝土构件,其最大裂缝宽度可按下式计算:

$$W_{fk}=C_1C_2C_3\frac{\sigma_{ss}}{E_s}\left(\frac{30+d}{0.28+10\rho}\right)\quad(\text{mm})\tag{9-1}$$

式中:C_1——钢筋表面形状系数,对光面钢筋,$C_1=1.4$,对带肋钢筋,$C_1=1.0$;

C_2——作用长期效应影响系数,$C_2=1+0.5S_l/S_s$,其中 S_l 和 S_s 分别为按作用长期效应组合和短期效应组合计算的弯矩或轴向力值;

C_3——与构件受力特征有关的系数,钢筋混凝土板式受弯构件,取 $C_3=1.15$,其他受弯构件,取 $C_3=1.0$;偏心受压构件,取 $C_3=0.9$;偏心受拉构件,取 $C_3=1.1$;轴心受拉构件,取 $C_3=1.2$;

σ_{ss}——钢筋应力;

学习记录

d——纵向受拉钢筋直径(mm)，当采用不同直径的钢筋时，d 改用换算直径 d_e，$d_e=\sum n_i d_i^2/\sum n_i d_i$；对于焊接骨架钢筋，$d$ 或者 d_e 值应乘以 1.3；

ρ——纵向钢筋配筋率，计算公式为 $\rho=\dfrac{A_s}{bh_0+(b_f-b)h_f}$，当计算结果 $\rho>0.02$ 时，取 $\rho=0.02$；当 $\rho<0.006$ 时，取 $\rho=0.006$；对于轴心受拉构件，ρ 按全部受拉钢筋截面积的一半计算；

h_0——梁的有效高度；

b——矩形截面宽度，T 形截面的腹板宽度；

b_f、h_f——构件受拉翼缘的宽度与厚度。

规范规定，由作用短期效应组合引起的开裂截面纵向受拉钢筋应力 σ_{ss} 按照下列公式计算。

对于受弯构件：

$$\sigma_{ss}=\frac{M_s}{0.87A_s h_0} \tag{9-2}$$

对于轴心受拉构件：

$$\sigma_{ss}=\frac{N_s}{A_s} \tag{9-3}$$

对于偏心受拉构件：

$$\sigma_{ss}=\frac{N_s e_s'}{A_s(h_0-a_s')} \tag{9-4}$$

对于偏心受压构件：

$$\sigma_{ss}=\frac{N_s(e_s-z)}{A_s z} \tag{9-5}$$

其中：

$$e_s=\eta_s e_0+y_s \tag{9-6}$$

$$z=\left[0.87-0.12(1-\gamma_f')\left(\frac{h_0}{e_s}\right)^2\right]h_0 \tag{9-7}$$

$$\gamma_f'=\frac{(b_f'-b)h_f'}{bh_0} \tag{9-8}$$

$$\eta_s=1+\frac{1}{4000\dfrac{e_0}{h_0}}\left(\frac{l_0}{h}\right)^2 \tag{9-9}$$

式中：M_s、N_s——按荷载短期效应组合计算的弯矩值、轴力值；

A_s——受拉区纵向钢筋截面面积，对轴心受拉构件，取全部纵向钢筋截面面积；对偏心受拉构件，取受拉较大边纵向钢筋截面面积；对受弯、偏心受压构件，取受拉区纵向钢筋截面面积；

z——纵向受拉钢筋合力点至截面受压区合力点的距离，且不大于 $0.87h_0$；

e_s——轴向力作用点至纵向受拉钢筋 A_s 合力作用点距离；

e_s'——轴向力作用点至受压(或受拉较小边)纵向钢筋 A_s' 合力作用点的距离；

e_0——轴向力作用点至截面重心的偏心距，$e_0=M_s/N_s$；

b'_f、h'_f——受压翼缘的宽度、厚度，在式(9-8)中，当 $h'_f>0.2h_0$ 时，取 $h'_f=0.2h_0$；

η_s——使用阶段的轴向力偏心距增大系数，当 $l_0/h\leqslant14$ 时，取 $\eta_s=1$。

学习记录

《公路桥规》规定，钢筋混凝土构件计算的最大裂缝宽度不应超过规定的限值：Ⅰ类和Ⅱ类环境为0.2mm，Ⅲ类和Ⅳ类环境为0.15mm。

[例9-1] 计算跨径为20m的公路装配式钢筋混凝土T形截面梁桥，在受拉区配4⌀22+8⌀28的HRB335钢筋，T形梁的梁肋宽度 $b=250$mm，受压区边缘至受拉钢筋形心的距离 $h_0=1300$mm，外排钢筋应力为 $\sigma_{ss}=210$MPa，按长期效应组合和短期效应组合计算的弯矩之比为0.55，最大容许裂缝宽度为 $[w_{lim}]=0.2$mm。

试验算该梁在短期荷载(不计冲击力)作用下及长期荷载作用下的最大裂缝宽度是否满足要求。

解：

$$A_s=1520\text{mm}^2+4926\text{mm}^2=6446\text{mm}^2$$

$$\rho=\frac{A_s}{bh_0}=\frac{6446}{250\times1300}=0.0198<0.02$$

钢筋换算直径：

$$d_e=\frac{\sum n_i d_i^2}{\sum n_i d_i}=\frac{4\times22^2+8\times28^2}{4\times22+8\times28}=26.308\text{mm}$$

对带肋钢筋 $C_1=1.0$；对梁式受弯构件 $C_3=1.0$；短期荷载作用下 $C_2=1.0$。

短期荷载作用下最大裂缝宽度为：

$$w_{fk}=C_1C_2C_3\frac{\sigma_{ss}}{E_s}\left(\frac{30+d_e}{0.28+10\rho}\right)$$

$$=1.0\times\frac{210}{2\times10^5}\times\left(\frac{30+26.308}{0.28+10\times0.0198}\right)=0.124\text{mm}<[w_{lim}]=0.2\text{mm}$$

长期荷载作用效应下：

$$C_2=1+0.5\frac{M_l}{M_s}=1+0.5\times0.55=1.275$$

长期荷载作用下，最大裂缝宽度：

$$w_{fk}=0.124\times1.275=0.158\text{mm}<[w_{lim}]=0.2\text{mm}$$

满足要求。

二、钢筋混凝土受弯构件的挠度验算

(一)受弯构件的刚度

结构或结构构件受力后将在截面上产生内力，并使截面产生变形。截面上的材料抵抗内力的能力就是截面承载力；抵抗变形的能力就是截面刚度。对于承受弯矩 M 的截面来说，抵抗截面转动的能力，就是截面的弯曲刚度。

由材料力学的知识，荷载作用下受弯构件的挠度计算公式为：

$$f=S\frac{Ml_0^2}{B} \tag{9-10}$$

学习记录

式中：S——与荷载形式、支撑条件有关的挠度系数，例如承受均布荷载的简支梁，$S=5/48$；

l_0——梁的计算跨度；

B——梁的抗弯刚度，对于匀质弹性梁，$B=EI$；对于钢筋混凝土梁，B的取值与匀质弹性梁不同。

对于钢筋混凝土梁，如果抗弯刚度已知，则利用上述公式可求解出挠度值。因此，关键问题是如何合理地确定抗弯刚度。

试验研究表明，钢筋混凝土梁在截面开裂前，弯矩与挠度大致为线性关系，梁的短期刚度基本上为一常数，《公路桥规》将此时的抗弯刚度取为$0.95E_cI_0$，这里I_0为钢筋混凝土换算截面惯性矩。随着荷载的增加，当梁进入带裂缝工作阶段，其截面刚度不断降低，将不再保持一个常量。

另外，试验还表明，钢筋混凝土梁的刚度沿梁轴向并不相等，在弯矩较大的截面处由于裂缝开展较深，因而刚度小；在弯矩较小的截面则刚度大。

刚度取值方法：

(1)《混凝土结构设计规范》(GB 50010—2010)中规定，按照弯矩最大截面的刚度(也就是整个区间内最小的刚度)计算构件挠度值，这就是所谓的“最小刚度原则”。

按照最小刚度原则确定梁的挠度，理论上会导致计算出的数值偏大，但由于上面的分析中只考虑了弯矩的影响而没有考虑剪力的影响，这样又会使得计算值偏小。综合起来考虑，两方面的误差会基本抵消，试验表明，实测值与计算值符合较好。

(2)《公路桥规》规定，取等效刚度作为计算刚度。所谓等效刚度，指在相同弯矩作用下与实际梁发生相同转角的等刚度梁的刚度。

《公路桥规》在总结分析国内外研究资料的基础上，规定钢筋混凝土受弯构件的抗弯刚度按照下式确定：

$$B=\frac{B_0}{\left(\frac{M_{cr}}{M_s}\right)^2+\left[1-\left(\frac{M_{cr}}{M_s}\right)^2\right]\frac{B_0}{B_{cr}}} \tag{9-11}$$

式中：B——开裂构件等效截面的抗弯刚度；

B_0——全截面的抗弯刚度，$B_0=0.95E_cI_0$；

B_{cr}——开裂截面的抗弯刚度，$B_{cr}=E_cI_{cr}$；

M_{cr}——开裂弯矩，$M_{cr}=\gamma f_{tk}W_0$；

M_s——按作用(荷载)短期效应组合计算的弯矩值；

γ——构件受拉区混凝土塑性影响系数，$\gamma=2S_0/W_0$；

S_0——全截面换算截面重心轴以上(或以下)部分面积对换算截面重心轴的面积矩；

W_0——全截面换算截面面积对受拉边缘的弹性抵抗矩；

I_0、I_{cr}——全截面换算截面惯性矩与开裂截面换算截面惯性矩。

根据式(9-11)得到的抗弯刚度值，带入式(9-10)中，结合材料力学的方法即可求出受弯构件的挠度值，该值为“短期挠度”，记作f_s。考虑到混凝土具有收缩、徐变的性质，在荷载长期作用下挠度还会增大，因此《公路桥规》规定，受弯构件在使用阶段的挠度(称作“长期挠度”)应考虑荷载长期效应的影响，即按荷载短期效应组合计算的挠度值应再乘以挠度长期增长系数η_θ，公式表示为：

$$f_l = \eta_\theta f_s \tag{9-12}$$

学习记录

式中：η_θ——挠度长期增长系数，采用C40以下混凝土时，$\eta_\theta=1.6$；采用C40～C80混凝土时，$\eta_\theta=1.45\sim1.35$；中间强度等级时可按照线性内插法取值。

(二)挠度控制与预拱度设置

1.挠度控制

钢筋混凝土受弯构件按上述计算的长期挠度值，在消除结构自重产生的长期挠度后(即全部荷载引起的长期挠度减去 $\eta_\theta f_G$，f_G 为自重引起的短期挠度)，不应超过下列规定的限值。

梁式桥主梁的最大挠度处：$l/600$；

梁式桥主梁的悬臂端：$l_1/300$。

这里，l 为受弯构件的计算跨径，l_1 为悬臂长度。

2.预拱度设置

为了减小桥梁结构在永久荷载和活荷载作用下的挠度，在施工阶段制作桥梁时使桥梁跨径正中高于两支座的水平连线，然后从桥梁跨径正中顺桥向两支座方向做成平顺曲线，形成一个矢高很小的“拱”。把这个与使用阶段挠曲反向的“拱”称为“预拱”或“起拱”，预拱的矢高称为“预拱度”。钢筋混凝土桥梁的预拱度可按下列规定设置：

(1)当由荷载短期效应组合并考虑长期效应影响产生的长期挠度不超过 $l/1600$ 时，可不设预拱度；

(2)当不符合上述规定时应设置预拱度，最大挠度所在截面的预拱度值按结构自重引起的长期挠度加上可变荷载长期挠度值一半之和采用，其余截面的预拱度按平顺的曲线形状设置，一般为二次曲线。

桥梁设置预拱度以后，无车辆行驶时，桥梁上拱；有车辆行驶时，桥梁的最大挠度也只为可变荷载产生挠度的一半。这样，桥梁始终在两支座水平连线上下以最小的幅度摆动，对车辆行驶和结构受力都比较有利。

[例9-2] 如图9-1所示，某预制T形截面简支梁桥，计算跨径 $l=19.5$m，截面高度 $h=1500$mm，腹板宽度 $b=180$mm，受压翼缘宽度 $b'_f=1780$mm，翼缘外侧厚度为100mm，与腹板交接处的厚度为140mm；该梁采用C25混凝土，HRB335钢筋。根据正截面受弯承载力计算，纵向钢筋为8Φ32+4Φ16，分6层布置，纵向受力钢筋合力点到构件下边缘距离 $a_s=109$mm；正常使用阶段荷载短期效应组合下，控制截面弯矩值为 $M_s=1965$kN·m，恒荷载标准值产生的弯矩为 $M_{Gk}=1179$kN·m，活荷载频遇值产生的弯矩为 $M_{Qs}=786$kN·m(不计冲击影响)。

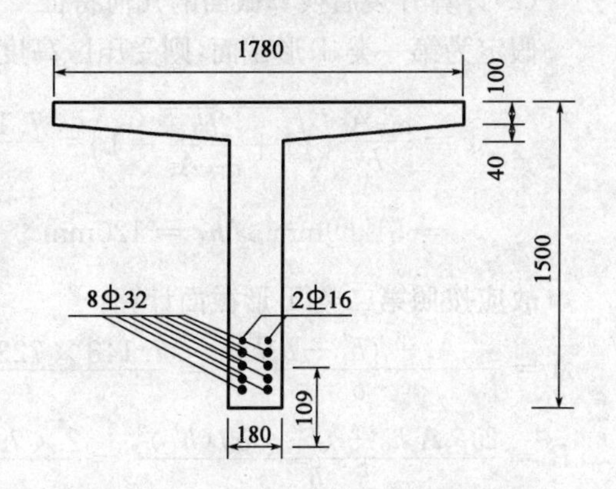

图9-1 例9-2预制T梁图(尺寸单位：mm)

试对该梁的变形进行验算。

学习记录

解：
$$\alpha_{ES}=\frac{E_s}{E_c}=\frac{2.0\times10^5}{2.8\times10^4}=7.143,A_s=6434+804=7238\text{mm}^2$$

$$h'_f=100+\frac{40}{2}=120\text{mm},h_0=1500-109=1391\text{mm}$$

(1)计算全截面换算截面的几何特征

全截面换算截面面积：

$$A_0=180\times1500+(1780-180)\times120+(7.143-1)\times7238=506463\text{mm}^2$$

受压区高度(重心轴到截面上边缘距离)：

$$x=\frac{\frac{1}{2}bh^2+\frac{1}{2}(b'_f-b)(h'_f)^2+(\alpha_{ES}-1)A_sh_0}{A_0}$$

$$=\frac{\frac{1}{2}\times180\times1500^2+\frac{1}{2}\times(1780-180)\times120^2+(7.143-1)\times7238\times1391}{506463}$$

$$=544.7\text{mm}$$

换算截面惯性矩：

$$I_0=\frac{1}{12}bh^3+bh\left(\frac{h}{2}-x\right)^2+\frac{1}{12}(b'_f-b)(h'_f)^3+(b'_f-b)h'_f\left(x-\frac{h'_f}{2}\right)^2+(\alpha_{ES}-1)A_s(h_0-x)^2$$

$$=\frac{180\times1500^3}{12}+180\times1500\times\left(\frac{1500}{2}-544.7\right)^2+\frac{1600\times120^3}{12}+1600\times120\times\left(544.7-\frac{120}{2}\right)^2+(7.143-1)\times7238\times(1391-544.7)^2$$

$$=1.392\times10^{11}\text{mm}^4$$

换算截面重心轴以上部分对重心轴的面积矩：

$$S_0=\frac{1}{2}bx^2+(b'_f-b)h'_f\left(x-\frac{h'_f}{2}\right)$$

$$=\frac{1}{2}\times180\times544.7^2+(1780-180)\times120\times\left(544.7-\frac{120}{2}\right)$$

$$=1.1977\times10^8\text{mm}^3$$

(2)计算开裂后换算截面的几何特征

假定为第一类T形截面，则受压区高度：

$$x=\frac{\alpha_{ES}A_s}{b}\left(\sqrt{1+\frac{2bh_0}{\alpha_{ES}A_s}}-1\right)=\frac{7.143\times7238}{180}\times\left(\sqrt{1+\frac{2\times180\times1391}{7.143\times7238}}-1\right)$$

$$=651.69\text{mm}>h'_f=120\text{mm}$$

故应按照第二类T形截面计算。

$$A=\frac{\alpha_{ES}A_s+(b'_f-b)h'_f}{b}=\frac{7.143\times7238+(1780-180)\times120}{180}=1353.89$$

$$B=\frac{2\alpha_{ES}A_sh_0+(b'_f-b)(h'_f)^2}{b}=\frac{2\times7.143\times7238\times1391+1600\times120^2}{180}=927068.2$$

$$x=\sqrt{A^2+B^2}-A=\sqrt{1353.89^2+927068.2^2}-1353.89=307.46\text{mm}$$

开裂截面换算截面惯性矩：

$$I_{cr}=\frac{b_f'x^3}{3}-\frac{(b_f'-b)(x-h_f')^3}{3}+\alpha_{ES}A_s(h_0-x)^2$$

$$=\frac{1780\times 544.7^3}{3}-\frac{1600\times(544.7-120)^3}{3}+7.143\times 7238\times(1391-544.7)^2$$

$$=9.2064\times 10^{10}\,\text{mm}^4$$

(3)计算开裂截面的抗弯刚度

全截面抗弯刚度：

$$B_0=0.95E_cI_0=0.95\times 2.8\times 10^4\times 1.392\times 10^{11}=3.703\times 10^{15}\,\text{N}\cdot\text{mm}^2$$

开裂截面抗弯刚度：

$$B_{cr}=E_cI_{cr}=2.8\times 10^4\times 9.2064\times 10^{10}=2.578\times 10^{15}\,\text{N}\cdot\text{mm}^2$$

全截面换算截面受拉边缘弹性抵抗矩：

$$W_0=\frac{I_0}{h-x}=\frac{1.392\times 10^{11}}{1500-544.7}=1.457\times 10^8\,\text{mm}^3$$

塑性影响系数：

$$\gamma=\frac{2S_0}{W_0}=\frac{2\times 1.1977\times 10^8}{1.457\times 10^8}=0.822$$

开裂弯矩：

$$M_{cr}=\gamma f_{tk}W_0=0.822\times 1.78\times 1.457\times 10^8=2.593\times 10^8\,\text{N}\cdot\text{mm}$$

开裂构件的抗弯刚度：

$$B=\frac{B_0}{\left(\frac{M_{cr}}{M_s}\right)^2+\left[1-\left(\frac{M_{cr}}{M_s}\right)^2\right]\frac{B_0}{B_{cr}}}$$

$$=\frac{3.703\times 10^{15}}{\left(\frac{2.593\times 10^8}{1965\times 10^6}\right)^2+\left[1-\left(\frac{2.593\times 10^8}{1965\times 10^6}\right)^2\right]\times\frac{3.703\times 10^{15}}{2.578\times 10^{15}}}=2.592\times 10^{15}\,\text{N}\cdot\text{mm}^2$$

(4)计算构件挠度

荷载短期效应组合下的短期挠度为：

$$f_s=\frac{5}{48}\cdot\frac{M_sl^2}{B_0}=\frac{5\times 1965\times 10^6\times 19500^2}{48\times 3.703\times 10^{15}}=21.02\text{mm}$$

自重作用下的短期挠度为：

$$f_G=\frac{5}{48}\cdot\frac{M_{Gk}l^2}{B_0}=\frac{5\times 1179\times 10^6\times 19500^2}{3.703\times 10^{15}}=12.61\text{mm}$$

C25 混凝土，挠度长期增长系数 $\eta_\theta=1.6$。

扣除自重影响后的长期挠度为：

$$f_l=\eta_\theta(f_s-f_G)=1.6\times(21.02-12.61)=13.456\text{mm}<\frac{l}{600}=\frac{19500}{600}=32.5\text{mm}$$

(5)判断是否需要设置预拱度

由于荷载短期效应组合产生的长期挠度值为：

$$\eta_\theta f_s=1.6\times 21.02=33.63>\frac{l}{1600}=\frac{19500}{1600}=12.2\text{mm}$$

学习记录

故需要设置预拱度，其值为按结构自重引起的长期挠度和1/2倍的可变荷载频遇值计算的长期挠度之和。

可变荷载频遇值产生的长期挠度现已求得为13.456mm，所以跨中预拱度应为：

$$\Delta=1.6\times12.61+\frac{13.456}{2}=26.9\text{mm}\approx27\text{mm}$$

三、钢筋混凝土结构的耐久性

(一)耐久性的基本概念和主要影响因素

1. 耐久性的基本概念

混凝土结构的可靠性包含安全性、适用性和耐久性三方面的内容。相对而言，关于结构的安全性、适用性研究较为深入，规范规定的设计计算方法也相当明确，而对耐久性的研究还不够成熟。耐久性设计已经成为一个非常重要而又迫切需要解决的问题。

混凝土结构耐久性是指结构或构件在设计使用年限内，在正常维护条件下，不需要进行大修就可满足正常使用和安全功能要求的能力。

2. 影响结构耐久性的主要因素

影响混凝土结构耐久性的因素主要有内部和外部两个方面。内部因素主要是指混凝土的强度、渗透性、保护层厚度、水泥品种、水泥用量、水泥标号以及外加剂用量等；外部因素则指环境温度、湿度、二氧化碳含量等。

(1)混凝土的碳化

混凝土碳化是指大气中的二氧化碳或其他酸性气体与混凝土中的碱性物质发生反应使混凝土中性化，从而使其碱性下降的现象。混凝土碳化对混凝土本身是无害的，但当碳化到钢筋表面时，会使混凝土的钢筋保护膜破坏，提供了钢筋发生锈蚀的必要条件，同时使混凝土的收缩加大，导致混凝土开裂，从而造成了混凝土的耐久性能下降或耐久性能失效。因此，混凝土的碳化是混凝土结构耐久性的重要影响因素之一，也是混凝土耐久性设计的主要内容之一。延缓和减小混凝土碳化对提高结构的耐久性有重要作用，设计中减小碳化作用的措施主要是提高混凝土的密实性，增强抗渗性；合理设计混凝土的配合比；采用覆盖面层，覆盖面层可以隔离混凝土表面与大气环境的直接接触，这对减小混凝土碳化十分有利；规定钢筋的混凝土保护层厚度，使混凝土碳化达到钢筋表面的时间，与结构设计使用年限相等，混凝土保护层最小厚度的规定见附表7。

(2)钢筋锈蚀

钢筋锈蚀是指在水和氧气共同作用的条件下，水、氧气和铁发生电化学反应，在钢筋的表面形成疏松、多孔的锈蚀现象。钢筋锈蚀的必要条件是混凝土碳化使钢筋表面的氧化膜被破坏，充分条件是氧气、水分子侵入到钢筋表面。钢筋周围氯离子的存在会加速电化学反应，加速钢筋锈蚀。钢筋锈蚀的危害是，锈蚀后其体积膨胀数倍，引起混凝土保护层脱落和构件开裂，进一步使空气中的水分和氧气更容易进入，加快锈蚀。钢筋锈蚀将使钢筋有效面积减小，导致结构和构件的承载力下降以及结构破坏。因此，钢筋锈蚀是影响钢筋混凝土结构耐久性的关键因素，也是混凝土耐久性设计的重要内容之一。

防止钢筋锈蚀的主要措施是提高混凝土的密实性，增强抗渗性；采用覆盖面层；采用足够的保护层厚度等，以防止水、二氧化碳、氯离子和氧气的侵入，减少钢筋锈蚀；采用钢筋阻锈剂以防止氯盐的腐蚀；采用防腐蚀钢筋如环氧涂层钢筋、镀锌钢筋、不锈钢钢筋等；对于重大工程可对钢筋采用阴极保护法，包括牺牲阳极法和输入电流法等。

(3)混凝土冻融破坏

混凝土冻融破坏是指处于饱和水状态的混凝土结构受冻时，其内部毛细孔的水结冰膨胀产生涨力，使混凝土结构内部产生微裂损伤，这种损伤经多次反复冻融循环作用，将逐步积累，最终导致混凝土结构开裂，体积膨胀破坏。混凝土抗冻性指混凝土抵抗冻融的能力，混凝土抗冻性设计是混凝土耐久性设计的重要内容之一。

(4)混凝土的碱集料反应

混凝土的集料中某些活性矿物与混凝土微孔中的碱性溶液发生化学反应称为碱集料反应。碱集料反应的危害是其产生的碱—硅酸盐凝胶吸水膨胀使体积增大数倍，导致混凝土剥落、开裂，以至强度降低，造成耐久性破坏。碱集料反应是影响混凝土耐久性的因素之一。

(5)侵蚀性介质的影响

化学介质对混凝土的侵蚀在石化、化学、轻工、冶金及港湾建筑中很普遍。有的工厂建了几年就濒临破坏，我国五六十年代在海港建造的码头几乎都已遭到不同程度的破坏。有些化学介质侵入造成混凝土中一些成分被溶解、流失，引起裂缝、孔隙、松散破碎；有的化学介质侵入，与混凝土中一些成分的反应生成物体积膨胀，引起混凝土结构破坏。常见的一些主要侵蚀性介质的腐蚀有：

①硫酸盐腐蚀

硫酸盐溶液和水泥石中的氢氧化钙及水化铝酸钙发生化学反应，生成石膏和硫铝酸钙，产生体积膨胀，使混凝土破坏。

硫酸盐除一些工业企业存在外，在海水及一些土壤中也存在。当硫酸盐的浓度(以 SO_2 的含量表示)达0.2%时，就会产生严重的腐蚀。

②酸腐蚀

因混凝土是碱性材料，遇到酸性物质会产生反应，使混凝土产生裂缝并导致破坏。

酸存在于化工企业。此外，在地下水，特别在沼泽地区或浅泥滩地区广泛存在碳酸及溶有 CO_2 的水。除硫酸、硝酸、碳酸外，有些油脂、腐殖质也呈酸性，对混凝土有侵蚀作用。

③海水腐蚀

在海港和近海的混凝土建筑物，经常受到海水的侵蚀。海水中的氯化钠，氯化镁，硫酸镁等成分，尤其是氯离子及硫酸镁对混凝土有很强的化学侵蚀作用。

(6)其他影响因素

如高温作用、生物腐蚀、混凝土徐变等，都会在一定程度上影响结构的耐久性。

(二)混凝土结构耐久性设计的基本要求

鉴于科学研究和工程实践经验的不足，《公路桥规》规定的混凝土结构耐久性设计还不是定量设计，而是以混凝土结构的环境类别和设计使用年限为依据的概念设计。它对混凝土结构工作环境的环境类别和设计使用年限提出了相应的限制和要求，以保证结构的耐久性。

学习记录

1. 混凝土结构的环境类别

《公路桥规》将环境条件分为四类，对结构混凝土的水灰比、水泥用量、混凝土强度等级、氯离子含量和碱含量提出了控制要求，见表 9-1。

表 9-1 中，严寒和寒冷地区的划分应符合《民用建筑热工设计规范》(GB 50176—1993)的规定。

混凝土结构耐久性的基本要求　　表 9-1

环境类别	环境条件	最大水灰比	最小水泥用量 (kg/m³)	最低混凝土强度等级	最大氯离子含量 (%)	最大碱含量 (kg/m³)
Ⅰ	温暖或寒冷地区的大气环境；与无侵蚀性的水或土接触的环境	0.55	275	C25	0.30	3.0
Ⅱ	严寒地区的大气环境；使用除冰盐环境；滨海环境	0.50	300	C30	0.15	3.0
Ⅲ	海水环境	0.45	300	C35	0.10	3.0
Ⅳ	受侵蚀性物质影响的环境	0.40	325	C35	0.10	3.0

注：1. 有关现行规范对海水环境中结构混凝土的最大水灰比和最小水泥用量有更详细规定时，可参照执行；
2. 表中氯离子含量系指其与水泥用量的百分率；
3. 当有实际工程经验时，处于Ⅰ类环境中结构混凝土的最低强度等级可比表中降低一个等级；
4. 预应力混凝土构件中的最大氯离子含量为 0.06%，最小水泥用量为 350kg/m³，最低混凝土强度等级为 C40，或按表中规定Ⅰ类环境提高三个等级，其他环境类别提高两个等级；
5. 特大桥和大桥混凝土中的最大碱含量宜降至 1.8kg/m³，当处于Ⅲ、Ⅳ类或使用除冰盐和滨海环境时，宜使用非碱活性集料。

严寒地区：累年最冷月平均温度低于－10℃地区。

寒冷地区：累年最冷月平均温度高于－10℃、低于或等于 0℃的地区。

累年：近 30 年，不足 30 年的取实际年数，但不得少于 10 年。

表 9-1 中，“除冰盐环境”是指北方城市依靠喷洒盐水除冰化雪的且其主梁受到侵蚀的环境；“滨海环境”是指海水浪溅区以外且其前无建筑物遮挡的环境；“海水环境”是指潮汐区、浪溅区及海水中的环境；“受侵蚀性物质影响的环境”是指某些化学工业和石油化工厂的气态、液态和固态侵蚀物质影响的环境。

2. 混凝土保护层厚度与裂缝控制

混凝土保护层厚度的大小及保护层的密实性对耐久性至关重要，因此，《公路桥规》根据混凝土结构所处的环境条件类别规定了混凝土保护层的最小厚度，见附表 7。值得注意的是，保护层厚度不能一味增大，这是因为，增大厚度一方面不经济，另一方面也会使裂缝宽度加大。

裂缝的出现加快了混凝土的碳化，也是钢筋开始锈蚀的主要条件。因此，《公路桥规》根据钢筋混凝土结构和预应力混凝土结构所处的环境条件类别和构件受力特征，规定了最大裂缝宽度限值，见本单元“一”中相关内容。

3.其他要求

(1)位于Ⅲ类或Ⅳ类环境的桥梁,当耐久性确实需要时,其主要受拉钢筋宜采用环氧树脂涂层钢筋;预应力钢筋、锚具及连接器应采用专门防护措施。

(2)水位变动区有抗冻要求的结构混凝土,其抗冻等级不应低于表9-2的要求。抗冻混凝土应掺入适量引气剂,其拌和物的含气量按《公路桥涵施工技术规范》(JTG/T F50—2011)的规定采用。

水位变动区混凝土抗冻等级的选用 表9-2

桥梁所在地区	海水环境	淡水环境
严重受冻地区(最冷月平均气温低于−8℃,高于−10℃)	F350	F250
受冻地区(最冷月平均气温在−4～−8℃之间)	F300	F200
微冻地区(最冷月平均气温在0～−4℃之间)	F250	F150

注:1.混凝土抗冻试验方法应符合《公路工程水泥及水泥混凝土试验规程》(JTG E30—2005)的规定;
2.桥墩、台身混凝土应选用比表中数值高一级的抗冻等级。

(3)有抗渗要求的结构混凝土,其抗渗等级应符合表9-3的要求。

结构混凝土抗渗等级的选用 表9-3

最大作用水头与混凝土壁厚之比	<5	5～10	10～15	16～20	>20
抗渗等级	W4	W6	W8	W10	W12

注:混凝土抗渗试验方法应符合《公路工程水泥及水泥混凝土试验规程》(JTG E30—2005)的规定。

(4)桥梁结构的设计和施工质量应分阶段实行严格管理和控制;桥梁的使用应符合给定的使用条件,禁止超限车辆通行;使用过程中必须进行定期检查和维护。

单元回顾与学习指导

本单元的主要内容可概括如下:

裂缝宽度验算
- 裂缝形成原因
- 控制裂缝目的
- 最大裂缝宽度计算方法

挠度验算
- 最小刚度原则
- 刚度和挠度的计算
- 预拱度设置

结构耐久性
- 主要影响因素
- 耐久性设计的一般规定

在学习本单元过程中,要加强对基本概念的理解,比如:裂缝的形成原因,裂缝宽度计算公式中各参数的意义,最小刚度原则,刚度计算公式各参数的意义等。要能根据计算公式来分析影响裂缝宽度或刚度的主要因素,以及这些因素是如何影响裂缝宽度或刚度的,从而在遇到设计不满足正常使用极限状态要求时及时的采取有针对性的调整措施。关于耐久性的设计,目前规范尚没有确定的设计公式,更多的是在确定了耐久性影响因素的基础上,通过合理的材料选择和施工构造措施来保证。

学习记录

习 题

9.1 影响混凝土裂缝宽度的因素有哪些？

9.2 何谓最小刚度原则？

9.3 何时需设置预拱度？预拱度如何取值？

9.4 影响混凝土结构耐久性的主要因素有哪些？

9.5 计算跨径 $L=20\text{m}$ 的装配式钢筋混凝土T梁桥，其截面尺寸如图9-2所示。混凝土强度等级C25，HRB335级钢筋焊接骨架。$E_s=2\times10^5\text{MPa}$，主筋为8Φ32+2Φ16螺纹钢筋，钢筋8Φ32的重心至梁底距离为99mm，钢筋2Φ16重心至梁底距离为177mm。承受的跨中弯矩为：恒载弯矩 $M_g=750\text{kN}\cdot\text{m}$，汽车荷载弯矩 $M_q=595.5\text{kN}\cdot\text{m}$，人群荷载弯矩 $M_人=55\text{kN}\cdot\text{m}$，冲击系数 $(1+\mu)=1.191$，$I_{cr}=6.435\times10^{10}\text{mm}^4$，$E_c=2.8\times10^4\text{MPa}$，$W_0=7.55\times10^7\text{mm}^2$，$I_0=10.2\times10^{10}\text{mm}^4$，$S_0=1.055\times10^8\text{mm}^3$，试进行挠度和预拱度计算。

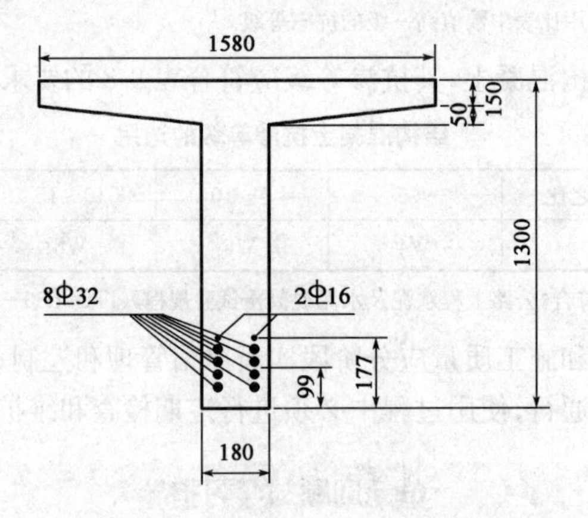

图9-2 习题9.5截面尺寸图（尺寸单位：mm）

第十单元 DISHIDANYUAN 预应力混凝土构件基本概念

单元导读

预应力混凝土构件在工程结构中所占的比例很高,尤其是在桥梁结构中。学习本单元,主要了解预应力混凝土构件的概念和受力特点;了解预应力混凝土构件的种类;掌握先张法和后张法的施工工艺;掌握预应力损失产生的原因。

学习目标

1. 掌握全预应力混凝土结构与部分预应力混凝土结构定义;
2. 掌握先张法和后张法施工工艺;
3. 理解预应力混凝土结构对混凝土、钢筋的要求;
4. 理解引起预应力损失的原因,掌握减小预应力损失的措施。

学习重点

1. 预应力混凝土结构的种类;
2. 先张法和后张法施工工序;
3. 预应力混凝土结构对材料的要求;
4. 引起预应力损失的原因及每项损失的减小措施。

学习难点

1. 消压弯矩的概念;
2. 预应力损失的估算。

单元学习计划

内　　容	建议自学时间 （学时）	学 习 建 议	学 习 记 录
第十单元　预应力混凝土构件基本概念	6		
一、预应力混凝土构件的定义、原理、分类和特点	1		
二、预应力混凝土构件的施工工艺	2		
三、预应力混凝土构件的材料	1		
四、预应力损失	2		

学习记录

引 言

钢筋混凝土受弯构件在承受较小的荷载时，受拉区混凝土就会开裂，刚开裂时钢筋的拉应力较小，约为30MPa；当荷载继续增加，裂缝宽度为0.2～0.3mm时，钢筋拉应力为200～300MPa，HRB335和HRB400的钢筋没有屈服；继续增大荷载，钢筋会屈服，但裂缝宽度超过限值，结构的耐久性和适用性受到影响。因此，钢筋混凝土受弯构件不能用于较大跨度，也不适于采用高强材料。

为了克服钢筋混凝土受弯构件上述的缺陷，加大混凝土结构的使用范围，1928年，法国工程师E. Fressinet发明了预应力混凝土。之后的80多年，预应力混凝土结构在工程中逐渐被广泛使用。本单元介绍预应力混凝土构件的基本概念。

一、预应力混凝土构件的定义、原理、分类和特点

(一)预应力混凝土的定义及原理

预应力混凝土指在结构承受外荷载之前预先人为地被施加了压应力的混凝土。预先给混凝土施加的压应力可以抵消部分或全部外荷载引起的拉应力，限制裂缝的出现或减小裂缝宽度。

以一简支梁为例，在竖向荷载作用以前，在梁的受拉区预先施加一偏心压力N，在梁下边缘将产生预压应力σ_1，如图10-1a)为一预应力混凝土梁。在竖向荷载作用下，梁下边缘会产生拉应力σ_3，如图10-1b)所示。最终，梁截面的应力分布将是偏心预压力和外荷载引起的应力的叠加，梁下边缘的应力可能为压应力(如$\sigma_1-\sigma_3>0$)或数值很小的拉应力(如$\sigma_1-\sigma_3<0$)，如图10-1c)所示。

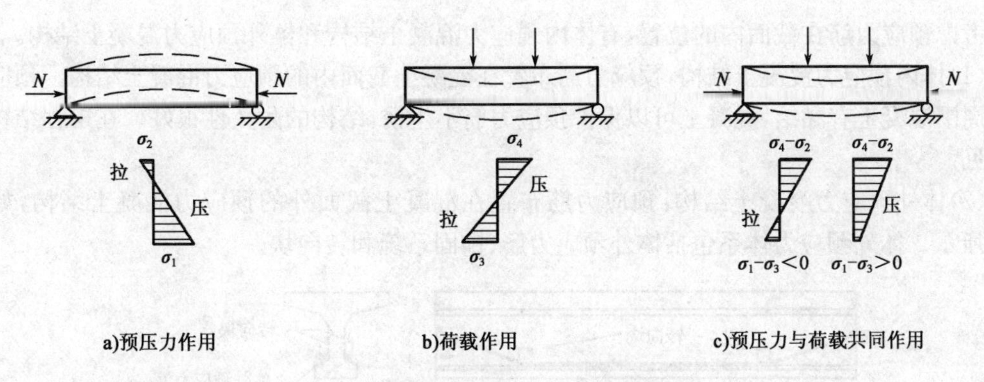

图10-1 预应力混凝土简支梁的受力情况

(二)预应力混凝土构件的种类

1.按预应力度划分

预应力度：指抵消受拉边缘的预压应力所需的弯矩(消压弯矩M_0)与使用阶段外荷载引起的弯矩M之比，用λ表示，$\lambda=M_0/M$。

预应力混凝土构件按预应力度大小可以分为三大类：全预应力混凝土构件、部分预应力混

凝土 A 类构件和部分预应力混凝土 B 类构件。

学习记录

(1)全预应力混凝土构件:在短期荷载效应组合下受拉边缘不出现正拉应力的混凝土,$\lambda>1$。

(2)部分预应力混凝土 A 类构件:在短期荷载效应组合下受拉边缘可以出现较小的拉应力但不允许开裂,$\lambda<1$。

(3)部分预应力混凝土 B 类构件:在短期荷载效应组合下受拉边缘可以开裂但裂缝宽度不允许超过规定限值,$\lambda<1$。

钢筋混凝土构件可以看作预应力混凝土构件的一种特殊情况,其消压弯矩为 0,$\lambda=0$。

全预应力混凝土构件与部分预应力混凝土构件比较,抗裂性好,耐久性好,刚度大,抗疲劳性能好,但造价较高,同样配筋时反拱值大,破坏时的延性差。

2. 按施工工序划分

工程中常用的预应力混凝土结构,多为通过张拉预应力筋为混凝土施加预应力。按张拉预应力筋与混凝土浇筑的先后顺序,分为先张法和后张法施工。

3. 按预应力筋与混凝土有无黏结划分

(1)有黏结预应力混凝土构件:指预应力筋在全长范围内都与周围混凝土黏结在一起,共同工作,协调变形。在工程构件中的预应力混凝土构件绝大多数属于有黏结预应力混凝土构件。

图 10-2 无黏结预应力筋

(2)无黏结预应力混凝土构件:指采用无黏结预应力筋的预应力混凝土构件。无黏结预应力筋外围为塑料套管,与周围混凝土没有黏结力,预应力筋在构件内可以自由收缩变形,如图 10-2 所示。这种混凝土的抗裂性较差,在建筑结构中使用较多。

4. 按预应力筋在截面内的位置划分

考虑预应力筋在截面内的位置,有体内预应力混凝土结构和体外预应力混凝土结构。

(1)体内预应力混凝土结构:预应力筋布置在混凝土截面内的预应力混凝土结构。预应力筋与周围混凝土有黏结,混凝土可以保护预应力筋不生锈,结构的耐久性很好。在工程结构中最常见。

(2)体外预应力混凝土结构:预应力筋布置在混凝土截面外的预应力混凝土结构,如图 10-3 所示。体外预应力体系包括体外预应力筋、锚固系统和转向块。

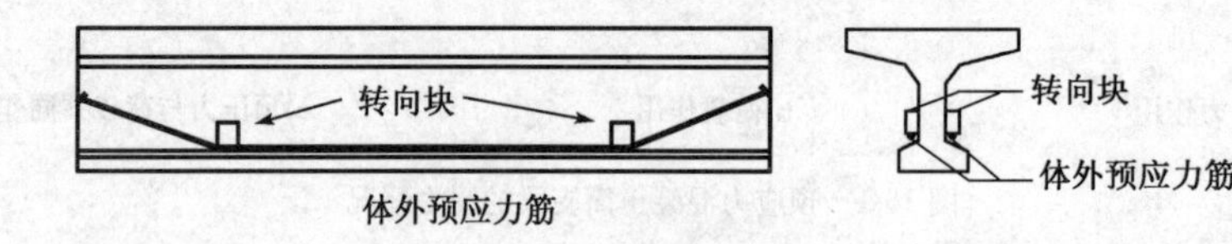

图 10-3 体外预应力混凝土 T 梁

(三)预应力混凝土构件与钢筋混凝土构件相比的特点

(1)抗裂性好。在承受外荷载之前预应力混凝土构件的受拉区已有预压应力存在,所以在外荷载作用下,只有当混凝土的预应力被全部抵消转而受拉且拉应变超过混凝土的极限拉应变时,构件才会开裂。

(2)经济性好。可以有效利用高强混凝土和高强钢筋,从而大大节约钢材,减轻了结构自重,可以用在更大跨度的结构中。

(3)结构抗弯刚度大,变形小。构件在承受外荷载时不开裂或裂缝宽度很小,工作截面大,截面的刚度大。

(4)耐久性能好。构件在工作时不开裂或者不出现拉应力,钢筋不易生锈,耐久性能更好些。

(5)抗剪性能好。预加力的存在使斜裂缝出现延迟并且限制了斜裂缝的发展,剪压区混凝土较大,因此大大提高了混凝土构件的抗剪能力。

(6)施工工艺复杂,施工难度较大,对施工质量要求高,需要专门的施工技术人员。

(四)预应力混凝土构件的工程应用

预应力混凝土构件广泛地应用于桥梁、建筑、特种结构中。

预应力混凝土构件在桥梁工程中的应用是最广的。简支梁桥、连续梁桥、连续刚构、斜拉桥等大量采用了预应力混凝土构件。由于预应力混凝土构件的使用,使混凝土桥的跨度大大提高。包西线神延铁路秃尾河特大桥为铁路简支梁桥,主孔为 11×64m 的箱梁;预应力混凝土连续梁桥跨度超过 120m 的国内外有 20 多座,如广西钦州市的钦江大桥为主跨 80m+130m+80m 的连续梁桥,郑西客专咸阳渭河特大桥为主跨 95m+125m+95m 的预应力混凝土连续梁桥等;国内外跨度超过 250m 的连续刚构桥已有 10 余座;我国重庆鱼洞长江大桥为主跨 145m+2×260m+145m 的预应力混凝土连续刚构桥。预应力混凝土斜拉桥的跨度不断被刷新,2008 年建成的宜宾长江大桥为主跨 184m+460m+184m 的 PC 斜拉桥,荆江长江大桥北汊桥为主跨 200m+500m+200m 的 PC 斜拉桥。

建筑结构中大量采用预应力混凝土,有人做过大概的统计,从 1995 年至今,采用预应力混凝土建造的工业与民用建筑的建筑面积达 40 亿 m^2。采用预应力混凝土的主要有框架结构,无黏结预应力混凝土单向、双向板,预应力混凝土转换层,厂房的吊车梁,预应力混凝土柱等,此外还有预应力混凝土管桩基础。

特种结构采用预应力混凝土的主要有环形水池、储液池、储存散料的筒仓、电视塔等。

二、预应力混凝土构件的施工工艺

本单元主要介绍预应力混凝土构件采用先张法和后张法的施工工艺。

(一)先张法施工

所谓先张法,即先张拉钢筋,后浇筑构件混凝土的施工方法。

1.先张法施工工序

(1)在台座或钢模上张拉预应力筋至控制应力,并用锚具将力筋临时固定于台座上[图 10-4a)]。

(2)架立模板,绑扎非预应力钢筋、浇筑构件的混凝土[图 10-4b)]。

(3)养护混凝土达到一定的强度(一般不低于混凝土设计强度等级的 75%,以保证预应力钢筋与混凝土之间具有足够的黏结力)。

(4)切断或放松预应力钢筋,一个预应力混凝土先张梁即施工完毕[图 10-4c)]。

学习记录

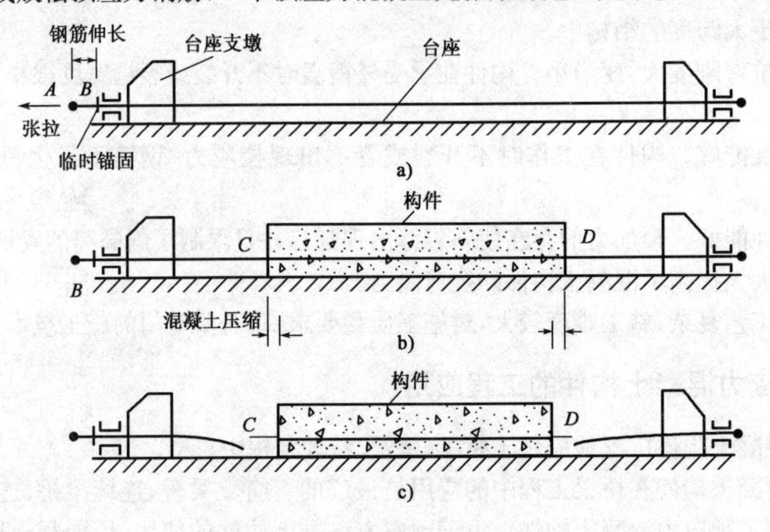

图 10-4　先张法施工工序

2. 先张法施工构件的特点

(1)先张梁依靠预应力筋与混凝土之间的黏结传递预应力,故预应力筋宜采用钢绞线或刻痕钢丝以增强与混凝土的黏结。

(2)构件一般采用直线预应力筋,故适用于中小跨度的构件。当跨度较大时可以考虑采用折线预应力筋来控制反拱和防止梁端上边缘开裂,采用折线配筋时要设置转向装置。

(3)采用长线台座施工时,可以大大加快施工速度,如图 10-5 所示。

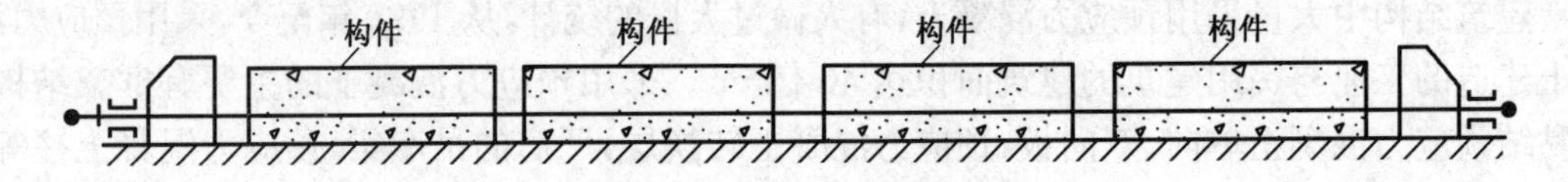

图 10-5　先张法的长线台座施工

(4)先张法施工前要有张拉台座,前期施工费用较高。

近些年来,预应力混凝土先张构件在我国桥梁工程中有了较大的发展,预应力混凝土空心板梁桥的跨度已达 20～23m。

3. 先张梁施工注意事项

(1)张拉时两端要有防护措施,两端严禁站人。

(2)张拉过程中力筋发生断丝或滑脱时,及时更换力筋。

(3)放张时要分阶段、对称、相互交错进行,防止构件发生翘曲、开裂。

(4)放张时的要点如下:

当预应力混凝土构件用高强钢丝配筋时,若钢丝数量不多,钢丝放张可采用剪切、锯割或氧—乙炔焰熔断的方法,并应从靠近生产线中间处剪断。这样比在靠近台座一端处剪断时回弹减小,且有利于脱膜。若钢丝数量较多,所有钢丝应同时放张,不允许采用逐根放张的方法,否则,最后的几根钢丝将承受过大的应力而突然断裂,导致构件应力传递长度骤增,或使构件端部开裂。放张方法可采用放张横梁来实现。横梁可用千斤顶或预先设置在横梁支点处的放张装置(砂箱或楔块等)来放张。

精轧螺纹粗钢筋预应力筋应缓慢放张。当钢筋数量较少时，可采用逐根加热熔断或借预先设置在钢筋锚固端的楔块或穿心式砂箱等单根放张；当钢筋数量较多时，所有钢筋应同时放张。

采用湿热养护的预应力混凝土构件宜热态放张，不宜降温后放张。

(二)后张法

后张法指先浇筑构件混凝土，待混凝土结硬后，再张拉预应力筋并锚固的施工方法。

1.后张法施工工序

(1)浇筑混凝土构件，并在预应力钢筋位置处预留孔道[图 10-6a)]。

(2)养护混凝土至混凝土达到一定强度(不低于混凝土设计强度等级的 75%)后，将预应力筋穿入预留孔道。

(3)以构件本身作为台座，张拉预应力筋[图 10-6b)]至控制应力，然后锚固。此时，混凝土与普通钢筋受压。

(4)在预留孔道中压入水泥浆，以使预应力钢筋与混凝土黏结在一起[图 10-6c)]。

(5)封锚。将锚具封入混凝土中，防止锚具生锈。

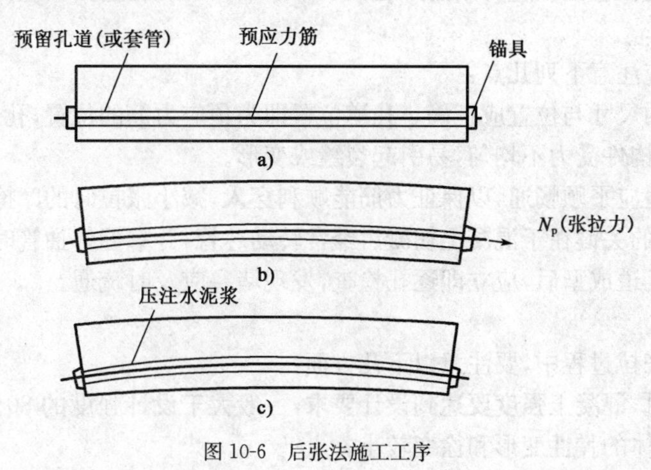

图 10-6 后张法施工工序

2.特点

(1)预应力通过锚具传递。

(2)锚具为永久性锚具。

(3)后张法不用加力台座，直接在梁端即可张拉，张拉设备简单，便于现场施工。

(4)预应力筋可按设计要求布置成曲线形，是目前国内外生产大跨预应力混凝土构件的主要方法。

(5)施工工序较多，施工质量要求高。

3.几个关键工序及施工注意事项

(1)预留孔道

预留孔道有直线和曲线两种形式。

直线形孔道多采用抽拔钢管的方法形成。钢管应平直光滑，预埋前除锈、刷油。

曲线形孔管道可采用抽拔橡胶管、预埋金属波纹管或预埋塑料波纹管的方法形成，如图 10-7 所示。抽拔橡胶管刚度小，经济性好，可重复使用；金属波纹管经济但易生锈，强度低，易漏浆。塑料波纹管与金属波纹管相比具有明显的优点：

学习记录

①具有良好的耐腐蚀性。

②具有良好的物理性能，不导电，可防止杂散电流腐蚀，密封性能好，不生锈。

③不易渗透，强度较高，抗冲击性好，不怕踩压。

④张拉过程中的摩阻损失小。

a)金属波纹管

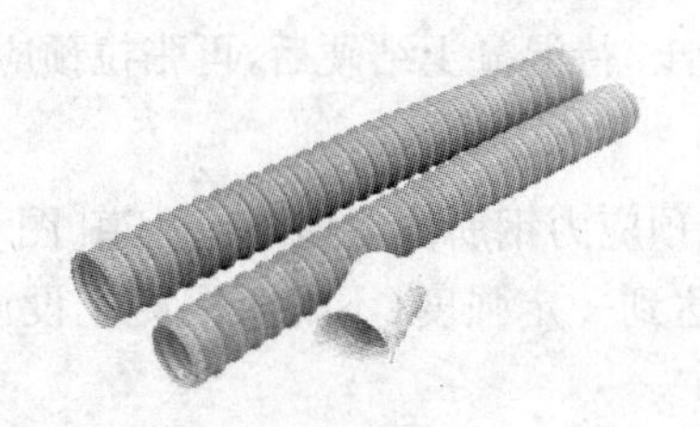

b)塑料波纹管

c)抽拔橡胶管

图 10-7　预留孔道的材料

预留孔道的孔径宜比预应力筋的外径大 1.0～2.0cm，且孔道面积应大于预应力筋截面面积 2 倍。

预留孔道时应注意下列几点：

①预留孔道的尺寸与位置应正确。孔道位置即为预应力筋的位置，孔道位置不正，会使预应力筋偏位，会使构件受力不均匀，易引起裂缝或变形。

②预留的孔道应平顺畅通，以保证力筋能顺利穿入，减小张拉时的摩擦力。对于抽拔管成孔，保证孔道畅通的关键在于混凝土初凝后经常转动芯管，并掌握好抽管时间，避免塌孔、堵孔或芯管拔不出。孔道成型后，应立即逐孔检查，发现堵塞应及时疏通。

(2)力筋张拉

后张梁力筋张拉过程中，要注意以下几方面：

①力筋张拉时，混凝土强度要达到设计要求，一般大于设计强度的 80%，以保证在张拉时混凝土不开裂，梁体的弹性变形和徐变较小。

②预应力筋的张拉方向应与力筋在张拉端的切线方向一致。

③张拉预应力筋时，实施“双控”。所谓双控，指在预应力筋张拉时既控制预应力筋的张拉应力又控制预应力筋的伸长量，其中控制张拉应力为主，伸长量控制为辅。

④力筋张拉时，梁端严禁站人。

⑤后张梁的预应力筋一般为分批张拉。

(3)孔道压浆

后张梁力筋张拉完后应立刻进行孔道压浆。

孔道压浆指往预留的孔道里压入水泥浆，以保证已张拉锚固好的预应力筋和构件的混凝土能共同工作，协调变形。孔道压浆的施工质量好坏对构件的使用性能和耐久性影响很大。理想的孔道压浆效果是孔道内水泥浆体密实、强度高且与周围混凝土有效黏结，能有效防止预应力筋生锈。

孔道压浆料是由水泥、水、高效减水剂、微膨胀剂拌合而成的混合料，有时掺加矿物掺和料。水泥浆要严格控制水灰比，宜小于 0.4。高效减水剂使得水泥浆有良好的流动性，微膨胀剂保证水泥浆在硬化时不发生收缩开裂，能与周围混凝土挤密黏结。

水泥浆的立方体抗压强度不应低于 30MPa，且不应低于梁体混凝土强度等级。

学习记录

向孔道压注水泥浆最好采用真空辅助压浆，保证管道内水泥浆的密实度和饱满度；压浆前，应清除孔道内杂物和积水，使压浆材料与周围混凝土能有效黏结。

4. 工程实例

预应力混凝土后张T梁的施工图片(图10-8)。

a)放置预埋支座钢板，底模涂隔离剂

b)帮扎梁底部钢筋

c)帮扎梁身钢筋，穿顶留孔道的胶管

d)预留孔道，胶管中间接头是关键工序

e)标准的钢筋保护层垫块

f)批量加工制作钢筋

g)钢绞线加工

h)合模板，安装振捣器

图 10-8

学习记录

i)混凝土拌和站

j)移动泵车灌注混凝土

k)蒸汽养生

l)拆模

m)穿入力筋、张拉

n)封端

o)运至存梁场

p)提梁、运输

图 10-8　后张 T 梁的施工工序图

(三)两种施工工艺的比较

近年来有关混凝土耐久性的研究引起了土木工程界的极大关注,特别是对后张法孔道压浆的质量提出了怀疑。国内外的大量工程实践表明,管道灌浆不密实、不饱满,水泥浆强度等级过低是较为普通的现象。在弯曲管道中,钢筋张拉后紧贴管道的凸出处,即使灌浆再饱满,紧贴管壁凸出部分的预应力筋与梁体混凝土也不会黏结为一体。孔道压浆不密实,会使水分、空气侵入,造成预应力钢筋的锈蚀,对混凝土结构的耐久性构成了潜在的威胁,同时,金属波纹管的生锈,使得压浆材料与周围混凝土剥离也是常见的。

由于这些原因,使人们更多地开始关注和采用先张法构件。先张法与后张法相比,具有施工简单,生产效率高,成本较低等优点,且最大的优势是取消了预留管道和压浆工序,省去了构造复杂的锚具,靠混凝土与预应力筋的黏结力锚固力筋,混凝土能有效保护钢筋免于锈蚀,结构的耐久性可以得到保证。近些年来,先张法预应力混凝土结构在我国桥梁工程中有了较大的发展,先张法预应力混凝土空心板梁桥的跨度已达20～23m。较大跨径的可以考虑采用折线预应力筋。

目前大跨度预应力混凝土结构仍为后张法预应力混凝土结构,所以人们一直在探索如何解决传统后张法构件的工艺缺陷,如改进管道压浆工艺,提高压浆质量,改善封端措施等,并且逐步推广有利于提高结构耐久性的新构思和施工工艺,如无黏结预应力和体外预应力技术等。

(四)锚具或夹具

1.对锚具的要求

锚具或夹具是锚固预应力筋的工具。

夹具是在制作先张法预应力混凝土构件时,为保持预应力筋拉力的临时性锚固装置,可以重复使用;锚具指在后张法预应力混凝土构件中,为保持预应力筋的拉力并将其传递到混凝土上所用的永久性锚固装置。

在设计、施工或使用时,锚具应满足以下要求:

(1)锚具受力安全可靠,硬度满足要求,静载和动载锚固性能满足要求。

(2)能有效锚固预应力筋,预应力损失小。

(3)构造简单,张拉、锚固施工方便。

(4)用钢量少,经济性好。

2.锚具种类

锚具按使用部位不同,有张拉端和固定端锚具,有的锚具可以用于张拉端也可以用于锚固端。

锚具按其传力锚固的受力原理,有多种形式:

(1)依靠摩阻力锚固的锚具,如楔形锚、锥形锚、夹片式群锚等。这种锚具都是借预应力钢筋的回缩或千斤顶的压力,带动锥销或夹片楔紧于锥孔中而锚固的。夹片式锚具是现在主要使用的锚具,可以同时锚固多根钢绞线,故称为群锚。

(2)依靠承压锚固的锚具,如镦头锚、钢筋螺纹锚等,是利用钢丝的镦粗头或钢筋螺纹承压进行锚固。

(3)依靠预应力筋与混凝土间的黏结力锚固的锚具,如先张法的预应力筋锚固。

对于不同形式的锚具，往往需要配套使用专门的张拉设备。因此，在设计施工中，锚具与张拉设备的选择，应同时考虑。

图 10-9～图 10-13 是几种常见的锚具示意图。

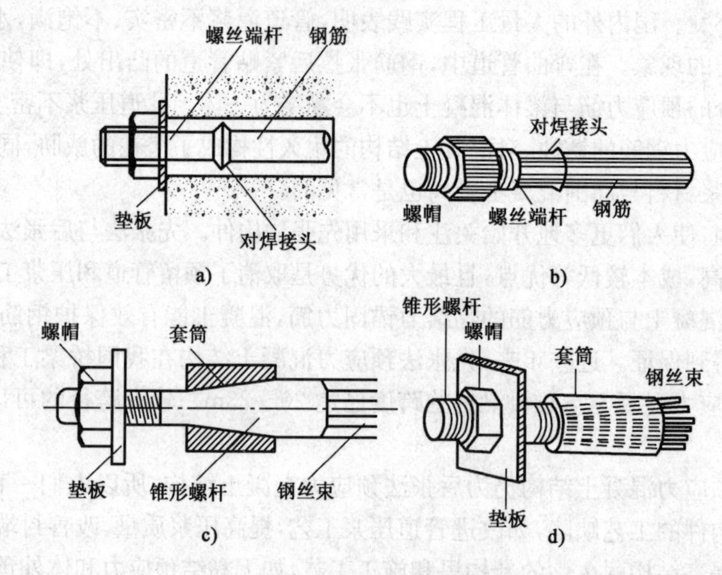

图 10-9　螺丝端杆锚具

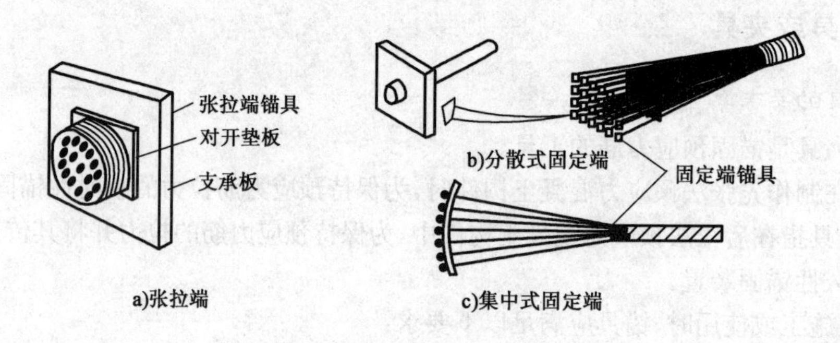

图 10-10　镦头锚具

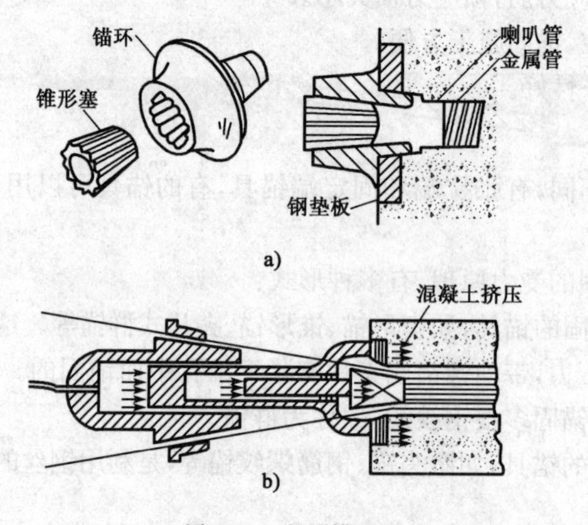

图 10-11　锥形锚具

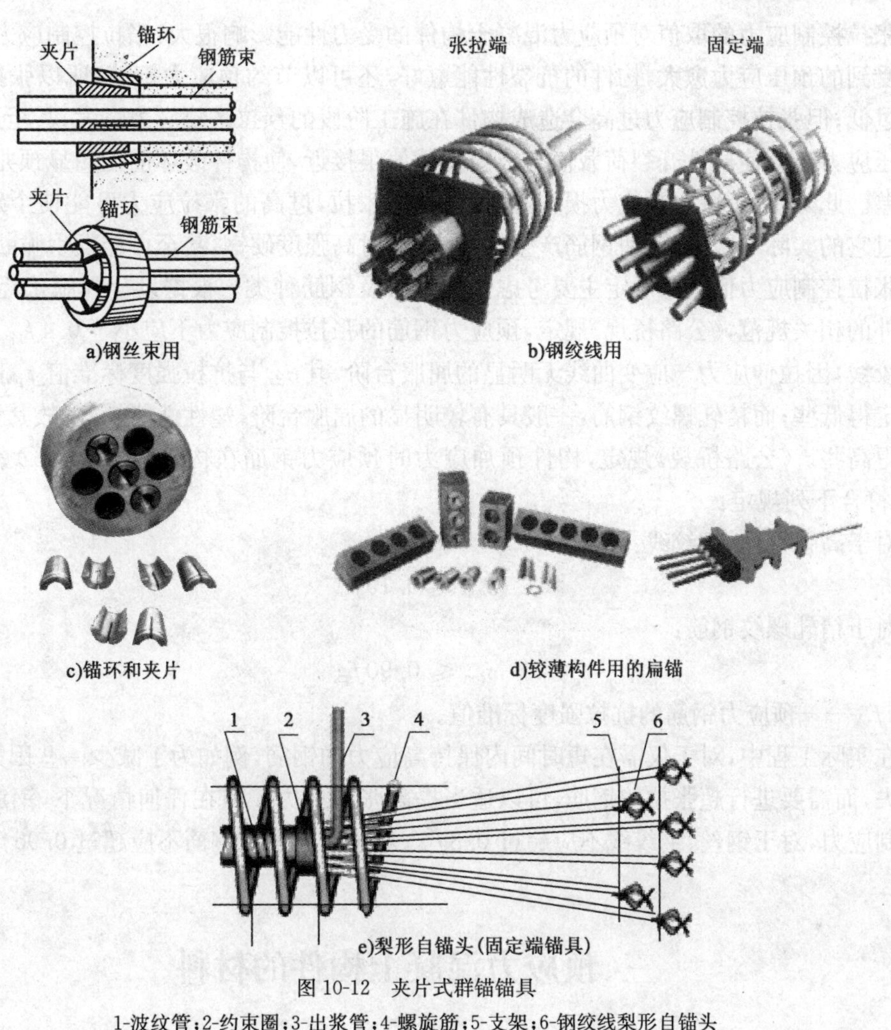

图 10-12 夹片式群锚锚具

1-波纹管;2-约束圈;3-出浆管;4-螺旋筋;5-支架;6-钢绞线梨形自锚头

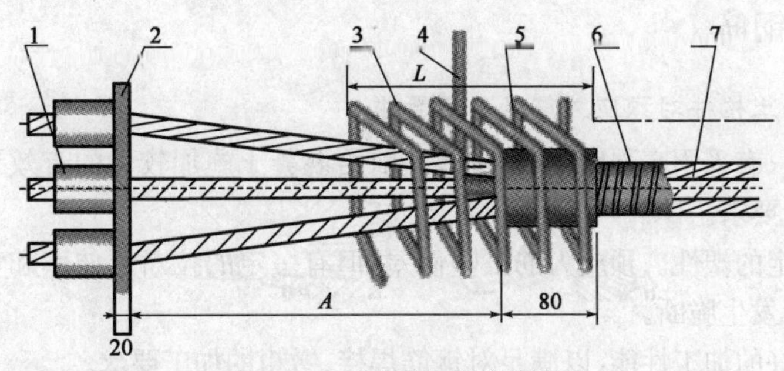

图 10-13 P 型自锚头(固定端锚具)

1-挤压头;2-固定端锚板;3-螺旋筋;4-出浆管;5-约束圈;6-扁波纹管;7-钢绞线

(五)张拉控制应力

张拉控制应力是指预应力钢筋张拉时需要达到的最大应力值,即用张拉设备所控制施加的张拉力除以预应力钢筋截面面积所得到的应力,用 σ_{con} 表示。

对于有锚圈口摩阻损失的锚具,σ_{con} 应为扣除锚圈口摩阻损失后的锚下拉应力值,故《公路桥规》特别指出,σ_{con} 为张拉钢筋的锚下控制应力。

学习记录

张拉控制应力的取值对预应力混凝土构件的受力性能影响很大:张拉控制应力愈高,混凝土所受到的预压应力愈大,构件的抗裂性能愈好,还可以节约预应力钢筋,所以张拉控制应力不能过低;但张拉控制应力过高会造成构件在施工阶段的预拉区拉应力过大,甚至开裂。过大的预压应力还会使构件开裂荷载值与极限荷截值很接近,使构件破坏前无明显预兆,构件的延性较差。此外,为了减小预应力损失,往往进行超张拉,过高的张拉应力可能使个别预应力钢筋超过它的实际屈服强度,使钢筋产生塑性变形,对高强度硬钢,甚至可能发生脆断。

张拉控制应力值大小确定主要考虑张拉方法及钢筋种类。根据设计和施工经验,并参考国内外的相关规范,《公路桥规》规定,预应力钢筋的张拉控制应力不应小于$0.4f_{pk}$。对于钢丝与钢绞线,因拉伸应力一应变曲线无明显的屈服台阶,其σ_{con}与抗拉强度标准值f_{pk}的比值应相应地定得低些;而精轧螺纹钢筋,一般具有较明显的屈服台阶,塑性性能较好,故其比值可相应地定得高些。《公路桥规》规定,构件预加应力时预应力钢筋在构件端部(锚下)的控制应力σ_{con}应符合下列规定。

对于高强钢丝、钢绞线:

$$\sigma_{con} \leqslant 0.75f_{pk} \tag{10-1}$$

对于精轧螺纹钢筋:

$$\sigma_{con} \leqslant 0.90f_{pk} \tag{10-2}$$

式中:f_{pk}——预应力钢筋的抗拉强度标准值。

在实际工程中,对于仅需在短时间内保持高应力的钢筋,例如为了减少一些因素引起的应力损失,而需要进行超张拉的钢筋,可以适当提高张拉应力。但在任何情况下,钢筋的最大张拉控制应力,对于钢丝、纲绞线不应超过$0.8f_{pk}$;对于精轧螺纹钢筋不应超过$0.95f_{pk}$。

三、预应力混凝土构件的材料

(一)预应力钢筋

1. 预应力混凝土构件对预应力筋的基本要求

(1)强度高。只有采用高强度钢筋,才能提前给混凝土施加较大的有效预应力,才能满足使用要求和承载力要求。

(2)要具有一定的塑性。预应力筋虽塑性差,但有一定的拉断延伸率和弯折次数的要求,避免在超载情况下发生脆断。

(3)要具有良好的加工性能,以满足对钢筋焊接、镦粗的加工要求。

(4)松弛量要小。

(5)与混凝土有良好的黏结。钢绞线为首选,先张法预应力混凝土构件采用高强钢丝做预应力筋时,应选用刻痕钢丝以提高与混凝土黏结强度。

2. 预应力筋种类

(1)高强钢丝(图 10-14)

预应力混凝土构件用高强钢丝,是采用优质碳素钢盘条,经过几次冷拔后得到的。

按外形有光面和刻痕钢丝两种,刻痕钢丝是在工厂用机械方式对钢丝压痕得到的。

将冷拔后的钢丝进行矫直回火后就成为消除应力钢丝，此时钢丝内没有了冷拔产生的残余应力，比例极限和屈服强度及弹性模量均有所提高，塑性也有所改善。消除应力钢丝根据松弛大小分为普通松弛和低松弛钢丝。

我国钢丝的标准直径为 3mm、4mm、4.8mm、5mm、6mm、6.25mm、7mm、8mm、9mm、10mm、12mm。

a)刻痕钢丝

b)螺旋肋钢丝

图 10-14 高强钢丝

(2)钢绞线(图 10-15)

预应力混凝土结构用钢绞线是在绞线机上以一根稍粗的直钢丝为中心，其余钢丝围绕其进行螺旋状绞合，再经低温回火处理的一种高强预应力筋，规格有 2 股、3 股、7 股，其中 7 股钢绞线由于面积较大、便于运输，应用最多，7 股钢绞线的公称直径为 9.5～21.6mm。2 股和 3 股钢绞线用途不广，仅用于某些先张法构件，以提高与混凝土的黏结强度。

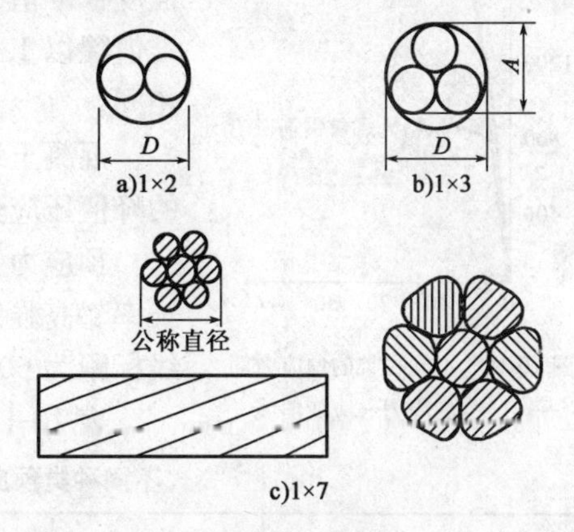

图 10-15 钢绞线

(3)精轧螺纹钢筋

中高强度粗钢筋的焊接质量不稳定，为了方便连接，在粗钢筋端部冷轧或热轧大纵肋的螺纹，采用套筒连接。精轧螺纹钢筋一般用在中小跨度桥梁或箱梁的横、竖向预应力筋中。

(4)其他预应力筋(了解)

①热处理钢筋

用热轧中碳低合金钢经过淬火和回火调质热处理后制成的高强度钢筋，我国国家标准将热处理钢筋归为预应力混凝土用钢棒，公称直径有 6～16mm。

②冷拉热轧低合金钢筋

冷拉热轧低合金钢指有明显屈服台阶的、在现场进行冷拉以提高屈服强度的热轧合金钢筋，通常将Ⅳ级以上热轧钢筋经冷拉后作为预应力筋。这种钢筋强度较低、焊接可靠性差，松弛量大，在 20 世纪 90 年代前使用较多，目前已很少使用。

③纤维增强筋

非金属高性能纤维增强筋由多股连续纤维与树脂复合而成，强度高、质量轻、耐腐蚀，是一种新型的预应力筋。现主要有碳纤维增强筋、玻璃纤维增强筋和芳纶纤维增强筋等，其中碳纤

学习记录

维增强筋应用较多。

④无黏结预应力筋

无黏结预应力筋指工厂制作的，由单根或多根高强钢丝、钢绞线或粗钢筋组成，沿全长涂有专用防腐油脂涂料层和外包层，使之与周围混凝土不黏结，在张拉时可沿纵向发生相对滑动的预应力筋，如图 10-2 所示。主要用在房屋建筑结构中，桥梁结构中使用较少，江苏省的云阳大桥为无黏结预应力混凝土系杆拱桥。

3. 主要力学性能

预应力筋的力学性能主要包括强度和变形性能，力学性能指标常用的有：抗拉强度极限值、屈服强度值、最大伸长率、弹性模量等。

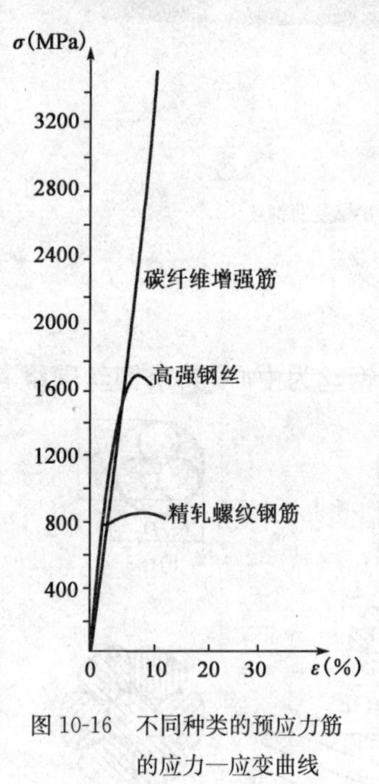

图 10-16　不同种类的预应力筋的应力—应变曲线

不同种类预应力筋的拉伸应力—应变曲线如图 10-16 所示。

高强钢筋、钢绞线的拉伸应力—应变关系曲线没有明显的屈服台阶，《公路桥规》规定：高强钢丝、钢绞线拉伸时的条件屈服强度标准值取为抗拉极限强度标准值 f_{pk} 的 0.85 倍，近似等于 $\sigma_{0.2}$，即卸载时残余应变为 0.2%时的应力值，抗拉设计值为 f_{pk} 除以 1.47 的材料分项系数。精轧螺纹钢筋拉伸的应力—应变曲线有屈服台阶，只是屈服台阶没有普通钢筋的明显，抗拉强度标准值为屈服强度标准值，抗拉强度设计值为屈服强度标准值除以 1.2 的材料分项系数，与普通钢筋的材料分项系数相同。

混凝土结构用高强钢筋的抗压强度设计值取决于混凝土的峰值压应变，规范取 $f'_{pd}=\varepsilon_0 E_p=0.002E_p$。

预应力钢筋的塑性用拉断时的伸长率表示，即最大力下伸长率。高强钢丝标距为 $10d$，规范要求伸长率不小于 4%；钢绞线标距为 600mm，伸长率不小于 3.5%。

表 10-1 为不同种类预应力筋的物理力学性能表。

不同种类预应力筋的物理力学性能　　表 10-1

品　种	密度 (kN/m³)	弹性模量 (GPa)	抗拉强度极限 (MPa)	最大力下伸长率不小于(%)
高强钢丝	78.5	205	1470、1570、1670、1770	＞3.5
钢绞线	78.5	195	1470、1570、1720、1860	3.5
精轧螺纹钢筋	78.5	200	540、785、930、1080	3.5
碳纤维增强筋(CFRP)*	17.4	150～200	3500～5000	2.2
芳纶纤维增强筋(AFRP)*	14.7	70～140	2900～3400	3.6

注：上标 * 的内容为了解内容。

(二)混凝土

1. 预应力混凝土构件用的混凝土应满足的性能要求

(1)强度要满足要求。预应力混凝土构件用混凝土必须采用强度较高的混凝土，主要是为了能够与高强度预应力筋相匹配，以充分发挥材料强度，有效减小构件截面尺寸和自重，以适应大跨度结构的要求，同时也为了能安全承载较大的局部压力。《公路桥规》规定：预应力混凝土构件的混凝土强度不低于C40。

(2)耐久性好。预应力混凝土的耐久性与强度同等重要。材料耐久性好，结构在整个生命周期内经济性就好，因此要求混凝土具有耐磨损、耐疲劳、抗碳化、抗气候和化学侵蚀，不易引起预应力筋和普通钢筋的腐蚀。

(3)收缩、徐变小。收缩、徐变小的混凝土，结构在使用过程中不易开裂，预应力损失小，结构长期作用下的变形小，耐久性好。

(4)工作性能好。混凝土的工作性能主要指流动性和振捣密实性。混凝土流动性是否良好影响着混凝土的运输、浇筑、泵送和能否包裹钢筋；振捣密实性指通过振捣混凝土能否排除新拌混凝土中夹杂的气体，能否具有尽可能高的密实度，并使混凝土与钢筋有良好黏结。

2.获得强度高和收缩、徐变小的混凝土的措施

(1)水泥强度要满足要求。水泥强度应与混凝土的设计强度等级相适应。经试验证明，不掺减水剂和掺合料的混凝土，水泥强度等级应为混凝土设计强度等级的1.5～2倍；如果掺加减水剂和掺合料，情况会不同。配置C40～C60的混凝土，常用42.5级的水泥。

(2)选用合适的水泥品种，并减少水泥用量。水泥品种以硅酸盐水泥为宜，不得已需要采用矿碴水泥时，则应适当掺加早强剂，以改善其早期强度较低的缺点。火山灰水泥不适于拌制预应力混凝土，因为早期强度过低，收缩率又大；水泥用量不大于500kg/m^3。

(3)严格控制水灰比。高强混凝土的水灰比一般宜在0.25～0.35范围之间。为增加和易性，可掺加适量的高效减水剂。

(4)严格选用粗骨料。混凝土受压破坏可能是水泥石破坏、也可能是粗骨料破坏，也可能是粗骨料和水泥石的界面破坏，因此高强混凝土要选用强度高、没有风化、连续级配的粗骨料。同时，要选用非碱活性骨料以防止粗骨料发生碱集料反应，保证混凝土结构耐久性。

(5)注意选用优质活性掺合料。如硅粉、F矿粉等，尤其是硅粉，可减小混凝土收缩，且使徐变显著减小。

(6)加强振捣与养护。

四、预应力损失

在预应力混凝土构件中，预应力筋的预拉应力由于施工工艺和材料性能等原因逐渐降低，这种现象称为预应力损失，预应力筋拉应力的减小值也叫预应力损失，用σ_l表示。

预应力损失值的大小可根据实验或实测数据确定，如无可靠资料，则可按《公路桥规》的规定进行估算。

引起预应力损失的原因有多种，下面一一介绍。

(一)预应力筋与孔道边壁之间的摩擦引起的预应力损失σ_{l1}

该项损失在后张法施工的构件中发生，在折线配筋的先张梁张拉预应力筋时也会发生。本教材主要针对后张构件。

学习记录

1. 原理与计算

后张法构件从张拉端至计算截面的由摩擦引起的应力损失值以 σ_{l1} 表示，简称孔道摩阻损失。

后张法构件，在进行预应力筋张拉时，预应力筋将紧贴管道边壁滑动，因而会产生摩擦力，使钢筋中的预拉应力张拉端高，远离张拉端逐渐减小。如图 10-17 所示。

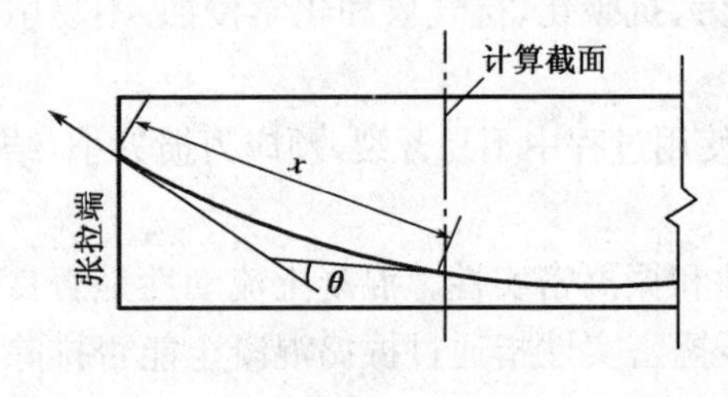

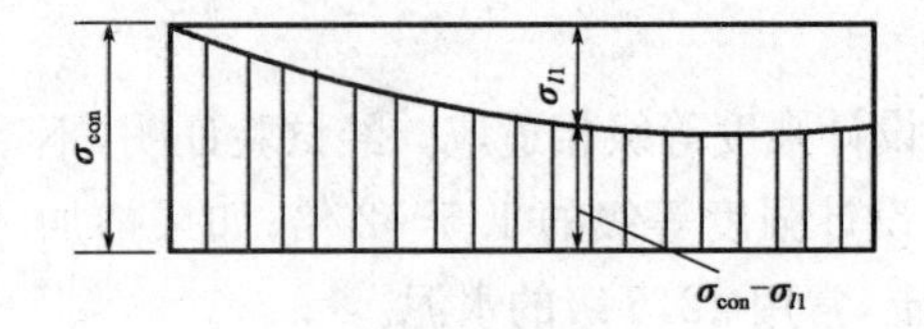

图 10-17　预应力摩擦损失 σ_{l1} 计算简图

孔道摩阻损失主要由于管道的弯曲和管道位置的偏差引起的。对于直线管道，由于施工中位置偏差和孔壁不光滑等原因，在钢筋张拉时，局部孔壁也将与钢筋接触从而引起摩擦损失，一般称此为管道偏差影响(或称长度影响)摩擦损失，其数值较小；对于弯曲部分的管道，除存在上述管道偏差影响之外，还存在因管道弯转，预应力筋对弯道内壁的径向压力所起的摩擦损失，将此称为弯道影响摩擦损失，其数值较大，并随钢筋弯曲角度之和的增加而增加。曲线部分摩擦损失是由以上两部分影响构成的，故要比直线部分摩擦损失大得多。

预应力钢筋与孔道壁之间的摩擦引起的预应力损失 σ_{l1}，按下列公式计算：

$$\sigma_{l1}=\sigma_{con}\left[1-e^{-(kx+\mu\theta)}\right] \tag{10-3}$$

当 $(kx+\mu\theta)\leqslant 0.2$ 时，σ_{l1} 可按以下近似公式计算：

$$\sigma_{l1}=(kx+\mu\theta)\sigma_{con} \tag{10-4}$$

式中：x——张拉端至计算截面的孔道长度(m)，可近似取该段孔道在构件轴上的投影长度；

θ——张拉端至计算截面曲线孔道部分切线的夹角之和(rad)；

k——考虑孔道每米长度局部偏差对摩擦的影响系数；

μ——预应力钢筋与孔道壁之间的摩擦系数。

2. 减小 σ_{l1} 的措施

(1)采用两端张拉。由图 10-18a)、b)可见，采用两端张拉时，计算最大摩阻损失的孔道长度可取构件长度的 1/2 计算，摩阻损失减小一半。

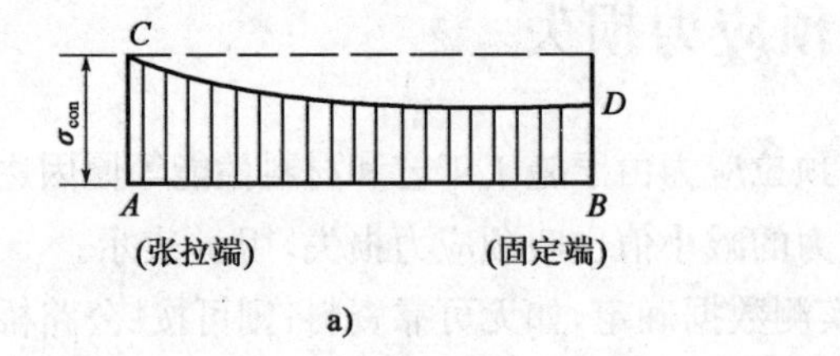

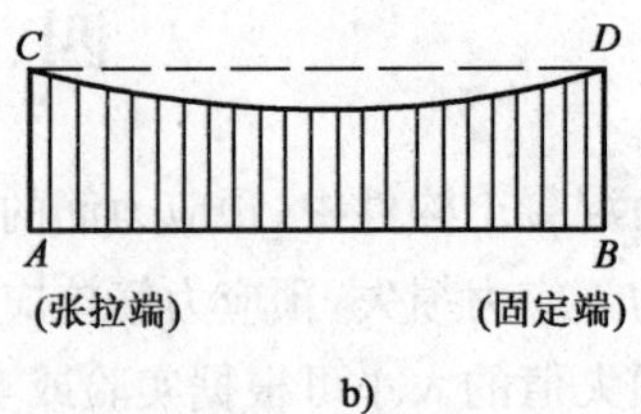

图 10-18　一端张拉、两端张拉及超张拉时预应力钢筋的应力分布

(2)采用超张拉。

钢绞线束超张拉方法为：0→0.1σ_{con}～0.15σ_{con}左右→1.05σ_{con}(持荷 2min)→σ_{con}(锚固)；

钢丝束超张拉方法为：0→0.1σ_{con}～0.15σ_{con}左右→1.05σ_{con}(持荷 2min)→0→σ_{con}(锚固)。

由于超张拉 5%～10%，使构件其他截面应力也相应提高，当张拉力回降至 σ_{con} 时，钢筋因要回缩而受到反向摩擦力的作用。对于简支梁来说，这个回缩影响一般不能传递到受力最大的跨中截面（或者影响很小），这样跨中截面的预加应力也就因超张拉而获得了提高。

应当注意，对于一般夹片式锚具，不宜采用超张拉工艺。因为它是一种钢筋回缩自锚式锚具，超张拉后的钢筋拉应力无法在锚固前回降至 σ_{con}，一回降钢筋就回缩，同时就会带动夹片进行锚固。这样就相当于提高了 σ_{con} 值，而与超张拉的意义不符。

（3）保证成孔质量，以减小孔道偏差。

（4）力筋布置要平缓，弯曲角度和弯曲程度要小。

另外，在先张法构件采用折线配筋时，体外预应力筋与转向块之间均会发生由于摩擦导致的预应力筋拉应力减小。具体计算参考相关书目。

［**例 10-1**］　两片预应力混凝土试验梁，采用后张法施工，预应力筋为 1 束 3 ϕ^s15.24 钢绞线，曲线布置，橡胶抽拔管成孔，摩擦系数 $\mu=0.55$，孔道局部偏差对摩擦的影响系数 $k=0.0015$。采用两端张拉，$\sigma_{con}=0.6f_{pk}=1116\text{MPa}$。1 号梁长 2m，2 号梁长 4m，预应力筋布置见表 10-2。求两种力筋布置情况下力筋中点所在截面的孔道摩阻损失。

试验梁主要数据资料　　表 10-2

梁编号	梁长	力筋纵向布置图（尺寸单位：mm，角度单位：°）	计算截面	备注
1	2m	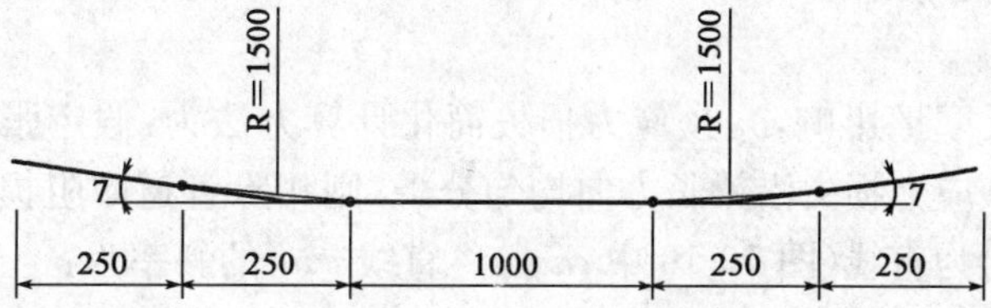 R=1500；R=1500；7；7；250；250；1000；250；250	跨中	左图示力筋为全长
2	4m	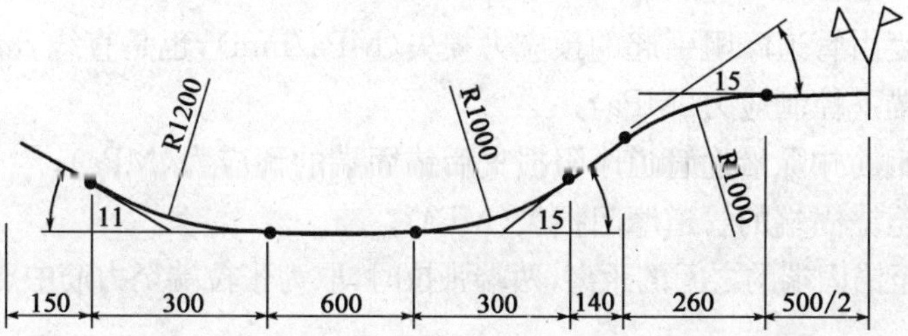 R1200；R1000；R1000；11；15；15；150；300；600；300；140；260；500/2	跨中	左图示力筋为半跨长度

解：（1）求 1 号试验梁跨中截面的孔道摩阻损失

从表 10-2 的预应力筋纵向布置图中可以看出，跨中截面距张拉端距离 $x=1\text{m}$，跨中预应力筋为直线布置，跨中力筋与张拉端力筋的切线夹角为 7°，转化为弧度为 0.1222rad，代入式（10-3），得：

$$\sigma_{l1,l/2}=\sigma_{con}(1-e^{-(\mu\theta+kx)})=1116(1-e^{-(0.55\times0.1222+0.0015\times1)})=31.58\text{MPa}$$

（2）求 2 号试验梁跨中截面的孔道摩擦损失

跨中截面距张拉端距离为 2m，跨中截面预应力筋的切线与张拉端预应力筋切线间的曲线段的夹角之和为 11°+15°+15°=41°=0.7156rad，代入式（10-3），得：

$$\sigma_{l1,l/2}=\sigma_{con}(1-e^{-(\mu\theta+kx)})=1116(1-e^{-(0.55\times0.7156+0.0015\times2)})=365\text{MPa}$$

学习记录

(二)锚具变形、钢筋回缩和接缝压缩引起的预应力损失 σ_{l2}

这项损失是由于锚具压缩变形、力筋回缩或块件(垫板)之间的接缝被压缩而引起的预应力筋缩短所产生的预应力损失,简称为锚固损失,在先张法和后张法构件中均会发生。

1.原理与计算

(1)直线形预应力钢筋

直线形预应力钢筋 σ_{l2} 可按下式计算:

$$\sigma_{l2}=\frac{\sum\Delta l}{l}E_{\mathrm{p}} \tag{10-5}$$

式中:$\sum\Delta l$——张拉端锚具变形、钢筋内缩和接缝压缩值(mm),不同钢筋内缩和接缝压缩值见附表16;

l——张拉端至锚固端之间的距离(mm);

E_{p}——预应力钢筋的弹性模量($\mathrm{N/mm^2}$),见附表12。

(2)后张法曲线形预应力筋

对采用曲线预应力筋的后张法构件,当预应力筋回缩时,由于钢筋与孔道之间紧贴,钢筋受到阻碍钢筋回缩的力,这种力称为反向摩擦力,存在反向摩擦影响的梁段长度称为反摩擦影响长度。因此,锚固损失 σ_{l2} 在张拉端最大,在反摩擦影响长度内沿预应力钢筋向里逐步减小,反摩擦长度以外不存在 σ_{l2}。

《公路桥规》中考虑反摩擦影响,σ_{l2} 预应力损失简化计算方法为:假定张拉端至锚固端范围内由管道摩阻引起的预应力损失沿梁长方向均匀分配,则扣除管道摩阻损失后钢筋应力沿梁长方向的分布曲线简化为直线(图10-19中 caa')。直线 caa' 的斜率为:

$$\Delta\sigma_{\mathrm{d}}=\frac{\sigma_0-\sigma_l}{l}=\frac{\sigma_{l1}}{l} \tag{10-6}$$

式中,$\Delta\sigma_{\mathrm{d}}$——单位长度由管道摩阻引起的预应力损失(MPa/mm),也是直线 caa' 的斜率;

σ_0——张拉端锚下控制应力(MPa);

σ_l——预应力钢筋扣除沿途管道摩阻损失后锚固端的预应力(MPa);

σ_{l1}——张拉端至锚固端的管道摩阻损失(MPa);

l——张拉端至锚固端的之间的距离,两端张拉时,取为张拉端至力筋中点的距离(mm)。

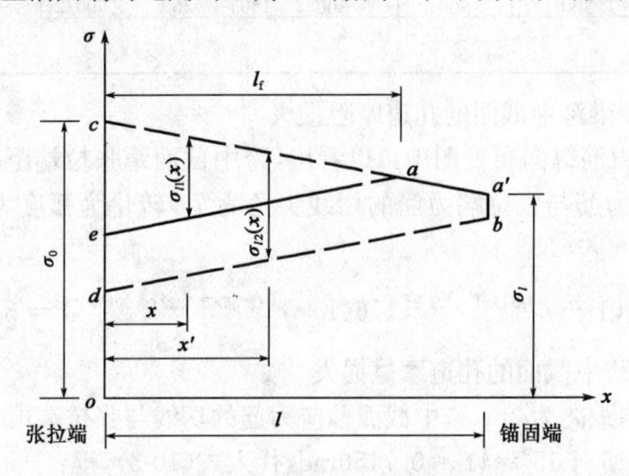

图10-19 考虑反摩擦后预应力钢筋应力损失计算简图

由于钢筋回缩发生的反向摩擦力和张拉时发生的摩擦力的摩擦系数相等，因此，代表锚固前和锚固后瞬间的预应力钢筋应力变化的两根直线 caa' 和 ea 的斜率相等，但方向相反，如图10-19 所示。两根直线的交点 a 至张拉端的水平距离即为反摩擦影响长度 l_f。caa' 和 ea 之间的距离即为锚固端损失 $\sigma_{l2}(x)$。

反摩擦影响长度 l_f 的计算公式为：

$$l_f=\sqrt{\frac{\sum\Delta l\cdot E_p}{\Delta\sigma_d}} \tag{10-7}$$

式中：$\sum\Delta l$——张拉端锚具变形、钢筋内缩和接缝压缩值(mm)；

E_p——预应力筋的弹性模量(MPa)。

求得反向摩擦影响长度后，即可根据相似三角形的比例关系，求得离张拉端 $x(x')$ 处的考虑反摩阻后的预拉力损失 $\sigma_{l2}(x)$ 为：

$$\sigma_{l2}(x)=2\Delta\sigma_d(l_f-x) \tag{10-8}$$

式中：$\sigma_{l2}(x)$——离张拉端 x 处锚固损失。

式(10-8)对于 $l_f\leqslant l$ 和 $l_f>l$ 的情况都适用。当 $l_f\leqslant l$ 时，在反摩擦影响长度 l_f 内有锚固损失，在 l_f 外没有锚固损失。当 $l_f>l$ 时，预应力钢筋的全长均处于反摩阻影响长度以内，都有锚固损失。

2. 减小 σ_{l2} 的措施

(1)采用超张拉。

(2)注意选用 $\sum\Delta l$ 值小的锚具，对于短小构件或横、竖向预应力筋尤为重要。

(3)尽量减少锚下垫板的数量。

(4)对先张法，采用长线台座。当台座长度超过100m时，该项损失不计。

(三)预应力筋与台座之间的养护温差引起的预应力损失 σ_{l3}

该项损失发生在采用台座施工、养护时台座和力筋不一起加热的先张构件中。

1. 原理与计算

当加热养护混凝土时，由于开始混凝土处于流动状态，与力筋之间没有黏结力，力筋升温后伸长，而台座受温度影响很小，导致力筋被放松，拉应力减小；当养护结束降温时，混凝土已经硬化，与力筋之间的黏结力足够大，力筋不能再绷紧，原来减小的拉应力不能再恢复了。减小的拉应力即为预应力损失 σ_{l3}。

设养护前台座和预应力筋的温度为 t_1，加热养护时预应力钢筋的温度很快达到 t_2，则养护温差为 $\Delta t=t_2-t_1$；钢筋的温度膨胀系数 $\alpha=0.00001/℃$。力筋总长不变，温度升高，等效于力筋由于温度升高引起自由伸长后被压缩到原长，压缩量为 $\alpha l\Delta t$，压应变为 $\alpha l\Delta t/l$，则预应力筋的拉应力减小值为：

$$\sigma_{l3}=\frac{\alpha l\Delta t}{l}E_s=\alpha E_s\Delta t=0.00001\times2.0\times10^5\times\Delta t=2\Delta t\quad(\mathrm{N/mm^2}) \tag{10-9}$$

式中：Δt——混凝土加热养护时的最高温度与制造场地的温差(℃)。

2. 减小 σ_{l3} 的措施

(1)采用二次升温的养护方法。先在常温或略高于常温下养护，待混凝土达到一定强度后，再逐渐升温至养护温度，这时因为混凝土已硬化与钢筋黏结成整体，能够一起伸缩而不会引起应力变化。

学习记录

(2)采用整体式钢模板。预应力钢筋锚固在钢模上,因钢模与构件一起加热养护,不会引起此项预应力损失。

(四)弹性压缩引起的预应力损失 σ_{l4}

该项损失发生在先张构件和采用分批张拉预应力筋的后张构件中。

1.原理与计算

当预应力混凝土构件受到预压应力而产生压缩变形时,对于已张拉并锚固于该构件上的预应力钢筋来说,将产生一个与该预应力钢筋重心所在纤维处的混凝土同样大小的压缩应变 $\varepsilon_p=\varepsilon_c$,而造成预应力筋拉应力减小,减小拉应力值就是混凝土弹性压缩损失 σ_{l4}。

(1)先张法构件

当预应力钢筋被放松(称为放张)时对混凝土施加预加压力,混凝土构件所产生的弹性压缩应变将引起预应力钢筋的应力损失,其值为:

$$\sigma_{l4}=\varepsilon_p\cdot E_p=\varepsilon_c\cdot E_p=\frac{\sigma_{pc}}{E_c}\cdot E_p=\alpha_{EP}\cdot\sigma_{pc} \tag{10-10}$$

式中:α_{EP}——预应力钢筋弹性模量 E_p 与混凝土弹性模量 E_c 的比值;

σ_{pc}——在先张法构件计算截面钢筋重心处,由预加力 N_{p0} 产生的混凝土法向预压应力,具体计算见第11单元预应力混凝土先张构件的应力计算。

(2)后张法构件

后张法构件在张拉预应力筋的过程中,混凝土就发生了弹性压缩。如果所有预应力筋都一次同时张拉,当预应力筋锚固后,预拉应力就不会再减小,混凝土弹性压缩不会引起应力损失;大多数情况下,后张法构件的预应力钢筋根数较多,一般采用分批张拉锚固,这样,当张拉后批钢筋时所产生的混凝土弹性压缩变形将使先批已张拉并锚固的预应力钢筋发生压缩而产生应力损失,通常称此为分批张拉应力损失,也以 σ_{l4} 表示。《公路桥规》规定计算截面上每一束预应力筋的 σ_{l4} 精确地按下式计算:

$$\sigma_{l4}=\alpha_{EP}\sum\Delta\sigma_{pc} \tag{10-11}$$

式中:α_{EP}——预应力钢筋弹性模量 E_p 与混凝土的弹性模量 E_c 的比值;

$\sum\Delta\sigma_{pc}$——在计算截面上先张拉的钢筋重心处,由后张拉各批钢筋所产生的混凝土法向应力之和。

2.后张法构件 σ_{l4} 简化计算方法*

后张法构件多为曲线配筋,钢筋在各截面的相对位置不断变化,使各截面的“$\sum\Delta\sigma_{pc}$”也不相同,也就是说,不同截面,不同预应力筋的 σ_{l4} 各不同,要准确计算,比较麻烦。为使计算简便,对简支梁,可采用如下近似简化方法进行:

(1)取按应力计算需要控制的截面作为全梁的平均截面进行计算,其余截面不另计算,简支梁可以取 $\frac{l}{4}$ 截面。

(2)计算截面上各批钢筋弹性压缩损失平均值可按下式求得:

$$\sigma_{l4}=\frac{m-1}{2}\cdot\alpha_{EP}\Delta\sigma_{pc} \tag{10-12}$$

$$\Delta\sigma_{pc}=\frac{N_p}{m}\left(\frac{1}{A_n}+\frac{e_{pn}\cdot y_i}{I_n}\right) \tag{10-13}$$

式中：$\Delta\sigma_{pc}$——先批张拉钢筋重心（即假定的全部预应力钢筋重心）点处所产生的混凝土正应力；

α_{EP}——张拉时预应力筋与混凝土的弹性模量之比；

N_p——所有预应力钢筋预加应力（扣除相应阶段的应力损失 σ_{l1} 与 σ_{l2} 后）的合力；

m——张拉预应力钢筋的总批数；

e_{pn}——预应力钢筋预加应力的合力 N_p 至净截面重心轴间的距离；

y_i——先批张拉钢筋重心（即假定的全部预应力钢筋重心）处至混凝土净截面重心轴间的距离，故 $y_i \approx e_{pn}$；

A_n、I_n——混凝土梁的净截面面积和净截面惯性矩。

对于各批张拉预应力钢筋根数相同的情况，将式（10-13）代入式（10-12）可得到分批张拉引起的各批预应力钢筋平均应力损失为：

$$\sigma_{l4} = \frac{m-1}{2m} \cdot \alpha_{EP}\sigma_{pc} \tag{10-14}$$

式中：σ_{pc}——计算截面全部钢筋重心处由张拉所有预应力钢筋产生的混凝土法向应力。

3. 减小 σ_{l4} 的措施

要减小 σ_{l4}，最主要的是保证传力锚固时混凝土的弹性模量要足够大，加载龄期要足够大，这样获得同样大小的预压应力时构件的缩短量小，σ_{l4} 就小。

（五）预应力钢筋应力松弛引起的预应力损失 σ_{l5}

该项损失在通过张拉预应力筋获得预应力的先张法和后张法构件中均发生。

1. 原理与计算

在高拉应力作用下，若钢筋长度保持不变，钢筋的拉应力会随时间的增长而逐渐降低，这种现象称为钢筋的应力松弛，简称为钢筋的松弛。松弛是钢筋的一种塑性特征。

（1）钢筋的松弛与很多因素有关*

①与时间有关。钢筋的松弛，在承受初拉力初期发展最快，第 1 小时内松弛最大，开始 24 小时内可达到总松弛量的 50%以上，以后发展缓慢。图 10-20 为预应力筋的松弛率与时间的关系曲线。

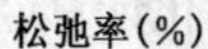

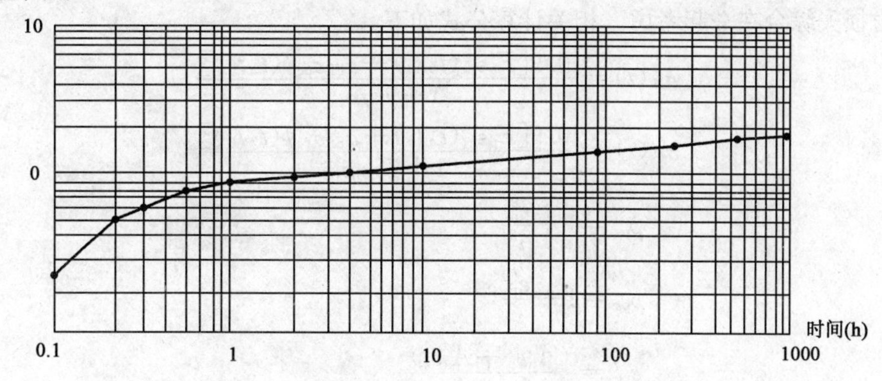

图 10-20　预应力钢筋的松弛率—时间曲线

学习记录

②与钢筋品种有关。我国的预应力钢丝与钢绞线依其加工工艺不同而分为Ⅰ级松弛(普通松弛)和Ⅱ级松弛(低松弛)两种,低松弛钢筋的松弛值,一般不到普通松弛钢筋的1/3。

③与钢筋承受的初始拉应力有关。钢筋初拉应力越高,其应力松弛量愈大。

④钢筋的松弛量会随着温度的升高而增加。

(2)预应力钢筋的应力松弛引起的预应力损失计算公式

①预应力钢丝、钢绞线

$$\sigma_{l5}=\psi\zeta\left(0.52\frac{\sigma_{pe}}{f_{pk}}-0.26\right)\sigma_{pe} \tag{10-15}$$

式中:ψ——张拉系数,一次张拉时,$\psi=1.0$;超张拉时,$\psi=0.9$;

ζ——钢筋松弛系数,Ⅰ级松弛(普通松弛)时,$\zeta=1.0$;Ⅱ级松弛(低松弛)时,$\zeta=0.3$;

σ_{pe}——传力锚固时钢筋应力,后张法构件,$\sigma_{pe}=\sigma_{con}-\sigma_1-\sigma_2-\sigma_4$;先张法构件,$\sigma_{pe}=\sigma_{con}-\sigma_{l2}$。

《公路桥规》还规定,对碳素钢丝、钢绞线,当$\sigma_{pe}/f_{pk}\leqslant 0.5$时,应力松弛损失值为零。

②精轧螺纹钢筋

一次张拉:

$$\sigma_{l5}=0.05\sigma_{con} \tag{10-16}$$

超张拉:

$$\sigma_{l5}=0.035\sigma_{con} \tag{10-17}$$

2.减小σ_{l5}的措施

(1)超张拉。为减小预应力钢筋应力松弛损失可采用超张拉:先将预应力钢筋张拉至$1.05\sigma_{con}$,持荷2分钟,再卸荷至张拉控制应力σ_{con}。

(2)采用低松弛钢筋。

(六)混凝土收缩和徐变引起的预应力损失σ_{l6}

1.原理与计算

混凝土收缩和徐变都使构件长度缩短,普通钢筋受压,预应力钢筋也随之回缩,造成预应力损失,该损失的大小与时间、混凝土自身性能及普通钢筋的配筋率有关。混凝土收缩和徐变虽是两种性质不同的现象,但它们对预应力筋拉应力的影响是相似的,为了简化计算,将此两项预应力损失综合在一起考虑。相关计算公式如下:

$$\sigma_{l6}(t)=\frac{0.9[E_p\varepsilon_{cs}(t,t_0)+\alpha_{EP}\sigma_{pc}\phi(t,t_0)]}{1+15\rho\rho_{ps}} \tag{10-18}$$

$$\sigma'_{l6}(t)=\frac{0.9[E_p\varepsilon_{cs}(t,t_0)+\alpha_{EP}\sigma'_{pc}\phi(t,t_0)]}{1+15\rho'\rho'_{ps}} \tag{10-19}$$

$$\rho_{ps}=1+\frac{e_{ps}^2}{i^2}$$

$$\rho'_{ps}=1+\frac{e'^2_{ps}}{i^2} \tag{10-20}$$

$$e_{ps}=\frac{(A_pe_p+A_se_s)}{(A_p+A_s)}$$

$$e'_{ps}=\frac{A'_pe'_p+A'_se'_s}{A'_p+A'_s} \tag{10-21}$$

式中：$\sigma_{l6}(t)$、$\sigma'_{l6}(t)$——分别为构件受拉区、受压区全部纵向钢筋截面重心处由混凝土收缩、徐变引起的预应力损失；

σ_{pc}、σ'_{pc}——分别为构件受拉区、受压区全部纵向钢筋截面重心处由预应力（扣除相应阶段的预应力损失）和结构自重产生的混凝土法向压应力（MPa）；σ_{pc}、σ'_{pc}不得大于预应力钢筋传力锚固时的混凝土立方体抗压强度的0.5倍；

E_p——预应力钢筋的弹性模量；

α_{EP}——预应力钢筋弹性模量与混凝土弹性模量的比值；

ρ、ρ'——分别为构件受拉区、受压区全部纵向钢筋配筋率；对先张法构件，$\rho=(A_p+A_s)/A_0$；对于后张法构件，$\rho=(A_p+A_s)/A_n$；

i——截面回转半径，$i^2=I/A$；先张法构件取 $I=I_0$，$A=A_0$；后张法构件取 $I=I_n$，$A=A_n$；

e_{ps}、e'_{ps}——分别为构件受拉区、受压区预应力筋和非预应力筋截面重心至构件截面重心轴的距离；

e_p、e'_p——分别为构件受拉区、受压区预应力钢筋截面重心至构件截面重心的距离；

e_s、e'_s——分别为构件受拉区、受压区纵向非预应力筋截面重心至构件截面重心的距离；

$\varepsilon_{cs}(t,t_0)$——预应力钢筋传力锚固龄期为 t_0、计算考虑的龄期为 t 时的混凝土收缩应变；计算全部发生的 σ_{l6}、σ'_{l6} 时，该值收缩应变值，具体计算参见附录；

$\phi(t,t_0)$——加载龄期为 t_0、计算考虑的龄期为 t 时的徐变系数；计算全部发生 σ_{l6}、σ'_{l6} 时，该值取 $t=t_u$ 时的终极徐变系数值，，具体计算参见附录。

2. 减小 σ_{l6} 的措施

混凝土收缩和徐变引起的预应力损失 σ_{l6} 在预应力总损失中占的比重较大，在设计中应注意采取措施减少混凝土的收缩和徐变。可采取的措施有：

(1)从原材料和材料级配方面着手，如采用高标号水泥，减少水泥用量，减小水灰比，骨料级配良好。

(2)加强振捣和养护。

(3)保证加载龄期。

(4)增大普通钢筋的配筋率。

(七)预应力损失值的分类、组合以及预应力筋的有效预应力

预应力损失有的在先张法构件中产生，有的在后张法构件中产生，有的在先、后张法构件中均产生；有的单独产生，有的是和别的预应力损失同时产生。

为了便于分析和计算，设计时可将预应力损失按发生时间的先后分为两批：传力锚固前及传力锚固时的损失，称第一批损失 $\sigma_{l\text{I}}$；传力锚固后产生损失，称第二批损失 $\sigma_{l\text{II}}$。表 10-3 为先张法和后张法构件发生在不同阶段的预应力损失组合。

学习记录

各阶段预应力损失值的组合　表 10-3

预应力损失值的组合	先张法构件	后张法构件
第一批损失 $\sigma_{l\mathrm{I}}$	$\sigma_{l2}+\sigma_{l3}+\sigma_{l4}+0.5\sigma_{l5}$	$\sigma_{l1}+\sigma_{l2}+\sigma_{l4}$
第二批损失 $\sigma_{l\mathrm{II}}$	$0.5\sigma_{l5}+\sigma_{l6}$	$\sigma_{l5}+\sigma_{l6}$

预应力钢筋的有效预应力 σ_{pe} 指预应力钢筋锚下控制应力 σ_{con} 扣除相应阶段的应力损失 σ_l 后实际存余的预拉应力值。由于应力损失在各个阶段出现的项目是不同的，故不同受力阶段的有效预应力不同。

在预加应力阶段，只发生了第一批损失，预应力筋中的有效预应力为：

$$\sigma_{pe}=\sigma_{p\mathrm{I}}=\sigma_{con}-\sigma_{\mathrm{II}} \tag{10-22}$$

在使用阶段，全部预应力损失完成，预应力筋中的有效预应力，即永存预应力为：

$$\sigma_{pe}=\sigma_{p\mathrm{II}}=\sigma_{con}-(\sigma_{\mathrm{II}}+\sigma_{\mathrm{III}}) \tag{10-23}$$

单元回顾与学习指导

(1)预应力混凝土指在承受外荷载之前预先人为地被施加了压应力的混凝土。预应力混凝土的种类多，有全预应力混凝土和部分预应力混凝土、有黏结预应力混凝土和无黏结预应力混凝土、有体内预应力和体外预应力、有先张法和后张法预应力混凝土。

(2)预应力混凝土与钢筋混凝土相比，具有抗裂性好、经济性好、抗弯刚度大、耐久性能好、抗剪性能好、施工工艺复杂、施工难度较大的特点。

(3)先张法和后张法是两种常用的施加预应力方法。先张法的施工工序是：在台座上先张拉钢筋至控制应力、临时锚固、浇筑混凝土并养护至设计强度的75%以上、放松力筋。后张法的施工工序是：先浇筑混凝土同时预留孔道、在混凝土强度达到75%以上时穿入力筋、张拉至控制应力、锚固、孔道压浆、封锚。

(4)预应力混凝土结构要求混凝土强度高、收缩徐变小、弹性模量较大、延性好、耐久性好、工作性能好；要求预应力筋强度高、松弛小、与混凝土有良好黏结、方便加工等。

(5)引起预应力损失的原因主要有锚具变形和钢丝回缩、力筋与孔道摩擦、台座和力筋的养护温差、混凝土弹性压缩、钢筋松弛、混凝土收缩与徐变6种原因，这些预应力损失在施工过程中要采取合适的措施尽量减小。

习　题

10.1　选择题

1. 高强混凝土与普通混凝土相比，力学性能指标有所不同，下列说法不正确的是(　　)。

A. 高强混凝土的轴心抗压强度大　B. 高强混凝土的峰值应变 ε_0 大

C. 高强混凝土的极限压应变大　D. 高强混凝土的弹性模量大

2. 下面的钢筋，不可以作为预应力混凝土结构中的预应力筋的是(　　)。

A. 精轧螺纹钢筋　B. 高强钢丝　C. 钢绞线　D. HRB400

3. 对预应力筋进行的超张拉，指张拉应力超过(　　)。

A. 预应力筋的抗拉强度设计值 f_{pd}　B. 张拉控制应力 σ_{con}

C. 预应力筋的抗拉极限强度 σ_b　D. 预应力筋的抗拉强度标准值 f_{pk}

学习记录

4.预压力混凝土简支后张梁，预应力筋张拉采用一端固定一端张拉，孔道摩阻损失最大的截面为(　　)；当采用两端同时张拉时，孔道摩阻损失最大的截面为(　　)。

A.张拉端　　B.跨中截面

C.固定端　　D.距张拉端约 $l/4$ 的截面

5.依据《公路桥规》，预应力混凝土后张法构件，预应力筋分批张拉，在进行施工阶段传力锚固时的计算时，应考虑的预应力损失为(　　)。

①σ_{l1}(力筋与孔道摩阻损失)　　②σ_{l2}(锚具变形、钢筋回缩损失)

③σ_{l3}(养护温差损失)　　④σ_{l4}(混凝土弹性压缩损失)

⑤σ_{l5}(预应力筋应力松弛损失)　　⑥σ_{l6}(混凝土收缩与徐变损失)

A. $\sigma_{l1}+\sigma_{l2}+\sigma_{l3}+0.5\sigma_{l5}$　　B. $\sigma_{l1}+\sigma_{l2}+\sigma_{l3}$

C. $\sigma_{l1}+\sigma_{l2}+\sigma_{l3}+\sigma_{l4}$　　D. $\sigma_{l1}+\sigma_{l2}+\sigma_{l4}$

E. $\sigma_{l1}+\sigma_{l2}+\sigma_{l4}+\sigma_{l5}+\sigma_{l6}$　　F. $\sigma_{l2}+\sigma_{l3}+\sigma_{l4}+\sigma_{l5}+\sigma_{l6}$

G. $\sigma_{l1}+\sigma_{l2}+\sigma_{l3}+\sigma_{l4}+\sigma_{l5}+\sigma_{l6}$

10.2　简答题

1.简述全预应力混凝土、部分预应力混凝土的概念。

2.简述先张法、后张法预应力混凝土构件施工工序、特点。

3.引起预应力损失的原因有哪些？指出其减小措施。

第十一单元 DISHIYIDANYUAN

预应力混凝土受弯构件的设计计算

单元导读

预应力混凝土受弯构件的设计要得到哪些设计结果？怎么样设计？遵循什么原则？和普通钢筋混凝土受弯构件有哪些异同点？

本单元主要介绍预应力混凝土受弯构件受力阶段特点，介绍预应力混凝土受弯构件的计算内容和方法，介绍如何进行预应力混凝土简支梁的设计。

学习目标

1. 理解预应力混凝土受弯构件从制作到破坏的几个阶段的特点；
2. 理解预应力混凝土受弯构件各计算内容的计算思路和计算方法。

学习重点

1. 预应力混凝土受弯构件的几个受力阶段特点及分析；
2. 预应力混凝土受弯构件的主要计算内容；
3. 正截面承载力、斜截面承载力的计算思路和方法；
4. 应力计算、挠度计算、抗裂性计算、局部承压承载力计算的计算方法；
5. 预应力混凝土简支梁设计步骤及构造要求。

学习难点

1. 受压区有预应力筋时的正截面承载力计算；
2. 挠度计算；
3. 局部承压承载力计算。

单元学习计划

内　　容	建议自学时间 (学时)	学 习 建 议	学 习 记 录
第十一单元　预应力混凝土受弯构件的设计计算	12		
一、预应力混凝土受弯构件各受力阶段分析	1		
二、预应力混凝土受弯构件计算的主要内容	1		
三、持久状况承载能力极限状态计算	2		
四、预应力混凝土受弯构件的抗裂性验算	2		
五、持久状况构件应力验算	2		
六、预应力混凝土受弯构件短暂状况应力验算	1		
七、局部承压承载力计算	1		
八、预应力混凝土简支梁设计	2		

学习记录

引 言

在普通钢筋混凝土受弯构件等内容的学习中，我们明白了设计受弯构件无非是要得到截面形式、尺寸、钢筋的数量和布置情况，在遵循基于可靠度理论的极限状态基本设计原则的基础上，结合试验研究获得受弯构件的受力全过程及几个阶段，总结各阶段的受力特点，获得相应计算的计算模型，根据模型和基本假定建立基本计算公式。设计时要考虑设计的三种状况，知道三种状况下的计算内容，比如持久状况下需要进行承载力、裂缝宽度、变形等计算内容，短暂状况下进行应力计算等。那么，在进行预应力混凝土受弯构件设计时，这些知识还能适用吗？为什么？接下来就要通过自学弄清楚到底有哪些异同点。掌握了这些学习要领，就开始学习本单元吧。

一、预应力混凝土受弯构件各受力阶段分析

预应力混凝土梁从张拉钢筋到受荷破坏大致可分为四个工作阶段：预加应力阶段（包括预制、运输、安装）、从受荷开始直到构件出现裂缝前的整体工作阶段、带裂缝工作阶段与破坏阶段。后张梁各阶段受力情况如图 11-1 所示，通过跨中截面的应力状态来描述。

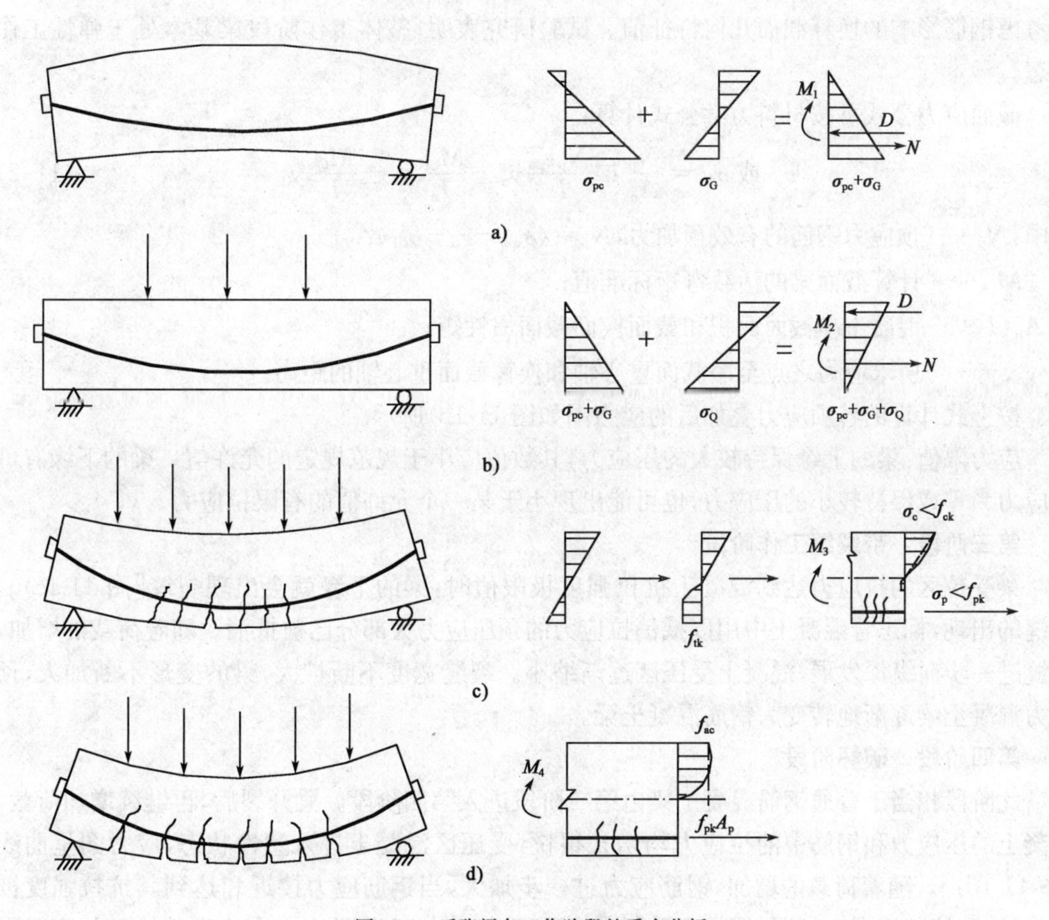

图 11-1 后张梁各工作阶段的受力分析

学习记录

第一阶段　预加应力阶段

在预加应力阶段，构件受到预加力和自重两种荷载作用。对后张法构件，因管道尚未灌浆，计算截面应力时应采用扣除管道影响的净截面几何特征值。预加应力阶段梁处于弹性工作阶段。

截面应力公式可按材料力学公式计算：

$$\sigma_{cc} \text{ 或 } \sigma_{ct} = \frac{N_{p1}}{A_n} \mp \frac{N_{p1} e_{pn}}{I_n} y_n \pm \frac{M_{GK}}{I_n} y_n \tag{11-1}$$

式中：N_{p1}——传力锚固时的预加力，$N_{p1}=(\sigma_{con}-\sigma_{l1})A_p$；

M_{GK}——计算截面处梁的自重弯矩标准值；

e_{pn}——相对于净截面重心轴的预加力偏心距；

A_n、I_n——混凝土净截面面积和惯性矩。

应力限值：为了保证结构在预加应力阶段(构件制造、运输、吊装)的安全，截面上边缘不出现拉应力或允许出现有限的拉应力(通常控制在 $0.7f'_{tk}$ 以内)；下边缘的压应力亦不能超过规范规定的允许值。

第二阶段　从承受荷载到构件出现裂缝前的整体工作阶段

该阶段构件受有效预加力、自重和活荷载等荷载作用。后张法构件，计算截面应力时应采用考虑钢筋影响的换算截面几何特征值。试验研究表明，整体工作阶段梁基本处于弹性工作状态。

截面应力公式可按材料力学公式计算：

$$\sigma_{cc} \text{ 或 } \sigma_{ct} = \frac{N_p}{A_n} \mp \frac{N_p e_{pn}}{I_n} y_n \pm \frac{M_{GK}}{I_n} y_n \pm \frac{M_{Qk}}{I_0} y_0 \tag{11-2}$$

式中：N_p——预应力钢筋的有效预加力，$N_p=(\sigma_{con}-\sigma_{lI}-\sigma_{lII})A_p$；

M_{Qk}——计算截面梁的活载弯矩标准值；

A_n、I_0——混凝土净截面面积和截面换面截面惯性矩；

y_n、y_0——所求应力之点至净截面重心轴和换算截面重心轴的距离。

按上式计算的各项应力叠加后的应力图如图 11-1b)所示。

应力限值：梁的上缘保持较大的压应力，其数值应小于规范规定的允许值。梁的下缘有可能应力为零或保持较小的压应力，也可能出现小于某一个允许值的有限拉应力。

第三阶段　带裂缝工作阶段

梁受拉区的拉应力达到混凝土抗拉强度极限值时，梁的下缘就会出现裂缝[图 11-1c)]。裂缝的出现，标志着混凝土中用以抵消拉应力的预压应力大部分已被抵消。随着荷载的增加，裂缝进一步向纵深发展，混凝土受压区逐渐缩小。裂缝宽度不断扩大，梁的变形不断加大，预应力混凝土梁逐渐地转变为钢筋混凝土梁。

第四阶段　破坏阶段

此阶段相当于普通钢筋混凝土梁由第二阶段进入第四阶段。梁开裂后，再继续增加荷载，混凝土的压应力和钢筋中的拉应力均增长很快，受压区混凝土进入塑性状态，应力图呈曲线[图 11-1d)]。随着荷载的增加，钢筋应力进一步加大，当钢筋应力接近和达到其抗拉强度极限值时，裂缝继续向上扩展，混凝土受压高度迅速减少，最后混凝土应力达到其抗压强度极限值时梁破坏。

学习记录

二、预应力混凝土受弯构件计算的主要内容

根据《公路钢筋混凝土及预应力混凝土桥涵设计规范》(JTG D62—2004)(以下简称《公路桥规》)规定,预应力混凝土受弯构件计算主要包括持久状况承载能力极限状态计算、持久状况正常使用极限状态计算、持久状况和短暂状况应力验算。

这四项计算内容具体包括什么内容呢?

1. 预应力混凝土受弯构件的承载能力极限状态计算

这项内容包括正截面承载力计算和斜截面承载力计算两部分,斜截面承载力计算又分为斜截面抗剪承载力和斜载面抗弯承载力计算两种情况。

2. 预应力混凝土受弯构件正常使用极限状态计算

这项内容包括抗裂性及裂缝宽度验算、变形、应力和锚下局部承压应力验算。

(1)抗裂性及裂缝宽度验算

①部分预应力混凝土B类构件。在荷载短期效应组合作用下的裂缝宽度,应控制在《公路桥规》规定的允许值之内。

②全预应力混凝土及部分预应力混凝土A类构件。抗裂性验算是通过荷载短期效应组合作用下,正截面混凝土法向拉应力和斜截面混凝土主拉应力来控制的。全预应力混凝土和部分预应力混凝土A类构件,在荷载短期效应组合作用下,处于第二工作阶段,全截面参加工作,截面法向拉应力和主拉应力可按材料力学公式计算。

(2)变形验算

预应力混凝土受弯构件在正常使用极限状态下的挠度,可根据给定的构件刚度用结构力学方法计算。

(3)应力验算

①按持久状况设计的预应力混凝土受弯构件,应计算其使用阶段正截面混凝土的法向压应力、受拉区钢筋的拉应力和斜截面混凝土的主压应力,并不得超过《公路桥规》规定的限值,作为对承载能力极限状态的补充。计算时荷载取其标准值,不计分项系数和组合系数,车辆荷载应考虑冲击系数。

②全预应力混凝土及部分预应力混凝土A类构件,在使用阶段标准荷载作用下,处于第二工作阶段,全截面参加工作,截面应力可按材料力学公式计算。

③部分预应力混凝土B类构件,在使用阶段标准荷载作用下,截面已经开裂,截面应力应按开裂的钢筋混凝土弹性体计算。

④预应力混凝土受弯构件按短暂状况设计时,应计算其在制作、运输及安装等施工阶段,由预加力和构件自重引起的截面应力,并不得超过《公路桥规》规定的限值。

⑤预应力混凝土受弯构件按短暂状况设计,处于第一工作阶段(即预加应力作用阶段),截面应力可按材料力学公式确定。

此外,预应力混凝土结构设计时,还应对锚下局部应力进行验算。

学习记录

三、持久状况承载能力极限状态计算

预应力混凝土受弯构件的承载能力极限状态计算主要包括正截面承载力计算和斜截面承载力计算两部分内容。斜截面承载力计算又分为斜截面抗剪承载力和斜载面抗弯承载力计算两种情况。

关键认识：在分析预应力混凝土梁破坏阶段的应力状态时已经指出，预应力全部耗尽后，梁已经转变为钢筋混凝土构件，进入第四工作阶段的塑性工作状态。所以，预应力混凝土受弯构件承载力计算，实质上是钢筋混凝土结构问题。钢筋混凝土受弯构件正截面和斜截面承载力计算图式及计算方法，原则上都可推广用于预应力混凝土结构计算。

(一)预应力混凝土受弯构件正截面承载力计算

预应力混凝土受弯构件的正截面承载力，取决于梁的破坏状态。

试验研究表明，依据截面配筋率的大小预应力混凝土梁的正截面破坏状态可划分为三种破坏形态：正常配筋的适筋梁塑性破坏、配筋过多的超筋梁脆性破坏、配筋过少的少筋梁脆性破坏。预应力混凝土梁的设计，亦应控制在适筋梁的范围之内。设计时采用控制 $x \leqslant \xi_b h_0$ 的办法控制构件的配筋率，以保证构件破坏时发生塑性破坏。预应力混凝土相对界限受压区高度按表 11-1 采用。

预应力混凝土相对界限受压区高度　　表 11-1

钢筋种类 \ 混凝土强度等级 \ 相对界限受压区高度	ξ_b			
	≤C50	C50、C60	C65、C70	C75、C80
钢绞线、钢丝	0.40	0.38	0.36	0.35
精轧螺纹钢筋	0.40	0.38	0.36	—

预应力混凝土受弯构件正截面承载力计算以第四阶段应力图形作为计算的基础，相当于钢筋混凝土梁的第Ⅲ工作阶段。

实例分析：以图 11-2 所示的上、下缘均配置预应力钢筋和普通钢筋的双筋 T 形截面为例，建立预应力混凝土受弯构件正截面承载力计算的通用公式。

受压区混凝土及普通钢筋 A_s 和 A'_s 的应力状态及取值方法与普通钢筋混凝土梁情况相同。在极限状态下，配置在受拉区的预应力钢筋 A_p 的应力达到抗拉强度设计值 f_{pd}，配置在受压区的预应力钢筋 A'_p 的应力，与预加应力大小有关，取$(f'_{pd}-\sigma'_{p0})$，式中 σ'_{p0} 为受压区预应力钢筋合力点处混凝土法向应力等于零时预应力钢筋的应力。

T 形截面预应力混凝土受弯构件正截面承载能力计算，按中性轴所在位置不同分为下列两种类型。

1. 中性轴位于翼缘内，即 $x \leqslant h'_f$，混凝土受压区为矩形，应按宽度为 b'_f 的矩形截面计算[图 11-2a)]

(1)此时，应满足下列条件：

$$f_{sd}A_s + f_{pd}A_p \leqslant f_{cd}b'_f h'_f + f'_{sd}A'_s + (f'_{pd}-\sigma'_{p0})A'_p \tag{11-3}$$

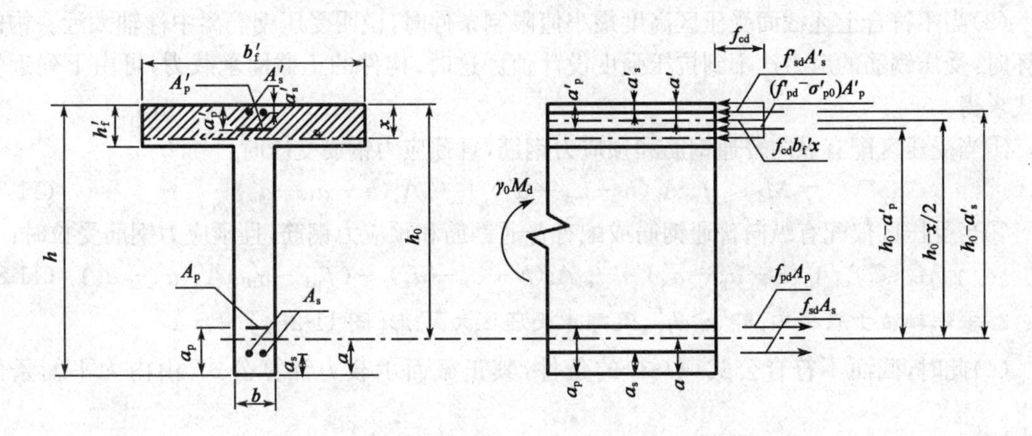

a) $x \leqslant h'_f$

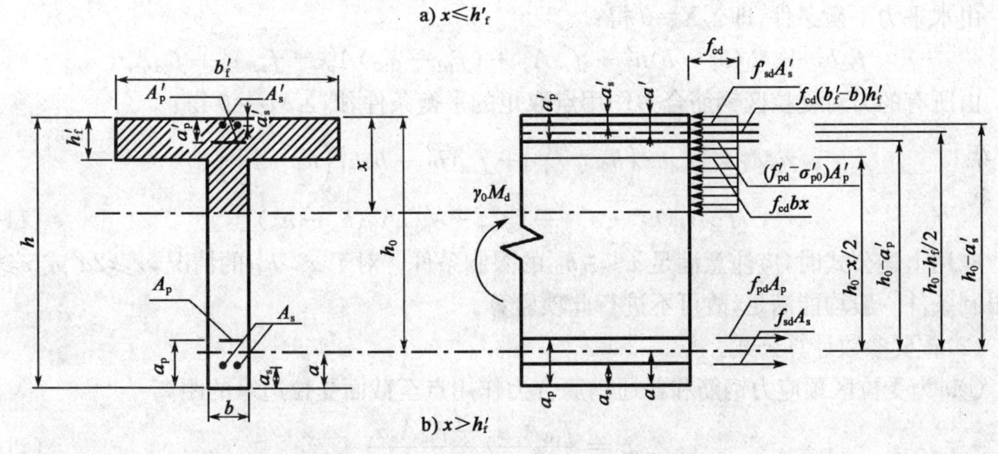

b) $x > h'_f$

图 11-2 预应力混凝土 T 形截面受弯构件正截面承载力计算图式

正截面承载力计算公式，可由内力平衡条件求得。

①由水平力平衡条件，即$\sum X=0$得：

$$f_{cd}b'_f x + f'_{sd}A'_s + (f'_{pd} - \sigma'_{p0})A'_p = f_{sd}A_s + f_{pd}A_p \tag{11-4}$$

②由所有的力对受拉区钢筋合力作用点取矩的平衡条件，即$\sum M_Z=0$得：

$$\gamma_0 M_d \leqslant f_{cd}b'_f x\left(h_0 - \frac{x}{2}\right) + f'_{sd}A'_s(h_0 - a'_s) + (f'_{pd} - \sigma'_{p0})(h_0 - a'_p) \tag{11-5}$$

③由所有的力对受压区混凝土合力作用点取矩的平衡条件，即$\sum M_D=0$得：

$$\gamma_0 M_d \leqslant f_{sd}A_s\left(h - a_s - \frac{x}{2}\right) + f_{pd}A_p\left(h - a_p - \frac{x}{2}\right) + f'_{sd}A'_s\left(\frac{x}{2} - a'_s\right) + (f'_{pd} - \sigma'_{p0})A'_p\left(\frac{x}{2} - a'_p\right) \tag{11-6}$$

(2)应用上述公式时，截面受压区高度应符合下列条件：

① $$x \leqslant \xi_b h_0$$

②当受压区配有纵向普通钢筋和预应力钢筋，且预应力钢筋受压（$f'_{pa} - \sigma'_{p0}$）为正时：

$$x \geqslant 2a'$$

③当受压区仅配置纵向普通钢筋或配置普通钢筋和预应力钢筋，且预应力钢筋受拉（$f'_{pa} - \sigma'_{p0}$）为负时：

$$x \geqslant 2a'_s$$

学习记录

(3)当不符合上述截面受压区高度最小值限制条件时,说明受压钢筋离中性轴太近。构件破坏时,受压钢筋的应力达不到抗压强度设计值。这时,构件的正截面承载力,可由下列近似公式求得。

①当受压区配有纵向普通钢筋和预应力钢筋,且预应力钢筋受压时:

$$\gamma_0 M_d \leqslant f_{pd}A_p(h-a_p-a_s')+f_{sd}A_s(h-a_s-a_s') \tag{11-7}$$

②当受压区仅配有纵向普通钢筋或配有普通钢筋和预应力钢筋,且预应力钢筋受拉时:

$$\gamma_0 M_d \leqslant f_{pd}A_p(h-a_p-a_s')+f_{sd}A_s(h-a_s-a_s')-(f_{pd}'-\sigma_{p0}')A_p'(a_p'-a_s') \tag{11-8}$$

2. 中性轴位于腹板内,即 $x>h_f'$,混凝土受压区为 T 形[图 11-2b)]

(1)此时,截面不符合公式(11-3)的条件,其正截面承载力计算公式,由内力平衡条件求得。

由水平力平衡条件,即 $\sum X=0$ 得:

$$f_{cd}bx+f_{cd}(b_f'-b)h_f'+f_{sd}'A_s'+(f_{pd}'-\sigma_{p0}')A_p'=f_{sd}A_s+f_{pd}A_p \tag{11-9}$$

由所有的力对受拉区钢筋合力作用点取矩的平衡条件,即 $\sum M_Z=0$ 得:

$$\gamma_0 M_d \leqslant f_{cd}bx\left(h_0-\frac{x}{2}\right)+f_{cd}(b_f'-b)h_f'\left(h_0-\frac{h_f'}{2}\right)+ f_{sd}'A_s'(h_0-a_s')+(f_{pd}'-\sigma_{p0}')A_p'(h_0-a_p') \tag{11-10}$$

应用上述公式时,应注意满足 $x\leqslant\xi_b h_0$ 的限制条件。对于 $x>h_f'$ 的情况,$x\geqslant 2a'$ 或 $x\geqslant 2a_s'$ 的限制条件一般均能满足,故可不进行此项验算。

(2)重要参数计算公式。

①a 为受拉区预应力钢筋和普通钢筋合力作用点至截面受拉边缘的距离:

$$a=\frac{f_{pd}A_pa_p+f_{sd}A_sa_s}{f_{pd}A_p+f_{sd}A_s} \tag{11-11}$$

②a'为受压区预应力钢筋和普通钢筋合力作用点至截面受压边缘的距离:

$$a'=\frac{(f_{pd}'-\sigma_{p0}')A_p'a_p'+f_{sd}'A_s'a_s'}{(f_{pd}'-\sigma_{p0}')A_p'+f_{sd}'A_s'} \tag{11-12}$$

③$(f_{pd}'-\sigma_{p0}')$为极限状态下,受压区混凝土的应力达到其抗压强度设计值时,受压区预应力钢筋的应力,其中 f_{pd}'为受压区预应力钢筋的抗压强度设计值;σ_{p0}'为受压区预应力钢筋合力点处,混凝土法向应力为零时预应力钢筋的应力:

对先张法构件

$$\sigma_{p0}'=\sigma_{con}'-\sigma_l'+\sigma_{l4}' \tag{11-13}$$

对后张法构件

$$\sigma_{p0}'=\sigma_{con}'-\sigma_l'+\alpha_{EP}\sigma_{pc}' \tag{11-14}$$

此处 σ_{con}'为受压区预应力钢筋的控制应力,σ_l' 为受压区预应力钢筋的全部预应力损失,σ_{l4}'为先张法构件受压区预应力钢筋的弹性压缩损失,σ_{pc}'为受压区预应力钢筋截面重心处由预应力钢筋和普通钢筋的合力 N_p 力产生的混凝土法向压应力。

受压区预应力钢筋的应力$(f_{pd}'-\sigma_{p0}')$的含义可以这样来理解:在荷载作用以前,由于预加力的作用,受压预应力钢筋截面重心处混凝土已经产生的压缩变形为 $\varepsilon_{pc}'=\sigma_{pc}'/E_c$。荷载作用后,受压区混凝土进一步受到压缩,直至受压边缘的应变达到抗压极限变形 $\varepsilon_{cu}=0.0033$ 时,混凝土压碎破坏。一般认为此时受压区预应力钢筋截面重心处混凝土的压应变为 0.002。这样,从加荷到最后破坏,受压预应力钢筋截面重心处混凝土的压缩变形增量为$(0.002-\varepsilon_{pc}')$,

受压预应力钢筋必将受到同样大小的压缩，至使钢筋中的预应力降低$(0.002-\varepsilon'_{pc})E_p$。为了与图11-2中所示的$(f'_{pd}-\sigma'_{p0})$的箭头方向保持一致，以压应力为正，拉应力为负代入。受压预应力钢筋的最后应力为：

$$[-(\sigma'_{con}-\sigma'_l)+(0.002-\varepsilon'_{pc})E_p] \tag{11-15}$$

若将$\varepsilon'_{pc}=\dfrac{\sigma'_{pc}}{E_c}$、$\dfrac{E_p}{E_c}=\alpha_{EP}$代入，并按钢筋抗压强度取值定义，取：

$$f'_{pd}=0.002E_p \tag{11-16}$$

则得受压钢筋的最后应力为：

$$f'_{pd}-[\sigma'_{con}-\sigma'_l+\alpha_{EP}\sigma'_{pc}]=f'_{pd}-\sigma'_{p0} \tag{11-17}$$

对先张法构件来说，$\alpha_{EP}\sigma'_{pc}$即相当于弹性压缩损失σ_{l4}。

预应力混凝土受弯构件的正截面承载力计算内容和步骤可分为承载力复核和配筋设计两部分。

1.承载力复核

对初步设计好的截面进行承载力复核，包括判断、计算、比较下结论三个步骤。具体如下：

首先判断截面类型。若满足公式(11-3)的限制条件，应按宽度为b'_f的矩形截面计算。

由公式(11-4)求得截面受压区高度，若所得$x\leqslant h'_f$，且满足$2a'\leqslant x\leqslant \xi_b h_0$的限制条件，将其代入公式(11-5)，求得截面所能承受的抗弯承载力设计值M_{du}，若$M_{du}\geqslant\gamma_0 M_d$，则说明该截面的抗弯承载力是足够的。

若不满足公式(11-3)的限制条件，应按T形截面计算。这时，应由公式(11-9)重新求得截面受压区高度x，若所得$x>h'_f$，且满足$x\leqslant\xi_b h_0$的限制条件，将x代入公式(11-7)或式(11-10)，求得截面所能承受的抗弯承载力设计值M_{du}，若$M_{du}>\gamma_0 M_d$，则说明该截面抗弯承载力是足够的。

2.配筋设计

设计的基本思路：

(1)预应力混凝土受弯构件的截面尺寸通常按构造要求，并参照已有设计确定。

(2)预应力钢筋的截面面积，一般是根据使用性能要求确定。

这里所说的配筋设计的实质是从满足承载能力极限状态的需要出发，选择普通钢筋的数量。

对于这类问题有三个未知数A_s、A'_s和x，但在公式(11-4)～式(11-6)或式(11-9)～式(11-10)中只有两个有效方程，通常是假设A'_s或取$A'_s=0$。这样，只剩下两个未知数A_s和x，问题就可解了。

对于这种情况，可首先按$x\leqslant h'_f$情况计算，由公式(11-5)求得截面受压区高度，若所得$x\leqslant h'_f$，且满足$2a'\leqslant x\leqslant\xi_b h_0$的条件，将$x$值代入公式(11-4)，求得受拉普通钢筋截面面积$A_s$。

若按公式(11-5)求得的截面受压区高度$x>h'_f$，应改为按T形截面计算，由公式(11-10)求x，若所得$x>h'_f$，且满足$x\leqslant\xi_b h_0$的限制条件，将x值代入公式(11-9)，求得受拉普通钢筋截面面积A_s。

(二)预应力混凝土受弯构件斜截面承载力计算

计算内容：预应力混凝土受弯构件斜截面承载力计算与钢筋混凝土受弯构件一样，也包括斜截面抗剪承载力和斜截面抗弯承载力计算两部分。

学习记录

1. 斜截面抗剪承载力计算

预应力混凝土受弯构件斜截面抗剪承载力计算，其计算斜截面位置，可参照钢筋混凝土的有关规定处理。截面尺寸亦应满足下式要求：

$$\gamma_0 V_d \leqslant 0.51 \times 10^{-3} \sqrt{f_{cu,k}} b h_0 \quad (kN) \tag{11-18}$$

预应力混凝土受弯构件斜截面抗剪承载力计算，以剪压破坏形态的受力特征为基础。此时，斜截面所承受的剪力设计值，由斜截面顶端未开裂的混凝土，与斜截面相交的箍筋、弯起预应力钢筋三者共同承担，如图 11-3 所示。

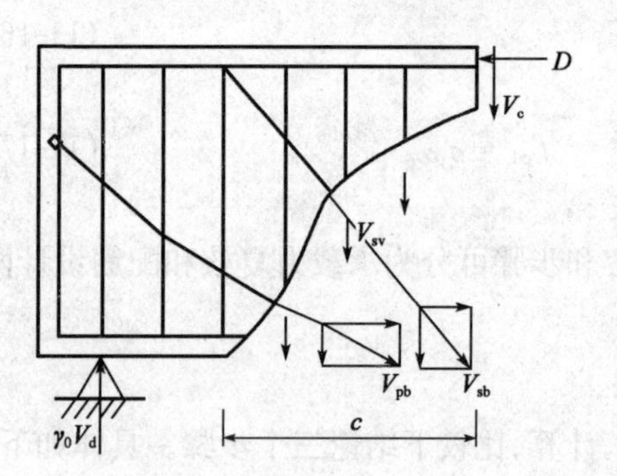

图 11-3 斜截面抗剪承载力计算图式

预应力混凝土受弯构件斜截面抗剪承载力计算的基本表达式为：

$$\gamma_0 V_d \leqslant V_c + V_{sv} + V_{pb} \tag{11-19}$$

若将混凝土和箍筋的抗剪承载力，用两者共同承担的综合抗剪承载力 V_{cs} 表示，预应力混凝土受弯构件斜截面抗剪承载力计算的基本表达式可改写为下列形式：

$$\gamma_0 V_d \leqslant V_{cs} + V_{pb} \tag{11-20}$$

式中：V_c——斜截面顶端受压混凝土的抗剪承载力；

V_{sv}——与斜截面相交的箍筋的抗剪承载力；

V_{pb}——与斜截面相交的预应力弯起钢筋的抗剪承载力；

V_{cs}——混凝土与箍筋共同的抗剪承载力。

按《公路桥规》规定，V_{cs}、V_{pb} 分别按下式计算：

(1)混凝土与箍筋共同的抗剪承载力：

$$V_{cs} = \alpha_1 \alpha_2 \alpha_3 0.45 \times 10^{-3} b h_0 \sqrt{(2 + 0.6P)\sqrt{f_{cu,k}} \rho_{sv} f_{sd,v}} \quad (kN) \tag{11-21}$$

式中除一般常用符号外，需进一步加以解释如下：

①α_2 为预应力提高系数，取 $\alpha_2 = 1.25$；但当预应力钢筋的合力引起的截面弯矩与外弯矩的方向相同时，或允许出现裂缝的部分预应力混凝土受弯构件，取 $\alpha_2 = 1.0$。

国内外的研究表明，预加应力可以提高梁的抗剪能力，这主要是由于轴向压力能阻滞斜裂缝的出现和开展，增加了混凝土剪压强度，从而提高了混凝土所承担的抗剪能力；预应力混凝土的斜裂缝长度比钢筋混凝土有所增长，也提高了斜裂缝内箍筋的抗剪能力。根据国内外所做的 52 根无腹筋及 30 根有腹筋的预应力混凝土简支梁的试验资料，其剪力破坏试验值 V_{sv}^{s} 与按原桥规计算的混凝土与箍筋共同承担的计算值 V_{cs}^{j} 的比值平均为 2.27。即使考虑受压翼缘影响系数 $\alpha_3 = 1.1$ 和荷载分项系数后，取 $\alpha_2 = 1.25$ 也是偏于安全的。

②P 为纵向钢筋配筋百分率，$P = 100\rho$，$\rho = (A_p + A_{pb} + A_s)/bh_0$，当 $P > 2.5$，取 $P = 2.5$。

此处给出的纵向钢筋配筋率系数指包括纵向预应力钢筋 A_p、纵向普通钢筋 A_s 和弯起预应力钢筋 A_{pb} 的综合配筋率。实践表明，上述钢筋对斜裂缝的开展均有一定的限制作用。

式中其余符号的意义及取值方法与钢筋混凝土受弯构件斜截面承载力计算时给出的 V_{cs} 计算公式的说明相同。

(2)预应力弯起钢筋的抗剪承载力：

$$V_{pb} = 0.75 \times 10^{-3} f_{pd} \sum A_{pb} \sin\theta_p \quad (kN) \tag{11-22}$$

式中：f_{pd}——预应力钢筋抗拉强度设计值(MPa)；

A_{pb}——斜截面内在同一弯起平面的预应力弯起钢筋截面面积(mm^2)；

θ_p——在斜截面受压区顶端正截面处，预应力弯起钢筋的切线与水平线的夹角。

学习记录

2. 斜截面抗弯承载力计算

基本思路：图 11-4 所示为配有受拉预应力钢筋和普通钢筋的预应力混凝土受弯构件斜截面抗弯承载力计算图式。此时，与斜裂缝相交的纵向预应力钢筋、纵向普通钢筋、箍筋、弯起预应力钢筋和弯起普通钢筋的应力均达到其抗拉强度设计值，受压混凝土的应力达到抗压强度设计值。

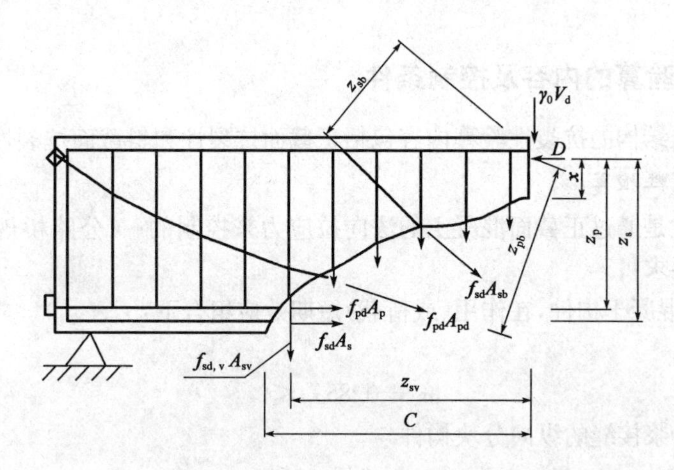

图 11-4 预应力混凝土受弯构件斜截面抗弯承载能力计算图式

斜截面抗弯承载力计算的基本方程式可由所有力对受压区混凝土合力作用点取矩的平衡条件求得：

$$\gamma_0 M_d \leqslant f_{sd}A_s z_s + f_{pd}A_p z_p + \sum f_{sd}A_{sb}z_{sb} + \sum f_{sd,v}A_{sv}z_{sv} \tag{11-23}$$

式中：M_d——斜截面受压区顶端正截面处的最大弯矩组合设计值；

A_s、A_p——纵向受拉普通钢筋和纵向预应力钢筋的截面面积；

z_s、z_p——纵向受拉普通钢筋合力点和纵向预应力钢筋合力点至受压区混凝土合力点的距离；

A_{sb}——与斜截面相交的同一弯起平面内预应力弯起钢筋的截面面积；

z_{sb}——与斜截面相交的同一弯起平面内预应力弯起钢筋的合力对受压区混凝土合力点的力臂；

A_{sv}——与斜截面相交的配置在同一截面的箍筋总截面面积；

z_{sv}——与斜截面相交的配置在同一截面的箍筋合力，对受压区混凝土合力点的力臂。

斜截面受压区高度由所有的力水平投影之和为零的平衡条件求得：

$$f_{cd}A_c = f_{sd}A_s + f_{pd}A_p + \sum f_{pd}A_{pb}\cos\theta_p \tag{11-24}$$

式中：A_c——受压区混凝土面积，对矩形截面取 $A_c = bx$；对 T 形截面，取 $A_c = bx + (b'_f - b)h'_f$；

θ_p——与斜截面相交的预应力弯起钢筋与梁纵轴的夹角。

斜截面位置的确定方法：按照式(11-23)和式(11-24)进行预应力混凝土受弯构件斜截面抗弯承载力计算时，首先应确定最不利斜截面位置。一般是对受拉区抗弯薄弱处，自下而上沿斜向计算几个不同角度的斜截面，按下列条件确定最不利的斜截面位置。

$$\gamma_0 V_d = \sum f_{pd} A_{pb} \sin\theta_p + \sum f_{sd,v} A_{sv} \tag{11-25}$$

学习记录

式中：V_d——斜截面受压区顶端正截面处相应于最大弯矩组合设计值的最大剪力组合设计值。

注意：预应力混凝土受弯构件斜截面抗弯承载力的计算一般不通过计算而是通过采取一些构造措施保证。

四、预应力混凝土受弯构件的抗裂性验算

（一）抗裂性验算的内容及控制条件

预应力混凝土结构的抗裂性验算内容包括正截面抗裂性和斜截面抗裂性验算两部分。

1. 正截面抗裂性验算

正截面抗裂性是通过正截面混凝土的法向拉应力来控制的。《公路桥规》规定，正截面抗裂性应满足下列要求：

(1)全预应力混凝土构件，在作用（或荷载）短期效应组合下：

预制构件

$$\sigma_{st} - 0.85\sigma_{pc} \leqslant 0$$

分段浇筑或砂浆接缝的纵向分块构件

$$\sigma_{st} - 0.8\sigma_{pc} \leqslant 0 \tag{11-26}$$

(2)部分预应力混凝土A类构件，在作用（或荷载）短期效应组合下：

$$\sigma_{st} - \sigma_{pc} \leqslant 0.7 f_{tk} \tag{11-27}$$

但在荷载长期效应组合下

$$\sigma_{lt} - \sigma_{pc} \leqslant 0 \tag{11-28}$$

2. 斜截面抗裂性验算

斜截面的抗裂性是通过斜截面混凝土的主拉应力来控制的，并应符合下列条件：

(1)全预应力混凝土构件，在作用（或荷载）短期效应组合下：

预制构件

$$\sigma_{tp} \leqslant 0.6 f_{tk} \tag{11-29a}$$

现场浇筑（包括预制拼装）构件

$$\sigma_{tp} \leqslant 0.4 f_{tk} \tag{11-29b}$$

(2)部分预应力混凝土A类构件和B类构件，在荷载短期效应组合下：

预制构件

$$\sigma_{tp} \leqslant 0.7 f_{tk} \tag{11-30a}$$

现场浇筑（包括预制拼装）构件

$$\sigma_{tp} \leqslant 0.5 f_{tk} \tag{11-30b}$$

式中：σ_{st}——在作用（或荷载）短期效应组合下，构件抗裂性验算截面边缘混凝土的法向拉应力；

σ_{lt}——在荷载长期效应组合下，构件抗裂验算截面边缘混凝土的法向拉应力；

σ_{pc}——扣除全部预应力损失后的预加力在构件抗裂性验算截面边缘产生的混凝土有效预压应力；

σ_{tp}——在作用(或荷载)短期效应组合下,构件抗裂性验算截面混凝土的主拉应力;

f_{tk}——混凝土的抗拉强度标准值。

(二)正截面抗裂性验算

基本思路:选取若干控制截面(例如简支梁的跨中截面,连续梁的跨中和支点截面等),计算在作用(或荷载)短期效应组合作用下抗裂性验算截面边缘混凝土的法向拉应力,并控制其满足公式(11-26)或式(11-27)的限制条件。

全预应力混凝土及部分预应力混凝土A类构件,在作用(或荷载)短期效应组合作用下,全截面参加工作,构件处于弹性工作阶段,截面应力可按材料力学公式计算。

(1)荷载产生抗裂性验算的截面边缘法向拉应力计算(以简支梁为例)

荷载产生的截面边缘混凝土法向拉应力,按材料力学给出的受弯构件应力计算公式计算。对先张法构件采用换算截面几何性质。对后张法构件,承受构件自重作用时预应力管道尚未灌浆,应采用净截面几何性质;承受恒载(例如桥面铺装及人行道、栏杆等)及汽车、人群等可变荷载时,预应力孔道已灌浆,应采用换算截面几何性质。

①在荷载短期效应组合($M_s = M_{GK} + 0.7M_{Q1K} + M_{Q2K}$)作用下:

对先张法构件

$$\sigma_{st} = \frac{M_{GK} + 0.7M_{Q1K} + M_{Q2K}}{W_0} \tag{11-31}$$

对后张法构件

$$\sigma_{st} = \frac{M_{G1K}}{W_n} + \frac{M_{G2K} + 0.7M_{Q1K} + M_{Q2K}}{W_0} \tag{11-32}$$

②在荷载长期效应组合[$M_L = M_{GK} + 0.4(M_{Q1K} + M_{Q2K})$]作用下:

对先张法构件

$$\sigma_{lt} = \frac{M_l}{W_0} \tag{11-33}$$

对后张法构件

$$\sigma_{lt} = \frac{M_{G1K}}{W_n} + \frac{M_{G2K} + 0.4(M_{Q1K} + M_{Q2K})}{W_0} \tag{11-34}$$

式中:M_{GK}——永久荷载弯矩标准值,$M_{GK} = M_{G1K} + M_{G2K}$;

M_{G1K}——构件自重弯矩标准值;

M_{G2K}——恒载(桥面铺装,人行道、栏杆等)弯矩标准值;

M_{Q1K}——不考虑冲击系数影响的汽车荷载弯矩标准值;

M_{Q2K}——人群荷载弯矩标准值;

W_0——构件换算截面抗裂验算边缘的弹性抵抗矩;

W_n——构件净截面抗裂验算边缘的弹性抵抗矩。

应特别指出的是这里所讲的净截面系指扣除预应力钢筋及管道影响,但包括普通钢筋在内的换算截面。

(2)预加力产生的抗裂性验算截面边缘混凝土有效预压应力计算

预加力产生的截面边缘混凝土有效预压应力,按材料力学给出的偏心受压构件应力计算公式计算。预加力应扣除全部预应力损失。对先张法构件采用换算截面几何性质;对后张法构件采用净截面几何性质。计算预加力引起的应力时,由轴力产生的应力可按受压翼缘全宽计算;由弯矩产生的应力可按翼缘的有效宽度计算。对于翼缘板带有现浇段的情况,其截面几

学习记录

何特征值应按预制部分翼缘宽度计算。

由预加力产生的构件抗裂验算边缘混凝土的有效预压应力 σ_{pc}，应按下式计算：

对先张法构件

$$\sigma_{pc} = \frac{N_{p0}}{A_0} + \frac{N_{p0}e_{p0}}{W_0} \tag{11-35}$$

对后张法构件

$$\sigma_{pc} = \frac{N_p}{A_n} + \frac{N_p e_{pn}}{W_n} \tag{11-36}$$

式中：N_{p0}、N_p——先张法构件、后张法构件的预应力钢筋与普通钢筋的合力；

A_0、A_n——按翼缘全宽计算的换算截面面积、净截面面积；

W_0、W_n——按翼缘有效宽度计算的对构件抗裂验算边缘的换算截面弹性抵抗矩、净截面弹性抵抗矩；

e_{p0}、e_{pn}——预应力钢筋和普通钢筋的合力，对按翼缘有效宽度计算的换算截面、净截面重心的偏心距。

图 11-5 所示为在受拉区和受压区均配有预应力钢筋和普通钢筋的通用情况。在部分预应力混凝土结构中，普通钢筋数量较大，在计算钢筋合力 N_{p0}、N_p 及相应的 e_{p0}、e_{pn}时，应考虑混凝土收缩、徐变对普通钢筋应力的影响。当混凝土产生收缩、徐变损失 σ_{l6}时，普通钢筋必将受到同样大小的压缩，相当于普通钢筋获得一个压力 $\sigma_{l6}A_s$ 或 $\sigma'_{l6}A'_s$，为了平衡此项压力，在混凝土中产生一个拉力 $\sigma_{l6}A_s$ 或 $\sigma'_{l6}A'_s$。换句话说，考虑混凝土收缩和徐变的影响，相当于在普通钢筋截面重心处于对混凝土施加一个拉力 $\sigma_{l6}A_s$ 或 $\sigma'_{l6}A'_s$。

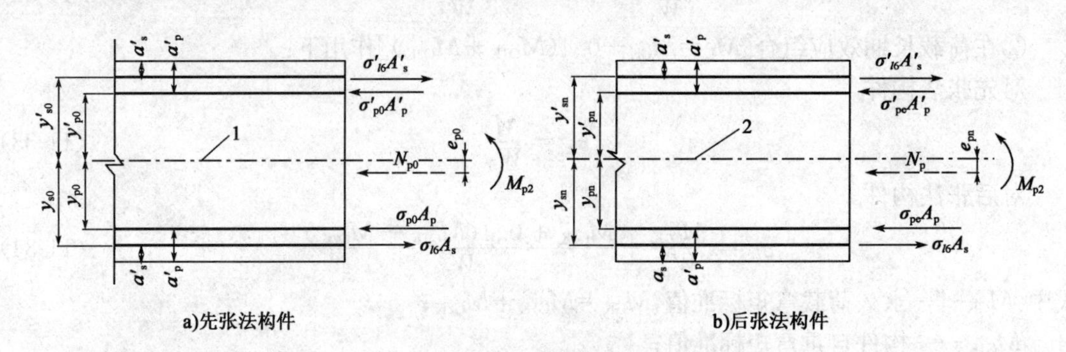

图 11-5　预应力钢筋和普通钢筋合力及偏心矩

1-换算截面重心轴；2-净截面重心轴

预应力钢筋和普通钢筋的合力 N_{p0}、N_p 及其偏心距 e_{p0}、e_{pn}按下列公式计算(图 11-5)：

先张法构件

$$N_{p0} = \sigma_{p0}A_p + \sigma'_{p0}A'_p - \sigma_{l6}A_s - \sigma'_{l6}A'_s \tag{11-37}$$

$$e_{p0} = \frac{\sigma_{p0}A_p y_{p0} - \sigma'_{p0}A'_p y'_{p0} - \sigma_{l6}A_s y_{s0} + \sigma'_{l6}A'_s y'_{s0}}{\sigma_{p0}A_p + \sigma'_{p0}A'_p - \sigma_{l6}A_s - \sigma'_{l6}A'_s} \tag{11-38}$$

$$\sigma_{p0} = \sigma_{con} - \sigma_l + \sigma_{l4} \tag{11-39}$$

$$\sigma'_{p0} = \sigma'_{con} - \sigma'_l + \sigma'_{l4} \tag{11-40}$$

后张法构件

$$N_p = \sigma_{pe}A_p + \sigma'_{pe}A'_p - \sigma_{l6}A_s - \sigma'_{l6}A'_s \tag{11-41}$$

$$e_{pn} = \frac{\sigma_{pe}A_p y_{pn} - \sigma'_{pe}A'_p y'_{pn} - \sigma_{l6}A_s y_{sn} + \sigma'_{l6}A'_s y'_{sn}}{\sigma_{pe}A_p + \sigma'_{pe}A'_p - \sigma_{l6}A_s - \sigma'_{l6}A'_s} \tag{11-42}$$

$$\sigma_{pe}=\sigma_{con}-\sigma_l \tag{11-43}$$

$$\sigma'_{pe}=\sigma'_{con}-\sigma'_l \tag{11-44}$$

在式(11-37)～式(11-44)中，除图中标明的常用符号外，需进一步加以解释的有：

①σ_{p0}、σ'_{p0}——先张法构件受拉区和受压区预应力钢筋合力点处混凝土法向应力为零时的预应力钢筋应力。

对先张法构件预应力钢筋的有效预应力为 $\sigma_{pe}=\sigma_{con}-\sigma_l$，其中 σ_l 为包括弹性压缩损失 σ_{l4} 在内的总预应力损失。混凝土法向应力为零时预应力筋的应力，应扣除混凝土弹性压缩的影响，即 $\sigma_{p0}=\sigma_{pe}+\sigma_{l4}=\sigma_{con}-\sigma_l+\sigma_{l4}$。

②σ_{pe}、σ'_{pe}——后张法构件受拉区和受压区预应力钢筋的有效预应力。

(三)预应力混凝土受弯构件斜截面抗裂性验算

基本思路：选取若干最不利截面(例如支点附近截面，梁肋宽度变化处截面等)，计算在荷载短期效应组合作用下截面的主拉应力，并控制其满足限制条件。

全预应力混凝土及部分预应力混凝土 A 类构件，在荷载短期效应组合作用下，全截面参加工作，构件处于弹性工作阶段。即使是允许开裂的部分预应力混凝土 B 类构件，验算抗裂性所选取的支点附近截面，在一般情况下，也是处于全截面参加工作的弹性工作状态。因此，主拉应力可按材料力学公式计算。

对于配有纵向预应力钢筋和竖向预应力钢筋的预应力混凝土受弯构件，由预加力和荷载短期效应组合产生的混凝土主拉应力，按下式计算：

$$\sigma_{tp}=\frac{\sigma_{cx}+\sigma_{cy}}{2}-\sqrt{\left(\frac{\sigma_{cx}-\sigma_{cy}}{2}\right)^2+\tau^2} \tag{11-45}$$

(1)混凝土法向应力 σ_{cx}(以简支梁为例)

σ_{cx}为在预加力(扣除全部预应力损失后)和荷载短期效应组合弯矩($M_s=M_{GK}+0.7M_{Q1K}+M_{Q2K}$)作用下，计算主应力点的混凝土法向应力：

对先张法构件

$$\sigma_{cx}=\sigma_{pc}\pm\frac{M_s}{I_0}y_0=\frac{N_{p0}}{A_0}\mp\frac{N_{p0}e_{p0}}{I_0}y_0\pm\frac{M_s}{I_0}y_0 \tag{11-46}$$

对后张法构件

$$\begin{aligned}\sigma_{cx}&=\sigma_{pc}\pm\frac{M_{G1K}}{I_n}y_n\pm\frac{M_{G2K}+0.7M_{Q1K}+M_{Q2K}}{I_0}y_0\\&=\frac{N_p}{A_n}\mp\frac{N_p e_{pn}}{I_n}y_n\pm\frac{M_{G1K}}{I_n}y_n\pm\frac{M_{G2K}+0.7M_{Q1K}+M_{Q2K}}{I_0}y_0\end{aligned} \tag{11-47}$$

式中：y_0、y_n——分别为计算主应力点至按翼缘有效宽度计算的换算截面重心轴和净截面重心轴的距离；

N_{p0}、N_p——分别按式(11-37)和式(11-41)计算，对后张法曲线形预应力筋应将式中的 $\sigma_{pe}A_p$ 改为 $\sigma_{pe}A_p\cos\theta_p$。

(2)混凝土竖向压应力 σ_{cy}

由竖向预应力钢筋的预加力产生的混凝土竖向压应力，按下式计算：

学习记录

$$\sigma_{cy}=\frac{n\sigma_{pe,v}A_{pv}}{bS_{pv}} \tag{11-48}$$

式中：$\sigma_{pe,v}$——竖向预应力钢筋的有效预应力 $\sigma_{pe,v}=\sigma_{con,v}-\sigma_{l,v}$；

A_{pv}——单肢竖向预应力钢筋的截面面积；

n——同一截面上竖向预应力钢筋的肢数；

S_{pv}——竖向预应力钢筋的纵向间距；

b——梁的腹板宽度。

(3)混凝土剪应力 τ_s

τ_s 为由预应力弯起钢筋预加力的竖直分力（又称预剪力）V_p 和按荷载效应短期组合剪力 V_s 产生的计算主应力点处的混凝土剪应力。

预剪力为：

$$V_p=\sum\sigma_{pe,b}A_{pb}\sin\theta_p$$

荷载效应短期组合剪力为：

$$V_s=V_{G1K}+V_{G2K}+0.7V_{Q1K}+V_{Q2K}$$

由预剪力 V_p 和荷载效应短期合剪力 V_s 产生的混凝土剪应力，按下式计算：

对后张法构件

$$\tau_s=\frac{V_{G1K}S_n}{bI_n}+\frac{(V_{G2K}+0.7V_{Q1K}+V_{Q2K})S_0}{bI_0}-\frac{\sum\sigma_{pe,b}A_{pb}\sin\theta_p}{bI_n}\cdot S_n \tag{11-49}$$

先张法构件一般均采用直线配筋，没有预剪力的作用，由荷载效应短期组合剪力 V_s 产生的剪应力为

$$\tau_s=\frac{V_sS_0}{bI_0}=\frac{(V_{GK}+0.7V_{Q1K}+V_{Q2K})S_0}{bI_0} \tag{11-50}$$

式中：S_0、S_n——计算主应力点水平纤维以上（或以下）部分换算截面面积对其截面重心轴和净截面面积对其截面重心轴的面积矩；

b——计算主应力点处的截面宽度；

$\sigma_{pe,b}$——预应力弯起钢筋的有效预应力，$\sigma_{pe,b}=\sigma_{con,b}-\sigma_{l,b}$；

A_{pb}——计算截面上同一弯起平面内预应力弯起钢筋的截面面积；

θ_p——计算截面上预应力弯起钢筋的切线与构件纵轴的夹角。

在应用上述公式计算主拉应力时应特别注意下列问题：

(1)主拉应力计算式(11-45)中的 σ_{cx} 和 τ_s 应是同一计算截面，同一水平纤维处，由同一荷载产生的法向应力和剪应力值。一般是按最大活载剪力短期效应组合和与其对应的活载弯矩短期效应组合计算，切不可不加分析的随意组合。

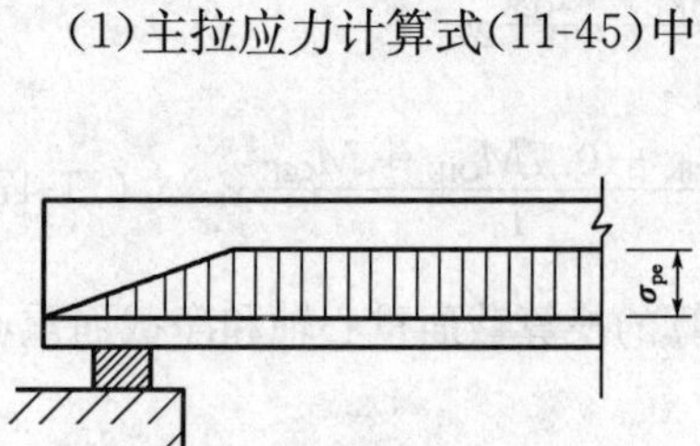

(2)对先张法构件端部区段进行抗裂性验算，计算由预加力引起的截面应力时，应考虑梁端预应力传递长度 l_{tr} 范围内预加力的变化。《公路桥规》规定，预应力传递长度 l_{tr} 范围内预应力钢筋的实际应力值，在构件端部取为零，在预应力传递长度末端取有效预应力，两点之间接直线变化取值(图 11-6)。

图 11-6　预应力钢筋传递长度内有效应力值

五、持久状况构件应力验算

持久状况应力计算原因及基本思路：按持久状况设计的预应力混凝土受弯构件，作为对承载能力极限状态的补充，应计算其使用阶段正截面混凝土的法向压应力，受拉区钢筋的拉应力和斜截面混凝土的主压应力，并不得超过《公路桥规》规定的限值。计算时荷载取其标准值，不计分项系数和组合系数，车辆荷载应考虑冲击系数。

全预应力混凝土及部分预应力混凝土 A 类构件，在使用阶段标准荷载作用下，处于第二工作阶段，全截面参加工作，截面应力可按材料力学公式计算。

部分预应力混凝土 B 类构件，在使用阶段标准荷载作用下，截面已经开裂，截面应力应按开裂的钢筋混凝土弹性体计算。

（一）正截面应力验算

验算思路及学习要领：全预应力混凝土及部分预应力混凝土 A 类构件在使用阶段，构件处于全截面参加工作的弹性工作状态，截面应力可按材料力学公式计算。对于抗裂性验算和应力验算，在预应力损失取值、构件截面几何性质的采用上两者完全相同，只是在荷载效应组合有所不同。抗裂性验算是计算荷载短期效应组合（汽车荷载不计冲击系数）作用下的截面应力；应力验算是计算荷载效应标准值（汽车荷载考虑冲击系数）作用下的截面应力。

（1）混凝土受压边缘的法向压应力计算：

对先张法构件

$$\sigma_{cc}^{k}=\frac{N_{p0}}{A_0}-\frac{N_{p0}e_{p0}}{W_0'}+\frac{M_{GK}+(1+\mu)M_{Q1K}+M_{Q2K}}{W_0'} \tag{11-51}$$

对后张法构件

$$\sigma_{cc}^{k}=\frac{N_p}{A_n}-\frac{N_p e_{pn}}{W_n'}+\frac{M_{G1K}}{W_n'}+\frac{M_{G2K}+(1+\mu)M_{Q1K}+M_{Q2K}}{W_0'} \tag{11-52}$$

式中：W_0'、W_n'——按受压翼缘有效宽度计算的换算截面和净截面的受压边缘的弹性抵抗矩；

A_0、A_n——按受压翼缘全宽计算的换算截面面积和净截面面积；

μ——汽车荷载的冲击系数。

按式（11-51）或式（11-52）计算的混凝土的最大压应力，应满足《公路桥规》规定的限值，即 $\sigma_{cc}^{k}\leqslant 0.5f_{ck}$，其中 f_{ck} 为混凝土轴心抗压强度标准值。

（2）受拉区预应力钢筋的拉应力计算：

$$\sigma_{p}^{k}=(\sigma_{con}-\sigma_{l})+\alpha_{EP}\sigma_{ct}^{k} \tag{11-53}$$

式（11-53）中等号右边前一项（$\sigma_{con}-\sigma_{l}$）为扣除全部预应力损失后剩余的有效预应力，后一项为由荷载引起的钢筋应力的增量，σ_{ct}^{k} 为由荷载效应标准值引起的受拉区预应力钢筋合力点处混凝土法向拉应力。σ_{ct}^{k} 按下式计算：

对先张法构件

$$\sigma_{ct}^{k}=\frac{M_{GK}+(1+\mu)M_{Q1K}+M_{Q2K}}{I_0}y_{p0} \tag{11-54}$$

学习记录

对后张法构件

$$\sigma_{ct}^{k}=\frac{M_{G2K}+(1+\mu)M_{Q1K}+M_{Q2K}}{I_0}y_{p0} \tag{11-55}$$

式中：y_{p0}——受拉区预应力钢筋合力点至换算截面重心的距离。

因为在后张法中，钢筋张拉控制应力是在构件自重作用后测得的，所以在式(11-55)中不再考虑自重的影响。

规定限值(验算公式)：

按式(11-53)计算的钢筋应力，应满足《公路桥规》规定的限值，如下：

对钢绞线、钢丝

$$\sigma_p^k \leqslant 0.65 f_{pk}$$

对精轧螺纹钢筋

$$\sigma_p^k \leqslant 0.8 f_{pk}$$

式中：f_{pk}——预应力钢筋的抗拉强度标准值。

(二)混凝土主应力验算

验算思路及学习要领：斜截面应力验算是选取若干最不利截面(例如支点附近截面、梁肋宽度变化处截面等)，计算在荷载效应标准值作用下截面的主压应力，并控制其满足《公路桥规》规定的限制条件。斜截面主压应力验算的目的是：防止构件腹板在预加力和使用阶段荷载作用下被压坏，作为斜截面抗剪承载力的补充，过高的主压应力也会导致截面抗裂能力的降低。

1.由预加力和荷载效应标准值产生的混凝土主压应力和主拉应力计算公式

$$\begin{matrix}\sigma_{cp}^{k}\\ \sigma_{tp}^{k}\end{matrix}=\frac{\sigma_{cx}^{k}+\sigma_{cy}}{2}\pm\sqrt{\left(\frac{\sigma_{cx}^{k}-\sigma_{cy}}{2}\right)^2+\tau_k^2} \tag{11-56}$$

式中：σ_{cx}^{k}——在计算主应力点，由预加力(扣除全部预应力损失后)和荷载标准值作用引起的混凝土法向压应力；

τ_k——由预应力弯起钢筋的预加力竖直分力和荷载效应标准值产生的计算主应力点处的混凝土剪应力；

σ_{cy}——由竖向预应力钢筋的预加力产生的混凝土竖向压应力。

对先张法构件

$$\begin{aligned}\sigma_{cx}^{k}&=\sigma_{pc}\pm\frac{M_{GK}+(1+\mu)M_{Q1K}+M_{Q2K}}{I_0}y_0\\&=\frac{N_{p0}}{A_0}\mp\frac{N_{p0}e_{p0}}{I_0}y_0\pm\frac{M_{GK}+(1+\mu)M_{Q1K}+M_{Q2K}}{I_0}y_0\end{aligned} \tag{11-57}$$

对后张法构件

$$\begin{aligned}\sigma_{cx}^{k}&=\sigma_{pc}\pm\frac{M_{G1K}}{I_n}y_n\pm\frac{M_{G2K}+(1+\mu)M_{Q1K}+M_{Q2K}}{I_0}y_0\\&=\frac{N_p}{A_n}\mp\frac{N_p e_{pn}}{I_n}y_n\pm\frac{M_{G1K}}{I_n}y_n\pm\frac{M_{G2K}+(1+\mu)M_{Q1K}+M_{Q2K}}{I_0}y_0\end{aligned} \tag{11-58}$$

式中：σ_{pc}——计算主应力点处混凝土的有效预压应力；

混凝土剪应力 τ_k 按下式计算：

对后张法构件

$$\tau_k=\frac{V_{G1K}S_n}{bI_n}+\frac{[V_{G2K}+(1+\mu)V_{Q1K}+V_{Q2K}]S_0}{bI_0}-\frac{\sum\sigma_{pe,b}A_{pb}\sin\theta_p}{bI_n}S_n \tag{11-59}$$

对先张法构件

$$\tau_k=\frac{[V_{GK}+(1+\mu)V_{Q1K}+V_{Q2K}]S_0}{bI_0} \tag{11-60}$$

式(11-56)～式(11-60)中各符号的意义及取值方法与抗裂验算中计算主拉应力的相应公式相同。在抗裂验算中提出的计算 σ_{cx} 和 τ_s 时的对应关系及先张法构件端部区段预应力传递长度 l_{tr} 范围内预加力的变化等问题，在进行斜截面主压应力验算时也应特别注意。

2.规定限值(验算公式)

(1)按式(11-56)计算的混凝土主压应力符合下列规定：

$$\sigma_{cp}^{k}\leqslant 0.6f_{ck} \tag{11-61}$$

此处《公路桥规》保留了根据使用阶段在预加力和荷载效应标准值作用下产生的主拉应力数值设置箍筋的规定，作为构件斜截面抗剪承载力的补充。

(2)根据式(11-56)计算的混凝土主拉应力，按下列规定设置箍筋：

在 $\sigma_{tp}\leqslant0.5f_{ck}$ 的区段，箍筋可按构造要求设置。

在 $\sigma_{tp}>0.5f_{ck}$ 的区段，箍筋的间距 S_v 可按下式计算：

$$S_v=\frac{f_{sk}A_{sv}}{\sigma_{tp}\cdot b} \tag{11-62}$$

式中：f_{sk}——箍筋抗拉强度标准值；

A_{sv}——同一截面内箍筋的总截面面积；

b——矩形截面宽度，T形或工形截面的腹板宽度。

按上述规定计算的箍筋用量应与按斜截面承载力计算的箍筋数量进行比较，取其中较多者。

六、预应力混凝土受弯构件短暂状况应力验算

短暂状况应力计算原因及基本思路：由于考虑施工阶段动力效应及计算模式的改变等因素，在预应力混凝土结构按短暂状况设计时，应计算在制造、运输及安装等施工阶段，由预加力(扣除相应的预应力损失)、构件自重及其他施工荷载引起的截面应力，并不得超过《公路桥规》规定的限制。

预应力钢筋张拉锚固后，梁向上挠曲，构件自重随即参加工作。预加应力阶段梁处于弹性工作状态，预加力和构件自重引起的截面应力，可按材料力学公式计算，这时预加力应扣除第一批应力损失，构件自重弯矩应采用标准值。

1.在预加力和构件自重作用下，混凝土截面法向应力计算公式

对先张法构件：

$$\left.\begin{matrix}\text{预拉区}\quad \sigma_{ct}^{t}\\ \text{预压区}\quad \sigma_{cc}^{t}\end{matrix}\right\}=\frac{N_{p01}}{A_0}\mp\frac{N_{p01}\cdot e_{p01,0}}{I_0}y_0\pm\frac{M_{G1K}}{I_0}y_0 \tag{11-63}$$

学习记录

对后张法构件：

$$\begin{array}{l}\text{预拉区}\quad \sigma_{ct}^{t}\\ \text{预压区}\quad \sigma_{cc}^{t}\end{array} = \frac{N_{p1}}{A_n} \mp \frac{N_{p1} \cdot e_{p1,n}}{I_n} y_n \pm \frac{M_{G1K}}{I_n} y_n \tag{11-64}$$

式中：N_{p01}——先张法构件扣除第一批预应力损失后，相当于混凝土应力为零时钢筋预加力的合力，$N_{p01}=\sigma_{p01}A_p+\sigma'_{p01}A'_p$，其中，$\sigma_{p01}=\sigma_{con}-\sigma_{l1}+\sigma_{l4}$，$\sigma'_{p01}=\sigma'_{con}-\sigma'_{l1}+\sigma'_{l4}$；

$e_{p01,0}$——合力 N_{p01} 作用点至换算截面重心的距离，$e_{p01,0}=(\sigma_{p01}A_p y_{p0}+\sigma'_{p01}A'_p y'_{p0})/(\sigma_{p0}A_p+\sigma'_{p0}A'_p)$；

N_{p1}——后张法构件扣除第一批预应力损失后预应力钢筋预加力的合力，$N_{p1}=\sigma_{pe,1}+\sigma'_{pe,1}$，其中，$\sigma_{pe,1}=\sigma_{con}-\sigma_{l1}$，$\sigma'_{pe,1}=\sigma'_{con}-\sigma'_{l1}$；

$e_{p1,n}$——合力 N_{p1} 作用点至净截面重心的距离，$e_{p1,n}=(\sigma_{pe1}A_p y_{pn}+\sigma'_{pe1}A'_p y'_{pn})/(\sigma_{pe1}A_p+\sigma'_{pe1}A'_p)$；

M_{G1K}——构件自重引起的弯距标准值；

y_0、y_n——分别为所求应力之点至换算截面重心轴和净截面重心轴的距离。

2. 规定限值(验算公式)

按上式求得的截面边缘的混凝土的法向应力符合下列规定：

(1)压应力

普通混凝土：

$$\sigma_{cc}^{t} \leqslant 0.70 f'_{ck} \tag{11-65a}$$

高强混凝土：

$$\sigma_{cc}^{t} \leqslant 0.5\ f'_{ck} \tag{11-65b}$$

(2)拉应力

预拉区不配置普通钢筋时：

$$\sigma_{ct}^{t} \leqslant 0.7 f'_{tk} \tag{11-66}$$

当 $\sigma_{ct}^{t} \leqslant 0.7f'_{tk}$时，预拉区应配置其配筋率不小于 0.2%的纵向钢筋；

当 $\sigma_{ct}^{t}=1.15f'_{tk}$时，预拉区应配置其配置率不小于 0.4%的纵向钢筋；

当 $0.7f'_{tk}<\sigma_{ct}^{t}<1.15f'_{tk}$时，预拉区应配置的纵向钢筋配筋率按以上两者直线的插入取用，拉应力不应超过 $1.15f'_{tk}$。

预拉区配置普通钢筋时：

$$\sigma_{c}^{t} \leqslant 1.15 f'_{tk} \tag{11-67}$$

式中：f'_{ck}、f'_{tk}——与制作、运输、安装各施工阶段混凝土立方体抗压强度 $f'_{cu,k}$相应的混凝土抗压强度、抗拉强度标准值。

为了保证构件在制作、运输、安装各工作阶段构件预拉区不出现裂缝，预拉区纵向普通钢筋的配筋率应符合下列要求：

当预拉区混凝土边缘法向拉应力 $\sigma_{cc}^{t} \leqslant 0.70 f'_{ck}$ 时，可不配置纵向普通钢筋；当预拉区混凝土边缘法向拉应力在 $0.7 f'_{tk} < \sigma_{c}^{t} \leqslant 1.15 f'_{tk}$ 时，纵向普通钢筋的配筋率 A'_s/A 应不小于 0.2%。

预拉区的纵向普通钢筋，宜采用带肋钢筋时，其直径不宜大于 14mm，沿预拉区的外边缘均匀布置。

应该指出，预应力混凝土梁的制造、运输、安装阶段，一般是以预拉区边缘混凝土的法向拉应力 σ_{ct}^{t} 控制设计。所以，在计算中只考虑构件自重的作用，不考虑其他施工荷载的作用。

对于这种情况，应特别注意使构件的自重及时地参与工作。如果构件在堆放、运输和安装时的支点(吊点)位置与设计位置差别较大，甚至发生构件翻倒等情况，这会改变构件自重引起弯矩值，从而导致构件的预拉区法向拉应力过大。梁的预拉区可能会出现裂缝，甚至有造成梁的断裂的危险。

其他注意事项：公式是由简支梁导出的，对于预应力混凝土连续梁等超静定结构，使用阶段应力验算(并且包括 B 类受弯构件开裂后的应力验算)和短暂状况应力验算，均应考虑预应力引起的次内力的影响。

七、局部承压承载力计算

后张法预应力混凝土构件端部，因锚固区混凝土开裂、锚具内陷或局部承压能力不足而引起的事故屡有发生，因此，局部承压区的计算是后张法预应力混凝土构件计算中必须予以注意的问题之一。

《公路桥规》要求必须进行局部承压区承载能力和抗裂性计算。

(一)局部承压区的承载力计算

对于配置间接钢筋的局部承压区(图 11-7)，当符合 $A_{cor} > A_l$，且 A_{cor} 的重心与 A_l 的重心相重合的条件时，其局部承压承载能力可按下式计算：

$$\gamma_0 F_{ld} \leqslant F_u = 0.9(\eta_s \beta f_{cd} + k \rho_v \beta_{cor} f_{sd}) A_{ln} \tag{11-68}$$

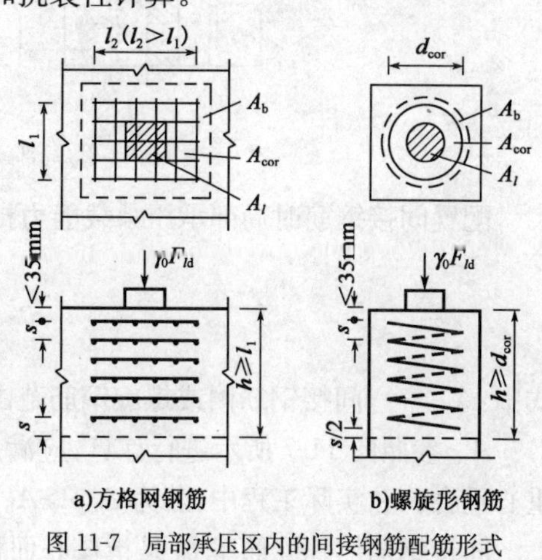

图 11-7 局部承压区内的间接钢筋配筋形式(尺寸单位：mm)

式中：F_{ld}——局部受压面积上的局部压力设计值，对后张法预应力混凝土构件的锚头局部受压区，可取 1.2 倍张拉时的最大压力；

η_s——混凝土局部承压修正系数，按表 11-2 采用；

f_{sd}——间接钢筋的抗拉强度设计值；

A_{ln}——当局部受压面有孔洞时，扣除孔洞后的混凝土局部受压面积(计入钢垫板中按 45°刚性角扩大的面积)，即 A_{ln} 为局部承压面积 A_l 减去孔洞的面积；

k——间接钢筋影响系数，混凝土强度等级 C50 及以下时，取 $k=2.0$；C50～C80 取 $k=2.0$～1.70，中间按表 11-2 直接插值取用；

β——混凝土承压强度的提高系数；

学习记录

β_{cor}——配置间接钢筋时局部承压承载能力提高系数；

ρ_v——间接钢筋的体积配筋率。

混凝土局部承压计算系数 η_s 与 k　　表 11-2

混凝土强度等级	≤C50	C55	C60	C65	C70	C75	C80
η_s	1.0	0.96	0.92	0.88	0.84	0.80	0.76
k	2.0	1.95	1.90	1.85	1.80	1.75	1.70

混凝土承压强度的提高系数 β 按下式计算：

$$\beta=\sqrt{\frac{A_b}{A_l}} \tag{11-69}$$

式中：A_l——局部承压面积(考虑在钢垫板中沿 45°刚性角扩大的面积)，当有孔道时(对圆形承压面积而言)不扣除孔道面积；

A_b——局部承压的计算底面积，可根据图 11-8 来确定。

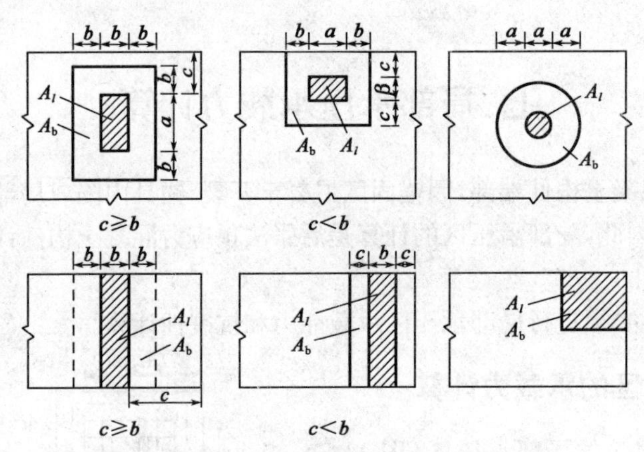

图 11-8　局部承压时计算底面积 A_b 的示意图

配置间接钢筋时局部承压承载能力提高系数 β_{cor} 按下面公式计算：

$$\beta_{cor}=\sqrt{\frac{A_{cor}}{A_l}}\geqslant 1 \tag{11-70}$$

式中：A_{cor}——间接钢筋网或螺旋钢筋范围内混凝土核心面积。

A_{cor}参照图 11-7 所示进行计算，应满足 $A_b>A_{cor}>A_l$，且 A_{cor} 的面积重心应与 A_l 的面积重心重合。在实际工程中，若为 $A_{cor}>A_b$ 情况，则应取 $A_{cor}=A_b$。

间接钢筋体积配筋率 ρ_v 是指核心面积 A_{cor} 范围内单位体积所含间接钢筋的体积，应按下列公式计算。

(1)当间接钢筋为方格钢筋网时[图 11-7a)]：

$$\rho_v=\frac{n_1A_{s1}l_1+n_2A_{s2}l_2}{A_{cor}s} \tag{11-71}$$

式中：s——钢筋网片层距；

n_1，A_{s1}——分别是单层钢筋网沿 l_1 方向的钢筋根数和单根钢筋截面面积；

n_2，A_{s2}——分别是单层钢筋网沿 l_2 方向的钢筋根数和单根钢筋截面面积；

A_{cor}——方格网间接钢筋内表面范围的混凝土核心面积，其重心应与 A_l 的重心重合，计算时按同心、对称原则取值。

此外，钢筋网在两个方向的钢筋截面面积相差不应大于50%，且局部承压区间接钢筋不应少于4层钢筋网。

(2)当间接钢筋为螺旋形钢筋时[图11-7b)]：

$$\rho_v = \frac{4A_{ss1}}{d_{cor}s} \tag{11-72}$$

式中：A_{ss1}——单根螺旋形钢筋的截面面积；

d_{cor}——螺旋形间接钢筋内表面范围内混凝土核心的直径；

s——螺旋形钢筋的间距，螺旋形钢筋不应少于4圈。

(二)防止锚具(或垫板)下沉的验算

为了防止局部承压区段因锚具(或垫板)下沉，出现沿构件长度方向的裂缝，保证局部承压区混凝土的防裂要求，对于在局部承压区中配有间接钢筋的情况，《公路桥规》规定局部承压区的截面尺寸应满足：

$$\gamma_0 F_{ld} \leqslant F_{cr} = 1.3\eta_s \beta f_{cd} A_{ln} \tag{11-73}$$

式中：f_{cd}——混凝土轴心抗压强度设计值。

其余符号的意义与式(11-68)相同。

八、预应力混凝土简支梁设计

前面单元主要介绍了预应力混凝土构件承载能力极限状态计算和正常使用极限状态的抗裂性、裂缝宽度和变形计算等问题。对于截面尺寸和钢筋已配置好的构件来说，这些都属于验算问题。但是，在实际工作中，首先遇到的是如何选择截面和配筋的设计问题。预应力混凝土简支梁的设计主要包括截面设计、钢筋数量的估算和布置以及构造要求等内容。

预应力混凝土梁的设计应满足安全、适用和耐久性等方面的要求，主要包括：

(1)构件应具有足够的承载力，以满足构件达到承载能力极限状态时具有一定的安全储备，这是保证结构安全可靠工作的前提。

(2)在正常使用极限状态下，构件的抗裂性和结构变形不应超过规范规定的限制。对允许出现裂缝的构件，裂缝宽度也应限制在一定范围内。

(3)在持久状况使用荷载作用下，构件的截面应力(包括混凝土正截面压应力，斜截面主压应力和钢筋拉应力)不应超过规范规定的限制。为了保证构件在制造、运输、安装时的安全工作，对短暂状况下构件的截面应力，也要控制在规范规定的限制范围以内。

从理论上讲，满足上述要求的设计是个复杂的优化设计。在设计中，对满足上述要求起决定性影响的是构件的截面选择、钢筋数量估算和位置的设计，它们是设计中的控制因素。构件的其他设计要求，如应力校核、预应力钢筋的走向、锚具的布置等都可以通过局部性的设计和考虑来实现。

预应力混凝土简支梁设计的一般步骤：

学习记录

(1)根据设计要求,参照已有设计图纸和资料,选择预加力体系和锚具形式,选定截面形式,并初步拟定截面尺寸,选定材料规格。

(2)根据构件可能出现的荷载效应组合,计算控制截面的设计内力(弯矩和剪力)及其相应的组合值。

(3)从满足主要控制截面(跨中截面)在正常使用极限状态的使用要求和承载能力极限状态的强度要求出发,估算预应力钢筋和普通钢筋的数量,并进行合理的布置及纵断设计。

(4)计算主梁截面的几何特征值。

(5)确定张拉控制应力,计算预应力损失值。

(6)正截面和斜截面的承载力复核。

(7)正常使用极限状态下,构件抗裂性或裂缝宽度及变形验算。

(8)持久状态使用荷载作用下构件截面应力验算。

(9)短暂状态构件截面应力验算。

(10)锚固端局部承压计算与锚固区设计。

注意事项:设计中应特别注意对上述各项计算结果的综合分析。若其中某项计算结果不满足要求或安全储备过大,应适当修改截面尺寸或调整钢筋的数量和位置,重新进行上述各项计算。尽量做到既能满足规范规定的各项限制条件,又不致造成个别验算项目的安全储备过大,达到全梁优化设计的目的。

(一)预应力混凝土简支梁的截面设计

当结构的总体方案确定后,设计者的首要任务是选择合理的截面形式和拟定截面尺寸。合理的截面形式和尺寸不仅能保证结构良好的工作性能,对结构的经济性也具有重要影响。

1.预应力混凝土梁截面抗弯效率指标

为什么引入这个指标及定义?截面设计的合理性和经济性,依赖于对截面工作性能的分析理解。从预应力混凝土受弯构件各工作阶段的受力分析可以看出,处于整体弹性工作阶段的预应力混凝土梁的抗弯能力是由预加力 N_p 和混凝土压应力的合力 D 组成的内力偶 $M=N_p z$ 来提供的。随着外荷载的增加,钢筋拉力 N_p 基本不变,并与混凝土压应力的合力 D 保持平衡($N_p=D$);但其内力偶臂 z 则随荷载弯矩的变化而变。因此,对预应力混凝土梁来说,在预加力相同的条件下,其内力偶臂 z 的变化范围越大,其所能抵抗的外荷弯矩也就越大,即截面的抗弯效率越高。

对全预应力混凝土结构,在保证截面上、下边缘混凝土不出现拉应力的条件下,混凝土压应力的合力作用点只能限制在截面上、下核心点之间,内力偶臂的可能变化范围是上核心距 K_s 与下核心距 K_x 之和。因此,可用参数 $\lambda=(K_s+K_x)/h$(h 为梁的截面高度)来表示截面的抗弯效率,通常称为截面抗弯效率指标。λ 值实际上是反映截面混凝土材料沿梁高分布的合理性,它与截面形式有关。例如,矩形截面的 λ 值为1/3;空心板梁的 λ 值,则随挖空率而变化,一般为0.4~0.55;T形截面的 λ 值可达0.5左右。当 $\lambda<0.45$ 时,截面比较笨重;当 $\lambda>0.55$ 时,截面过于单薄,要注意验算腹板和翼缘的稳定性。所以,在预应力混凝土梁的截面设计时,应在综合考虑结构受力和简化施工的前提下,尽量选取 λ 值较大的截面。

2.预应力混凝土梁常用截面形式

常用截面形式有那些呢?在实际工作中,人们根据多年来的实践及对合理截面的研究,综合考虑设计、使用和施工等多种因素，已形成了一些常用截面形式和基本尺寸，以供设计时参考。

(1)预应力混凝土空心板[图 11-9a)]。其挖空部分采用圆形、圆端形等截面，跨径较大的后张法空心板则做成薄壁箱形截面，仅在顶板做成拱形。空心板的截面高度与跨度有关，一般取高跨比 $h/L=1/20\sim1/15$，板宽一般取 1100～1400mm，顶板和底板的厚度均不宜小于 80mm。预应力混凝土空心板一般采用现场预制直线配筋的先张法生产，适用跨径为 8～20m；后张法预应力混凝土空心板的适用跨径为 16～22m；采用小箱梁形式跨度可达 30m。

(2)预应力混凝土 T 形梁[图 11-9b)]。T 形梁是我国应用最多的预应力混凝土简支梁桥截面型式，为了满足布置钢筋束的要求，常将下缘加宽成马蹄形。预应力混凝土简支 T 梁桥的适用跨径为 25～40m，近年来已扩大应用到 50m。T 形梁的高跨比一般为 $h/L=1/25\sim1/15$。下缘加宽部分的尺寸，根据布置钢筋束的构造要求确定。T 形梁的腹板起连接上、下翼缘和承受剪力的作用，由于预应力混凝土梁中剪应力较小，故腹板无需太厚，一般取 160～200mm。下缘马蹄形加宽部分的高度应与钢筋束的弯起相配合。在支点附近区段，通常是全高加宽，以适用钢筋束弯起和梁端布置锚具、安放千斤顶的需要。T 形梁的上翼缘宽度一般取 1600～2500mm。对于主梁间距较大的情况，由于受构件起吊和运输设备的限制，通常在中间设置现浇段，将预制部分的上翼缘宽度限制在 1800mm 以下。上翼缘作为行车道板，其尺寸按计算要求确定。但是悬臂端的最小厚度不得小于 100mm，两腹板间的最小厚度不应小于 120mm。

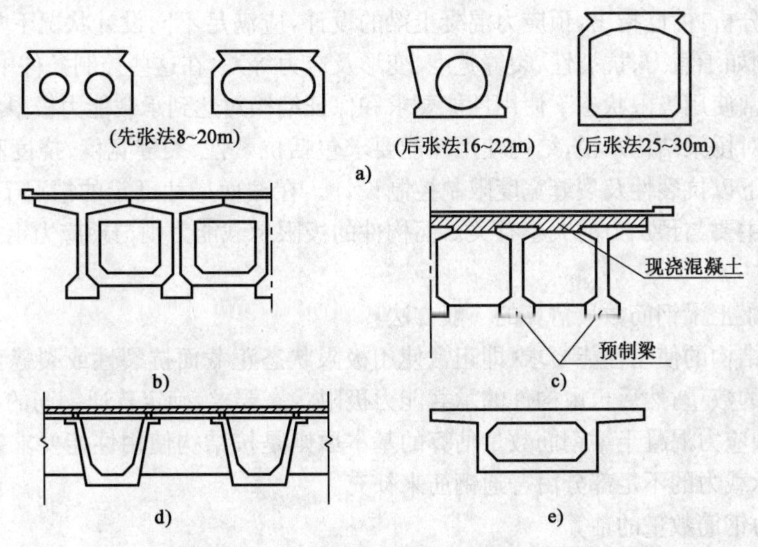

图 11-9 预应力混凝土简支梁桥常用截面形式

(3)预应力混凝土工字梁现浇整体组合式截面梁[图 11-9c)]。这种梁是在预制工字梁安装定位后，再现浇横梁和桥面混凝土使截面整体化。其受力性能如同 T 形截面，但横向联系较 T 形梁好，构件吊装重量相对较轻。特别是它能较好的适用于各种斜桥，平面布置较容易。

(4)预应力混凝土槽形截面梁[图 11-9d)]。槽形梁属于组合式截面，预制主梁采用开口槽形截面。槽形梁架设就位后，在横向铺设先张法预应力混凝土板或钢筋混凝土板，最后再浇筑混凝土铺装层，将全桥连接成整体。

槽形组合式截面具有抗扭刚度大，荷载横向分布均匀，承载力高，结构自重轻，节省钢筋等

学习记录

优点,而且槽形截面对运输及吊装的稳定性好。所以,近年来这种槽形组合式截面在桥梁的应用增多,适用跨度为16～30m,高跨比一般为1/20～1/16。

(5)预应力混凝土箱形截面梁[图11-9e)]。箱形截面为闭口截面,其抗扭刚度比一般开口截面(例如T形截面)大得多,可使荷载横向分布更加均匀,跨越能力大,材料利用合理,结构自重轻。

注意:实际设计中应根据结构形式及受荷载情况合理的选择所需要的截面形式。

(二)预应力混凝土简支梁的配筋设计

为什么要配置普通钢筋? 部分预应力混凝土构件一般采用预应力钢筋和普通钢筋混合配筋。对全预应力混凝土构件在受拉区也应按构造要求配置一定数量的普通钢筋,这样能更好地控制裂缝、挠度和反拱,提高结构的延性。

预应力混凝土梁的配筋设计的主要内容及注意事项:

(1)根据主要控制截面(跨中截面)的设计内力值和使用要求,估算预应力钢筋和普通钢筋数量,并进行横断面布置。

(2)综合考虑全梁的内力(弯矩和剪力)变化规律,合理地布置预应力筋,认真进行纵断面设计。

(3)注意满足有关构造要求,精心处理构造细节。

1.钢筋数量估算

估算方法分析:前已指出,预应力混凝土梁的设计,应满足不同设计状况下规范规定的控制条件要求(例如承载力、抗裂性、裂缝宽度、变形及应力等)。在这些控制条件中,最重要的是满足结构在正常使用极限状态下使用性能要求和保证结构对达到承载能力极限状态具有一定的安全储备。对桥梁结构来说,结构使用性能要求包括抗裂性、裂缝宽度、挠度和反拱等项限制。一般情况下以抗裂性及裂缝宽度限制控制设计。在截面尺寸已定的情况下,结构的抗裂性及裂缝宽度主要与预加力的大小有关。而构件的极限承载能力则与预应力钢筋和普通钢筋的总量有关。

预应力混凝土梁钢筋数量估算的一般方法:

首先根据结构的使用性能要求(即正常使用极限状态正截面抗裂性或裂缝宽度限值),确定预应力钢筋的数量;然后再由构件的承载能力极限状态要求,确定普通钢筋的数量。

简言之,预应力混凝土梁钢筋数量估算的基本原则是按结构使用性能要求确定预应力钢筋数量,极限承载力的不足部分由普通钢筋来补充。

(1)预应力钢筋数量的估算

为估算预应力钢筋数量,首先应按正常使用状态正截面抗裂性或裂缝宽度限制要求,确定有效预加力N_{pe}。

预应力混凝土受弯构件正截面抗裂性以混凝土法向拉应力为控制,应符合下列要求。

①全预应力混凝土构件,在作用(或荷载)短期效应组合下:

预制构件

$$\sigma_{st}-0.85\sigma_{pc}\leqslant 0$$

分段浇筑或砂浆接缝的纵向分块构件

$$\sigma_{st}-0.8\sigma_{pc}\leqslant 0$$

式中：σ_{st}——在荷载短期效应组合 M_s 作用下，构件控制截面边缘的法向拉应力，$\sigma_{st}=M_s/W$； (11-74)

σ_{pc}——混凝土的有效预压力，$\sigma_{pc}=N_{pe}/A+N_{pe}e_p/W$； (11-75)

A、W——构件截面面积和对截面受拉边缘的弹性抵抗矩，在设计时均可采用混凝土毛截面计算；

e_p——预应力钢筋重心对混凝土截面重心轴的偏心距，$e_p=y-a_p$，a_p 值可预先假定。

若将 σ_{st}、σ_{pc} 的计算表达式代入限值公式中，即可求得满足全预应力混凝土构件正截面抗裂性要求所需的有效预加力为：

$$N_{pe}\geqslant\frac{\frac{M_s}{W}}{0.85(\text{或 }0.8)\left(\frac{1}{A}+\frac{e_p}{W}\right)} \tag{11-76}$$

②部分预应力混凝土 A 类构件，在作用(或荷载)短期效应下：

$$\sigma_{st}-\sigma_{pc}\leqslant0.70f_{tk}$$

若将 σ_{st}、σ_{pc} 的计算表达式代入限值公式中，即可求得满足部分预应力混凝土 A 类构件正截面抗裂性要求所需的有效预加力为：

$$N_{pe}\geqslant\frac{\frac{M_s}{W}-0.70f_{tk}}{\frac{1}{A}+\frac{e_p}{W}} \tag{11-77}$$

式中：f_{tk}——混凝土抗拉强度标准值。

如何根据求出的预加力确定钢束面积？

针对全预应力混凝土、部分预应力混凝土 A 类构件的使用性能要求，分别按式(11-76)、式(11-77)求得有效预加力 N_{pe} 后，所需预应力钢筋截面面积按下式计算：

$$A_p=\frac{N_{pe}}{\sigma_{con}-\sigma_l} \tag{11-78}$$

式中：σ_{con}——预应力钢筋的张拉控制应力；

σ_l——预应力损失总值，估算时对先张法构件可取 15%～20%的张拉控制应力，对后张法构件可取 20%～25%的张拉控制应力。

求得预应力钢筋截面面积后，应结合锚具选型和构造要求，选择预应力钢筋束的数量及组成，布置预应力钢筋束并计算其合力作用点至截面边缘的距离。

(2)普通钢筋数量的确定

普通钢筋数量确定原则及公示简化：在预应力钢筋数量已经确定的情况下，普通钢筋数量可由正截面承载能力极限状态要求条件确定。若暂不考虑受压区预应力钢筋和普通钢筋的影响，正截面承载能力计算公式即可改写为下列简单形式。

(1)当 $x\leqslant h_f'$ 时

$$f_{cd}b_f'x=f_{sd}A_s+f_{pd}A_p \tag{11-79}$$

$$\gamma_0M_d\leqslant f_{cd}b_f'x\left(h_0-\frac{x}{2}\right) \tag{11-80}$$

(2)当 $x>h_f'$ 时

$$f_{cd}bx+f_{cd}(b_f'-b)h_f'=f_{sd}A_s+f_{pd}A_p \tag{11-81}$$

学习记录

$$\gamma_0 M_{\rm d} \leqslant f_{\rm cd} bx\left(h_0 - \frac{x}{2}\right) + f_{\rm cd}(b'_{\rm f} - b)h'_{\rm f}\left(h_0 - \frac{h'_{\rm f}}{2}\right) \tag{11-82}$$

先按 $x \leqslant h'_{\rm f}$ 情况计算，首先由式(11-80)求得截面受压区高度 x，若所得 $x \leqslant h'_{\rm f}$，则将其代入式(11-79)求得受拉区普通钢筋截面面积：

$$A_{\rm s} = \frac{f_{\rm cd} b'_{\rm f} x - f_{\rm pd} A_{\rm p}}{f_{\rm sd}} \tag{11-83}$$

若按式(11-80)求得的 $x > h'_{\rm f}$，应改为按 $x > h'_{\rm f}$ 的情况，由式(11-81)重新求 x。若所得 $x > h'_{\rm f}$，且满足 $x \leqslant \xi_{\rm b} h_0$ 的限制条件，则将其代入式(11-81)，求得受拉区普通钢筋截面面积为：

$$A_{\rm s} = \frac{f_{\rm cd} bx + f_{\rm cd}(b'_f - b)h'_{\rm f} - f_{\rm pd} A_{\rm p}}{f_{\rm sd}} \tag{11-84}$$

选配原则：布置在受拉区的普通钢筋一般选用 HRB335、HRB400 或 KL400 带肋钢筋，通常布置在预应力钢筋的外侧。

2. 预应力钢筋纵断面设计

为什么要进行钢束纵断面设计？预应力混凝土简支梁的配筋设计一般是首先进行跨中截面和梁端附近截面的设计。根据跨中截面正截面的使用性能和抗弯承载力要求，确定预应力钢筋和普通钢筋的数量；梁端附近截面设计主要是根据斜截面抗剪承载力和锚下局部承压及布置锚具和安放张拉千斤顶的构造要求，确定预应力钢筋的布置方案。对于中小跨跨径的预应力混凝土简支梁，通常的作法是将所有的预应力钢筋束均在梁端锚固(较大跨径简支梁或连续梁亦可将部分预应力钢筋束在跨间顶(底)板或横隔梁处锚固)。在支点截面处应将预应力钢筋的合力作用点设置在接近混凝土截面重心处。这样，从跨中到支点，预应力钢筋束必须从某一点开始以适当的形式弯起。

基本原则：预应力钢筋束的弯起应综合考虑弯矩和剪力值沿梁长方向的变化，适应正截面抗弯和斜截面抗剪的受力要求。

实现方法：对正截面抗弯需要而言，从保证全梁正截面的抗裂性或裂缝宽限制的需要出发，预应力钢筋的偏心距 $e_{\rm p}$ 应与设计弯距值 $M_{\rm s}$ 的变化相适应。对全预应力混凝土构件，由式(11-76)可求得偏心距 $e_{\rm p}$ 与设计弯矩的关系为：

$$e_{\rm p} \geqslant \frac{M_{\rm s}}{0.85(\text{或}\ 0.8)N_{\rm pe}} - \frac{W}{A} \tag{11-85}$$

式中：W/A——混凝土截面重心至上核心点的距离，即 $W/A = I/Ay_{\rm x} = K_{\rm s}$。

这样，式(11-85)可改写为：

$$e_2 = e_{\rm p} + K_{\rm s} \geqslant \frac{M_{\rm s}}{0.85(\text{或}\ 0.8)N_{\rm pe}} \tag{11-86}$$

式中：e_2——预应力钢筋合力作用点至截面上核心点的距离。

式(11-86)给出的是为满足全梁正截面抗裂要求所需的预应力钢筋束偏心距的下限值。

预应力钢筋束偏心距上限值，一般由短暂状况预加应力作用阶段截面上边缘不得出现拉应力的条件来控制。将式(11-64)简化为按混凝土毛截面几何性质计算，可求得当截面上边缘应力为零时，所对应力偏心矩为：

学习记录

$$e_p \leqslant \frac{M_{G1K}}{N_{pe}} + \frac{I}{Ay_s} = \frac{M_{G1K}}{N_{p1}} + K_x \tag{11-87}$$

或

$$e_1 = e_p - K_x \leqslant \frac{M_{G1K}}{N_{p1}} \tag{11-88}$$

式中:K_x——混凝土截面重心至下核心点的距离,$K_x = I/Ay_s$;

e_1——预应力钢筋合力作用点至截面下核心点的距离。

索界定义:图 11-10 所示为预应力钢筋束偏心距沿梁长方向的变化图,图中 E_1 线对应于截面下核心点连线 $A'A'$ 的距离 e_1,按式(11-88)计算,E_2 线对应于截面上核心点连线 AA 的距离 e_2,按式(11-86)计算,E_1 和 E_2 这两条线限制了预应力钢筋束的布置范围,称之为索界。

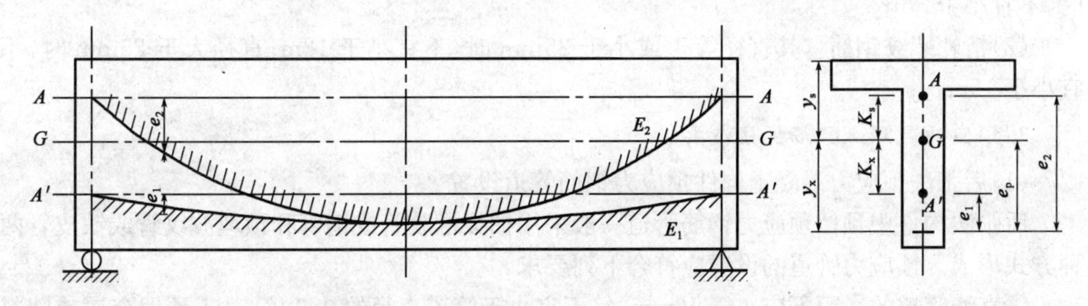

图 11-10 索界图

结论:只要在索界内布置钢索(指钢筋束的重心线),即能满足全梁所有截面的正截面抗裂性和预加应力阶段截面上缘不出现拉应力的要求。

说明:应该指出,上面给出的索界图是针对全预应力混凝土构件导出的。对部分预应力混凝土 A 类构件来说,满足正截面抗裂性要求的预应力钢筋束偏心距与设计内力的关系式,应由式(11-77)导出。部分预应力混凝土构件索界图中 E_2 线应按上面导出的相应公式计算,其形状与全预应力混凝土相似,位置将水平上移,E_1 线的位置与全预应力混凝土相同。

弯起角的确定:钢筋束在索界内的走向,还应配合斜截面的抗剪要求来选择。钢筋束弯起后,将产生向上作用的预剪力 $V_p = N_{pe}\sin\theta_p$(式中 θ_p 为预应力筋的弯起角)。如果弯起角度过大,只有恒载作用时,可能产生过大的向上剪力;若弯起角度过小,预剪力不足,在活载作用后可能产生过大的向下剪力。从理论上讲,最佳的设计是考虑预剪力的作用后,应使只有恒载作用与活载作用后的合成剪力绝对值相等。即 $|V_G - N_{pe}\sin\theta_p| = |V_G + V_Q - N_{pe}\sin\theta_p|$,由此可得:

预剪力

$$N_{pe}\sin\theta_p = V_G + 1/2V_Q \tag{11-89}$$

预应力钢筋的弯起角度

$$\theta_p = \arcsin[(V_G + 1/2V_Q)/N_{pe}] \tag{11-90}$$

对于恒载较大的大跨径桥梁,按上式确定的弯起角度值显然过大,将使预应力钢筋的摩擦损失大大增加,所以一般只按抵消一部分恒载剪力来设计。

力筋纵断面设计步骤:在实际工作中,对中小跨径的等截面简支梁的设计,一般不必绘制索界图。通常是将预应力钢筋在跨中和支点截面的控制位置,按计算和构造要求确定后,参照

学习记录

有关钢筋束弯起的构造要求，在控制点之间采用近似于抛物线的形状连接，就基本上能满足设计要求。

弯起角和曲线构造要求：预应力钢筋束的起弯点一般设在距支点 $L/4 \sim L/3$ 之间。弯起角度一般不宜大于 20°；对于弯出梁顶锚固的钢筋束，弯起角度常在 25°～30°之间，以免摩擦损失过大。钢束弯起的曲线可采用圆弧线、抛物线或悬链线三种形式。在矢跨比较小的情况下，这三种曲线的坐标值相差不大。但从施工来说，选择悬链线比较方便，悬链线弯起不急；从满足起弯角度来说，圆弧线比较好，施工放样也比较方便。

后张法预应力混凝土构件的曲线形预应力钢筋，其曲线半径应符合下列规定：

(1)钢筋束。钢绞线束的钢丝直径等于或大于 5mm 时，不宜小于 4m；钢丝直径大于 5mm 时，不宜小于 6m；

(2)精轧螺纹钢筋。其直径等于或小于 25mm 时，不宜小于 12m；直径大于 25mm 时，不宜小于 15m。

3. 预应力混凝土配筋的构造要求

(1)后张法预应力混凝土构件预应力钢筋管道设置

后张法构件中预留预应力钢筋管道一般采用抽拔橡胶管或钢管和预埋波纹管或铁皮管两种方式形成。预应力管道的设置应符合下列要求：

①直线管道的净距不应小于 40mm，且不宜小于管道直径的 0.6 倍；对于预埋金属或塑料波纹管和铁皮管，在竖直方向可将两管道叠置。

②对外形呈曲线形且布置有曲线预应力钢筋的构件(图 11-11)，其曲线平面内、外管道的最小保护层厚度，应根据施加预应力时曲线预应力钢筋引起的压力，按下列公式计算。

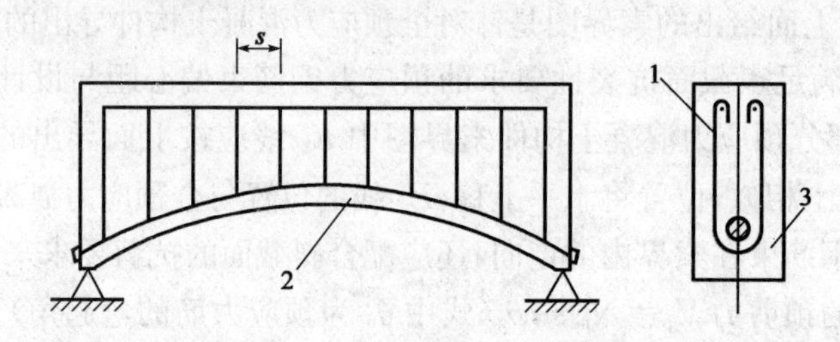

图 11-11 预应力钢筋曲线管道保护层

1-吊筋；2-曲线平面内保护层；3-曲线平面外保护层

曲线平面内最小混凝土保护层厚度：

$$C_{in} \geqslant \frac{P_d}{0.266r\sqrt{f'_{cu}}} - \frac{d_s}{2} \tag{11-91}$$

式中：C_{in}——曲线平面内最小混凝土保护层厚度(管道外边缘至混凝土表面的距离)；

P_d——预应力钢筋的张拉力设计值(N)，可取扣除锚圈口摩擦、钢筋回缩及计算截面处管道摩擦损失后的张拉力乘以 1.2；

r——管道曲线半径，$r=\frac{L}{2}(1/4\beta+\beta)$，$\beta$ 为曲线矢高 f 与弦长 L 之比；

f'_{cu}——预应力钢筋张拉时，混凝土的立方体抗压强度(MPa)；

d_s——管道外缘直径。

曲线平面外最小混凝土保护层厚度：

$$C_{out} \geqslant \frac{P_d}{0.266\pi r} - \frac{d_s}{2} \tag{11-92}$$

曲线形预应力钢筋管道在曲线平面内的最小净距应按式(11-91)计算，其中 P_d 和 r 分别为相邻两管道曲线半径较大的一根预应力钢筋的张拉力设计值和曲线半径；曲线形预应力钢筋管道在曲线平面外相邻管道外缘间的最小净距，应按式(11-92)计算。当上述计算结果小于其相应的直线管道外缘间距时，应取用直线管道最小外缘间净距。

③管道内径的截面面积不应小于预应力钢筋截面面积的2倍。

④按计算需要设计预拱时，预留管道也应同时起拱。

(2)先张法预应力混凝土构件预应力钢筋设置的构造要求

先张法预应力混凝土构件的预应力钢筋宜采用钢绞线、螺旋肋钢丝或刻痕钢丝，以确保钢筋与混凝土之间具有可靠的黏结力。

先张结构件中，预应力钢筋或锚点之间的净距，应根据浇筑混凝土、施加预应力及钢筋锚固等要求确定，并需符合下列规定：

①在先张法预应力混凝土构件中，预应力钢绞线的净距不应小于其直径的1.5倍，且对1×2(二股)、1×3(3股)钢绞线不应小于20mm，对1×7(七股)钢绞线不应小于25mm。预应力钢丝间净距不应小于15mm。

②在先张法构件中，预应力钢筋端部周围混凝土应采用以下局部加强措施。

对单根预应力钢筋，其端部应设置长度不小于150mm的螺旋钢筋。

对多根预应力钢筋，其端部在10倍预应力钢筋直径范围内，应设3～5片钢筋网。

(3)部分预应力混凝土构件普通钢筋设置的构造要求

部分预应力混凝土梁应采用预应力钢筋和普通钢筋混合配筋。普通钢筋尽量采用较小直径的带肋钢筋，以较密的间距布置在截面受拉区边缘；普通受拉钢筋的配筋率应符合普通钢筋混凝土受弯构件的钢筋混凝土最小配筋率要求。

(4)预应力混凝土梁箍筋设置的构造要求

尽管预应力混凝土梁由于预加力的作用，一般剪应力较小，但还是需要设置箍筋，用以防止剪应力造成的裂缝和突然的剪切破坏。

《公路桥规》规定，预应力混凝土T形截面梁或箱形截面梁腹板内应设置直径不小于10mm和12mm的箍筋，且应采用带肋钢筋，其间距不应大于250mm，自支座中心起长度不小于1倍梁高范围内应采用闭合箍筋，其间距不应大于100mm。

此外，在T形截面梁配有预应力钢筋的马蹄形加宽部分，应设置直径不小于8mm的闭合式辅助箍筋，其间距不应大于200mm，马蹄内尚应设直径不小于12mm的定位钢筋。

对于曲线形预应力钢筋，当按式(11-91)计算的保护层厚度比上述规定的直线管道最小保护层厚度大得多时也可按直线管道设置最小保护层厚度，但应在管道曲段平面内设置箍筋。箍筋单肢的截面面积可按下式计算：

$$A_{sv1} \geqslant \frac{P_d s_v}{2rf_{sd,v}} \tag{11-93}$$

式中，A_{sv1}——箍筋单肢截面面积(mm^2)；

s_v——箍筋的间距(mm)；

$f_{sd,v}$——箍筋抗拉强度设计值(MPa)。

学习记录

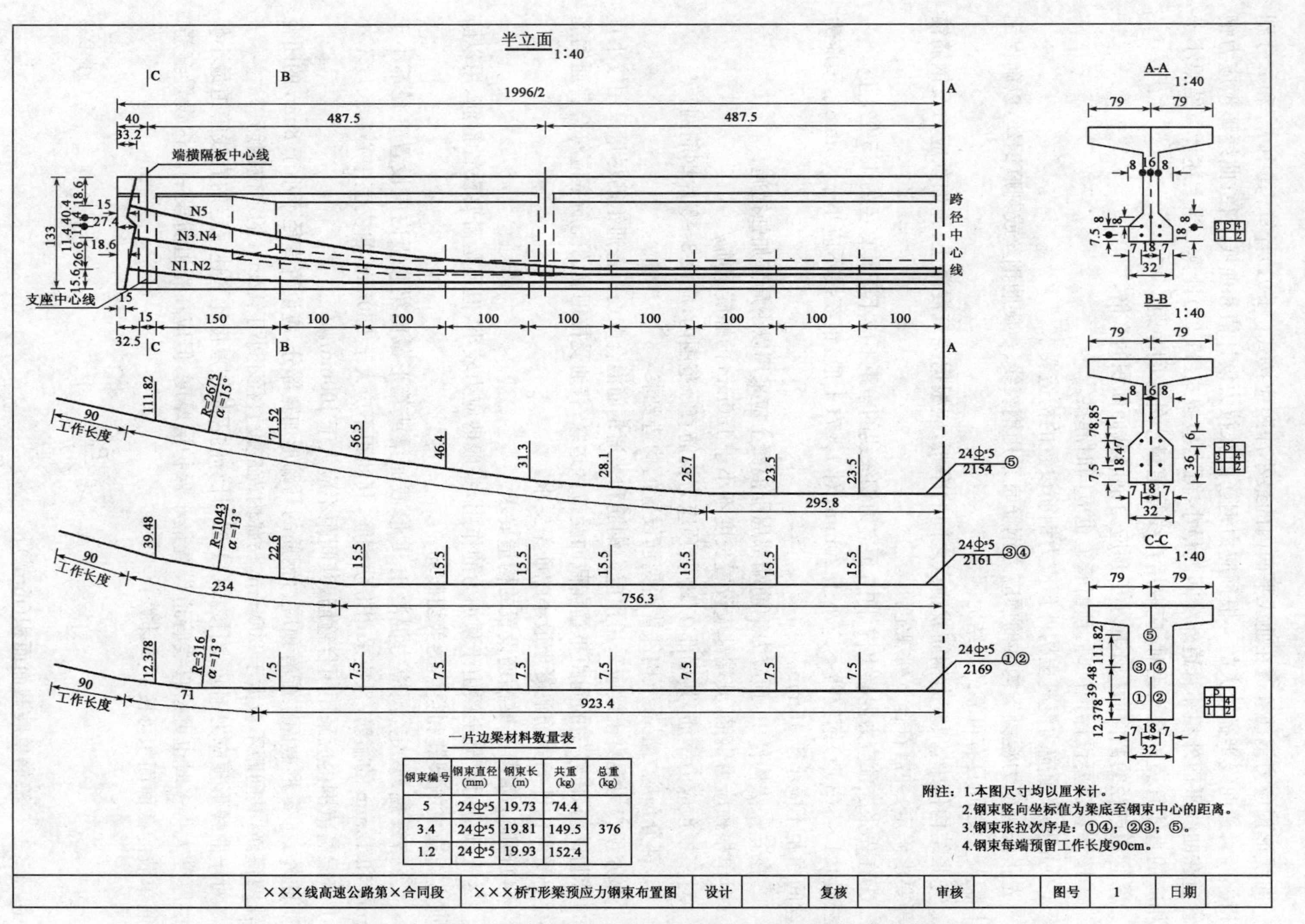

钢束编号	钢束直径(mm)	钢束长(m)	共重(kg)	总重(kg)
5	24Φ5	19.73	74.4	
3.4	24Φ5	19.81	149.5	376
1.2	24Φ5	19.93	152.4	

图11-12 某高速公路桥预制装配20m预应力混凝土T形梁的预应力筋布置图

(5)预应力混凝土梁中水平纵向辅助钢筋的设置

对于梁高较大的钢筋混凝土T形梁或箱形梁，其腹板两侧面应设置水平纵向钢筋，用以防止因混凝土收缩及温度变化而产生的裂缝。应该指出，对预应力混凝土梁来说，设置水平纵向钢筋的作用更加突出。预应力混凝土T形梁，上有翼板，下有“马蹄”，在混凝土硬化和温度变化时，腹板的变形将受到翼缘与“马蹄”的钳制作用，更容易出现裂缝。梁的截面越高，就越容易出现裂缝。为了防止裂缝(严格讲是分散裂缝，减小裂缝宽度)，一般在腹板两侧设置水平纵向钢筋，通常称为防收缩钢筋。对预应力混凝土梁，水平纵向钢筋宜采用小直径带肋钢筋网，紧贴箍筋布置在腹板的两侧，以增强与混凝土的黏结力，达到有效控制裂缝的目的。

设置在腹板两侧的水平纵向钢筋，宜采用直径为6～8mm的带肋钢筋，腹板内钢筋的截面面积宜为(0.001～0.002)bh，其中b为腹板宽度，h为梁的高度。其间距在受拉区不应大于腹板宽度，且不应大于200mm，在受压区不应大于300mm。在支点附近剪力较大区段和预应力混凝土梁的锚固区段，腹板两侧纵向钢筋截面面积应予增加，纵向钢筋间距宜为100～150mm。

(6)后张法预应力钢筋管道灌浆

预应力钢筋灌浆用水泥浆强度等级不应低于30级。水泥浆应和易性良好，其水灰比宜为0.4～0.45。为减少收缩，可通过试验掺入适量膨胀剂。

(7)后张法预应力混凝土梁的封锚

埋封于梁体内的锚具，在张拉完成后，其周围应设置构造钢筋与梁体连接，然后浇筑混凝土封锚。封锚混凝土强度等级不应低于构件本身混凝土强度等级的80%，且不低于C30。

图11-12为某高速公路桥预制装配20m预应力混凝土T梁的预应力筋布置图。

单元回顾与学习指导

本单元我们学习了预应力混凝土受弯构件的设计内容，主要包括预应力受弯构件受力阶段的分析、需要计算的内容、承载能力极限状态和正常使用极限状态的计算。承载能力极限状态包括正截面和斜截面两类计算。正常使用极限状态主要讲了正截面和斜截面抗裂性两部分内容，没有涉及变形的计算，此内容可参考相关文献。另外，还讲了应力计算，包括持久状况下和短暂状况下两种情况。最后讲了预应力混凝土简支梁设计的基本步骤及关键内容。

在实际工程中，预应力混凝土受弯构件的应用比较广泛，所以本单元对目前或将来从事设计工作的同学相对重要一些。学习本单元一定要对预应力受弯构件的各受力阶段受力特点深刻理解，对各项计算内容的相关计算步骤要达到一定的熟练程度方可。可结合某些实际工程图纸，利用本单元的知识，对其中的预应力混凝土梁进行校核，以此来学以致用，加深对本单元内容的理解和掌握。

习　题

11.1　预应力混凝土梁受力全过程分为哪几个阶段？

11.2　什么叫索界？如何确定？

11.3　某带“马蹄”的T形截面梁有效翼缘宽度$b_f'=500$mm，$h_f'=110$mm，$b=250$mm，$h=600$mm；混凝土强度等级C50($f_{cd}=22.4$MPa)，纵筋为HRB335($f_{sd}=280$MPa)，$A_s=1273$mm^2；预应力钢筋采用精轧螺纹钢筋($f_{pd}=450$MPa)，$A_p=1017$mm^2，跨中截面$a_s=45$mm，$a_p=$

学习记录

100mm，普通钢筋对应的$\xi_{b1}=0.56$，预应力钢筋对应的$\xi_{b2}=0.40$，$\gamma_0=1$。求正截面承载力。

（注意：此题计算中不考虑马蹄尺寸影响，另外不需要校核保护层厚度和钢筋最小用量的要求。）

11.4　已知后张法预应力混凝土简支T梁，为部分预应力混凝土A类构件。表11-3为跨中截面弯矩标准值(kN·m)计算结果，表11-4为跨中截面几何性质，表11-5为跨中截面预应力损失σ_l(MPa)计算结果。设预应力钢筋张拉控制应力$\sigma_{con}=1395$MPa，弹性模量$E_p=1.95\times10^5$MPa，面积$A_p=4448\text{mm}^2$，主梁采用C50混凝土，$E_c=3.45\times10^4$MPa，$f_{tk}=2.65$MPa。正截面抗裂性的要求是：$\sigma_{st}-\sigma_{pc}\leqslant0.7f_{tk}$和$\sigma_{lt}-\sigma_{pc}\leqslant0$，式中的$\sigma_{st}$、$\sigma_{lt}$分别指短期效应和长期效应组合下外荷载引起的受拉边缘的应力，σ_{pc}指预应力混凝土梁由预加力引起的受拉边缘的永存预应力。

习题11.4的跨中截面弯矩标准值(kN·m)计算结果　　表11-3

主梁自重M_{G1}	二期恒载M_{G2}	车辆荷载(不计冲击)	
		短期效应M_{Q1s}	长期效应M_{Q1l}
2100	700	2975	1700

习题11.4的跨中截面几何性质　　表11-4

截面类型	截面面积A ($\times10^6\text{mm}^2$)	构件下边缘至截面中性轴距离y_b (mm)	预应力筋重心至截面中性轴的距离e_p (mm)	惯性矩I ($\times10^{12}\text{mm}^4$)
净截面	0.5891	789.8	649.8	0.1289
换算截面	0.7240	803.6	663.6	0.1649

习题11.4的跨中截面预应力损失σ_l(MPa)计算结果　　表11-5

σ_{l1}	σ_{l2}	σ_{l4}	σ_{l5}	σ_{l6}
62	25	48	35	100

试验算该截面的正截面抗裂性(提示：不考虑混凝土的收缩、徐变在非预应力钢筋中产生的内力)。

11.5　预应力混凝土受弯构件，在施工阶段计算预加应力产生的混凝土法向应力时，为什么先张法构件用A_0，而后张法构件用A_n？A_0、A_n的含义分别是什么？

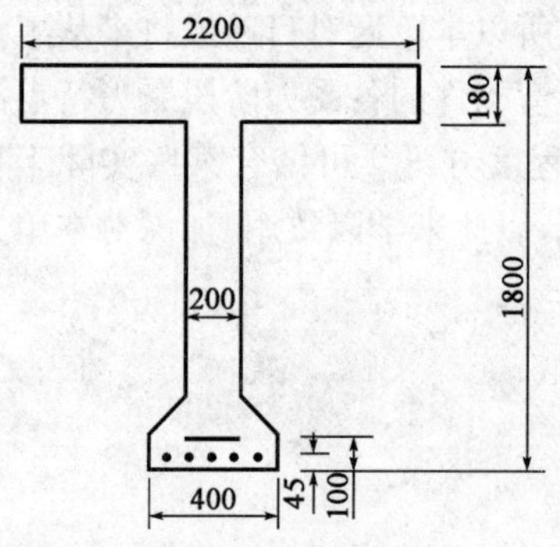

图11-13　习题11.6图(尺寸单位：mm)

11.6　已知一预应力混凝土简支T形截面梁，截面尺寸及配筋如图11-13所示，承受的弯矩组合设计值$M_d=5940$kN·m，安全等级为二级。采用C50混凝土，抗压强度设计值$f_{cd}=22.4$MPa，预应力钢筋截面面积$A_p=2940\text{mm}^2$，抗拉强度设计值$f_{pd}=1260$MPa，非预应力钢筋采用HRB400级钢筋，$A_s=1272\text{mm}^2$，抗拉强度设计值$f_{sd}=330$MPa。受压翼板有效宽度$b'_f=2200$mm，$h'_f=180$mm，$\xi_b=0.4$，$a_p=100$mm，$a_s=45$mm。验算该梁截面的正截面抗弯承载力是否满足要求。

学习记录

附录一 附 表

混凝土强度标准值和设计值(MPa) 附表 1

强度种类		符号	混凝土强度等级												
			C20	C25	C30	C35	C40	C45	C50	C55	C60	C65	C70	C75	C80
强度标准值	轴心抗压	f_{ck}	13.4	16.7	20.1	23.4	26.8	29.6	32.4	35.5	38.5	41.5	44.5	47.4	50.2
	轴心抗拉	f_{tk}	1.54	1.78	2.01	2.20	2.40	2.51	2.65	2.74	2.85	2.93	3.00	3.05	3.10
强度标准值	轴心抗压	f_{cd}	9.20	11.5	13.8	16.1	18.4	20.5	22.4	24.4	26.5	28.5	30.5	32.4	34.6
	轴心抗拉	f_{td}	1.06	1.23	1.39	1.52	1.65	1.74	1.83	1.89	1.96	2.02	2.07	2.10	2.14

注:计算现浇钢筋混凝土轴心受压和偏心受压构件时,如截面的长边或直径小于 300mm,表中混凝土强度设计值应乘以系数 0.8;当构件质量(混凝土成型、截面和轴线尺寸等)确有保证时,可不受此限。

混凝土的弹性模量($\times 10^4$ MPa) 附表 2

混凝土强度等级	C20	C25	C30	C35	C40	C45	C50	C55	C60	C65	C70	C75	C80
E_c	2.55	2.80	3.00	3.15	3.25	3.35	3.45	3.55	3.60	3.65	3.70	3.75	3.80

注:1. 混凝土剪变模量 G_c 按表中数值的 0.4 倍采用。

2. 对高强混凝土,当采用引气剂及较高砂率的泵送混凝土且无实测数据时,表中 C50~C80 的 E_c 值应乘以折减系数 0.95。

普通钢筋强度标准值和设计值(MPa) 附表 3

钢筋种类	直径 d (mm)	符号	抗拉强度标准值 f_{sk}	抗拉强度设计值 f_{sd}	抗压强度设计值 f'_{sd}
R235	8~20	ϕ	235	195	195
HRB335	6~50	ϕ	335	280	280
HRB400	6~50	ϕ	400	330	330
KL400	8~40	ϕ^{R}	400	330	330

注:1. 表中 d 系指国家标准中的钢筋公称直径(mm)。

2. 钢筋混凝土轴心受拉和小偏心受拉构件的钢筋抗拉强度设计值大于 330MPa 时,仍应取用 330MPa。

3. 构件中有不同种类钢筋时,每种钢筋应采用各自的强度设计值。

普通钢筋的弹性模量($\times 10^5$ MPa) 附表 4

钢筋种类	弹性模量 E_s	钢筋种类	弹性模量 E_s
R235	2.1	HRB335、HRB400、KL400	2.0

普通钢筋截面面积、重量表 附表 5

公称直径 (mm)	在下列钢筋根数时的截面面积(mm²)									质量 (kg/m)	带肋钢筋	
	1	2	3	4	5	6	7	8	9		计算直径 (mm)	外径 (mm)
6	28.3	57	85	113	141	170	198	226	254	0.222	6	7.0
8	50.3	101	151	201	251	302	352	402	452	0.395	8	9.3
10	78.5	157	236	314	393	471	550	628	707	0.617	10	11.6

学习记录

续上表

公称直径(mm)	在下列钢筋根数时的截面面积(mm^2)									质量(kg/m)	带肋钢筋	
	1	2	3	4	5	6	7	8	9		计算直径(mm)	外径(mm)
12	113.1	226	339	452	566	679	792	905	1018	0.888	12	13.9
14	153.9	308	462	616	770	924	1078	1232	1385	1.21	14	16.2
16	201.1	402	603	804	1005	1206	1407	1608	1810	1.58	16	18.4
18	254.5	509	763	1018	1272	1527	1781	2036	2290	2.00	18	20.5
20	314.2	628	942	1256	1570	1884	2200	2513	2827	2.47	20	22.7
22	380.1	760	1140	1520	1900	2281	2661	3041	3421	2.98	22	25.1
25	490.9	982	1473	1964	2454	2945	3436	3927	4418	3.85	25	28.4
28	615.8	1232	1847	2463	3079	3695	4310	4926	5542	4.83	28	31.6
32	804.2	1608	2413	3217	4021	4826	5630	6434	7238	6.31	32	35.8

在钢筋间距一定时板每米宽度内钢筋截面面积(mm^2) 附表 6

钢筋间距(mm)	钢筋直径(mm)									
	6	8	10	12	14	16	18	20	22	24
70	404	718	1122	1616	2199	2873	3636	4487	5430	6463
75	377	670	1047	1508	2052	2681	3393	4188	5081	6032
80	353	628	982	1414	1924	2514	3181	3926	4751	5655
85	333	591	924	1331	1811	2366	2994	3695	4472	5322
90	314	559	873	1257	1711	2234	2828	3490	4223	5027
95	298	529	827	1190	1620	2117	2679	3306	4001	4762
100	283	503	785	1131	1539	2011	2545	3141	3801	4524
105	269	479	748	1077	1466	1915	2424	2991	3620	4309
110	257	457	714	1028	1399	1828	2314	2855	3455	4113
115	246	437	683	984	1339	1749	2213	2731	3305	3934
120	236	419	654	942	1283	1676	2121	2617	3167	3770
125	226	402	628	905	1232	1609	2036	2513	3041	3619
130	217	387	604	870	1184	1547	1958	2416	2924	3480
135	209	372	582	838	1140	1490	1885	2327	2816	3351
140	202	359	561	808	1100	1436	1818	2244	2715	3231
145	195	347	542	780	1062	1387	1755	2166	2621	3120
150	189	335	524	754	1026	1341	1697	2084	2534	3016
155	182	324	507	730	993	1297	1642	2027	2452	2919
160	177	314	491	707	962	1257	1590	1964	2376	2828
165	171	305	476	685	933	1219	1542	1904	2304	2741
170	166	296	462	665	905	1183	1497	1848	2236	2661

续上表

学习记录

钢筋间距(mm)	钢筋直径(mm)									
	6	8	10	12	14	16	18	20	22	24
175	162	287	449	646	876	1149	1454	1795	2172	2585
180	157	279	436	628	855	1117	1414	1746	2112	2513
185	153	272	425	611	832	1087	1376	1694	2035	2445
190	149	265	413	595	810	1058	1339	1654	2001	2381
195	145	258	403	580	789	1031	1305	1611	1949	2320
200	141	251	393	565	769	1005	1272	1572	1901	2262

普通钢筋和预应力直线形钢筋最小混凝土保护层厚度(mm) 附表7

序号	构件类别	环境条件		
		Ⅰ	Ⅱ	Ⅲ、Ⅳ
1	基础、桩基承台(1)基坑底面有垫层或侧面有模板(受力钢筋)(2)基坑底面无垫层或侧面无模板	40 60	50 75	60 85
2	墩台身、挡土结构、涵洞、梁、板、拱圈、拱上建筑(受力钢筋)	30	40	45
3	人行道构件、栏杆(受力钢筋)	20	25	30
4	箍筋	20	25	30
5	缘石、中央分隔带、护栏等行车道构件	30	40	45
6	收缩、温度、分布、防裂等表层钢筋	15	20	25

注:1. 对于环氧树脂涂层钢筋,可按环境类别Ⅰ取用。

2. 后张法预应力混凝土锚具,其最小混凝土保护层厚度,Ⅰ、Ⅱ及Ⅲ(Ⅳ)环境类别,分别为40、45及50mm。

3. 先张法预应力钢筋端部应加保护,不得外露。

4. Ⅰ类环境是指非寒冷或寒冷地区的大气环境,与无侵蚀性的水或土接触的环境条件。

Ⅱ类环境是指严寒地区的大气环境;使用除冰盐环境;滨海环境条件。

Ⅲ类环境是指海水环境。

Ⅳ类环境是受人为或自然侵蚀性物质影响的环境。

钢肋混凝土构件中纵向受力钢筋的最小配筋率(%) 附表8

受力类型		最小配筋百分率
受压构件	全部纵向钢筋	0.5
	一侧纵向钢筋	0.2
受弯构件、偏心受拉构件及轴心受拉构件的一侧受拉钢筋		0.2和$45f_{td}/f_{sd}$中较大值
受扭构件		$0.08f_{cd}/f_{sv}$(纯扭时),$0.08(2\beta_t-1)f_{cd}/f_{sv}$(剪扭时)

注:1. 受压构件全部纵向钢筋最小配筋百分率,当混凝土强度等级为C50及以上时不应小于0.6。

2. 当大偏心受拉构件的受压区配置按计算需要的受压钢筋时,其最小配筋百分率不应小于0.2。

3. 轴心受压构件、偏心受压构件全部纵向钢筋的配筋率和一侧纵向钢筋(包括大偏心受拉构件的受压钢筋)的配筋百分率应按构件的毛截面面积计算;轴心受拉构件及小偏心受拉构件一侧受拉钢筋的配筋百分率应按构件毛截面面积计算;受弯构件、大偏心受拉构件的一侧受拉钢筋的配筋百分率为$100A_s/bh_0$,其中A_s为受拉钢筋截面积,b为腹板宽度(箱形截面为各腹板宽度之和),h_0为有效高度。

4. 当钢筋沿构件截面周边布置时,"一侧的受压钢筋"或"一侧的受拉钢筋"是指受力方向两个对边中的一边布置的纵向钢筋。

5. 对受扭构件,其纵向受力钢筋的最小配筋率为$A_{st,min}/bh$,$A_{st,min}$为纯扭构件全部纵向钢筋最小截面积,h为矩形截面基本单元长边长度,b为短边长度,f_{sv}为箍筋抗拉强度设计值。

学习记录

圆形截面钢筋混凝土偏压构件正截面抗压承载力计算系数　　附表 9

ξ	A	B	C	D	ξ	A	B	C	D	ξ	A	B	C	D
0.20	0.3244	0.2628	-1.5296	1.4216	0.64	1.6188	0.6661	0.7373	1.6763	1.08	2.8200	0.2609	2.4924	0.5356
0.21	0.3481	0.2787	-1.4676	1.4623	0.65	1.6508	0.6651	0.8080	1.6343	1.09	2.8341	0.2511	2.5129	0.5204
0.22	0.3723	0.2945	-1.4074	1.5004	0.66	1.6827	0.6635	0.8766	1.5933	1.10	2.8480	0.2415	2.5330	0.5055
0.23	0.3969	0.3103	-1.3486	1.5361	0.67	1.7147	0.6615	0.9430	1.5534	1.11	2.8615	0.2319	2.5525	0.4908
0.24	0.4219	0.3259	-1.2911	1.5697	0.68	1.7466	0.6589	1.0071	1.5146	1.12	2.8747	0.2225	2.5716	0.4765
0.25	0.4473	0.3413	-1.2348	1.6012	0.69	1.7784	0.6559	1.0692	1.4769	1.13	2.8876	0.2132	2.5902	0.4624
0.26	0.4731	0.3566	-1.1796	1.6307	0.70	1.8102	0.6523	1.1294	1.4402	1.14	2.9001	0.2040	2.6084	0.4486
0.27	0.4992	0.3717	-1.1254	1.6584	0.71	1.8420	0.6483	1.1876	1.4045	1.15	2.9123	0.1949	2.6261	0.4351
0.28	0.5258	0.3865	-1.0720	1.6843	0.72	1.8736	0.6437	1.2440	1.3697	1.16	2.9242	0.1860	2.6434	0.4219
0.29	0.5526	0.4011	-1.0194	1.7086	0.73	1.9052	0.6386	1.2987	1.3358	1.17	2.9357	0.1772	2.6603	0.4089
0.30	0.5798	0.4155	-0.9675	1.7313	0.74	1.9367	0.6331	1.3517	1.3028	1.18	2.9469	0.1685	2.6767	0.3961
0.31	0.6073	0.4295	-0.9163	1.7524	0.75	1.9681	0.6271	1.4030	1.2706	1.19	2.9578	0.1600	2.6928	0.3836
0.32	0.6351	0.4433	-0.8656	1.7721	0.76	1.9994	0.6206	1.4529	1.2392	1.20	2.9684	0.1517	2.7085	0.3714
0.33	0.6631	0.4568	-0.8154	1.7903	0.77	2.0306	0.6136	1.5013	1.2086	1.21	2.9787	0.1435	2.7238	0.3594
0.34	0.6915	0.4699	-0.7657	1.8071	0.78	2.0617	0.6061	1.5482	1.1787	1.22	2.9886	0.1355	2.7387	0.3476
0.35	0.7201	0.4828	-0.7165	1.8225	0.79	2.0926	0.5982	1.5938	1.1496	1.23	2.9982	0.1277	2.7532	0.3361
0.36	0.7489	0.4952	-0.6676	1.8366	0.80	2.1234	0.5898	1.6381	1.1212	1.24	3.0075	0.1201	2.7675	0.3248
0.37	0.7780	0.5073	-0.6190	1.8494	0.81	2.1540	0.5810	1.6811	1.0934	1.25	3.0165	0.1126	2.7813	0.3137
0.38	0.8074	0.5191	-0.5707	1.8609	0.82	2.1845	0.5717	1.7228	1.0663	1.26	3.0252	0.1053	2.7948	0.3028
0.39	0.8369	0.5304	-0.5227	1.8711	0.83	2.2148	0.5620	1.7635	1.0398	1.27	3.0336	0.0982	2.8080	0.2922
0.40	0.8667	0.5414	-0.4749	1.8801	0.84	2.2450	0.5519	1.8029	1.0139	1.28	3.0417	0.0914	2.8209	0.2818
0.41	0.8966	0.5519	-0.4273	1.8878	0.85	2.2749	0.5414	1.8413	0.9886	1.29	3.0495	0.0847	2.8335	0.2715
0.42	0.9268	0.5620	-0.3798	1.8943	0.86	2.3047	0.5304	1.8786	0.9639	1.30	3.0569	0.0782	2.8457	0.2615
0.43	0.9571	0.5717	-0.3323	1.8996	0.87	2.3342	0.5191	1.9149	0.9397	1.31	3.0641	0.0719	2.8576	0.2517
0.44	0.9876	0.5810	-0.2850	1.9036	0.88	2.3636	0.5073	1.9503	0.9161	1.32	3.0709	0.0659	2.8693	0.2421
0.45	1.0182	0.5898	-0.2377	1.9065	0.89	2.3927	0.4952	1.9846	0.8930	1.33	3.0775	0.0600	2.8806	0.2327
0.46	1.0490	0.5982	-0.1903	1.9081	0.90	2.4215	0.4828	2.0181	0.8704	1.34	3.0837	0.0544	2.8917	0.2235
0.47	1.0799	0.6061	-0.1429	1.9084	0.91	2.4501	0.4699	2.0507	0.8483	1.35	3.0897	0.0490	2.9024	0.2145
0.48	1.1110	0.6136	-0.0954	1.9075	0.92	2.4785	0.4568	2.0824	0.8266	1.36	3.0954	0.0439	2.9129	0.2057
0.49	1.1422	0.6206	-0.0478	1.9053	0.93	2.5065	0.4433	2.1132	0.8055	1.37	3.1007	0.0389	2.9232	0.1970
0.50	1.1735	0.6271	0.0000	1.9018	0.94	2.5343	0.4295	2.1433	0.7847	1.38	3.1058	0.0343	2.9331	0.1886
0.51	1.2049	0.6331	0.0480	1.8971	0.95	2.5618	0.4155	2.1726	0.7645	1.39	3.1106	0.0298	2.9428	0.1803
0.52	1.2364	0.6386	0.0963	1.8909	0.96	2.5890	0.4011	2.2012	0.7446	1.40	3.1150	0.0256	2.9523	0.1722
0.53	1.2680	0.6437	0.1450	1.8834	0.97	2.6158	0.3865	2.2290	0.7251	1.41	3.1192	0.0217	2.9615	0.1643
0.54	1.2996	0.6483	0.1941	1.8744	0.98	2.6424	0.3717	2.2561	0.7061	1.42	3.1231	0.0180	2.9704	0.1566
0.55	1.3314	0.6523	0.2436	1.8639	0.99	2.6685	0.3566	2.2825	0.6874	1.43	3.1266	0.0146	2.9791	0.1491
0.56	1.3632	0.6559	0.2937	1.8519	1.00	2.6943	0.3413	2.3082	0.6692	1.44	3.1299	0.0115	2.9876	0.1417
0.57	1.3950	0.6589	0.3444	1.8381	1.01	2.7112	0.3311	2.3333	0.6513	1.45	3.1328	0.0086	2.9958	0.1345
0.58	1.4269	0.6615	0.3960	1.8226	1.02	2.7277	0.3209	2.3578	0.6337	1.46	3.1354	0.0061	3.0038	0.1275
0.59	1.4589	0.6635	0.4485	1.8052	1.03	2.7440	0.3108	2.3817	0.6165	1.47	3.1376	0.0039	3.0115	0.1206
0.60	1.4908	0.6651	0.5021	1.7856	1.04	2.7598	0.3006	2.4049	0.5997	1.48	3.1395	0.0021	3.0191	0.1140
0.61	1.5228	0.6661	0.5571	1.7636	1.05	2.7754	0.2906	2.4276	0.5832	1.49	3.1408	0.0007	3.0264	0.1075
0.62	1.5548	0.6666	0.6139	1.7387	1.06	2.7906	0.2806	2.4497	0.5670	1.50	3.1416	0.0000	3.0334	0.1011
0.63	1.5868	0.6666	0.6734	1.7103	1.07	2.8054	0.2707	2.4713	0.5512	1.51	3.1416	0.0000	3.0403	0.0950

学习记录

预应力钢筋抗拉强度标准值(MPa) 附表10

钢筋种类		符号	直径 d(mm)	抗拉强度标准值 f_{pk}
钢绞线	1×2(两股)	ϕ^s	8.0、10.0	1470、1570、1720、1860
			12.0	1470、1570、1720
	1×3(三股)		8.6、10.8	1470、1570、1720、1860
			12.9	1470、1570、1720
	1×7(七股)		9.5、11.1、12.7	1860
			15.2	1720、1860
消除应力钢丝	光圆钢丝	ϕ^w	4、5	1470、1570、1670、1770
			6	1570、1670
	螺旋肋钢丝	ϕ^H	7、8、9	1470、1570
	刻痕钢丝	ϕ^I	5、7	1470、1570
精轧螺纹钢筋		JL	40	540
			18、25、32	540、785、930

注:表中 d 系指国家标准和企业标准中的钢绞线、钢丝和精轧螺纹钢筋的公称直径。

预应力钢筋抗拉、抗压强度设计值(MPa) 附表11

钢筋种类	抗拉强度标准值 f_{pk}	抗拉强度设计值 f_{pd}	抗压强度设计值 f'_{pd}
钢绞线	1470	1000	390
1×2(两股)	1570	1070	
1×3(三股)	1720	1170	
1×7(七股)	1860	1260	
消除应力光面钢丝和螺旋肋钢丝	1470	1000	410
	1570	1070	
	1670	1140	
	1770	1200	
消除应力刻痕钢丝	1470	1000	410
	1570	1070	
精轧螺纹钢筋	540	450	400
	785	650	
	930	770	

预应力钢筋的弹性模量(×10^5 MPa) 附表12

预应力钢筋种类	E_p	预应力钢筋种类	E_p
精轧螺纹钢筋	2.0	钢绞线	1.95
消除应力钢丝、螺旋肋钢丝、刻痕钢丝	2.05		

钢绞线公称直径、截面面积及理论质量 附表13

钢绞线种类	公称直径(mm)	公称截面面积(mm^2)	每1000m钢绞线的理论质量(kg)
1×2	8	25.3	199
	10	39.5	310

学习记录

续上表

钢绞线种类	公称直径(mm)	公称截面面积(mm^2)	每1000m钢绞线的理论质量(kg)
1×2	12	56.9	447
1×3	8.6	37.4	199
	10.8	59.3	465
	12.9	85.4	671
1×7标准型	9.5	54.8	432
	11.1	74.2	580
	12.7	98.7	774
	15.2	139	1101
1×7模拔型	12.7	112	890
	15.2	165	1295

钢丝公称直径、公称截面面积及理论质量 附表14

公称直径(mm)	公称截面面积(mm^2)	理论质量参考值(kg/m)
4.0	12.57	0.099
5.0	19.63	0.154
6.0	28.27	0.222
7.0	38.48	0.302
8.0	50.26	0.394
9.0	63.62	0.499

系数 k 和 μ 值 附表15

管道成型方式	k	μ	
		钢绞线、钢丝束	精轧螺纹钢筋
预埋金属波纹管	0.0015	0.20~0.25	0.50
预埋塑料波纹管	0.0015	0.14~0.17	—
预埋铁皮管	0.0030	0.35	0.40
预埋钢管	0.0010	0.25	—
抽芯成型	0.0015	0.55	0.60

锚具变形、钢筋回缩和接缝压缩值(mm) 附表16

锚具、接缝类型		Δl
钢丝束的钢制锥形锚具		6
夹片式锚具	有顶压时	4
	无顶压时	6
带螺帽锚具的螺帽缝隙		1
镦头锚具		1
每块后加垫板的缝隙		1
水泥砂浆接缝		1
环氧树脂砂浆接缝		1

学习记录

预应力钢筋的预应力传递长度 l_{tr} 与锚固长度 l_a(mm) 附表 17

项 次	钢 筋 种 类	混凝土强度等级	传递长度 l_{tr}	锚固长度 l_a
1	钢绞线 1×2、1×3 σ_{pe}=1000MPa f_{pd}=1170MPa	C30	75d	—
		C35	68d	—
		C40	63d	115d
		C45	60d	110d
		C50	57d	105d
		C55	55d	100d
		C60	55d	95d
		≥C65	55d	90d
	钢绞线 1×7 σ_{pe}=1000MPa f_{pd}=1260MPa	C30	80d	—
		C35	73d	—
		C40	67d	130d
		C45	64d	125d
		C50	60d	120d
		C55	58d	115d
		C60	58d	110d
		≥C65	58d	105d
2	螺旋肋钢丝 σ_{pe}=1000MPa f_{pd}=1200MPa	C30	70d	—
		C35	64d	—
		C40	58d	95d
		C45	56d	90d
		C50	53d	85d
		C55	51d	83d
		C60	51d	80d
		≥C65	51d	80d
3	刻痕钢丝 σ_{pe}=1000MPa f_{pd}=1070MPa	C30	89d	—
		C35	81d	—
		C40	75d	125d
		C45	71d	115d
		C50	68d	110d
		C55	65d	105d
		C60	65d	103d
		≥C65	65d	100d

注:1. 预应力钢筋的预应力传递长度 l_{tr} 按有效预应力值 σ_{pe} 查表;锚固长度 l_a 按抗拉强度设计值 f_{pd} 查表。

2. 预应力传递长度应根据预应力钢筋放松时混凝土立方体抗压强度 f'_{cu} 确定,当 f'_{cu} 在表列混凝土强度等级之间时,预应力传递长度按直线内插取用。

3. 当采用骤然放松预应力钢筋的施工工艺时,锚固长度的起点及预应力传递长度的起点应从离构件末端 0.25l_{tr} 处开始,l_{tr} 为预应力钢筋的预应力传递长度。

4. 当预应力钢筋的抗拉强度设计值 f_{pd} 或有效预应力值 σ_{pe} 与表值不同时,其锚固长度或预应力传递长度应根据表值按比例增减。

学习记录

附录二　测试题及答案

测 试 题 一

一、选择题(每题1.5分,共15分)

1.《公路桥规》规定:按螺旋箍筋柱计算的承载力不得超过按普通柱计算的承载力的1.5倍,这是为了(　　)。

A.防止间接钢筋外面的混凝土保护层不致过早脱落

B.不发生脆性破坏

C.限制截面尺寸及保证构件的延性

D.防止因纵向弯曲影响致使螺旋筋尚未屈服而构件已经破坏

2.减少钢筋混凝土受弯构件的裂缝宽度,首先应考虑的措施是(　　)。

A.采用细直径的钢筋　　B.增加钢筋面积

C.增加截面尺寸　　D.提高混凝土强度等级

3.在进行钢筋混凝土矩形截面双筋梁正截面承载力计算时,若 $x<2a_s'$,则说明(　　)。

A.受压钢筋配置过多　　B.受压钢筋配置过少

C.截面尺寸过大　　D.梁发生破坏时受压钢筋早已屈服

4.适筋梁在逐渐加载过程中,当受拉钢筋刚刚屈服后,则(　　)。

A.该梁达到最大承载力而立即破坏

B.该梁达到最大承载力,一直维持到受压区边缘混凝土达到极限压应变而破坏

C.该梁达到最大承载力,随后承载力缓慢下降,直至破坏

D.该梁承载力略有增加,待受压区边缘混凝土达到极限压应变而破坏

5.下列说法正确的是(　　)。

A.加载速度越快,测得的混凝土立方体抗压强度越低

B.棱柱体试件的高宽比越大,测得的抗压强度越高

C.混凝土立方体试件比棱柱体试件能更好地反映混凝土的实际受压情况

D.混凝土试件与压力机垫板间的摩擦力使得混凝土的抗压强度提高

6.在保持不变的长期荷载作用下,钢筋混凝土轴心受压构件中,(　　)。

A.徐变使混凝土压应力增大

B.钢筋及混凝土的压应力均不变

C.徐变使混凝土压应力减小,钢筋压应力增大

D.徐变使混凝土压应力增大,钢筋压应力减小

7.下列(　　)项属于超出正常使用极限状态。

A.在荷载设计值作用下轴心受拉构件的钢筋已达到屈服强度

B.在荷载标准值作用下梁中的裂缝宽度超出规范规定限制

C.预应力后张梁锚下混凝土局部受压承载力不足

D.构件失去稳定

8. 一圆形截面钢筋混凝土柱，配有螺旋箍筋，柱长细比为 $l_0/d=13$，其他条件均满足螺旋箍筋柱受压承载力公式条件。按螺旋箍筋柱计算该柱的承载力为 550kN，按普通箍筋柱计算，该柱的承载力为 400kN。该柱的承载力应为（　　）。

A. 400kN　　B. 475kN　　C. 500kN　　D. 550kN

9. 钢筋混凝土纯扭构件，受扭纵筋和箍筋的配筋强度比 $0.6\leqslant\xi\leqslant1.7$，当构件破坏时，（　　）。

A. 纵筋和箍筋都能达到屈服强度　　B. 仅纵筋达到屈服强度

C. 仅箍筋达到屈服强度　　D. 纵筋和箍筋都不能达到屈服强度

10. 依据《公路桥规》，预应力混凝土先张法构件，在施工阶段传力锚固时，应考虑的预应力损失有（　　）。

(1)σ_{l1}（力筋与孔道摩阻损失）　　(2)σ_{l2}（锚具变形、钢筋回缩损失）

(3)σ_{l3}（养护温差损失）　　(4)σ_{l4}（混凝土弹性压缩损失）

(5)σ_{l5}（预应力筋应力松弛损失）　　(6)σ_{l6}（混凝土收缩与徐变损失）

A. (2)、(3)、(4)、(5)　　B. (2)、(3)、(4)

C. (1)、(2)、(3)　　D. (1)、(3)、(4)、(5)

二、判断对错（每题 1 分，共 10 分）

1. 结构的承载能力极限状态和正常使用极限状态是同等重要的，在任何情况下都应该计算。（　　）

2. 钢筋混凝土矩形截面对称配筋柱，对大偏心受压，当轴向压力 N 值不变时，弯矩 M 值越大，所需纵向钢筋越多。（　　）

3. 双筋梁进行正截面抗弯承载力计算时，如果 $x\leqslant\xi_b h_0$ 且 $x>2a_s'$，说明该梁破坏时受压纵筋没有达到抗压强度设计值。（　　）

4. 受弯构件斜截面承载能力计算公式是按剪压破坏的受力特征建立的。（　　）

5. 剪扭构件承载力计算中，混凝土的承载力考虑剪扭相关关系，而钢筋的承载力按纯扭和纯剪的承载力叠加计算。（　　）

6. 预应力混凝土与同条件普通混凝土相比，不但提高了构件的抗裂度，而且提高了正截面抗弯承载力。（　　）

7. 钢筋混凝土受弯构件使用阶段的计算图式取的是构件的整体工作阶段即第Ⅰ阶段。（　　）

8. 全预应力混凝土结构在使用荷载作用下可能会出现拉应力。（　　）

9. 对钢筋混凝土受弯构件而言，平截面假定是完全不适用的。（　　）

10. 在使用阶段，钢筋混凝土受弯构件是不带裂缝工作的。（　　）

三、填空题（每空 1 分，共 10 分）

1. 混凝土立方体标准试件的边长为（　　），立方体边长越小，测得的强度越（　　）。

2. 混凝土的变形基本上可分为两类：一类称为混凝土的（　　），一类称为混凝土的（　　）。

3. 先张法构件中，预应力筋的预拉应力是通过（　　）方式传递给混凝土的，后张法构件是通过（　　）传递给混凝土的。

4. 对于钢筋混凝土适筋梁，其裂缝宽度和变形计算属于（　　）极限状态计算，而其截面强

学习记录

度计算属于(　　)极限状态计算。

5. 加筋混凝土结构系列以预应力度大小划分其等级时，则 $\lambda \geqslant 1$ 时为(　　)结构；$0<\lambda<1$ 时为(　　)结构。

四、简答题(每题5分，共30分)

1. 钢筋混凝土适筋梁正截面受力全过程可划分为几个阶段？各阶段的主要特点是什么？

2.《公路桥规》中考虑的预应力损失主要有哪些？如何减小各项预应力损失？

3. 简述钢筋混凝土偏心受压构件的破坏形态和破坏类型？钢筋混凝土矩形截面(非对称配筋)偏心受压构件的截面设计和截面复核中，如何判断是大偏心受压还是小偏心受压？

4. 钢筋混凝土受弯构件沿斜截面破坏的形态有几种？各在什么情况下发生？如何防止发生斜截面破坏？

5. 简述钢筋混凝土梁内钢筋的种类及作用？

6. 什么是混凝土的徐变？影响混凝土徐变的主要因素有哪些？徐变对构件会产生哪些有利及不利影响？

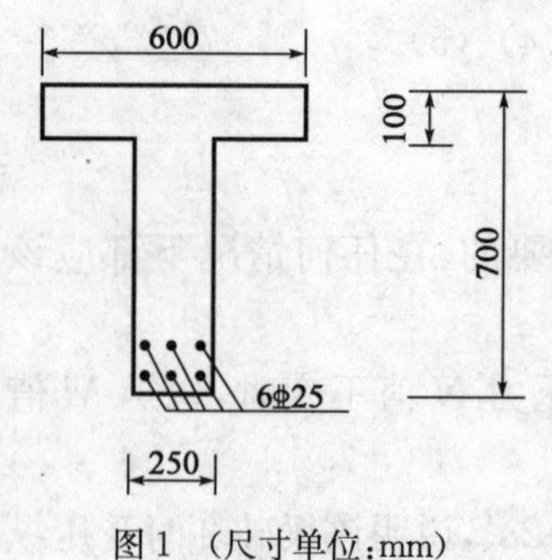

图1 (尺寸单位：mm)

五、计算题(共35分)

1. 某钢筋混凝土T形截面梁，截面尺寸和配筋情况(架立筋和箍筋的配置情况略)如图1所示。有效翼缘宽度 $b'_f=600\text{mm}$，混凝土强度等级为C30，纵向钢筋采用6 ⌀ 25($A_s=2945\text{mm}^2$)的HRB400级钢筋，$a_s=70\text{mm}$，截面承受的弯矩设计值为 $M_d=550\text{kN}\cdot\text{m}$，试验算此截面受弯承载力是否安全？($\gamma_0=1.0$，$f_{cd}=13.8\text{MPa}$，$f_{sd}=330\text{MPa}$，$\xi_b=0.53$)(12分)

2. 钢筋混凝土矩形偏心受压构件，截面尺寸为 $b\times h=300\text{mm}\times500\text{mm}$，计算长度 $l_0=2.5\text{m}$。承受轴向力组合设计值 $N_d=800\text{kN}$，弯矩组合设计值 $M_d=200\text{kN}\cdot\text{m}$。拟采用C30混凝土，纵向钢筋为HRB335，结构重要性系数 $\gamma_0=1.0$，$f'_{sd}=f_{sd}=280\text{MPa}$，$f_{cd}=13.8\text{MPa}$，$\xi_b=0.56$，$E_s=2.0\times10^5\text{MPa}$，设 $a_s=a'_s=50\text{mm}$。试按非对称配筋设计钢筋。(13分)

3. 已知后张预应力混凝土T梁，表1为跨中截面弯矩(kN·m)计算结果，表2为跨中截面几何性质，表3为跨中截面预应力损失 σ_l(MPa)计算结果。设预应力钢筋张拉控制应力 $\sigma_{con}=1395\text{MPa}$，弹性模量 $E_p=1.95\times10^5\text{MPa}$，面积 $A_p=4448\text{mm}^2$，主梁采用C50混凝土，$E_c=3.45\times10^4\text{MPa}$。(10分)

跨中截面弯矩(kN·m)计算结果　　表1

主梁自重 M_{G1}	二期恒载 M_{G2}	车辆荷载(计冲击)M_{Q1}
2100	700	1700

跨中截面几何性质　　表2

类型	截面面积 A ($\times10^6\text{mm}^2$)	构件下边缘至截面中性轴的距离 y_b (mm)	构件上边缘至截面中性轴的距离 y_u (mm)	预应力钢筋重心至截面中性轴的距离 e_p (mm)	惯性矩 I ($\times10^{12}\text{mm}^4$)
净截面	0.5891	789.8	510.2	649.8	0.1289
换算截面	0.7240	803.6	496.4	663.6	0.1649

跨中截面预应力损失 σ_l(MPa)计算结果　　表 3

σ_{l1}	σ_{l2}	σ_{l4}	σ_{l5}	σ_{l6}
62	25	48	35	100

计算：

(1)在预加应力阶段截面上、下缘混凝土的正应力。

(2)在持久状况下截面上缘混凝土的压应力及预应力钢筋中的最大拉应力。

提示：不考虑混凝土的收缩徐变在非预应力钢筋中产生的内力。

测试题二

一、选择题(每小题 2 分，共 20 分)

1. 与素混凝土梁相比，适量配筋的钢筋混凝土梁的承载力和抵抗开裂的能力(　　)。

A. 均提高很多　　B. 承载力提高很多，抗裂能力提高不多

C. 抗裂能力提高很多，承载力提高不多　　D. 均提高不多

2. 图 1 为一矩形截面梁正截面的抵抗弯矩图和弯矩包络图，只有纵筋 N1 提供弯起，则 N1 的不需要点为(　　)。

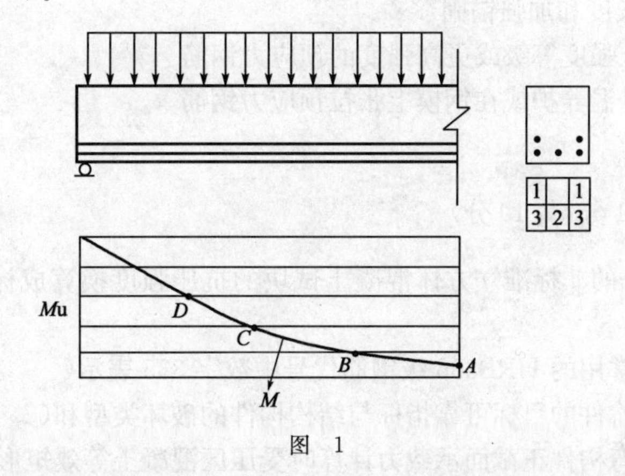

图　1

A. A　　B. B　　C. C　　D. D

3. 下列选项为结构或构件在使用中出现的几种情况，其中属于超过了正常使用极限状态的为(　　)。

A. 水池结构因开裂引起渗漏　　B. 梁因配筋不足造成断裂破坏

C. 施工中过早拆模造成结构倒塌　　D. 偏心受压柱失稳破坏

4. 正常使用极限状态设计进行荷载效应的短期效应组合时，对可变荷载应采用(　　)。

A. 标准值　　B. 代表值　　C. 频遇值　　D. 准永久值

5. 对于钢筋混凝土无腹筋梁，当剪跨比 $m<1$ 时，常发生的斜截面受剪破坏形态为(　　)。

A. 弯曲破坏　　B. 剪压破坏　　C. 斜拉破坏　　D. 斜压破坏

6. 下列对于钢筋混凝土剪扭构件的承载力，说法不正确的是(　　)。

A. 抗剪承载力比不受扭矩时的小

B. 抗扭承载力比纯扭时的小

C. 加大箍筋间距，对两种承载力没有影响

D. 提高混凝土强度，承载力会提高

学习记录

7. 矩形截面小偏心受压构件截面设计时，离轴向力较远一侧钢筋 A_s 可按最小配筋率配置，这是为了(　　)。

A. 保证构件破坏时，A_s 的应力能达到受拉屈服强度

B. 保证构件破坏时，A_s 的应力能达到受压屈服强度

C. 保证构件破坏时，从 A_s 一侧先被压坏

D. 节约钢材用量，因为构件破坏时 A_s 的应力一般达不到屈服强度

8. 一圆形截面螺旋箍筋柱，$l_0/d=10.5$，稳定系数为 $\varphi=0.95$，配有螺旋箍筋。螺旋筋的换算截面面积与受压纵筋面积之比大于 25%。若按普通钢筋混凝土柱计算，其承载力为 300kN，若按螺旋箍筋柱计算，其承载力为 400kN，则该柱的承载力应视为(　　)。

A. 300kN　　B. 400kN　　C. 380kN　　D. 285kN

9. 施加预应力的目的是(　　)。

A. 提高构件的承载力　　B. 提高构件的抗裂度及刚度

C. 提高构件的承载力和抗裂度　　D. 对构件强度进行检验

10. 为减少混凝土加热养护时受张拉的预应力钢筋与承受拉力的设备之间温差引起的预应力损失 σ_{l3} 的措施，下列(　　)是正确的。

A. 增加台座长度和加强锚固

B. 提高混凝土强度等级或更高强度的预应力钢筋

C. 采用二次升温养护或在钢模上张拉预应力钢筋

D. 采用超张拉

二、填空题(每空 1 分，共 10 分)

1. 边长为 100mm 的非标准立方体混凝土试块的抗压强度换算成标准试块的强度，则需乘以换算系数(　　)。

2. 钢筋混凝土中常用的 HRB335 级钢筋代号中数字 335 表示(　　)。

3. 公路桥梁结构构件的目标可靠指标与结构构件的破坏类型和(　　)有关。

4. 钢筋混凝土受弯构件正截面承载力计算时受压区混凝土等效矩形应力图形的等效原则是(　　)和(　　)。

5.《公路桥规》规定，为满足斜截面抗弯承载力的要求，纵向钢筋弯起点的位置与按计算充分利用该钢筋截面之间的距离，不应小于(　　)。

6. 梁的斜截面抗剪承载力计算公式的建立是以(　　)破坏形态为依据的。

7. 某钢筋混凝土短柱，作用一轴向压力，两年后因需要卸去该轴向压力，则该柱截面内纵向钢筋的受力状态为(　　)，混凝土的受力状态为(　　)。(填受压、受拉或不受力)

8.《公路桥规》规定，预应力混凝土构件的混凝土强度等级不应低于(　　)。

三、判断对错(每小题 1 分，共 10 分)

1. 混凝土的徐变是指混凝土受长期荷载后，其应力保持不变的条件下，其应变会随时间的增长而逐渐增大的现象。　　(　　)

2. 混凝土双法向受力时，两向受拉情况下强度降低。　　(　　)

3. 钢筋混凝土梁中纵向受力钢筋的截断位置，在理论不需要点处截断。　　(　　)

4.正常使用条件下的钢筋混凝土梁处于梁工作的第Ⅲ阶段。 ( )

5.钢筋混凝土偏心受压构件采用对称配筋时，如果截面尺寸和形状相同，混凝土强度等级和钢筋级别也相同，但配筋数量不同，则在界限破坏时，它们的 N_u 是相同的。 ( )

6.钢筋混凝土受弯构件裂缝宽度在配筋率一定时，随着受拉纵筋直径的增大而增大。 ( )

7.受扭构件承载力计算中，配筋强度比 ζ 的限制条件 $0.6<\zeta<1.7$ 的目的是保证构件受扭破坏时受扭纵筋和箍筋均可达到屈服强度。 ( )

8.轴心受压构件的长细比越大，稳定系数值越高。 ( )

9.预压应力能够提高受弯构件的受剪承载力。 ( )

10.超张拉是指张拉应力超过预应力钢筋的张拉控制应力值 σ_{con}，而不是指张拉控制应力值 σ_{con} 超过预应力钢筋的强度标准值。 ( )

四、简答题(每小题 6 分，共 30 分)

1.什么叫极限状态？我国《公路桥规》规定了哪两类结构的极限状态？

2.图 2 为截面尺寸相同、材料相同但配筋率不同的四个受弯构件正截面，回答下列问题：

(1)以上截面分别属于那种破坏特征？

(2)破坏时的钢筋应力情况各是怎样？

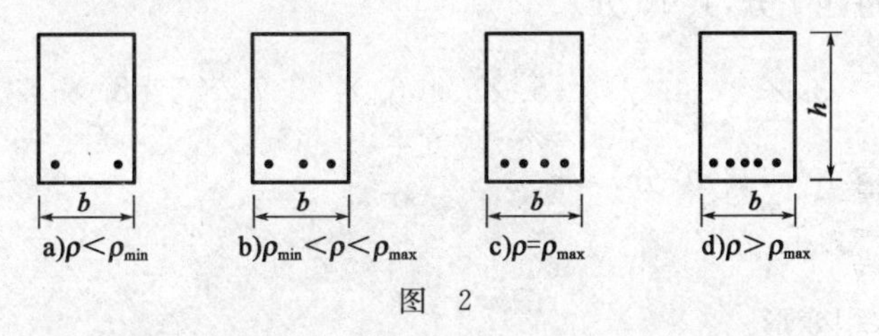

图 2

3.影响钢筋混凝土受弯构件斜截面受剪承载力的主要因素有哪些？

4.简述钢筋混凝土偏心受压构件的两种破坏形态的名称及特点。

5.预应力混凝土受弯构件，在施工阶段计算预加应力产生的混凝土法向应力时，为什么先张法构件用 A_0，而后张法构件用 A_n？A_0、A_n 的含义分别是什么？

五、计算题(每小题 10 分，共 30 分)

1.已知一预应力混凝土简支 T 形截面梁，截面尺寸及配筋如图 3 所示，承受的弯矩组合设计值 M_d = 5940kN·m，安全等级为二级。采用 C50 混凝土，抗压强度设计值 $f_{cd}=22.4$MPa，预应力钢筋截面面积 $A_p=2940\text{mm}^2$，抗拉强度设计值 $f_{pd}=1260$MPa，非预应力钢筋采用 HRB400 级钢筋，$A_s=1272\text{mm}^2$，抗拉强度设计值 $f_{sd}=330$MPa。受压翼板有效宽度 $b_f'=2200$mm，$h_f'=180$mm，$\xi_b=0.4$，$a_p=100$mm，$a_s=45$mm。求：该梁截面的正截面抗弯承载力是否满足要求？

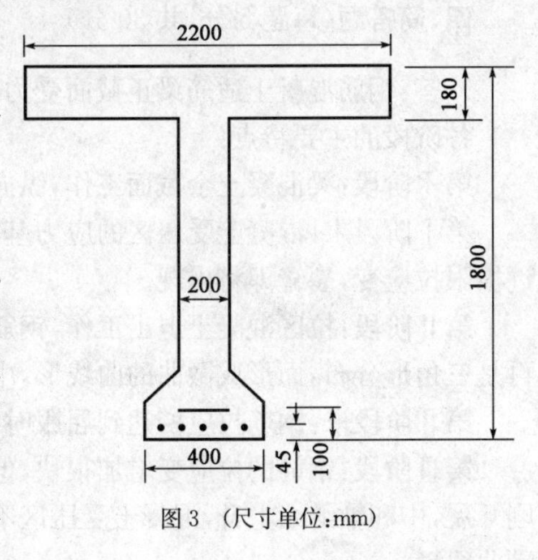

图 3 (尺寸单位：mm)

2.已知矩形截面偏心受压构件，截面尺寸为 $b\times h=400\text{mm}\times600\text{mm}$，承受轴向力组合设

学习记录

计值 $N=938\text{kN}$，弯矩组合设计值 $M=375.2\text{kN}\cdot\text{m}$。混凝土强度等级为 C25，$f_{cd}=11.5\text{MPa}$，纵向钢筋采用 HRB335 级，$f_{sd}=f'_{sd}=280\text{MPa}$，结构重要性系数 $\gamma_0=1.0$，环境类别为一类。采用不对称配筋，$\xi_b=0.56$，偏心距增大系数 $\eta=1.12$，设 $a_s=a'_s=40\text{mm}$。

求：纵向钢筋截面面积 A_s、A'_s。

（提示：一侧钢筋最小配筋率为 0.2%；全部纵筋的最小配筋率为 0.6%）

3. 已知一装配式钢筋混凝土矩形截面简支梁，混凝土强度等级为 C30，截面尺寸 $b\times h=300\text{mm}\times500\text{mm}$，HRB335 级钢筋，$A_s=1964\text{mm}^2$，布置为一层，$a_s=45\text{mm}$。施工时荷载标准值产生的弯矩为 $M_k=140\text{kN}\cdot\text{m}$，安装时混凝土轴心抗压强度标准值 $f'_{ck}=18.06\text{MPa}$，混凝土的弹性模量 $E'_c=2.88\times10^4\text{MPa}$，钢筋的弹性模量 $E_s=2.0\times10^5\text{MPa}$。

求：验算该截面混凝土和钢筋的应力是否符合要求。

（提示：$\sigma^t_{cc}\leqslant0.8f'_{ck}$，$\sigma^t_{si}\leqslant0.75f_{sk}$，不用考虑安装时的动力系数）

测试题一答案

一、选择题（每题 1.5 分，共 15 分）

1. A　2. A　3. A　4. D　5. D　6. C　7. B　8. A　9. A　10. A

二、判断对错（每题 1 分，共 10 分）

1. ×　2. ×　3. ×　4. √　5. ×　6. ×　7. ×　8. ×　9. ×　10. √

三、填空题（每空 1 分，共 10 分）

1. 150mm、高
2. 受力变形、体积变形
3. 黏结力、工作锚具
4. 正常使用、承载能力
5. 全预应力混凝土、部分预应力混凝土

四、简答题（每题 5 分，共 30 分）

1. **答**：钢筋混凝土适筋梁正截面受力全过程可划分为 3 个阶段。

各阶段的主要特点：

第Ⅰ阶段：梁混凝土全截面工作，纵向钢筋承受拉应力。混凝土处于弹性工作阶段。

第Ⅰ阶段末：混凝土受压区的应力基本上仍是三角形分布。受拉边缘混凝土的拉应变临近极限拉应变，裂缝即将出现。

第Ⅱ阶段：拉区混凝土退出工作，钢筋的拉应力随荷载的增加而增加；混凝土的压应力不再是三角形分布，而形成微曲的曲线形，中和轴位置向上移动。

第Ⅱ阶段末：钢筋拉应变达到屈服时的应变值，钢筋应力达到其屈服强度，第Ⅱ阶段结束。

第Ⅲ阶段：钢筋的拉应变增加很快，但钢筋的拉应力一般仍维持在屈服强度不变，裂缝急剧开展，中和轴继续上升，混凝土受压区不断缩小，压应力也不断增大，压应力图成为明显的丰满曲线形。

第Ⅲ阶段末：截面受压上边缘的混凝土压应变达到其极限压应变值，压应力图呈明显曲线形，在第Ⅲ阶段末，混凝土被压碎、梁破坏，在这个阶段，纵向钢筋的拉应力仍维持在屈服强度。

2. **答：**(1)预应力筋与管道壁间摩擦引起的应力损失：采用两端张拉，以减小 θ 值及管道长度 x 值；采用超张拉。

(2)锚具变形、钢筋回缩和接缝压缩引起的应力损失：采用超张拉；选用 $\sum\Delta l$ 值小的锚具。

(3)钢筋与台座间的温差引起的应力损失：采用二次升温的养护方法。

(4)混凝土弹性压缩引起的应力损失：尽量减少张拉批次。

(5)钢筋松弛引起的应力损失：采用超张拉；选用低松弛力筋。

(6)混凝土收缩和徐变引起的应力损失：所有减小收缩和徐变的措施(如材料良好级配、蒸汽养护、加大加载龄期等)。

3. **答：**(1)受拉破坏——大偏心受压破坏：受拉钢筋首先到达屈服强度然后受压混凝土压坏。临近破坏时有明显的预兆，裂缝显著开展。

(2)受压破坏——小偏心受压破坏：破坏一般是受压区边缘混凝土的应变达到极限压应变，受压区混凝土被压碎；同一侧的钢筋压应力达到屈服强度，而另一侧的钢筋，不论受拉还是受压，其应力均达不到屈服强度，破坏前构件横向变形无明显的急剧增长。

截面设计时：当 $\eta e_0 \leqslant 0.3h_0$ 时，可先按小偏心受压构件进行设计计算；当 $\eta e_0 > 0.3h_0$ 时，则可按大偏心受压构件进行设计计算。

截面复核时：当 $\xi \leqslant \xi_b$ 时，截面为大偏心受压破坏；当 $\xi > \xi_b$ 时，截面为小偏心受压破坏。

4. **答：**三种：斜压破坏、斜拉破坏、剪压破坏。

防止措施：在设计时，对于斜压和斜拉破坏，一般是采用截面限制条件和一定的构造措施予以避免。对于常见的剪压破坏形态，梁的斜截面抗剪力变化幅度较大，故必须进行斜截面抗剪承载力的计算。

5. **答：**梁内的钢筋有纵向受拉钢筋(主钢筋)、弯起钢筋或斜钢筋、箍筋、架立钢筋和水平纵向钢筋等。

纵向受拉钢筋：承受由弯矩引起的正应力。

弯起钢筋或斜钢筋：承受由弯矩和剪力引起的主拉应力。

箍筋：除了帮助混凝土抗剪外，在构造上起着固定纵向钢筋位置的作用并与纵向钢筋、架立钢筋等组成骨架。

架立钢筋：固定箍筋的位置并与箍筋、纵筋等构成钢筋骨架。

水平纵向钢筋：在梁侧面发生混凝土裂缝后，可以减小混凝土裂缝宽度。

6. **答：**定义：在荷载的长期作用下，混凝土的变形将随时间而增加，亦即在应力不变的情况下，混凝土的应变随时间继续增长，这种现象被称为混凝土的徐变。混凝土徐变变形是在持久作用下混凝土结构随时间推移而增加的应变。

影响徐变的主要因素：混凝土在长期荷载作用下产生的应力大小；加荷时混凝土的龄期；混凝土的组成成分和配合比；养护及使用条件下的温度与湿度。

徐变对构件产生的有利影响：在轴心受压构件中产生应力重分布。

徐变对构件产生的不利影响：在预应力混凝土构件中引起力筋应力损失。

五、计算题(共35分)

1. **答：**(1)判定T形截面类型

学习记录

$$f_{cd}b_f'h_f' = 13.8\times600\times100 = 0.828\times10^6\text{N}\cdot\text{mm} = 0.828\text{kN}\cdot\text{m}$$

$$f_{sd}A_s = 2945\times330 = 0.972\times10^5\text{N}\cdot\text{mm} = 0.972\text{kN}\cdot\text{m}$$

由于 $f_{cd}b_f'h_f' < f_{sd}A_s$，故为第二类T形截面。

(2)求受压区高度 x

由式 $f_{cd}bx + f_{cd}h_f'(b_f'-b) = f_{sd}A_s$ 得：

$13.8\times250x + 13.8\times100(600-250) = 330\times2945$

$h_f' < x = 142\text{mm} \leqslant \xi_b h_0 = 0.53\times630 = 334\text{mm}$

(3)正截面抗弯承载力计算

$$M_u = f_{cd}bx\left(h_0-\frac{x}{2}\right) + f_{cd}(b_f'-b)h_f'\left(h_0-\frac{h_f'}{2}\right)$$

$$= 13.8\times250\times142\times\left(630-\frac{142}{2}\right) + 13.8\times(600-250)\times100\times\left(630-\frac{100}{2}\right)$$

$$= (273.8+280.1)\text{kN}\cdot\text{m} = 553.9\text{kN}\cdot\text{m} > M = \gamma_0 M_d = 550\text{kN}\cdot\text{m}$$

2.**解**：轴向力计算值 $N=\gamma_0 N_d = 938\text{kN}$，弯矩计算值 $N=\gamma_0 M_d = 375.2\text{kN}\cdot\text{m}$，可得到偏心距 e_0 为：

$$e_0 = \frac{M}{N} = \frac{375.2\times10^6}{938\times10^3} = 400\text{mm}$$

$$h_0 = h - a_s = 600 - 50 = 550\text{mm}$$

(1)大、小偏心受压的初步判定

$\eta e_0 = 1.121\times400 = 448.4\text{mm} > 0.3h_0 (=0.3\times550=165\text{mm})$，故可先按大偏心受压情况进行设计。$e_s = \eta e_0 + \frac{h}{2} - a_s = 448.4 + 600/2 - 50 = 698.4\text{mm}$。

(2)计算所需的纵向钢筋面积

属于大偏心受压求钢筋 A_s 和 A_s' 的情况。取 $\xi=\xi_b=0.56$，由式(7-11)可得到

$$A_s' = \frac{Ne_s - \xi_b(1-0.5\xi_b)f_{cd}bh_0^2}{f_{sd}'(h_0-a_s')}$$

$$= \frac{938\times10^3\times698.4 - 0.56(1-0.5\times0.56)\times11.5\times400\times550^2}{280(550-50)}$$

$$= 672\text{mm}^2 > (0.002\times400\times600=)480\text{mm}^2$$

$$A_s = \frac{f_{cd}bh_0\xi_b + f_{sd}'A_s' - N}{f_{sd}}$$

$$= \frac{11.5\times400\times550\times0.56 + 280\times672 - 938\times10^3}{280} = 2382\text{mm}^2$$

$$e_s' = \eta e_0 - h/2 + a_s' = 198.4\text{mm}$$

$$x = (h_0-e_s) + \sqrt{(h_0-e_s)^2 + 2\times\frac{f_{sd}A_se_s - f_{sd}'A_s'e_s'}{f_{cd}b}}$$

$$= (550-698.4) + \sqrt{(550-698.4)^2 + 2\times\frac{280\times2382\times698.4 - 280\times672\times198.4}{11.5\times400}}$$

$=308\text{mm}$

$2a_s' \leqslant x \leqslant \xi_b h_0 = 0.56\times 550 = 308\text{mm}$，的确为大偏心。

3. **答：**(1)在预加应力阶段

$$\left.\begin{aligned}&\text{混凝土上缘正应力}\quad \sigma_{ct}^{t}=\frac{N_p}{A_n}-\frac{N_p e_{pn}}{W_{nu}}+\frac{M_{G1}}{W_{nu}}\\&\text{混凝土下缘正应力}\quad \sigma_{cc}^{t}=\frac{N_p}{A_n}-\frac{N_p e_{pn}}{W_{nb}}+\frac{M_{G1}}{W_{nb}}\end{aligned}\right\}$$

式中：$A_n=0.5891\times 10^6\text{mm}^2$，$e_{pn}=649.8\text{mm}$，$M_{G1}=2100\text{kN}\cdot\text{m}$

$$W_{nu}=\frac{0.1289\times 10^{12}}{510.2}=0.2526\times 10^9\text{mm}^3$$

$$W_{nb}=\frac{0.1289\times 10^{12}}{789.8}=0.1632\times 10^9\text{mm}^3$$

$$N_p=(\sigma_{con}-\sigma_1-\sigma_2-\sigma_4)A_p=(1395-62-25-48)\times 4448=5.6\times 10^6\text{N}$$

$$\sigma_{cc}^{t}=\frac{5.6\times 10^6}{0.5891\times 10^6}-\frac{5.6\times 10^6\times 649.8}{0.1632\times 10^9}+\frac{2100\times 10^6}{0.1632\times 10^9}=0.08\text{MPa}$$

$$\sigma_{ct}^{t}=\frac{5.6\times 10^6}{0.5891\times 10^6}-\frac{5.6\times 10^6\times 649.8}{0.2526\times 10^9}+\frac{2100\times 10^6}{0.2526\times 10^9}=3.41\text{MPa}$$

(2)在持久状况下

截面上缘混凝土压应力 $\sigma_{cu}=\left(\dfrac{N_p}{A_n}-\dfrac{N_p\cdot e_{pn}}{W_{nu}}\right)+\dfrac{M_{G1}}{W_{nu}}+\dfrac{M_{G2}}{W_{0u}}+\dfrac{M_Q}{W_{0u}}$

式中：$N_p=(\sigma_{con}-\sigma_1-\sigma_2-\sigma_4-\sigma_5-\sigma_6)A_p$

$=(1395-62-25-48-35-100)\times 4448=5.004\times 10^6\text{N}$

$M_{G2}=700\text{kN}\cdot\text{m}$，$M_Q=1700\text{kN}\cdot\text{m}$

$$W_{0u}=\frac{0.1649\times 10^{12}}{496.4}=0.3322\times 10^9\text{mm}^3$$

$$\begin{aligned}\sigma_{cu}&=\left(\frac{N_p}{A_n}-\frac{N_p\cdot e_{pn}}{W_{nu}}\right)+\frac{M_{G1}}{W_{nu}}+\frac{M_{G2}}{W_{0u}}+\frac{M_Q}{W_{0u}}\\&=\frac{5.004\times 10^6}{0.5891\times 10^6}+\frac{5.004\times 10^6\times 649.8}{0.2526\times 10^9}+\frac{2100\times 10^6}{0.2526\times 10^9}+\\&\quad\frac{700\times 10^6}{0.3322\times 10^9}+\frac{1700\times 10^6}{0.3322\times 10^9}\\&=11.16\text{MPa}\end{aligned}$$

预应力钢筋中的最大拉应力 $\sigma_{pmax}=\sigma_{pe}+\alpha_{EP}\dfrac{M_{G2}+M_Q}{I_0}\cdot y_{0p}$

式中：$\sigma_{pe}=\sigma_{con}-\sigma_1-\sigma_2-\sigma_4-\sigma_5-\sigma_6=1125\text{MPa}$

$$\alpha_{EP}=\frac{E_p}{E_c}=5.65$$

$I_0=0.1649\times 10^{12}\text{mm}^4$

$y_{0p}=663.6\text{mm}$

$$\sigma_{pmax}=1125+5.65\times\frac{(700+1700)\times 10^6}{0.1649\times 10^{12}}\times 663.6=1180\text{MPa}$$

学习记录

测试题二答案

一、选择题(每小题2分,共20分)

1.B 2.C 3.A 4.C 5.D 6.C 7.D 8.B 9.B 10.C

二、填空题(每空1分,共10分)

1.0.95
2.抗拉屈服强度335MPa
3.结构安全等级
4.合力大小不变、合力作用点不变
5.0.5h_0
6.剪压破坏
7.受压、受拉
8.C40

三、判断对错(每小题1分,共10分)

1.√ 2.× 3.× 4.× 5.√ 6.√ 7.√ 8.× 9.√ 10.√

四、简答题(每小题6分,共30分)

1.**答**:结构或结构的一部分超过某一特定状态而不能满足某项预定功能要求时,此特定状态称为该功能的极限状态。(4分)

分为承载能力极限状态和正常使用极限状态。(对1个1分,共2分)

2.**答**:分别对应少筋破坏、适筋破坏、界限破坏和超筋破坏(错1个减1分)

除超筋破坏钢筋不屈服外,其他均屈服。(错1个减1分)

3.**答**:剪跨比、混凝土强度等级、纵筋的配筋率、箍筋的配箍率和强度。(少1个减1分,全部错误0分)

4.**答**:偏心受压构件破坏形态分为大偏心受压破坏和小偏心受压破坏。(各占1分,共2分)

(1)大偏心受压破坏:构件截面靠近偏心压力一侧受压,另一侧受拉。破坏是受拉钢筋首先达到屈服强度,然后受压混凝土压坏。破坏前有明显的征兆,属于延性破坏。(2分)

(2)小偏心受压破坏:受压区边缘混凝土的应变达到极限压应变,受压区混凝土被压碎,同一侧的钢筋压应力达到屈服强度,而另一侧的钢筋,不论受拉还是受压,其应力均不达到屈服强度,破坏前构件横向变形无明显的急剧增长。破坏前没有明显的征兆属于脆性破坏。(2分)

5.**答**:A_0表示换算截面面积,A_n表示净截面面积。(各占1分,共2分)

先张法切断钢束产生预应力时预应力钢束和混凝土已经形成了一个整体,所以预加预应力阶段的计算采用换算截面面积。(2分)

后张法施工阶段力筋和混凝土还没有形成一个整体,所以施工阶段计算时采用净截面面积。(2分)

五、计算题(每小题10分,共30分)

学习记录

1.(10分)

(1)判断T梁类型

$$A_s f_{sd} + A_p f_{pd} = 1272 \times 330 + 2940 \times 1260 = 4124.16\text{kN} \cdot \text{m}$$

$$f_{cd} b'_f h'_f = 8870.4\text{kN} \cdot \text{m}$$

$$A_s f_{sd} + A_p f_{pd} < f_{cd} b'_f h'_f$$

故为第Ⅰ类T梁。 ——(2分)

(2)求x

$$x = \frac{A_s f_{sd} + A_p f_{pd}}{f_{cd} b'_f} = 83.7\text{mm}$$ ——(3分)

(3)求M_u

$$a = \frac{A_s f_{sd} a_s + A_p f_{pd} a_p}{A_s f_{sd} + A_p f_{pd}} = 94\text{mm}$$ ——(1分)

$$M_u = f_{cd} b'_f x \left(h_0 - \frac{x}{2}\right) = 6862.5\text{kN} \cdot \text{m}$$ ——(3分)

(4)判断是否能安全承载

$$M_u > \gamma_0 M_d$$ ——(1分)

故该截面能安全承载。

2.(共10分)

(1)大小偏心初步判别 ——(2分)

$$\eta e_0 = 1.12 \times \frac{M}{N} = 1.12 \times \frac{375.2}{938} = 448\text{mm} > 0.3h_0 = 0.3 \times 560 = 168\text{mm}$$

(2)计算所需的纵向钢筋面积

取$\xi = \xi_b = 0.56$,则 ——(1分)

$$e_s = \eta e_0 + \frac{h}{2} - a_s = 448 + 600/2 - 40 = 708\text{mm}$$

$$A'_s = \frac{Ne_s - \xi_b(1 - 0.5\xi_b) f_{cd} b h_0^2}{f'_{sd}(h_0 - a'_s)}$$

$$= \frac{938 \times 10^3 \times 708 - 0.56(1 - 0.5 \times 0.56) \times 11.5 \times 400 \times 560^2}{280(560 - 40)}$$

$$= 566.4\text{mm}^2 > (0.002bh) = 480\text{mm}^2$$ ——(4分)

$$A_s = \frac{f_{cd} bx + f'_{sd} A'_s - N}{f_{sd}}$$

$$= \frac{11.5 \times 400 \times 0.56 \times 560 + 280 \times 566.4 - 938 \times 10^3}{280}$$

$$= 2368\text{mm}^2 > \rho_{min} bh = 480\text{mm}^2$$ ——(3分)

$$\rho + \rho' = \frac{A_s + A'_s}{bh} > 0.6\%$$

3.(共10分)

解: $\alpha_{ES} = \frac{E_s}{E_c} = 6.94$,$h_0 = h - \alpha_s = 455\text{mm}$。

学习记录

(1)计算 x

由

$$\frac{1}{2}bx^2=\alpha_{ES}A_s(h_0-x)$$

得到

$$x=163\text{mm} \quad \text{——(2 分)}$$

(2)计算 I_{cr}

$$I_{cr}=\frac{1}{3}bx^3+\alpha_{ES}A_s(h_0-x)^2=1.5952\times10^9\text{mm}^4 \quad \text{——(2 分)}$$

(3)计算 σ_{cc}^t、σ_{st}^t

$$\sigma_{cc}^t=\frac{M_k^t}{I_{cr}}x=\frac{140\times10^6\times163}{1.5952\times10^9}=14.3\text{MPa}\leqslant0.8f_{ck}=14.4\text{MPa} \quad \text{——(3 分)}$$

$$\sigma_{st}^t=\alpha_{ES}\frac{M_k^t(h_0-x)}{I_{cr}}=177.85\text{MPa}\leqslant0.75f_{sk}=251\text{MPa} \quad \text{——(3 分)}$$

学习记录

附录三 题库及答案

题库试题中字母、符号含义说明：

η——偏心距放大系数；

ξ,ξ_b——相对受压区高度、界限相对受压区高度；

φ——稳定系数；

f_c——混凝土轴心抗压强度；

f_{cd}——混凝土轴心抗压强度设计值；

f_{cu}——立方体抗压强度；

$f_{cu,k}$——立方体抗压强度标准值；

f_{sd}、f'_{sd}——钢筋抗拉强度设计值、抗压强度设计值；

f_t——混凝土抗拉强度；

σ——应力；

ρ_{min}——最小配筋率；

γ_0——结构重要性系数；

a_s——钢筋重心至构件边缘的距离。

学习记录

一、单项选择题

1. 混凝土立方体抗压强度测定时所用的标准立方体试件的边长为(　　)。

A. 150mm　　B. 100mm　　C. 200mm　　D. 250mm

答案:A

2. 混凝土轴心抗压强度测试的标准试件尺寸为(　　)。

A. 150×150×300(mm^3)　　B. 150×150×450(mm^3)

C. 100×100×300(mm^3)　　D. 100×100×450(mm^3)

答案:A

3. 混凝土抗压强度大小与试件尺寸有关。下列边长的立方体试件,测得的混凝土立方体抗压强度最大的是(　　)。

A. 150mm　　B. 100mm　　C. 200mm　　D. 250mm

答案:B

4. 边长为100mm的非标准立方体试块的强度换算成标准试块的强度,则需乘以换算系数(　　)。

A. 1.05　　B. 1.0　　C. 0.95　　D. 0.90

答案:C

5. 我国国家标准规定,混凝土轴心抗压强度测定时的标准试件为(　　)。

A. 棱柱体试件　　B. 正方体试件　　C. 圆柱体试件　　D. 球体试件

答案:A

6. 关于测定混凝土立方体抗压强度,下列说法正确的是(　　)。

A. 加载速度越快,测得的抗压强度越低

B. 试件尺寸越大,测得的抗压强度越高

C. 加载速度越慢,测得的抗压强度越低

D. 我国标准试验方法要求在试件和承压板之间涂润滑剂

答案:C

7. 关于混凝土抗拉强度,说法正确的是(　　)。

A. 混凝土劈裂抗拉强度和轴心抗拉强度大小相同

B. 公路工程混凝土试验规程规定的混凝土劈裂抗拉强度所用试件为立方体试件

C. 混凝土抗拉强度大于混凝土的轴心抗压强度

D. 混凝土抗拉强度大于混凝土的立方体抗压强度

答案:B

8. 同一强度等级的混凝土,各单轴强度之间的大小关系是(　　)。

A. $f_c > f_{cu} > f_t$　　B. $f_{cu} > f_c > f_t$

C. $f_{cu} > f_t > f_c$　　D. $f_c > f_t > f_{cu}$

答案:B

9. 同一强度等级的混凝土,下列各强度指标,最大的是(　　)。

A. 轴心抗压强度　　B. 轴心抗拉强度

C. 立方体抗压强度　　D. 劈裂抗拉强度

答案:C

学习记录

10. 混凝土的强度常用符号表示，f_t 表示混凝土的(　　)。

A. 轴心抗压强度　　B. 立方体抗压强度

C. 轴心抗拉强度　　D. 劈裂抗拉强度

答案：C

11. 混凝土的强度常用符号表示，f_c 表示混凝土的(　　)。

A. 轴心抗压强度　　B. 立方体抗压强度

C. 轴心抗拉强度　　D. 劈裂抗拉强度

答案：A

12. 下列几种不同的受力情况，测得的混凝土抗压强度小于 f_c 的是(　　)。

A. 双法向受压，$\sigma_2=0.4f_c$　　B. 一向受拉，一向受压

C. 三向受压　　D. 双法向受压，$\sigma_2=0.6f_c$

答案：B

13. 单轴受压的普通混凝土，极限压应变最可能是(　　)。

A. 0.03　　B. 0.003　　C. 0.0003　　D. 0.3

答案：B

14. 混凝土徐变指(　　)。

A. 混凝土在空气中凝结硬化时体积减小的现象

B. 在荷载瞬时作用下，混凝土发生变形的现象

C. 在荷载长期作用下，混凝土的变形随时间延长而增加的现象

D. 混凝土与空气中的二氧化碳发生反应导致混凝土碱性下降的现象

答案：C

15. 关于混凝土徐变，说法正确的是(　　)。

A. 混凝土徐变和施加的荷载大小无关

B. 徐变与荷载作用时间长短无关

C. 加载龄期指从浇注混凝土开始算起的承受荷载时的龄期。加载龄期越大，徐变越大

D. 混凝土徐变大小与混凝土自身质量有关

答案：D

16. 关于混凝土徐变，说法正确的是(　　)。

A. 混凝土徐变和施加的荷载大小有关

B. 徐变与荷载作用时间长短无关

C. 加载龄期指混凝土开始承受荷载时的龄期，加载龄期越大，徐变越大

D. 混凝土徐变与混凝土自身质量无关

答案：A

17. 关于混凝土徐变，说法错误的是(　　)。

A. 施加的荷载越大，徐变越大

B. 加载开始一段时间，荷载作用时间越长，徐变越大

C. 加载龄期指混凝土开始承受荷载时的龄期，加载龄期越大，徐变越大

D. 混凝土徐变与混凝土自身质量有关

答案：C

学习记录

18. 能减小混凝土徐变的措施是(　　)。

A. 加大荷载　　B. 加大混凝土中的水灰比

C. 提高加载龄期　　D. 减小水泥用量

答案:C

19. 使混凝土徐变增大的条件是(　　)。

A. 减小荷载　　B. 减小混凝土中的水灰比

C. 提高加载龄期　　D. 增大水泥用量

答案:D

20. 对混凝土收缩没有影响的因素是(　　)。

A. 混凝土组成和配合比　　B. 外荷载大小

C. 养护方法　　D. 使用条件

答案:B

21. 关于混凝土的收缩,说法正确的是(　　)。

A. 收缩与混凝土所受的应力大小有关

B. 收缩随水泥用量的增加而减小

C. 收缩随水灰比的增加而增大

D. 与养护方法无关

答案:C

22. 混凝土收缩指(　　)。

A. 混凝土在凝结硬化过程中体积随时间推移和减小的现象

B. 混凝土在凝结硬化过程中重量随时间推移和减小的现象

C. 混凝土在凝结硬化过程中质量随时间推移和减小的现象

D. 混凝土在凝结硬化过程中表面积随时间推移和减小的现象

答案:A

23. 拉伸时有明显屈服点的钢筋有(　　)。

A. HRB335　　B. 高强光圆钢丝　　C. 高强刻痕钢丝　　D. 高强钢绞线

答案:A

24. 伸长率最大的钢筋是(　　)。

A. R235　　B. HRB335　　C. HRB400　　D. KL400

答案:A

25. 高强钢筋拉伸曲线中没有明显流幅,设计计算时取条件屈服强度 $\sigma_{0.2}$ 作为设计值,$\sigma_{0.2}$ 中的 0.2 指(　　)。

A. 残余应变为 0.2　　B. 残余应变为 0.2%

C. 残余应力为 0.2MPa　　D. 残余应力为 0.002MPa

答案:B

26. 下列钢筋为普通钢筋的是(　　)。

A. 精轧螺纹钢筋　　B. 高强钢丝　　C. HRB400　　D. 钢绞线

答案:C

27. 光圆钢筋与混凝土之间的黏结力主要来源于(　　)。

A. 化学胶结力　　B. 摩擦力　　C. 机械咬合力　　D. B+C

答案:D

28. 带肋钢筋与混凝土之间的黏结力主要来源于(　　)。

A. 化学胶结力　　B. 摩擦力　　C. 机械咬合力　　D. A+B

答案:C

29. 钢筋与混凝土之间的黏结强度,说法不正确的是(　　)。

A. 光圆钢筋与混凝土的黏结强度比用带肋钢筋的小

B. 混凝土强度等级提高,黏结强度有所提高

C. 钢筋净距越小,黏结强度越低

D. 光圆钢筋与混凝土的黏结强度比用带肋钢筋的大

答案:D

30. 工程结构的各个要求中,最重要的、排在第一位的是(　　)。

A. 安全性　　B. 适用性　　C. 耐久性　　D. 经济性

答案:A

31. 不属于结构的功能要求的是(　　)。

A. 安全性　　B. 适用性　　C. 耐久性　　D. 经济性

答案:D

32. 关于结构可靠性,说法不正确的是(　　)。

A. 指在规定时间内、规定条件下、结构完成预定功能的能力

B. 是安全性、适用性、耐久性的统称

C. 可以用可靠度大小来度量

D. 结构可靠性与结构的施工情况无关

答案:D

33. 我国公路桥梁结构的设计基准期为(　　)。

A. 50 年　　B. 100 年　　C. 30 年　　D. 10 年

答案:B

34. 下列几个极限状态,属于超越了承载能力极限状态的是(　　)。

A. 梁变形过大,超过了规范限值　　B. 梁体开裂,裂缝超过了规范限值

C. 构件混凝土局部剥落　　D. 柱的混凝土被压碎

答案:D

35. 下列几个极限状态,属于超越了正常使用极限状态的是(　　)。

A. 梁体受压区混凝土压碎　　B. 柱的混凝土被压碎

C. 桥墩倾覆　　D. 梁的挠度超过了规范限值

答案:D

36. 下列几个极限状态,属于超越了承载能力极限状态的是(　　)。

A. 梁变形过大,超过了规范限值　　B. 梁体开裂,裂缝超过了规范限值

C. 构件混凝土局部剥落　　D. 结构倾覆

答案:D

37. 结构抗力 R 指结构能承受内力和变形的能力,结构作用效应 S 指结构在承受作用时的反应。一个有效的结构,结构抗力和作用效应的大小关系应该满足(　　)。

A. $R>S$　　B. $R<S$　　C. $R=S$　　D. 不能确定

学习记录

答案:A

38. 不能用来衡量结构可靠性的指标是(　　)。

A. 可靠度　　B. 可靠指标

C. 失效概率　　D. 功能函数值的均方差

答案:D

39. 结构的可靠性可以用可靠度、可靠指标、失效概率表示。下列说法不正确的是(　　)。

A. 可靠指标越大,可靠度越大　　B. 可靠指标越大,可靠度越小

C. 可靠度和失效概率之和为 1　　D. 失效概率越大,可靠度越小

答案:B

40. 关于结构的失效概率和可靠度的关系,正确的是(　　)。

A. 失效概率和可靠度之和不能确定　　B. 失效概率与可靠度之和为 1

C. 失效概率与可靠度之和大于 1　　D. 失效概率与可靠度之和小于 1

答案:B

41. 关于结构安全等级为一级的结构,说法正确的是(　　)。

A. 指破坏后果很严重的结构,比如特大桥

B. 指破坏后果不严重的结构,比如小桥涵

C. 结构重要性系数取为 1.0

D. 结构重要性系数取为 0.9

答案:A

42. 确定混凝土强度等级的根据是(　　)。

A. 立方体抗压强度设计值　　B. 立方体抗压强度标准值

C. 棱柱体抗压强度设计值　　D. 棱柱体抗压强度标准值

答案:B

43. C50 的混凝土,50 的含义是(　　)。

A. 立方体抗压强度标准值为 50MPa　　B. 棱柱体抗压强度标准值为 50MPa

C. 棱柱体抗压强度设计值为 50MPa　　D. 轴心抗拉强度标准值为 50MPa

答案:A

44. C30 的混凝土,30 的含义是(　　)。

A. 立方体抗压强度标准值为 30MPa　　B. 棱柱体抗压强度标准值为 30MPa

C. 棱柱体抗压强度设计值为 30MPa　　D. 轴心抗拉强度标准值为 30MPa

答案:A

45. 关于混凝土强度等级,说法不正确的是(　　)。

A. 我国公路桥涵受力构件的混凝土强度等级有 13 级

B. C50 以下混凝土为普通强度混凝土

C. C50 及以上混凝土为高强混凝土

D. 混凝土强度等级的划分是以棱柱体抗压强度标准为划分依据的

答案:D

46. 承载能力极限状态作用效应基本组合与正常使用极限状态作用效应基本组合表达式有所不同,下列说法正确的是(　　)。

A. 都考虑了结构重要性系数

学习记录

B. 都考虑了作用效应分项系数

C. 只有进行承载能力极限状态计算时考虑结构重要性系数

D. 进行正常使用极限状态计算时要考虑大于 1 的作用效应分项系数

答案:C

47. 可变作用指结构使用期间，量值随时间变化的作用。下列作用，属于可变作用的是(　　)。

A. 结构自重　B. 汽车荷载　C. 预加力　D. 基础变位作用

答案:B

48. 可变作用指结构使用期间，量值随时间变化的作用。下列作用，属于可变作用的是(　　)。

A. 结构重力　B. 人群荷载　C. 预加力　D. 基础变位作用

答案:B

49. 下列作用，属于永久作用的是(　　)。

A. 人群荷载　B. 风力　C. 结构自重　D. 汽车荷载

答案:C

50. 结构上的作用有很多种分类，按随时间的变异性、按作用的空间位置的变异性等。不属于按作用随时间的变异性分类的作用是(　　)。

A. 永久作用　B. 可变作用　C. 偶然作用　D. 固定作用

答案:D

51. 进行结构承载力计算时，如果结构自重对结构不利，则其分项系数应取(　　)。

A. 0.9　B. 1.0　C. 1.2　D. 1.4

答案:C

52. 简支梁，计算跨度为 l，承受竖向均布荷载时，弯矩最大的截面为(　　)。

A. 跨中　B. 支座中心　C. $l/4$ 截面处　D. $l/8$ 截面处

答案:A

53. 矩形截面受弯构件，截面尺寸为 $b\times h=200\text{mm}\times 500\text{mm}$，纵筋面积为 $A_s=1256\text{mm}^2$，截面有效梁高为 $h_0=450\text{mm}$，则纵筋配筋率为(　　)。

A. 0.012%　B. 1.2%　C. 0.0139%　D. 1.39%

答案:D

54. 纵筋的混凝土保护层厚度指(　　)。

A. 最外层纵向钢筋内边缘到混凝土构件表面的距离

B. 最外层纵向钢筋外边缘到混凝土构件表面的最短距离

C. 最外层纵向钢筋重心到混凝土构件表面的距离

D. 最外层纵向钢筋重心到混凝土构件表面的最短距离

答案:B

55. 混凝土保护层厚度的作用，不正确的是(　　)。

A. 保护钢筋免遭锈蚀

B. 保证钢筋和混凝土的黏结

C. 高温大火时保证钢筋的温度不会很快升高导致钢筋软化

D. 提高构件承载力

学习记录

答案:D

56. 钢筋混凝土受弯构件受力全过程可以分为 3 个阶段。正截面承载力计算的依据是(　　)。

A. I_a 状态　B. II_a 状态　C. III_a 状态　D. 第Ⅱ阶段

答案:C

57. 钢筋混凝土受弯构件抗裂计算的依据是(　　)。

A. I_a 状态　B. II_a 状态　C. III_a 状态　D. 第Ⅱ阶段

答案:A

58. 钢筋混凝土受弯构件变形和裂缝验算的依据是(　　)。

A. I_a 状态　B. II_a 状态　C. III_a 状态　D. 第Ⅱ阶段

答案:D

59. 钢筋混凝土受弯构件正截面破坏时,受压边缘混凝土被压碎,此时压应变约为(　　)。

A. 0.0035　B. 0.035　C. 0.00035　D. 0.35

答案:A

60. 钢筋混凝土受弯构件适筋破坏是(　　)。

A. 脆性破坏　B. 破坏始于受压边缘混凝土被压碎

C. 破坏始于受拉钢筋屈服　D. 设计时要严格避免构件发生的破坏

答案:C

61. 下面几种钢筋混凝土受弯构件,抗弯承载力最大的是(　　)。

A. 适筋梁　B. 超筋梁

C. 少筋梁　D. 达到界限配筋率的梁

答案:B

62. 设计的钢筋混凝土受弯构件,应该是(　　)。

A. 适筋梁　B. 超筋梁

C. 少筋梁　D. 达到界限配筋率的梁

答案:A

63. 防止钢筋混凝土受弯构件少筋破坏的条件是(　　)。

A. $x>\xi_b h_0$　B. $x\leqslant\xi_b h_0$　C. $\rho>\rho_{min}$　D. $\rho<\rho_{min}$

答案:C

64. 钢筋混凝土梁为超筋梁的是(　　)。

A. $x>\xi_b h_0$　B. $x\leqslant\xi_b h_0$　C. $\rho>\rho_{min}$　D. $\rho<\rho_{min}$

答案:A

65. 钢筋混凝土受弯构件正截面承载力计算时,如果 $x>\xi_b h_0$,说明该梁为(　　)。

A. 适筋梁　B. 超筋梁　C. 少筋梁　D. 单筋梁

答案:B

66. 单筋梁指(　　)。

A. 梁中只布置有一根受力纵筋　B. 梁中只在受拉侧布置受力纵筋

C. 梁中受力纵筋只有一种规格　D. 梁中受拉纵筋只布置有一层

答案:B

67. 钢筋混凝土受弯构件正截面承载力计算基本公式的依据是梁发生(　　)。

A. 少筋破坏　B. 适筋破坏　C. 超筋破坏　D. 界限破坏

答案:B

68. 能判断钢筋混凝土梁为少筋梁的条件是(　　)。

A. $x>\xi_b h_0$　　B. $x\leqslant\xi_b h_0$　　C. $\rho>\rho_{min}$　　D. $\rho<\rho_{min}$

答案:D

69. 下列不能作为判断适筋破坏与超筋破坏的界限的条件是(　　)。

A. $\xi=\xi_b$　　B. $x=\xi_b h_0$　　C. $x=2a_s'$　　D. $\rho=\rho_{max}$

答案:C

70. 板指宽高比很大的受弯构件。进行钢筋混凝土单向板的正截面承载力计算时,板的截面宽度一般取单位宽度,即(　　)。

A. 1m　　B. 1dm　　C. 1km　　D. 1cm

答案:A

71. 不能提高钢筋混凝土受弯构件正截面受弯承载力的方法是(　　)。

A. 提高钢筋的抗拉强度　　B. 梁高不变,增加混凝土保护层厚度

C. 增加截面高度　　D. 增大纵筋面积

答案:B

72. 不影响钢筋混凝土受弯构件正截面受弯承载力的因素是(　　)。

A. 钢筋和混凝土材料强度　　B. 梁高

C. 外荷载　　D. 纵筋面积

答案:C

73. 双筋梁指(　　)。

A. 梁中只布置有两根受力纵筋

B. 梁中在受拉侧和受压侧均布置有受力纵筋

C. 梁中受力纵筋有两种规格

D. 梁中受拉纵筋布置有两层

答案:B

74. 在进行钢筋混凝土矩形截面双筋梁正截面承载力计算中,若 $x<2a_s'$,则说明(　　)。

A. 受压钢筋配置过多　　B. 受压钢筋配置过少

C. 梁发生破坏时受压钢筋早已屈服　　D. 截面尺寸过大

答案:A

75. 钢筋混凝土受弯构件双筋截面正截面承载力中,受压钢筋屈服的条件是(　　)。

A. $x\leqslant\xi_b h_0$　　B. $x>\xi_b h_0$　　C. $x\geqslant 2a_s'$　　D. $x<2a_s'$

答案:C

76. 设计双筋梁时,当求 A_s' 和 A_s 时,用钢量最少的条件是(　　)。

A. 取 $\xi=\xi_b$　　B. 取 $A_s'=A_s$　　C. 取 $x=2a_s'$　　D. 取 $x=0.5h_0$

答案:A

77. 钢筋混凝土受弯构件 T 形截面梁的纵筋配筋率 ρ 的计算公式为(　　)。

A. $\dfrac{A_s}{bh_0}$　　B. $\dfrac{A_s}{bh}$　　C. $\dfrac{A_s}{b_f'h_0}$　　D. $\dfrac{A_s}{b_f'h}$

答案:A

78. T 形截面钢筋混凝土简支梁的有效翼缘宽度计算时,与之无关的因素是(　　)。

学习记录

A. 计算跨度　　B. 梁肋间距
C. 腹板宽度　　D. 混凝土强度等级

答案：D

79. 简支梁，计算跨度为 l，承受均布荷载，剪力最大的截面为（　　）。
A. 跨中　　B. 支座中心　　C. $l/4$　　D. $l/8$

答案：B

80. 简支梁，计算跨度为 l，跨中承受集中荷载，剪力和弯矩大小说法正确的是（　　）。
A. 跨中弯矩和剪力均最大　　B. 支座处的弯矩最大
C. 不同截面的剪力大小不同　　D. 不同截面的弯矩均相同

答案：A

81. 钢筋混凝土受弯构件，承受集中荷载，剪跨为 a，剪跨比 m 为（　　）。
A. a/h_0　　B. a/h　　C. a/bh_0　　D. a/bh

答案：A

82. 钢筋混凝土受弯构件的广义剪跨比 m 为（　　）。
A. M/V　　B. M/bV　　C. M/Vh_0　　D. M/Vh

答案：C

83. 几种不同剪跨比 m 的无腹筋梁，最可能发生剪压破坏的是（　　）。
A. $m=0.5$　　B. $m=2$　　C. $m=5$　　D. $m=0.1$

答案：B

84. 几种不同剪跨比 m 的无腹筋梁，最可能发生斜压破坏的是（　　）。
A. $m=0.5$　　B. $m=2$　　C. $m=3$　　D. $m=4$

答案：A

85. 无腹筋梁斜截面受剪主要破坏形态有三种，对同样的构件，其承载力的大小关系为（　　）。
A. 斜拉破坏＞剪压破坏＞斜压破坏　　B. 斜拉破坏＜剪压破坏＜斜压破坏
C. 剪压破坏＞斜压破坏＞斜拉破坏　　D. 剪压破坏＝斜压破坏＞斜拉破坏

答案：B

86. 无腹筋梁斜截面三种破坏形态，说法正确的是（　　）。
A. 均为塑性破坏　　B. 均为脆性破坏
C. 只有剪压破坏为塑性破坏　　D. 只有斜压破坏为脆性破坏

答案：B

87. 钢筋混凝土梁，正截面足够安全，如果箍筋配置过多，而截面尺寸又太小，梁一般会发生斜截面的（　　）。
A. 斜压破坏　　B. 剪压破坏　　C. 斜拉破坏　　D. 弯曲破坏

答案：A

88. 能提高钢筋混凝土受弯构件斜截面抗剪承载力的是（　　）。
A. 加大箍筋间距　　B. 减小箍筋间距　　C. 减小纵筋面积　　D. 减小截面尺寸

答案：B

89. 不能提高钢筋混凝土受弯构件斜截面抗剪承载力的是（　　）。
A. 加大箍筋间距　　B. 减小箍筋间距　　C. 增大纵筋面积　　D. 增大截面尺寸

答案:A

90.一钢筋混凝土矩形截面梁,箍筋间距为100mm,箍筋采用4肢箍,单肢箍筋截面面积为50.3mm²,矩形截面宽度为300mm。则该梁的配箍率为(　　)。

A. 0.0067%　　B. 0.67%　　C. 0.00335%　　D. 0.335%

答案:B

91.钢筋混凝土梁配箍率增大的是(　　)。

A. 加大箍筋间距　　B. 减小箍筋间距　　C. 减小箍筋直径　　D. 减小箍筋肢数

答案:B

92.防止钢筋混凝土受弯构件斜截面发生斜压破坏,应保证(　　)。

A. 纵筋最小配筋率　　B. 箍筋最小配箍率

C. 纵筋最大配筋率　　D. 最小截面尺寸

答案:D

93.《公路桥规》中,关于钢筋混凝土梁的斜截面抗剪承载力计算公式的依据是(　　)。

A. 斜拉破坏　　B. 剪压破坏

C. 斜压破坏　　D. 斜截面受弯破坏

答案:B

94.进行受弯构件斜截面抗剪承载力计算时,要限制截面最小尺寸,主要是为了防止构件发生(　　)。

A. 斜拉破坏　　B. 剪压破坏

C. 斜压破坏　　D. 斜截面受弯破坏

答案:C

95.混凝土受弯构件斜截面抗剪承载力计算中,避免发生斜拉破坏的条件是(　　)。

A. 规定最小纵筋配筋率　　B. 规定纵筋最大配筋率

C. 规定最小截面尺寸　　D. 规定箍筋的最小配箍率

答案:D

96.《公路桥规》规定钢筋混凝十梁的最小配箍率是为防止梁发生(　　)。

A. 斜拉破坏　　B. 剪压破坏

C. 斜压破坏　　D. 斜截面受弯破坏

答案:A

97.钢筋混凝土梁斜截面抗剪承载力计算公式应满足$\gamma_0 V_d > (0.5\times10^{-3})\alpha_2 f_{td} bh_0$,该条件也称为公式下限。如果该条件不满足,则说明(　　)。

A. 梁将发生斜拉破坏　　B. 梁不需要配置计算腹筋

C. 梁将发生斜压破坏　　D. 梁将发生斜截面受弯破坏

答案:B

98.《公路桥规》规定,保证斜截面受弯构件斜截面抗弯承载力的构造措施是保证弯起筋弯起点至该钢筋充分利用截面的距离s满足(　　)。

A. $\leqslant 0.5h_0$　　B. $\leqslant h_0$　　C. $\geqslant 0.5h_0$　　D. $\geqslant h_0$

答案:C

99.钢筋混凝土受弯构件的抵抗弯矩图M_u图必须包住弯矩包络图M,这样才能保证梁的(　　)。

学习记录

A. 正截面抗弯承载力　　B. 斜截面抗弯承载力

C. 斜截面抗剪承载力　　D. 正截面抗裂性

答案:A

100. 钢筋混凝土构件中的箍筋不必制作为闭口箍筋的构件是(　　)。

A. 承受扭矩的构件

B. 承受压力的构件

C. 配有受压纵筋的构件

D. 只承受拉力或受力纵筋只有受拉纵筋的构件

答案:D

101. 受扭构件中,抗扭纵筋的布置正确的是(　　)。

A. 在截面四角处必须布置,其余沿截面周边均匀对称布置

B. 只在截面上边布置

C. 只在截面下边布置

D. 只在截面左右两侧对称布置

答案:A

102. 钢筋混凝土受扭构件中受扭纵筋和箍筋的配筋强度比要求满足 $0.6<\zeta<1.7$,构件破坏时,(　　)。

A. 纵筋和箍筋都能达到屈服　　B. 仅箍筋达到屈服

C. 仅纵筋达到屈服　　D. 纵筋和箍筋都不能达到屈服

答案:A

103. 设计钢筋混凝土受扭构件时,其受扭纵筋与受扭箍筋强度比 ζ 应满足(　　)。

A. <0.5　　B. >2.0

C. 不受限制　　D. 在 0.6～1.7 之间

答案:D

104. 为防止钢筋混凝土纯扭构件发生完全超筋受扭破坏,应该保证(　　)。

A. 截面尺寸大于最小尺寸　　B. 配筋强度比在 0.6～1.7 之间

C. 保证箍筋配箍率大于最小配箍率　　D. 保证纵筋配筋率大于最小配筋率

答案:A

105. 关于钢筋混凝土剪扭构件的叙述中,不正确的是(　　)。

A. 扭矩的存在对构件的抗剪承载力没有影响

B. 剪力的存在对构件的抗扭承载力没有影响

C. 扭矩的存在降低了构件的抗剪承载力

D. 剪力的存在提高了构件的抗扭承载力

答案:C

106. 轴心受压构件中一定没有的钢筋是(　　)。

A. 普通箍筋　　B. 纵筋　　C. 弯起筋　　D. 螺旋箍筋

答案:C

107. 普通箍筋柱的长柱,指(　　)。

A. 长度很大的柱　　B. 短边截面尺寸很小的柱

C. 长细比较大的柱　　D. 长细比较小的柱

答案:C

108. 轴心受压构件普通箍筋柱,受压承载力计算公式为 $N_u=0.9\varphi(f_{cd}A+A'_s f'_{sd})$,公式中的 $\varphi<1$,叫做(　　)。

A. 偏心距放大系数　　B. 可靠度提高系数

C. 稳定系数　　D. 结构重要性系数

答案:C

109. 长期荷载作用下,混凝土会发生徐变。轴心受压构件,随着荷载作用时间的延长,纵筋和混凝土的应力会发生变化,变化的规律正确的是(　　)。

A. 混凝土压应力逐渐减小　　B. 混凝土压应力逐渐增大

C. 纵筋压应力逐渐减小　　D. 纵筋压应力不变

答案:B

110. 截面形状、柱尺寸、纵筋配筋率均相同的螺旋箍筋柱和普通箍筋柱,下面说法正确的是(　　)。

A. 螺旋箍筋柱的用钢量少

B. 螺旋箍筋柱的承载力大,延性更好

C. 矩形截面柱也可以设计为螺旋箍筋柱

D. 两种柱均适用于各种长细比

答案:B

111. 不会影响螺旋箍筋柱的受压承载力的因素是(　　)。

A. 纵筋面积　　B. 螺旋箍筋的间距　　C. 混凝土强度　　D. 截面压力

答案:D

112. 螺旋箍筋柱的设计条件满足,下面能提高受压承载力的措施是(　　)。

A. 减小纵筋面积　　B. 减小螺旋筋间距

C. 减小核心混凝土尺寸　　D. 减小螺旋筋直径

答案:B

113. 设计的螺旋箍筋柱的受压承载力不允许超过按普通箍筋柱计算的受压承载力的 1.5 倍,原因是(　　)。

A. 防止混凝土保护层过早脱落　　B. 保证螺旋筋能有效工作

C. 保证纵筋和螺旋筋能同时屈服　　D. 保证构件的可靠度

答案:A

114. 为了防止设计的螺旋箍筋柱的混凝土保护层过早脱落,要求(　　)。

A. 按螺旋箍筋柱计算的承载力不允许超过按普通箍筋柱计算的承载力的 1.5 倍

B. $l_0/d<12$

C. 螺旋筋换算截面面积 A_{s0} 与纵筋面积 A'_s 之比大于 25%

D. 螺旋筋间距满足 40~80mm

答案:A

115. 对长细比大于 12 的柱不宜采用螺旋箍筋柱,其原因是(　　)。

A. 这种柱的承载力较高

B. 施工难度大

C. 抗震性能不好

学习记录

D. 柱会发生纵向弯曲，螺旋箍筋作用不能发挥，承载力得不到提高

答案:D

116. 一圆形截面螺旋箍筋柱，螺旋筋受压承载力计算公式的条件均满足。若按普通箍筋柱计算，其承载力为 300kN，若按螺旋箍筋柱计算，其承载力为 400kN，则该柱的承载力为(　　)。

A. 400kN　　B. 300kN　　C. 270kN　　D. 360kN

答案:A

117. 钢筋混凝土大、小偏压构件的破坏特征，正确的是(　　)。

A. 小偏心受压破坏时，远侧钢筋受拉先屈服，随后受压侧混凝土压碎

B. 大偏心受压破坏时，受压侧混凝土先压碎，远侧钢筋应力未知

C. 大偏心受压破坏时，远侧钢筋受拉先屈服，随后受压侧混凝土压碎

D. 大偏心受压破坏时，远侧钢筋受压屈服，远侧混凝土压碎，而近侧钢筋受压不屈服

答案:C

118. 偏心受压构件发生大、小偏压破坏的主要区别是(　　)。

A. 偏心距的大小

B. 受压一侧混凝土是否达到极限压应变

C. 截面破坏时受压钢筋是否先屈服

D. 截面破坏时远侧受拉钢筋是否先屈服

答案:D

119. 确定偏心受压构件发生大偏心受压破坏的条件是(　　)。

A. $\eta e_0 > 0.3h_0$　　B. $\eta e_0 < 0.3h_0$　　C. $\xi < \xi_b$　　D. $\xi > \xi_b$

答案:C

120. 偏心受压构件，对称配筋与不对称配筋相比的主要优点是(　　)。

A. 构造简单，方便施工　　B. 节省钢筋

C. 钢筋用量大　　D. 耐久性好

答案:A

121. 计算钢筋混凝土受弯构件的裂缝和挠度时，需要考虑(　　)。

A. 结构重要性系数

B. 荷载效应分项系数

C. 汽车荷载的冲击系数

D. 可变荷载的频遇值系数或准永久值系数

答案:D

122. 承载能力极限状态计算与正常使用极限状态计算不同，下面说法正确的是(　　)。

A. 承载能力极限状态计算采用材料强度的标准值

B. 承载能力极限状态计算采用材料强度的设计值

C. 承载能力极限状态计算不需要考虑结构重要性系数

D. 正常使用极限状态计算需要考虑结构重要性系数

答案:B

123. 下列计算内容属于承载能力极限状态计算的是(　　)。

A. 根据弯矩设计值确定受力纵筋面积　　B. 最大裂缝宽度验算

C. 最大挠度验算　　D. 施工时的应力计算

答案:A

124. 钢筋混凝土受弯构件应力计算是采用材料力学中弹性材料受弯构件应力计算公式进行的。计算时做了三个基本假定,错误的是(　　)。

A. 受拉区混凝土的抗拉强度忽略

B. 混凝土弹性体假定,即假定受压混凝土的应力分布图为三角形分布

C. 平截面假定

D. 受压混凝土为理想塑性体

答案:D

125. 结构在进行应力计算时,需要将截面换算为同种材料,一般将受拉钢筋换算为受拉的混凝土,换算原则是保证钢筋和换算后的混凝土(　　)。

A. 拉应力合力大小不变　　B. 合力作用点位置不变

C. 面积不变　　D. A+B

答案:D

126. 钢筋混凝土受弯构件应力计算时,要采用换算截面。关于换算截面中性轴,说法不正确的是(　　)。

A. 中性轴即换算截面形心轴

B. 中性轴即换算截面重心轴

C. 中性轴确定的受压区和受拉区面积对中性轴的面积距相等

D. 中性轴确定的受压区和受拉区面积对中性轴的惯性距相等

答案:D

127. 一钢筋混凝土矩形截面梁,截面尺寸 $b \times h$,换算截面惯性矩为 I_0,换算系数为 α_{ES},受压区高度为 x,在施工阶段,外荷载引起的某截面的弯矩标准值为 M_k,则该截面钢筋的拉应力为(　　)。

A. $\frac{M_k}{I_0}(h_0-x)$　　B. $\alpha_{ES}\frac{M_k}{I_0}(h_0-x)$　　C. $\frac{M_k}{I_0}x$　　D. $\alpha_{ES}\frac{M_k}{I_0}x$

答案:B

128. 一钢筋混凝土矩形截面梁,截面尺寸 $b \times h$,换算截面惯性矩为 I_0,换算系数为 α_{ES},受压区高度为 x,在施工阶段,外荷载引起的某截面的弯矩标准值为 M_k,则该截面受压边缘混凝土的压应力为(　　)。

A. $\frac{M_k}{I_0}(h_0-x)$　　B. $\alpha_{ES}\frac{M_k}{I_0}(h_0-x)$　　C. $\frac{M_k}{I_0}x$　　D. $\alpha_{ES}\frac{M_k}{I_0}x$

答案:C

129. 钢筋混凝土受弯构件,能减小最大裂缝宽度的措施是(　　)。

A. 将粗钢筋换为细钢筋,总面积不变　　B. 将细钢筋换为粗钢筋,总面积不变

C. 将带肋钢筋换为光圆钢筋　　D. 钢筋直径不变,减小钢筋面积

答案:B

130. 对于钢筋混凝土受弯构件最大裂缝宽度的说法,不正确的是(　　)。

A. 受拉纵筋配筋率越大,裂缝宽度越小

B. 采用变形钢筋比采用光圆钢筋裂缝宽度小

学习记录

C. 长期荷载作用下裂缝宽度加大

D. 受拉纵筋面积相同时，钢筋直径越小，裂缝宽度越大

答案：B

131. 随着时间的延长，钢筋混凝土受弯构件的最大裂缝宽度会（　　）。

A. 迅速增大　　B. 缓慢增大　　C. 减小　　D. 不变

答案：B

132. 不能提高钢筋混凝土受弯构件截面刚度的措施是（　　）。

A. 加大梁的跨度　　B. 加大钢筋面积

C. 加大截面的高度　　D. 提高混凝土的强度等级

答案：D

133. 钢筋混凝土梁截面抗弯刚度随荷载的增加而（　　）。

A. 逐渐减小　　B. 逐渐增加

C. 保持不变　　D. 先增加后减小

答案：A

134. 钢筋混凝土等截面梁，承受均布荷载。随着时间的延长，下列物理量大小不变的是（　　）。

A. 最大裂缝宽度　　B. 最大挠度　　C. 跨中截面中性位置　　D. 截面高度

答案：D

135. 混凝土中的碱性物质氢氧化钙与大气中的二氧化碳等酸性物质发生化学反应，使混凝土的碱性下降甚至酸化的现象工程上叫做（　　）。

A. 碱集料反应　　B. 冻融循环破坏　　C. 骨料膨胀　　D. 混凝土碳化

答案：D

136. 按预应力施加的方法，可以将预应力混凝土梁分为（　　）。

A. 全预应力混凝土梁和部分预应力混凝土梁

B. 先张梁和后张梁

C. 有黏结预应力混凝土梁和无黏结预应力混凝土梁

D. 体内预应力混凝土梁和体外预应力混凝土梁

答案：B

137. 按预应力筋与周围混凝土是否存在黏结，可以将预应力混凝土梁分为（　　）。

A. 全预应力混凝土梁和部分预应力混凝土梁

B. 先张梁和后张梁

C. 有黏结预应力混凝土梁和无黏结预应力混凝土梁

D. 体内预应力混凝土梁和体外预应力混凝土梁

答案：C

138. 在荷载短期效应组合下截面受拉边缘严格不允许出现拉应力的混凝土结构为（　　）。

A. 全预应力混凝土结构　　B. 部分预应力混凝土 A 类结构

C. 部分预应力混凝土 B 类结构　　D. 钢筋混凝土结构

答案：A

139. 预应力度 λ 为消压弯矩与外荷载引起的弯矩之比，如果 $\lambda>1$，则该构件为（　　）。

A. 全预应力混凝土结构　　B. 部分预应力混凝土 A 类结构

C. 部分预应力混凝土 B 类结构　　D. 钢筋混凝土结构

答案:A

140. 预应力度 λ 为消压弯矩与外荷载引起的弯矩之比,如果 $\lambda=0$,则该构件为(　　)。

A. 全预应力混凝土结构　　B. 部分预应力混凝土 A 类结构

C. 部分预应力混凝土 B 类结构　　D. 钢筋混凝土结构

答案:D

141. 关于预制的预应力混凝土简支先张梁和后张梁,说法不正确的是(　　)。

A. 后张梁通过锚具传递预应力

B. 先张梁预应力筋一般是直线布置,也可以是折线布置

C. 先张梁通过预应力筋和混凝土的黏结力传递预加力

D. 后张梁的锚具是临时锚具,施工后需要拆掉

答案:D

142. 预应力混凝土后张梁施工,不需要的设备是(　　)。

A. 千斤顶　　B. 制孔器　　C. 压浆机　　D. 张拉台座

答案:D

143. 预应力混凝土构件所采用的混凝土的强度等级不应低于(　　)。

A. C20　　B. C30　　C. C40　　D. C50

答案:C

144. 预应力混凝土结构对预应力筋的要求,不正确的是(　　)。

A. 强度要高　　B. 有较好的塑性

C. 与混凝土具有良好的黏结性能　　D. 应力松弛损失要高

答案:D

145. 可以作为预应力筋的钢筋是(　　)。

B. HRB400　　B. HRB335　　C. R235　　D. 钢绞线

答案:D

146. 不可以作为预应力筋的钢筋是(　　)。

C. 精轧螺纹钢筋　　B. 高强钢丝　　C. HRB400　　D. 钢绞线

答案:D

147. 能减小孔道摩阻损失的是(　　)。

A. 两端张拉改为单端张拉　　B. 孔道曲率半径减小

C. 孔道偏差严重　　D. 超张拉

答案:D

148. 不能减小孔道摩阻损失的是(　　)。

A. 两端张拉改为单端张拉　　B. 加大孔道曲率半径

C. 橡胶抽拔管成孔改为金属波纹管成孔　　D. 超张拉

答案:A

149. 减小力筋与台座养护温差引起的预应力损失的措施是(　　)。

A. 超张拉　　B. 二次升温　　C. 采用长线台座施工　　D. 两端张拉

答案:B

150. 在孔道压浆前,全预应力混凝土后张梁应力计算用到的截面特性为(　　)。

学习记录

A. 净截面特性　B. 换算截面特性　C. 全截面特性　D. 开裂截面特性

答案:A

二、多项选择题

151. 下列几种不同的受力情况,测得的混凝土抗压强度小于 f_c 的是(　　)。

A. 双法向受压,$\sigma_2=0.4f_c$　B. 一向受拉,一向受压

C. 三向受压　D. 双法向受压,$\sigma_2=0.6f_c$

E. 一向受压,一向受剪

答案:BE

152. 下列几种不同的受力情况,测得的混凝土抗压强度大于 f_c 的是(　　)。

A. 双法向受压,$\sigma_2=0.4f_c$　B. 一向受拉,一向受压

C. 三向受压　D. 双法向受压,$\sigma_2=0.6f_c$

E. 一向受压,一向受剪

答案:ACD

153. 关于混凝土徐变,说法正确的是(　　)。

A. 混凝土徐变和施加的荷载大小有关

B. 徐变与荷载作用时间长短有关

C. 加载龄期指混凝土开始承受荷载时的龄期,加载龄期越大,徐变越大

D. 混凝土徐变与混凝土自身质量有关

E. 配置钢筋可以减小混凝土的徐变

答案:ABDE

154. 对混凝土收缩有影响的因素有(　　)。

A. 混凝土组成成分　B. 外荷载大小

C. 养护方法　D. 使用条件

E. 各组分的配合比

答案:ACDE

155. 混凝土强度等级越高,(　　)。

A. f_c越大　B. 原点弹性模量越大

C. 极限压应变越大　D. 峰值压应变越大

E. f_t 越大

答案:ABDE

156. 结构的可靠性包括(　　)。

A. 经济性　B. 适用性

C. 耐久性　D. 安全性

E. 美观性

答案:BCD

157. 混凝土立方体抗压强度标准值的测定必须采用标准试件、标准养护方法和试验方法,且具有规定的保证率。属于测定混凝土立方体抗压强度标准值的条件的是(　　)。

A. 试件为 150mm 的立方体且标准养护　B. 养护 28 天

C. 养护 90 天　D. 具有 80%的保证率

E. 具有 95%的保证率

答案:ABE

158. 可变作用的代表值指结构设计时可变作用所采用的值。根据不同的设计目的,可变作用代表值有(　　)。

A. 标准值　B. 频遇值　C. 设计值

D. 准永久值　E. 组合值

答案:ABD

159. 所有钢筋混凝土梁内必须有的钢筋是(　　)。

A. 受拉纵筋　B. 弯起筋　C. 箍筋

D. 架立筋　E. 纵向水平钢筋

答案:ACD

160. 钢筋混凝土受弯构件判断适筋梁和超筋梁的标准是看相对受压区高度是否大于界限相对受压区高度,即看是否 $\xi>\xi_b$。与界限相对受压区高度 ξ_b 有关的因素有(　　)。

A. 外荷载　B. 截面尺寸

C. 钢筋弹性模量　D. 混凝土极限压应变

E. 钢筋抗拉强度

答案:CDE

161. 钢筋混凝土梁的几种破坏形态,属于延性破坏的是(　　)。

A. 适筋破坏　B. 超筋破坏　C. 少筋破坏

D. 剪压破坏　E. 界限破坏

答案:AE

162. 钢筋混凝土受弯构件斜截面承载力复核截面位置有(　　)。

A. 距支座中 $h/2$ 处的截面　B. 弯起筋弯起点处的截面

C. 箍筋数量或间距改变的截面　D. 梁肋板宽度改变处的截面

E. 弯矩最大处的截面

答案:ABCD

163. 钢筋混凝土梁内箍筋的间距要满足(　　)。

A. 支座中心向跨径方向长度一倍梁高范围内间距不大于 100mm

B. 支座中心向跨径方向长度一倍梁高范围内间距不大于 200mm

C. 不得大于梁高的 1/2

D. 不大于 400mm

E. 不得小于梁高

答案:ACD

164. 配有普通箍筋的钢筋混凝土轴心受压构件中,箍筋的作用有(　　)。

A. 承担可能出现的剪力

B. 约束核心混凝土的横向变形,提高构件破坏的延性

C. 形成钢筋骨架

D. 约束纵筋,防止纵筋压曲外凸

E. 承受偶尔出现的拉应力

答案:ABCD

学习记录

165. 柱的长细比可以表示为(　　)。

A. l_0/d(d 为直径)　　B. l_0/b(b 为短边尺寸)

C. l_0/h(h 为长边尺寸)　　D. l_0/r(r 为回转半径)

E. l_0/A(A 为截面面积)

答案:ABCD

166.《公路桥规》规定,轴心受压构件纵筋配筋率的要求是(　　)。

A. 最小配筋率为 0.2%　　B. 最小配筋率为 0.5%

C. 最大配筋率为 5%　　D. 最大配筋率为 3%

E. 最大配筋率为 1%

答案:BC

167. 螺旋箍筋柱受压破坏时,材料均达到了其强度值。纵筋、螺旋箍筋、混凝土的受力说法正确的是(　　)。

A. 混凝土受压　B. 螺旋筋受拉　C. 螺旋筋受压

D. 纵筋受压　E. 纵筋受拉

答案:ABD

168. 承载能力极限状态计算与正常使用极限状态计算不同,下面说法正确的是(　　)。

A. 承载能力极限状态计算采用材料强度的标准值

B. 承载能力极限状态计算采用材料强度的设计值

C. 承载能力极限状态计算不需要考虑结构重要性系数

D. 承载能力极限状态计算需要考虑结构重要性系数

E. 承载能力极限状态计算需要考虑汽车荷载的冲击系数

答案:BDE

169. 引起钢筋混凝土结构出现裂缝的原因有(　　)。

A. 作用效应过大　B. 外加变形　C. 变形受到约束

D. 钢筋生锈　E. 骨料膨胀

答案:ABCDE

170. 混凝土结构出现裂缝对结构的不利影响有(　　)。

A. 影响美观　B. 降低耐久性　C. 降低刚度

D. 易造成钢筋与外界环境接触而生锈　E. 导致渗漏

答案:ABCDE

171. 能减小钢筋混凝土受弯构件最大裂缝宽度的措施是(　　)。

A. 施加预应力　　B. 将粗钢筋换为细钢筋,总面积不变

C. 将带肋纵筋换为光圆钢筋　　D. 将光圆纵筋换为带肋钢筋

E. 提高纵筋配筋率

答案:ABDE

172. 影响混凝土结构耐久性的因素有(　　)。

A. 混凝土强度　B. 混凝土渗透性　C. 混凝土保护层厚度

D. 环境 CO_2 含量　E. 设计不周

答案:ABCDE

173. 预应力混凝土结构相比钢筋混凝土结构,优点是(　　)。

A. 提高了抗裂性　　B. 提高了抗剪承载力
C. 提高了截面刚度　　D. 提高了耐久性
E. 提高了抗疲劳性能

答案:ABCDE

174. 预应力混凝土结构对混凝土的要求是(　　)。

A. 要求混凝土强度不低于 C40　　B. 要求混凝土强度不低于 C50
C. 要求混凝土的收缩要小　　D. 要求混凝土的徐变要小
E. 要求混凝土的工作性能要好

答案:ACDE

175. 预应力混凝土结构用预应力筋有(　　)。

A. 高强钢丝　　B. 钢绞线　　C. 精轧螺纹钢
D. HRB400　　E. HRB335

答案:ABC

176. 预制预应力混凝土简支梁,在预加力阶段承受的荷载有(　　)。

A. 预加力　　B. 梁体自重　　C. 汽车活载
D. 风荷载　　E. 二期恒载

答案:AB

177. 能减小后张预应力混凝土构件孔道摩阻损失的措施是(　　)。

A. 由一端张拉改为两端张拉　　B. 超张拉
C. 减小孔道的曲率半径　　D. 增大孔道的曲率半径
E. 保证成孔质量,减小孔道偏差

答案:ABDE

178. 能减小先张梁力筋与台座养护温差引起的损失的措施是(　　)。

A. 二次升温　　B. 采用钢模板　　C. 超张拉
D. 两端张拉　　E. 长线台座施工

答案:AB

179. 先张预应力混凝土构件传力锚固阶段发生的预应力损失,即第一批预应力损失有(　　)。

A. 锚具变形、钢筋回缩引起的损失　　B. 台座与力筋的养护温差引起的损失
C. 全部钢筋松弛损失的一半　　D. 混凝土收缩徐变引起的损失
E. 弹性压缩损失

答案:ABCE

180. 后张预应力混凝土构件传力锚固阶段发生的预应力损失,即第一批预应力损失有(　　)。

A. 锚具变形、钢筋回缩引起的损失　　B. 力筋与孔道摩擦引起的损失
C. 钢筋松弛损失　　D. 混凝土收缩徐变引起的损失
E. 弹性压缩损失

答案:ABE

学习记录

三、填空题

181. 钢筋混凝土结构所用的工程材料有钢筋和(　　)。

答案:混凝土

182. 钢筋和混凝土两种不同材料,抗拉性能好的是(　　)。

答案:钢筋

183. 钢筋混凝土结构抗裂性能差,主要是因为结构所用建筑材料(　　)的抗拉强度低。

答案:混凝土

184. 普通热轧钢筋中的HRB335,其抗拉屈服强度标准值为(　　)MPa。

答案:335

185. 普通钢筋按照钢筋外形特征可以分为光圆钢筋和(　　)钢筋。

答案:带肋

186. 衡量钢筋的塑性性能可以通过冷弯试验或(　　)来衡量。

答案:伸长率

187. 光圆钢筋和带肋钢筋,与混凝土之间的黏结力大的是(　　)。

答案:带肋钢筋

188. 结构的安全性、适用性、耐久性统称为结构的(　　)。

答案:可靠性

189. 结构在规定的时间内,在规定的条件下完成预定功能的概率叫(　　)。

答案:结构可靠度

190. 桥梁结构的设计基准期为(　　)年。

答案:100

191. 结构某项功能的失效概率和可靠度之和等于(　　)。

答案:1

192. 结构设计包括承载能力极限状态计算和正常使用极限状态计算。三种设计状况(持久状况、短暂状况、偶然状况)下,必须进行(　　)极限状态的计算。

答案:承载能力

193. C50混凝土的立方体抗压强度标准值为(　　)MPa。

答案:50

194. 我国《公路桥规》规定,预应力混凝土构件采用的混凝土强度等级不能低于(　　)。

答案:C40

195. 钢筋混凝土矩形截面受弯构件,截面尺寸 $b \times h$,纵筋面积为 A_s,截面有效梁高为 h_0,则纵筋配筋率为(　　)。

答案:A_s/bh_0

196. 混凝土构件中,钢筋外边缘至构件表面的最短距离叫做(　　)。

答案:混凝土保护层厚度

197. 钢筋混凝土单向板内的钢筋有两种,为分布钢筋和(　　)。

答案:受力主筋

198. 梁内有多种钢筋,如纵筋、箍筋、架立筋、弯起筋。一种钢筋,其作用是箍住纵筋,固定纵筋位置,与纵筋、架立筋组成钢筋骨架,同时帮助混凝土抗剪,这种钢筋为(　　)。

答案:箍筋

199.钢筋混凝土受弯构件T形截面由翼缘和(　　)组成。

答案:腹板或肋板或梁肋

200.钢筋混凝土梁中的腹筋有两种,即弯起筋和(　　)。

答案:箍筋

201.一钢筋混凝土矩形截面梁,箍筋间距均为100mm,箍筋采用4肢箍,单肢箍筋截面面积为50.3mm^2,矩形截面宽度为300mm。则该梁的配箍率为(　　)。

答案:0.67%

202.钢筋混凝土受弯构件,某正截面的弯矩设计值为M_d,该截面的正截面抗弯承载力为M_u,结构重要性系数为γ_0,则该截面安全时,$\gamma_0 M_d$和M_u的大小关系是(　　)。

答案:$\gamma_0 M_d \leqslant M_u$

203.钢筋混凝土受扭构件中的抗扭钢筋有箍筋和(　　)。

答案:纵筋

204.轴心受压构件中的箍筋有两种,一种是普通箍筋,一种是螺旋箍筋。为此,轴心受压构件根据箍筋的不同也分为两种,普通箍筋柱和(　　)。

答案:螺旋箍筋柱

205.普通箍筋柱根据(　　)不同而分为长柱和短柱。

答案:长细比

206.两个普通箍筋柱,除长度不同外其余条件均相同,则长柱的正截面受压承载力(　　)短柱的受压承载力(填大于或小于或相等)。

答案:小于

207.普通箍筋柱正截面受压承载力计算公式为$N_u = 0.9\varphi(f_{cd}A + f'_{sd}A'_s)$,式中的$\varphi$叫(　　),小于等于1。

答案:稳定系数

208.判断偏心受压构件为大偏心还是小偏心受压,标准是比较受压区高度和界限破坏受压区高度的大小。大偏心受压构件,受压区高度x(　　)界限破坏的受压区高度$\xi_b h_0$。

答案:小于

209.钢筋混凝土受弯构件的截面刚度大小反映截面的抗变形能力。截面刚度越大,同样荷载下结构变形(　　)(填越大或越小)。

答案:越小

210.混凝土中的碱性物质氢氧化钙与大气中的二氧化碳等酸性物质发生化学反应,使混凝土的碱性下降甚至酸化的现象,工程上叫做(　　)。

答案:混凝土碳化

四、判断并说明理由(每小题1分。如果判断为"×",需说明理由,其中判断正误0.5分,说明理由0.5分。如果判断为"√",不需说明理由,1分。)

211.混凝土立方体抗压强度大于轴心抗压强度。　　　　(　　)

答案:×(0.5分)

理由:因为混凝土试件受压时会产生横向变形,而混凝土试件和承压板之间存在摩擦阻力约束这种横向变形,阻碍了试件中的裂缝发展,使得抗压强度有所提高,其中远离承压板的试

学习记录

件中部的混凝土受到的约束小。立方体试件因为高度小，受摩阻力影响明显；而棱柱体试件因高度大，试件中部基本不受横向摩擦影响。(0.5分)

212. 混凝土立方体抗压强度标准试件的边长为150mm。 ( )

答案：√(1分)

213. 我国国家标准规定，混凝土轴心抗压强度标准试件为棱柱体试件。 ( )

答案：√(1分)

214. 混凝土双向受压时抗压强度比单向受压时抗压强度降低。 ( )

答案：×(0.5分)

理由：双向受压时抗压强度大于单向受压时抗压强度。(0.5分)

215. 混凝土强度等级越高其延性越好。 ( )

答案：×(0.5分)

理由：混凝土强度等级越高，延性越差，这是因为强度高的混凝土，水泥用量小，粗骨料界面微裂缝更容易发展，且水泥石发生黏性流动的可能性小，故延性越差。(0.5分)

216. 加载龄期指混凝土开始承受荷载时的龄期。加载龄期越大，混凝土徐变越大。 ( )

答案：×(0.5分)

理由：加载龄期越大，混凝土硬化程度越高，徐变越小。(0.5分)

217. 高强钢丝拉伸时也会出现明显的屈服。 ( )

答案：×(0.5分)

理由：高强钢丝为硬钢，拉伸时没有明显的屈服。(0.5分)

218. 光圆钢筋与混凝土的黏结力比带肋钢筋与混凝土的黏结力小。 ( )

答案：√(1分)

219. 安全的结构一定可靠，可靠的结构也一定安全。 ( )

答案：×(0.5分)

理由：结构可靠性包括安全性、适用性、耐久性。安全性只是可靠性的内容之一，可靠的结构一定安全，安全的结构不一定可靠。(0.5分)

220. 我国桥梁结构的设计基准期为50年。 ( )

答案：×(0.5分)

理由：我国桥梁结构的设计基准期为100年。(0.5分)

221. 结构的可靠度与失效概率之和为1。 ( )

答案：√(1分)

222. 我国《公路桥规》将设计状况分为三种：持久状况、短暂状况和偶然状况。三种设计状况均需进行正常使用极限状态计算。 ( )

答案：×(0.5分)

理由：三种设计状况均需进行承载能力极限状态计算。(0.5分)

223. C30的30表示混凝土的轴心抗压强度标准值为30MPa。 ( )

答案：×(0.5分)

理由：混凝土强度等级中的数字表示立方体抗压强度标准值大小。(0.5分)

224. 可变作用的代表值有标准值、频遇值和准永久值。 ( )

答案：√(1分)

学习记录

225. 混凝土保护层厚度指钢筋重心至构件外边缘的最短距离。 ( )

答案:×(0.5 分)

理由:混凝土保护层厚度指钢筋外边缘至构件外边缘的最短距离。(0.5 分)

226. 钢筋混凝土受弯构件正截面破坏的三种破坏形态有斜压破坏、剪压破坏、斜拉破坏。 ( )

答案:×(0.5 分)

理由:钢筋混凝土受弯构件正截面破坏的三种破坏形态为适筋破坏、超筋破坏、少筋破坏。(0.5 分)

227. 钢筋混凝土受弯构件,如果 $x \leqslant \xi_b h_0$,说明该梁不是少筋梁。 ( )

答案:×(0.5 分)

理由:$x \leqslant \xi_b h_0$ 用来判断是否是超筋梁。判断是否是少筋梁用最小配筋率。(0.5 分)

228. 提高纵筋配筋率、提高材料强度、加大截面尺寸均能提高受弯构件正截面受弯承载力。 ( )

答案:√(1 分)

229. 无腹筋梁,剪跨比 $1<m<3$ 一般会发生斜截面的斜压破坏。 ( )

答案:×(0.5 分)

理由:剪跨比 $1<m<3$ 一般会发生剪压破坏。(0.5 分)

230. 钢筋混凝土受弯构件中的箍筋均是根据斜截面抗剪承载力计算而布置的。 ( )

答案:×(0.5 分)

理由:箍筋的作用是固定纵筋、保证钢筋骨架的搭设、抗剪。根据斜截面抗剪承载力计算布置的箍筋在剪力较大的梁段,剪力很小的梁段也需要布置箍筋,起构造作用。(0.5 分)

231. 加大箍筋间距,会导致钢筋混凝土受弯构件斜截面抗剪承载力降低。 ( )

答案:√(1 分)

232. 钢筋混凝土梁,正截面足够安全,如果箍筋配置过多,而截面尺寸又太小,梁一般会发生斜截面的斜压破坏。 ( )

答案:√(1 分)

233. 钢筋混凝土受弯构件正截面抗弯承载力、斜截面抗剪承载力计算基本假定之一为平截面假定。 ( )

答案:×(0.5 分)

理由:平截面假定是正截面计算时做的基本假定,如正截面承载力、应力计算。斜截面承载力计算不符合平截面假定。(0.5 分)

234. 普通箍筋柱根据长细比大小不同分为长柱和短柱。 ( )

答案:√(1 分)

235. 轴心受压构件纵筋最大配筋率为 5%,最小纵筋配筋率为 0.5%。 ( )

答案:√(1 分)

236. 大、小偏心受压构件区分的依据是偏心距大小。 ( )

答案:×(0.5 分)

理由:大、小偏心受压构件区分的依据是看破坏时是远侧钢筋受拉先屈服,还是受压侧混凝土先压碎。(0.5 分)

237. 偏心受压构件承载力计算时,如果 $x \leqslant \xi_b h_0$,说明构件为小偏心受压构件。 ( )

答案:×(0.5分)

理由:如果$x\leqslant\xi_b h_0$,为大偏心受压构件。(0.5分)

238.《公路桥规》规定,Ⅰ类和Ⅱ类环境类别,裂缝宽度限值为2mm。( )

答案:×(0.5分)

理由:Ⅰ类和Ⅱ类环境类别,裂缝宽度限值为0.2mm。(0.5分)

239.挠度计算时,通过大于1的挠度增大系数考虑长期作用效应的影响。( )

答案:√(1分)

240.同条件的钢筋混凝土梁和预应力混凝土梁,预应力混凝土梁的正截面抗弯承载力有明显提高。( )

答案:×(0.5分)

理由:条件相同,施加预加力,不能提高正截面抗弯承载力,可以很明显提高抗裂性。(0.5分)

五、简答题(每小题6分)

241.混凝土结构中配置钢筋有什么作用?

答案:可以充分利用钢筋和混凝土各自的材料特点,把它们有机结合在一起共同工作;(2分)

可以提高截面承载力;(2分)

改善结构受力性能,改善破坏时的延性。(2分)

242.钢筋和混凝土两种材料共同工作的原因是什么?

答案:两种材料有良好的黏结力;(2分)

有相近的温度膨胀系数;(2分)

混凝土包裹钢筋,防止钢筋锈蚀。(2分)

243.钢筋混凝土结构的优缺点。

答案:优点是整体性好,耐久性好,耐火性能好,可塑性好,造价低;(3分)

缺点是自重大,抗裂性能差,施工随季节因素影响大,工期长,修补或拆除困难。(3分)

244.引起混凝土徐变的原因有哪些?

答案:荷载大小、加载龄期、作用时间长短、混凝土组成成分和配合比、养护条件、使用条件、构件体表比等。(写出1项得1分)

245.引起混凝土徐变的原因有哪些?

答案:混凝土凝胶体中的水分逐渐被挤出;(2分)

水泥石逐渐发生黏性流动;(2分)

微细裂缝逐渐发生等。(2分)

246.混凝土收缩的原因是什么?浇筑后的混凝土构件因为覆盖的塑料薄膜破损导致构件裸露,几天后发现构件表面出现了裂缝,这是什么原因造成的?

答案:混凝土收缩的原因是硬化初期水泥石在水化凝固结硬过程中产生的体积减小,及混凝土内自由水分蒸发引起的干缩。(4分)

开裂的原因是混凝土表面水分蒸发导致构件表面收缩过大而开裂。(2分)

247.影响钢筋和混凝土黏结强度的因素有哪些?

答案:混凝土强度等级、钢筋的浇筑位置、钢筋净距、混凝土保护层厚度、钢筋表面形状、钢

筋埋长等。(每个1分)

248.极限状态包括哪两类?哪些状态认为是超过了承载能力极限状态?

答案:包括承载能力极限状态和正常使用极限状态。(2分)

承载能力极限状态包括:1)整个结构或结构的一部分作为刚体失去平衡(如倾覆等);2)结构构件或连接因超过材料强度而破坏(包括疲劳破坏),或因过度变形而不适于继续承载;3)结构转变为机动体系;4)结构或结构构件丧失稳定(如压屈等)。(4分)

249.混凝土保护层厚度指钢筋外边缘到构件表面的最短距离,其有什么作用?

答案:保护钢筋不直接受到大气的侵蚀和其他环境作用;(2分)

保证钢筋和混凝土的有效黏结;(2分)

防止高温大火时钢筋温度迅速升高而导致的结构破坏。(2分)

250.混凝土保护层厚度的选取要考虑哪些因素?混凝土保护层厚度小于规范规定值,会对结构有什么不利影响?

答案:要考虑:构件类别、环境类别、钢筋位置等因素;(3分)

如混凝土保护层厚度小于规定值,则可能导致混凝土过早开裂;外界酸性气体易侵入结构内部,导致钢筋提前生锈;影响结构的耐久性甚至承载力。(3分)

251.钢筋混凝土梁内有哪些种类的钢筋?各自有什么作用?

答案:纵向受拉钢筋——帮助混凝土受拉,保证正截面承载力;(1.5分)

弯起筋——提高抗剪承载力;(1.5分)

箍筋——箍住纵筋,固定纵筋位置,与纵筋、架立筋组成钢筋骨架,同时帮助混凝土抗剪;(1.5分)

架立筋——梁内构造筋,搭设钢筋骨架需要。(1.5分)

252.钢筋混凝土受弯构件正截面有哪三种破坏形态?每种破坏形态的特点是什么?

答案:少筋破坏——脆性破坏,裂缝一出现,梁就破坏;(2分)

适筋破坏——延性破坏,破坏有明显破坏征兆,破坏始于受拉钢筋先屈服,然后混凝土受压被压碎。(2分)

超筋破坏——脆性破坏,破坏没有明显破坏征兆,破坏始于受压混凝土压碎,受拉钢筋因为布置过多而不屈服。(2分)

253.钢筋混凝土梁中的腹筋有哪两种?说明箍筋的作用。

答案:腹筋包括箍筋和弯起筋;(1.5分)

箍筋作用:箍住纵筋,固定纵筋位置;(1.5分)

与纵筋、架立筋组成钢筋骨架;(1.5分)

同时限制斜裂缝的发展,提高斜截面抗剪承载力。(1.5分)

254.影响钢筋混凝土受弯构件斜截面抗剪承载力的因素有哪些?

答案:剪跨比、纵筋配筋率、配箍率、混凝土强度等级、截面尺寸、弯起筋面积等(每个1分)。

255.如何提高受弯构件斜截面抗剪承载力?(答对1个1分)

答案:加大截面尺寸;

加大箍筋配箍率;

提高混凝土强度等级;

加大弯起筋面积;

学习记录

提高箍筋和弯起筋强度等级；

适当增大纵筋配筋率。

256.钢筋混凝土受弯构件斜截面抗剪承载力由哪几部分组成？抗剪承载力计算公式的依据和假定是什么？

答案:抗剪承载力由斜裂缝受压端剪压区混凝土承担的竖向力、与斜裂缝相交的箍筋和弯起筋承担的竖向力、斜裂缝两侧的骨料咬合力、纵筋的销栓力组成。(3分)

公式计算依据是剪压破坏;(1.5分)

计算假定:只考虑剪压区混凝土与箍筋共同承担的竖向力、弯起筋承担的竖向力两项。(1.5分)

257.钢筋混凝土梁斜截面抗剪承载力复核截面的位置一般选哪些？

答案:①距支座中心 $h/2$(梁高的一半)处的截面;(1.5分)

②受拉区弯起钢筋弯起处的截面,以及锚于受拉区的纵向钢筋开始不受力处的截面;(1.5分)

③箍筋数量或间距有改变处的截面;(1.5分)

④梁的肋板宽度改变处的截面。(1.5分)

258.简述轴心受压构件中纵筋的作用。

答案:协助混凝土受压,减小构件截面尺寸;(2分)

承受可能存在的不大的弯矩;(2分)

防止构件的突然脆性破坏。(2分)

259.螺旋箍筋柱比同条件的普通箍筋柱的承载力大,为什么？螺旋箍筋柱的使用条件是什么？

答案:原因:密排螺旋筋约束了混凝土的横向变形,使混凝土成为了三向受压的混凝土,强度提高,致受压承载力提高。(3分)

螺旋箍筋柱的适用条件是长细比 $l_0/d<12$ 的柱;截面为正多边形或圆形、环形截面;螺旋筋间距在40~80mm之间。(3分)

260.钢筋混凝土偏心受压构件会发生哪两种破坏？简述发生条件和破坏特征。

答案:发生大偏心受压(受拉破坏)和小偏心受压(受压破坏)。(2分)

当构件的偏心距较大且受拉纵筋配置适量时会发生大偏心受压破坏。特征是受拉纵筋首先达到屈服强度,最后受压区混凝土被压碎而导致构件的破坏。这种破坏形态在破坏前有明显的预兆,属于塑性破坏。(2分)

当构件偏心距较小,或虽偏心距较大,但受拉钢筋配置数量较多时,会发生小偏心受压破坏。破坏特征是受压区混凝土先达到极限压应变,远侧的纵向钢筋可能受压或受拉但不屈服。破坏时没有明显预兆。属脆性破坏。(2分)

261.引起混凝土结构出现裂缝的三个主要原因是什么？裂缝的出现对结构有什么不利影响？

答案:引起裂缝的原因:荷载效应过大引起;由外加变形或变形受约束引起的;钢筋锈蚀引起。(每项1分,共3分)

不利影响:造成结构渗漏;导致钢筋生锈,降低结构耐久性;引起过大变形;造成人心理不安等。(答对1个给1分,共3分)。

262.哪些因素会影响混凝土结构的耐久性？

答案:内部因素:混凝土自身的配合比、密实度、组成成分、养护方法等;(2分)

外部因素:外界环境,如空气中的水、酸性气体、腐蚀性物质等;(2分)

其他:使用条件和养护条件等。(2分)

263.常见的混凝土结构耐久性问题有哪些?如何提高混凝土结构耐久性?

答案:耐久性常见问题有:混凝土碳化、碱集料反应、钢筋锈蚀、骨料膨胀。

264.什么叫预应力混凝土结构?预应力混凝土结构和钢筋混凝土结构相比,有什么优点?

答案:预应力混凝土结构指在结构使用前预先人为地给结构施加了与外荷载作用效应相反的力而制成的混凝土结构。(2分)

优点:抗裂性好,耐久性好,自重小,变形小,抗剪承载力大,抗疲劳性能好。(每个1分,共4分)

265.简述预应力混凝土先张法的施工工艺。

答案:在台座上张拉预应力筋至控制应力并锚固;(2分)

浇筑混凝土构件并养护至设计强度的75%以上;(2分)

放松力筋。(2分)

266.简述预应力混凝土后张法的施工工艺。

答案:制作混凝土梁,并预留孔道,养护至设计强度的75%以上;(1.5分)

穿入力筋并张拉至控制应力,锚固;(1.5分)

孔道压浆;(1.5分)

封锚。(1.5分)

267.为什么预应力混凝土后张梁要进行孔道压浆?一预制预应力混凝土后张梁,施工时没有进行孔道压浆就封锚了。请问有什么可能的后果?

答案:压浆原因:保护预应力筋不生锈,保证预应力筋和周围混凝土共同工作,协调变形,保证梁的耐久性。(3分)

后果:预应力筋易生锈;梁的抗裂性降低;耐久性严重下降。(3分)

268.如何配制强度高、收缩徐变小的混凝土?

答案:严格控制水灰比;(1分)

采用适量高效减水剂和其他外加剂;(1分)

采用高标号水泥;(1分)

采用优质集料;(1分)

配合比级配良好;(1分)

良好振捣和养护。(1分)

269.影响预应力混凝土受弯构件斜截面抗剪承载力的因素有哪些?设置曲线预应力筋或加大预应力筋的弯起角度,为什么会提高斜截面抗剪承载力?

答案:混凝土强度、箍筋间距和直径、截面尺寸、预应力筋面积、曲线预应力筋面积和弯起角度、竖向预应力筋等。(3分,每个0.5分)

原因:剪力和弯矩引起的主拉应力为斜向的,设置与主拉应力接近垂直的预应力筋会抵消部分主拉应力,使斜裂缝延缓出现或不出现,加大了混凝土剪压区面积;同时预应力筋面积加大,屈服时的拉应力合力也增大。两种原因提高了斜截面抗剪承载力(3分,每个原因1.5分)。

270.哪些原因会引起预应力混凝土构件的预应力损失?

答案:锚具变形、力筋回缩引起的;(1分)

学习记录

力筋与台座的养护温差引起的；(1 分)

力筋与孔道摩擦引起的；(1 分)

钢筋松弛引起；(1 分)

混凝土弹性压缩引起；(1 分)

混凝土收缩徐变引起。(1 分)

六、论述题(每题 10 分)

271. 论述钢筋混凝土结构与钢结构、木结构相比的优缺点。

答案:从以下方面展开论述。每展开论述 1 项得 1 分。

优点:整体性好；耐火性好；耐久性好；经济；可塑性好。

缺点:自重大，抗震性能差；抗裂性差；拆除、维修困难；对环境影响大；施工受季节影响大。

272. 钢筋混凝土梁设计时必须设计为适筋梁，因为适筋梁破坏为延性破坏，有明显的破坏征兆，破坏造成的损失会较小。试述适筋梁正截面受力全过程的弯矩－变形曲线的三个阶段的特点。

答案:适筋梁正截面的受弯全过程可划分为三阶段——混凝土开裂前的弹性工作阶段；开裂后的带缝工作阶段；混凝土开裂后至钢筋屈服前的裂缝阶段和钢筋开始屈服前至截面破坏的破坏阶段。(4 分，指出三个阶段名称)

第一阶段的特点:混凝土没有开裂；受压区混凝土的应力图形是直线，受拉区混凝土的应力图形在第一阶段前期是直线，后期是曲线；弯矩与截面曲率基本上是直线关系。I_a 阶段可作为受弯构件抗裂的计算依据。(2 分)

第二阶段的特点是:在裂缝面处，受拉区大部分混凝土退出工作，拉力主要由纵向受拉钢筋承担，但钢筋没有屈服；受压区混凝土已有塑性变形，但不充分，压应力图形为只有上升段的曲线；弯矩与截面曲率是曲线关系，截面曲率与挠度的增长加快了，第二阶段相当于梁使用时的受力状态，可作为使用阶段验算变形和裂缝开展宽度的依据。(2 分)

第三阶段的特点是:受拉钢筋屈服；裂缝截面处，受拉区大部分混凝土已退出工作，受压区混凝土应力曲线图形比较丰满，有上升曲线，也有下降段曲线。第三阶段末，受压混凝土边缘达到极限压应变，该阶段是正截面受弯的承载力极限状态，是受弯承载力计算的依据。(2 分)

273. 我国《公路桥规》要求，不同使用环境类别条件下，梁的受力钢筋的混凝土保护层厚度分别为 3cm、4cm、4.5cm；箍筋和受力钢筋的混凝土保护层厚度不同；与土壤直接接触的构件的混凝土最小保护层厚度从 4cm～8cm 不等。不同钢筋类别，如受力钢筋和箍筋、表层钢筋的混凝土保护层厚度不同。试说明混凝土保护层厚度有什么作用？确定混凝土保护层厚度需要考虑哪些因素，为什么？

答案:混凝土保护层厚度的作用有:(1)握裹钢筋，保护钢筋不受外界有害物质的影响而生锈。钢筋很容易和空气中水、酸性气体发生化学反应而生锈。生锈后的钢筋会影响结构的耐久性和承载力。(2)保证混凝土和钢筋之间的良好黏结。保护层厚度很薄时，钢筋和混凝土之间的黏结力很小，钢筋很容易发生黏结破坏。(3)防火。钢筋温度较高，超过 200℃会出现软化，混凝土作为热惰性材料，正好包住钢筋，防止发生火灾时钢筋升温过快。(5 分)

混凝土保护层厚度的选取要考虑:

(1)环境类别。环境越不好，保护层厚度越厚。环境包括温度变化、化学物质和水分子的侵入等因素。

(2)钢筋类别。受力钢筋绝对不允许生锈,保护层厚度大;表面钢筋不受力,且布置在最外侧,保护层厚度小些。

(3)构件类型。构件越重要,保护层厚度越大。(5分)

274.某钢筋混凝土梁,使用几年后,发现梁底出现了超过0.2mm的正裂缝,梁端支座附近局部混凝土剥落,局部箍筋裸露。试分析什么原因导致了这些问题的出现?如果你是工程技术负责人,你会从哪些方面保证混凝土结构的质量和耐久性?

答案:(1)问题原因分析:梁底出现了超过0.2mm的正裂缝,原因可能是设计时纵筋面积偏小,或者随着使用时间的延长,混凝土强度降低导致的。(1分)梁端支座附近局部混凝土剥落,原因可能是局部受力比较集中使混凝土内部出现裂缝和损伤,加上使用环境的影响,导致局部混凝土剥落。(1分)。箍筋裸露的原因是混凝土保护层厚度过小,箍筋生锈导致。(1分)

(2)从混凝土结构设计、施工、使用方面阐述。(7分)

275.预应力混凝土结构主要用在桥梁结构、大跨度的屋面梁中,在特种结构如筒仓、水池中也经常使用。结合学过的知识,阐述预应力混凝土结构和钢筋混凝土结构相比的优缺点。

答案:每项展开阐述,每项1分。

优点:自重小;抗裂性好;刚度大;抗剪承载力大;抗疲劳性能好。

缺点:施工工序多;需要设备多,开工费用大,造价高;对质量要求高;需要专门的技术人员施工。

276.简述预应力混凝土简支梁设计的主要步骤。(每个计算内容1分,共10分)

答案:(1)计算荷载和截面最大内力;

(2)根据控制截面的弯矩,考虑抗裂性要求,估算预应力筋并进行布置,布置时考虑构造要求;

(3)计算截面特性和预应力损失;

(4)正截面承载力验算;

(5)斜截面承载力验算;

(6)正截面、斜截面抗裂性验算;

(7)使用阶段应力;

(8)变形验算;

(9)施工阶段应力验算;

(10)后张梁锚下混凝土局部承压验算。

七、计算题(每小题10分)

277.已知一钢筋混凝土单筋矩形截面梁,截面尺寸 $b\times h=250\text{mm}\times 500\text{mm}$ $(h_0=455\text{mm})$,截面处弯矩组合设计值 $M_d=115\text{kN}\cdot\text{m}$,采用C20混凝土($f_{cd}=9.2\text{MPa}$,$f_{td}=1.06\text{MPa}$)和HRB335级钢筋($f_{sd}=280\text{MPa}$)。Ⅰ类环境条件,安全等级为二级($\gamma_0=1.0$),$\xi_b=0.56$。$\rho_{min}=0.2\%$。计算所需要的受拉钢筋的截面面积 A_s。

答案:(1)计算截面抵抗矩系数 α_s

$$\alpha_s=\frac{\gamma_0 M_d}{f_{cd}bh_0^2}=\frac{1.0\times 115\times 10^6}{9.2\times 250\times 455^2}=0.242$$

(2)计算混凝土受压区相对高度 ξ(4分)

$$\xi=1-\sqrt{1-2\alpha_s}=1-\sqrt{1-2\times 0.242}=0.282<\xi_b=0.56$$

(3)求受拉钢筋的截面面积 A_s(4 分)

学习记录

$$A_s=\frac{f_{cd}bx}{f_{sd}}=0.282\times250\times455\times\frac{9.2}{280}=1054\text{mm}^2$$

(4)校核最小配筋率(2 分)

$$\rho=\frac{A_s}{bh_0}=\frac{1054}{250\times455}=0.927\%>\rho_{min}$$

于是,所需要的受拉钢筋的截面面积 $A_s=1054\text{mm}^2$。

278. 截面尺寸为 $b\times h=200\text{mm}\times500\text{mm}$ 的钢筋混凝土矩形截面梁。$a_s=40\text{mm}$,采用 C25 混凝土和 HRB335 级钢筋,混凝土抗压强度设计值 $f_{cd}=11.5\text{MPa}$,$f_{td}=1.23\text{MPa}$;纵筋 $f_{sd}=280\text{MPa}$,$\xi_b=0.56$。Ⅰ类环境类别,结构安全等级二级,最大弯矩组合设计值为 $M_d=145\text{kN}\cdot\text{m}$。$\rho_{min}=0.2\%$。计算所需纵筋面积。

答案:(1)求受压区高度 x(4 分)

根据计算公式,$\gamma_0M_d=M_u=f_{cd}bx\left(h_0-\frac{x}{2}\right)$,代入求 x。

$$1\times145\times10^6=11.5\times200x\left(460-\frac{x}{2}\right)115x^2-105800x+14500000=0$$

$$x_1=167.6\text{mm}<\xi_bh_0=0.56\times460=258,x_2=752.4\text{mm}(舍)$$

(2)求所需钢筋数 A_s(4 分)

$$A_s=\frac{f_{cd}bx}{f_{sd}}=\frac{11.5\times200\times167.6}{280}=1377\text{mm}^2$$

(3)验算是否满足最小配筋率要求(2 分)

实际配筋率 $\rho=\frac{A_s}{bh_0}=\frac{1388}{200\times455}=1.5\%>\rho_{min}=0.2\%$,满足要求。

279. 截面尺寸 $b\times h=200\text{mm}\times450\text{mm}$ 的钢筋混凝土矩形截面梁,$a_s=41.6\text{mm}$。混凝土采用 C20,纵筋采用 HRB335 级钢筋。$f_{sd}=280\text{MPa}$,$f_{cd}=9.2\text{MPa}$,$f_{td}=1.06\text{MPa}$,$\xi_b=0.56$。控制截面的弯矩设计值为 $M_d=66\text{kN}\cdot\text{m}$。最小配筋率经计算取 $\rho_{min}=0.2\%$。结构安全等级二级,$\gamma_0=1$,$A_s=603\text{mm}^2$。

复核该截面是否安全。

答案:(1)校核配筋率(2 分)

实际配筋率:$\rho=\frac{603}{200\times410}=0.74\%>\rho_{min}=0.2\%$,满足。

(2)求受压区高度(4 分)

$$x=\frac{f_{sd}A_s}{f_{cd}b}=\frac{280\times603}{9.2\times200}=91.8\text{mm}<\xi_bh_0=0.56\times410=230\text{mm}$$

(3)求抗弯承载能力(4 分)

$$M_u=f_{cd}bx\left(h_0-\frac{x}{2}\right)=9.2\times200\times91.8\times\left(410-\frac{91.8}{2}\right)$$

$$=61500859\text{N}\cdot\text{mm}=61.5\text{kN}\cdot\text{m}<M$$

不满足承载能力要求。

280. 矩形截面单筋梁截面尺寸 $b\times h=200\text{mm}\times500\text{mm}$，$a_s=40\text{mm}$。混凝土 C25，纵向受拉钢筋 HRB335 级，混凝土抗压强度设计值 $f_{cd}=11.5\text{MPa}$，$f_{td}=1.23\text{MPa}$；纵筋 $f_{sd}=280\text{MPa}$。$\xi_b=0.56$。承受弯矩设计值 $M_d=130\text{kN}\cdot\text{m}$，结构安全等级二级，$\gamma_0=1$。进行配筋计算。

答案：(1)求受压区高度(4 分)

由$\begin{cases}f_{cd}bx=f_{sd}A_s\\ \gamma_0M_d=A_0f_{cd}bh_0^2\end{cases}$ 得到

$$A_0=\frac{\gamma_0M_d}{f_{cd}bh_0^2}=\frac{1\times130\times10^6}{11.5\times200\times460^2}=0.267$$

$$\xi=0.32\leqslant\xi_b=0.56\text{，不超筋。}$$

(2)求受拉纵筋面积(4 分)

$$A_s=\frac{f_{cd}b\xi h_0}{f_{sd}}=\frac{11.5}{280}\times200\times0.32\times460=1209\text{mm}$$

(3)验算最小配筋率(2 分)

$$\rho=\frac{A_s}{bh_0}=\frac{1209}{200\times460}=1.3\%>0.2\%\text{(可)}$$

281. 一钢筋混凝土单筋 T 梁，受压有效翼缘宽度 $b_f'=1790\text{mm}$，翼缘厚度 $h_f'=120\text{mm}$，梁高 $h=1350\text{mm}$，腹板宽度 $b=350\text{mm}$。混凝土 C25，纵向受拉钢筋 HRB335 级，混凝土抗压强度设计值 $f_{cd}=11.5\text{MPa}$，$f_{td}=1.23\text{MPa}$；纵筋 $f_{sd}=280\text{MPa}$。Ⅰ类环境类别，结构安全等级二级。$A_s=3768\text{mm}^2$，$a_s=68.5\text{mm}$。截面弯矩组合设计值 $M_d=1187\text{kN}\cdot\text{m}$。$\xi_b=0.56$，$\gamma_0=1.0$。复核正截面能否安全承载。

答案：(1)判断 T 形截面类型(3 分)

$f_{cd}b_f'h_f'=11.5\times1790\times120=2.47\text{kN}\cdot\text{m}$。

$f_{sd}A_s=280\times1884\times2=1.06\text{kN}\cdot\text{m}$，为第一类 T 形截面。

(2)求受压区高度 x(3 分)

$$x=\frac{f_{sd}A_s}{f_{cd}b_f'}=\frac{280\times1884\times2}{11.5\times1790}=51.3\text{mm}<h_f'$$

(3)正截面抗弯能力(4 分)

$$M_u=f_{cd}b_f'x\left(h_0-\frac{x}{2}\right)$$

$$=11.5\times1790\times51.3\times\left(1281.5-\frac{51.3}{2}\right)$$

$$=1326.2\text{kN}\cdot\text{m}>M$$

满足承载能力要求。

282. 已知翼缘位于受压区的钢筋混凝土单筋 T 形简支梁，其截面尺寸 $b\times h=160\text{mm}\times1000\text{mm}$，$b_f'\times h_f'=1600\text{mm}\times110\text{mm}$，承受的跨中截面弯矩组合设计值 $M_d=1800\text{kN}\cdot\text{m}$，采用 C25 混凝土($f_{cd}=11.5\text{MPa}$，$f_{td}=1.23\text{MPa}$)和 HRB335 级钢筋($f_{sd}=280\text{MPa}$，$f'_{sd}=280\text{MPa}$)，Ⅰ类环境条件，安全等级为一级($\gamma_0=1.1$)，$\xi_b=0.56$。$a_s=80\text{mm}$。求受拉钢筋截面面积 A_s。

答案：$h_0=1000-80=920\text{mm}$。

学习记录

(1)判别T形截面的类型(2分)

$$f_{cd}b'_f h'_f\left(h_0-\frac{h'_f}{2}\right)=11.5\times1600\times110\times\left(920-\frac{110}{2}\right)=1750.76\text{kN}\cdot\text{m}$$

$<\gamma_0 M_d=1.1\times1800=1980\text{kN}\cdot\text{m}$,故属于第二类T形截面。

(2)首先计算“翼缘”梁部分(也称第二部分截面),求受拉钢筋面积A_{s2}(4分)

$$A_{s2}=\frac{f_{cd}(b'_f-b)h'_f}{f_{sd}}=\frac{11.5\times(1600-160)\times110}{280}=6505.7\text{mm}^2$$

(3)计算单筋梁部分(实质上为单筋矩形截面截面设计),求受拉钢筋截面面积A_{s1}(4分)

$$\alpha_s=\frac{\gamma_0(M_d-M_{d2})}{f_{cd}bh_0^2}=\frac{1.0\times\left[1800\times10^6-11.5\times(1600-160)\times110\times\left(920-\frac{110}{2}\right)\right]}{11.5\times160\times920^2}$$

$=0.144$

$$\xi=1-\sqrt{1-2\alpha_s}=1-\sqrt{1-2\times0.144}=0.156<\xi_b=0.56$$

$$A_{s1}=\xi bh_0\frac{f_{cd}}{f_{sd}}=0.156\times160\times920\times\frac{11.5}{280}=943.13\text{mm}^2$$

于是,所需要的受拉钢筋的总面积为:

$A_s=A_{s1}+A_{s2}=943.13+6505.7=7448.83\text{mm}^2$。

283.某T形截面梁,截面尺寸为$b=200\text{mm}$,$h=700\text{mm}$,有效翼缘宽度$b'_f=700\text{mm}$,$h'_f=100\text{mm}$,$a_s=70\text{mm}$,$A_s=2945\text{mm}^2$。纵筋为HRB335,混凝土为C30。(已知:$\gamma_0=1.0$,$\xi_b=0.56$,$f_{cd}=13.8\text{MPa}$,$\rho_{min}=0.2\%$,$f_{sd}=f'_{sd}=280\text{MPa}$)。

若外荷载引起的弯矩$M_d=510\text{kN}\cdot\text{m}$,问是否能安全承载?

如不能安全承载,怎么办?提出解决措施。

答案:$f_{sd}A_s<f_{cd}b'_f h'_f$,为第一类T梁; (2分)

$x=\dfrac{f_{sd}A_s}{f_{cd}b'_f}=85.4\text{mm}<h'_f$ (3分)

$M_u=f_{cd}b'_f x(h_0-x/2)=484.5\text{kN}\cdot\text{m}<\gamma_0 M_d=510\text{kN}\cdot\text{m}$,不能安全承载。 (3分)

解决措施:加大钢筋面积、提高材料强度、加大截面尺寸。 (2分)

284.一钢筋混凝土T形截面梁,有效翼缘宽度$b'_f=500\text{mm}$,$h'_f=100\text{mm}$,$b=200\text{mm}$,$h=600\text{mm}$。混凝土强度等级为C30($f_c=14.3\text{N/mm}^2$),纵筋为HRB335($f_y=300\text{N/mm}^2$),$A_s=1884\text{mm}^2$。外荷载引起的截面弯矩组合设计值$M=310\text{kN}\cdot\text{m}$。($a_s=70\text{mm}$,$\xi_b=0.55$,$\rho_{min}=0.2\%$,$\alpha_1=1.0$)。问该梁正截面是否安全?

答案:(1)判断T梁类型

$A_s f_y=565.2\text{kN}<\alpha_1 f_c b'_f h'_f=715\text{kN}$,为第一类T梁。 (2分)

(2)求x

$x=\dfrac{A_s f_y}{\alpha_1 f_c b'_f}=79\text{mm}<\xi_b h_0$ (4分)

(3)求M_u

$M_u=A_s f_y\left(h_0-\dfrac{x}{2}\right)=277.23\text{kN}\cdot\text{m}<M=310\text{kN}\cdot\text{m}$,不安全。 (4分)

285.轴心受压构件,截面尺寸为 $b\times h=250\text{mm}\times250\text{mm}$,构件计算长度 $l_0=5\text{m}$,采用C25混凝土($f_{cd}=11.5\text{MPa}$,$f_{td}=1.23\text{MPa}$)和HRB335级钢筋($f_{sd}=280\text{MPa}$,$f'_{sd}=280\text{MPa}$),纵向受压钢筋面积 $A'_s=804\text{mm}^2$,Ⅰ类环境类别,安全等级二级。轴向压力设计值为 $N_d=760\text{kN}$。该柱受压承载力是否满足要求。如果不满足,采取什么措施可以解决?(长细比 $l_0/b=20$ 时,$\varphi=0.75$)

答案:(1)短边 $b=250\text{mm}$,计算长细比 $\lambda=\frac{l_0}{b}=\frac{5000}{250}=20$,得 $\varphi=0.75$。 (4分)

(2)计算承载力(4分)

$$N_u=0.9\varphi(f_{cd}A+f'_{sd}A'_s)=0.9\times0.75(11.5\times250\times250+280\times804)$$
$$=637.11\text{kN}<\gamma_0N_d=760\text{kN}$$

则承载能力不满足要求。

(3)解决措施:提高混凝土强度等级,加大截面尺寸,加大纵筋面积,提高钢筋强度等级。(2分)

286.矩形截面偏心受压构件的截面尺寸为 $b\times h=300\text{mm}\times600\text{mm}$,弯矩作用平面内的构件计算长度 $l_0=4\text{m}$,C25混凝土($f_{cd}=11.5\text{MPa}$,$f_{td}=1.23\text{MPa}$),纵筋HRB335级钢筋($f_{sd}=280\text{MPa}$,$f'_{sd}=280\text{MPa}$),Ⅰ类环境类别,安全等级二级,$\gamma_0=1.0$。轴压力设计值 $N_d=542.8\text{kN}$,相应弯矩设计值 $M_d=326.6\text{kN}\cdot\text{m}$。偏心距放大系数 $\eta=1.07$。按不对称配筋进行截面设计,确定纵筋面积。

答案:(1)大小偏心受压的初步判断 (2分)

$\eta e_0=1.07\times602=644\text{mm}>0.3h_0$,故可先按照大偏心受压来进行配筋计算,

$e_s=\eta e_0+h/2-a_s=644+300-40=904\text{mm}$。

(2)计算所需的纵向钢筋面积

取 $\xi=\xi_b=0.56$ (2分)

$$A'_s=\frac{Ne_s-f_{cd}bh_0^2\xi_b(1-0.5\xi_b)}{f'_{sd}(h_0-a'_s)}$$

$$=\frac{542.8\times904-11.5\times300\times560^2\times0.56\times(1-0.5\times0.56)}{280\times(560-40)}$$

$$=374\text{mm}^2>\rho'_{min}bh=360\text{mm}^2$$

所以 $A'_s=374\text{mm}^2$, (3分)

$$A_s=\frac{f_{cd}bh_0\xi_b+f'_{sd}A'_s-N}{f_{sd}}$$

$$=\frac{11.5\times300\times560\times0.56+280\times374-542800}{280}=2299\text{mm}^2$$ (3分)

287.钢筋混凝土矩形偏心受压构件,截面尺寸为 $b\times h=300\text{mm}\times500\text{mm}$,计算长度 $l_0=2.5\text{m}$。承受轴向力组合设计值 $N_d=800\text{kN}$,弯矩组合设计值 $M_d=200\text{kN}\cdot\text{m}$。拟采用C30混凝土,纵向钢筋为HRB335,结构重要性系数 $\gamma_0=1.0$,$f'_{sd}=f_{sd}=280\text{MPa}$,$f_{cd}=13.8\text{MPa}$,$\xi_b=0.56$,设 $a_s=a'_s=50\text{mm}$。试按非对称配筋设计钢筋。

答案:轴向力计算值 $N=\gamma_0N_d=938\text{kN}$,弯矩计算值 $M=\gamma_0M_d=375.2\text{kN}\cdot\text{m}$,可得到偏心距 e_0 为:

学习记录

$$e_0=\frac{M}{N}=\frac{375.2\times10^6}{938\times10^3}=400\text{mm}$$

$$h_0=h-a_s=600-50=550\text{mm}$$

(1)大、小偏心受压的初步判定 (2分)

$\eta e_0=1.121\times400=448.4\text{mm}>0.3h_0$($=0.3\times550=165\text{mm}$),故可先按大偏心受压情况进行设计。$e_s=\eta e_0+\frac{h}{2}-a_s=448.4+600/2-50=698.4\text{mm}$。

(2)计算所需的纵向钢筋面积

属于大偏心受压求钢筋 A_s 和 A'_s 的情况。

取 $\xi=\xi_b=0.56$,由式(7-14)可得到: (2分)

$$A'_s=\frac{Ne_s-\xi_b(1-0.5\xi_b)f_{cd}bh_0^2}{f'_{sd}(h_0-a'_s)}$$

$$=\frac{938\times10^3\times698.4-0.56(1-0.5\times0.56)\times11.5\times400\times550^2}{280(550-50)}$$

$$=672\text{mm}^2>0.002\times400\times600=480\text{mm}^2$$ (3分)

$$A_s=\frac{f_{cd}bh_0\xi_b+f'_{sd}A'_s-N}{f_{sd}}$$

$$=\frac{11.5\times400\times550\times0.56+280\times672-938\times10^3}{280}=2382\text{mm}^2$$ (3分)

288.一矩形截面偏心受压构件,截面尺寸为 $b\times h=300\text{mm}\times450\text{mm}$,构件计算长度 $l_0=2.2\text{m}$。混凝土为C30,$f_{cd}=13.8\text{MPa}$,纵筋为HRB335,$f_{sd}=f'_{sd}=280\text{MPa}$,结构安全等级二级。轴向力设计值 $N_d=452\text{kN}$,弯矩设计值 $M_d=180\text{kN}\cdot\text{m}$。$\eta=1$。$a_s=a'_s=45\text{mm}$。按对称配筋计算所需钢筋面积。

答案:

$$e_0=\frac{M_d}{N_d}=398\text{mm}$$ (1分)

$$e_s=\eta e_0+\frac{h}{2}-a_s=578\text{mm}$$ (1分)

假设为大偏心受压构件,$x=\frac{\gamma_0N_d}{f_{cd}b}=109.2\text{mm}\leqslant\xi_bh_0$,确实为大偏心受压构件。 (4分)

根据 $N_de_s=f_{cd}bx\left(h_0-\frac{x}{2}\right)+A'_sf'_{sd}(h_0-a'_s)$得:

$$A'_s=A_s=\frac{N_de_s-f_{cd}bx\left(h_0-\frac{x}{2}\right)}{f'_{sd}(h_0-a'_s)}=1020\text{mm}^2$$ (4分)

289.已知钢筋混凝土偏心受压柱,截面尺寸 $b\times h=400\text{mm}\times600\text{mm}$。该柱承受轴向力设计值 $N=938\text{kN}$、弯矩设计值 $M=375.2\text{kN}\cdot\text{m}$。采用C25混凝土($f_c=11.9\text{N/mm}^2$),纵筋采用HRB335钢筋($f_y=f'_y=300\text{N/mm}^2$),偏心距增大系数 $\eta=1.12$,$e_a=20\text{mm}$,$a_s=a'_s=50\text{mm}$,$\xi_b=0.55$,单侧纵筋最小配筋率为0.2%。求:对称配筋时纵向钢筋截面面积 $A_s=A'_s$。

答案： $$e_0=\frac{M}{N}400\text{mm},e_a=20\text{mm},\eta e_i=470.4\text{mm}$$ （2分）

(1)按大偏心受压构件计算

$$x=\frac{N}{\alpha_1 f_c b}=197.1\text{mm}<\xi_b h_0=297\text{mm},\text{为大偏压。}$$ （4分）

(2) $$A_s'=A_s=\frac{N\left(\eta e_i+\frac{h}{2}-a_s\right)-\alpha_1 f_c bx\left(h_0-\frac{x}{2}\right)}{f_y'(h_0-a_s')}=1681\text{mm}^2$$ （4分）

学习记录

附录四 习 题 答 案

第一单元

1.1 **答:**我国《普通混凝土力学性能试验方法标准》(GB/T 50081—2002)规定以边长为150mm的立方体为标准试件,在20℃±2℃的温度和相对湿度在95%以上的潮湿空气中养护28d,依照标准试验方法测得的具有95%保证率的抗压强度值作为混凝土的立方体抗压强度。轴心抗压强度确定采用和立方体抗压强度相同的制作条件和测试方法,试件尺寸为150mm×150mm×300mm的棱柱体。劈裂抗拉强度采用150mm×150mm×150mm的标准试件来测定。

1.2 **答:**混凝土强度等级是根据立方体抗压强度确定。混凝土的强度等级有C15,C20,C25,C30,C35,C40,C45,C50,C55,C60,C65,C70,C75,C80共14个等级。

1.3 **答:**混凝土强度与试验方法、试件尺寸、加载速度和龄期有关。一次短期加载混凝土的受压应力—应变曲线包括上升段和下降段两部分。上升段又分为三段。上升段的第一阶段,从开始加载至A点,应力较小,应力—应变关系接近直线,A点称为比例极限点。超过A点后,进人裂缝稳定扩展的第二阶段,至临界点B,临界点B对应的应力可以作为长期抗压强度的依据。此后,形成裂缝快速发展的不稳定状态直至峰点C,这一阶段为第三阶段,这时的峰值应力通常作为混凝土棱柱体的抗压强度 f_c,相应的应变称为峰值应变 ξ_0,在 f_c 后裂缝迅速发展,应力—应变曲线向下弯曲,出现"拐点"D,超过"拐点"后,曲线逐渐凸向应变轴。

1.4 **答:**结构或构件承受的应力不变,而应变随时间而增长的的现象称为徐变。影响徐变的主要因素有应力大小、加载时混凝土的龄期、混凝土的组成和配合比、水泥用量、水灰比、养护条件及使用条件下的温湿度等。

1.5 **答:**混凝土构件不受约束时,钢筋和混凝土协调变形。在受到外部约束时,将产生混凝土拉应力,甚至使混凝土开裂。影响混凝土收缩的因素主要有:

①水泥的品种:水泥强度等级越高,混凝土收缩越大。

②水泥的用量:水泥越多,收缩越大;水灰比越大,收缩也越大。

③骨料的性质:骨料的弹性模量大,收缩小。

④养护条件:在结硬过程中环境温湿度越大,收缩越小。

⑤混凝土制作方法:混凝土越密实,收缩越小。

⑥使用环境:使用环境温度湿度越大,收缩越小。

⑦构件的体积与表面积比值:其比值越大,收缩越小。

1.6 **答:**普通热轧钢筋按照屈服强度分为三个级别,分别为Ⅰ、Ⅱ、Ⅲ级钢。有明显流幅的钢筋其应力—应变曲线有明显的屈服点和屈服台阶,屈服强度根据屈服下限确定,没有明显流幅的钢筋屈服强度取残余应变为0.2%时的应力作为它的屈服点,称为条件屈服点或条件屈服强度。

1.7 **答:**钢筋混凝土受力后会在混凝土和钢筋的交界面上产生剪应力,通常把这种剪应力称为黏结应力。

黏结力是钢筋和混凝土这两种材料能够结合在一起共同工作的基础。钢筋与混凝土的黏结力主要由三部分组成:(1)混凝土中水泥胶体与钢筋表面的化学胶着力;(2)钢筋与混凝土接触面上的摩擦力;(3)钢筋表面粗糙不平产生的机械咬合力。

光圆钢筋与混凝土的黏结力主要来源于摩擦力和化学胶着力;带肋钢筋和混凝土的黏结力主要来源于机械咬合力。

第二单元

2.1 名词解释

作用——是指使结构产生内力、变形或应力、应变的所有原因;

直接作用——也称为荷载,是指直接施加在结构上的力,可以是集中力也可以是分布力;

间接作用——是指引起结构外加变形和约束的其他作用,如地震、基础沉降、温度变化、材料收缩等;

作用效应——指由作用引起的结构或结构构件的反应,如内力(具体可表现为轴力、弯矩、剪力等)、变形和裂缝等;

结构抗力——是指整个结构或构件承受内力或变形的能力(如构件的承载力、刚度等)。

2.2 **答**:结构的基本功能有:安全性、适用性和耐久性。

2.3 **答**:整个结构或结构的一部分超过某一特定状态就不能满足设计规定的某一功能要求,则此特定状态称为该功能的极限状态。结构的极限状态分为承载能力极限状态和正常使用极限状态两类。

结构或构件达到最大承载力、疲劳破坏或不适于继续承载的变形称为承载能力极限状态。

结构或构件达到正常使用或耐久性的某项限值规定,称为正常使用极限状态。

2.4 **答**:承载能力极限状态的表达式为:

$$\gamma_0 S_d \leqslant R_d$$

$$R_d = R(f_d, a_d)$$

式中:γ_0——桥梁结构的重要性系数;

S_d——作用效应组合的设计值(汽车荷载计入冲击系数);

R_d——构件承载能力设计值;

f_d——材料强度设计值;

a_d——几何参数设计值。

2.5 **答**:材料强度标准值是由标准试件按标准试验方法经数理统计以概率分布的某一分位值确定的强度值,即其取值原则是在符合规定质量的材料强度实测值的总体中,材料的强度应具有不小于一定概率的保证率。

材料强度的设计值是材料强度标准值除以材料分项系数后的值,即,强度设计值=强度标准值/分项系数。

2.6 **答**:所谓设计基准期,就是为确定可变作用及与时间有关的材料性能等取值而选用的时间参数。而设计使用寿命是指设计规定的结构或构件不需进行大修即可按其预定目的使用的时期。

第三单元

3.1 **答**:在外荷载作用下,受弯构件的截面产生弯矩和剪力。受弯构件的破坏有两种可

学习记录

能：一是可能沿正截面破坏，即沿弯矩最大截面的受拉区出现正裂缝[习图 3-1a)]；二是可能沿斜截面破坏，即沿剪力最大或弯矩和剪力都比较大的截面出现斜裂缝[习图 3-1b)]。

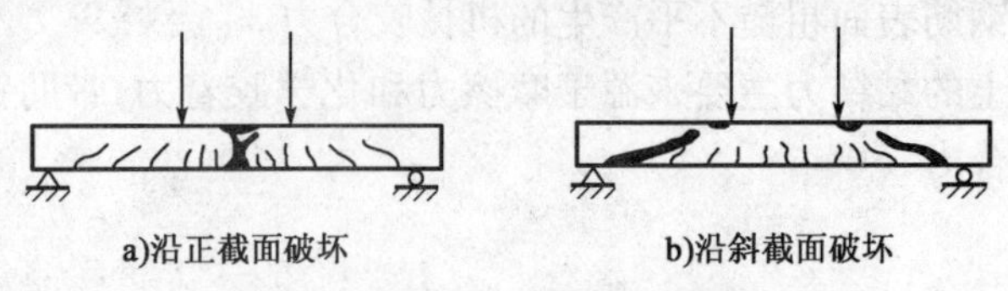

习图 3-1 受弯构件两种可能的破坏

3.2 答：适筋梁的破坏经历三个阶段：第Ⅰ阶段为截面开裂前阶段，这一阶段末Ⅰ$_a$，受拉边缘混凝土达到其抗拉极限应变时，相应的应力达到其抗拉强度 f_t，对应的截面应力状态作为抗裂验算的依据；第Ⅱ阶段为从截面开裂到受拉区纵筋开始屈服Ⅱ$_a$的阶段，也就是梁的正常使用阶段，其对应的应力状态作为变形和裂缝宽度验算的依据；第Ⅲ阶段为破坏阶段，这一阶段末Ⅲ$_a$，受压区边缘混凝土达到其极限压应变 ε_{cu}，对应的截面应力状态作为受弯构件正截面承载力计算的依据。

3.3 答：配筋率是指纵向受力钢筋截面面积与截面有效面积的百分比，即

$$\rho=\frac{A_s}{bh_0}$$

式中：b——梁的截面宽度；

h_0——梁截面的有效高度，取受力钢筋截面重心至受压边缘的距离；

A_s——纵向受力钢筋截面面积；

ρ——梁的截面配筋率。

当材料强度及截面形式选定以后，根据 ρ 的大小，梁正截面的破坏形式可以分为下面三种类型：适筋破坏、超筋破坏和少筋破坏。

3.4 答：当梁的配筋率比较适中时发生适筋破坏。如前所述，这种破坏的特点是受拉区纵向受力钢筋首先屈服，然后受压区混凝土被压碎。梁完全破坏之前，受拉区纵向受力钢筋要经历较大的塑性变形，沿梁跨产生较多的垂直裂缝，裂缝不断开展和延伸，挠度也不断增大，所以能给人以明显的破坏预兆。破坏呈延性性质。破坏时钢筋和混凝土的强度都得到了充分利用。发生适筋破坏的梁称为适筋梁。

当梁的配筋率太大时发生超筋破坏。其特点是破坏时受压区混凝土被压碎而受拉区纵向受力钢筋没有达到屈服。梁破坏时由于纵向受拉钢筋尚处于弹性阶段，所以梁受拉区裂缝宽度小，不形成主裂缝，破坏没有明显预兆，呈脆性性质。破坏时混凝土的强度得到了充分利用而钢筋的强度没有得到充分利用。发生超筋破坏的梁称为超筋梁。

当梁的配筋率太小时发生少筋破坏。其特点是一裂即坏。梁受拉区混凝土一开裂，裂缝截面原来由混凝土承担的拉力转由钢筋承担。因梁的配筋率太小，故钢筋应力立即达到屈服强度，有时可迅速经历整个流幅而进入强化阶段，有时钢筋甚至可能被拉断。裂缝往往只有一条，裂缝宽度很大且沿梁高延伸较高。破坏时钢筋和混凝土的强度虽然得到了充分利用，但破坏前无明显预兆，呈脆性性质。发生少筋破坏的梁称为少筋梁。

由于超筋受弯构件和少筋受弯构件的破坏均呈脆性性质，破坏前无明显预兆，一旦发生破坏将产生严重后果。因此，在实际工程中不允许设计成超筋构件和少筋构件，只允许设计成适筋构件，具体设计时是通过限制相对受压区高度和最小配筋率的措施来避免。

3.5 答：最小配筋率是为了保证将构件设计为适筋构件，防止设计成少筋构件，受拉钢筋

所需要的最小配筋率,是适筋构件和少筋构件的界限。

《公路桥规》规定,对受弯构件,ρ_{min}取 0.2%和 $0.45f_t/f_y$ 中的较大值。

最小配筋率 ρ_{min}的数值是根据钢筋混凝土受弯构件的破坏弯矩等于同样截面的素混凝土受弯构件的破坏弯矩确定的。

3.6 **答:**单筋矩形截面梁正截面承载力的计算应力图形以Ⅲ$_a$应力状态为依据,考虑受压区混凝土不工作、混凝土受压时的应力应变关系的两个基本假定,同时为方便计算,将受压混凝土的应力分布图形简化为等效矩形应力分布图形。

受压区混凝土等效应力图形的等效原则是:等效后受压区合力大小相等、合力作用点位置不变。

3.7 **答:**(1)双筋截面主要应用于下面几种情况:①截面承受的弯矩设计值很大,超过了单筋矩形截面适筋梁所能承担的最大弯矩,而构件的截面尺寸及混凝土强度等级都受到限制而不能增大和提高;②结构或构件承受某种交变作用,使构件同一截面上的弯矩可能变号;③因某种原因在构件截面的受压区已经布置了一定数量的受力钢筋。

(2)其计算应力图形与单筋截面相比,只是在受压区多了受压钢筋项。

(3)双筋矩形截面基本计算公式:

合力公式
$$f_{cd}bx + f'_{sd}A'_s = f_{sd}A_s$$

力矩公式
$$\gamma_0 M_d \leqslant f_{cd}bx\left(h_0 - \frac{x}{2}\right) + f'_{sd}A'_s(h_0 - a'_s)$$

与单筋截面相比,右边均多了受压钢筋项。

(4)在双筋截面中受压区钢筋起协助受压的作用。

(5)对于双筋矩形截面中,只要能满足 $x>2a'_s$的条件,构件破坏时受压钢筋一般均能达到其抗压强度设计值 f'_y。

3.8 **答:**(1)在进行截面设计时

当 $\gamma_0 M_d \leqslant f_{cd}b'_f h'_f\left(h_0 - \frac{h'_f}{2}\right)$,为第一类 T 型截面;

当 $\gamma_0 M_d > f_{cd}b'_f h'_f\left(h_0 - \frac{h'_f}{2}\right)$,为第二类 T 型截面。

在进行承载力校核时

当 $f_{cd}b'_f h'_f \geqslant f_{sd}A_s$,为第一类 T 型截面;

当 $f_{cd}b'_f h'_f < f_{sd}A_s$,为第二类 T 型截面。

(2)其依据是

当中和轴在翼缘内,即 $x \leqslant h'_f$,为第一类 T 型截面;

当中和轴在梁肋内,即 $x > h'_f$,为第一类 T 型截面。

而当 $x = h'_f$时,则为分界情况。

由平衡条件得:$\sum X=0, f_{cd}b'_f h'_f = f_{sd}A_s$

$$\sum M=0, \gamma_0 M_d = f_{cd}b'_f h'_f\left(h_0 - \frac{h'_f}{2}\right)$$

由此推出上面的各判别公式。

3.9 **答:**采用单排布筋 $h_0 = 500 - 40 = 460\text{mm}$

将已知数值代入公式 $f_{cd}bx = f_{sd}A_s$ 及 $M_{du} = f_{cd}bx(h_0 - x/2)$得

$$11.5 \times 200 \times x = 280 \times A_s$$

学习记录

$$165\times10^6=11.5\times200\times x\times(460-x/2)$$

两式联立得 $x=99.5\text{mm}$

$A_s=817.3\text{mm}^2$

验算 $x=99.5\text{mm}<\xi_b h_0=0.56\times460=257.6\text{mm}$

$A_s=817.3\text{mm}^2>\rho_{min}bh=0.2\%\times200\times500=200\text{mm}^2$

所以选用 3Φ20,$A_s=942\text{mm}^2$。

3.10 **答:**$f_{cd}=18.4\text{N/mm}^2$,$f_{sd}=280\text{N/mm}^2$,$h_0=450-38=412\text{mm}$

$$\rho_{min}=0.45f_{td}/f_{sd}=0.45\times1.65/280=0.00265$$

$$A_s=804>\rho_{min}bh=0.265\%\times250\times450=298.3\text{mm}^2$$

则

$x=\dfrac{A_s f_{sd}}{f_{cd}b}=\dfrac{280\times804}{18.4\times250}=48.9<\xi_b h_0=0.56\times412=230.7\text{mm}$,满足适用条件。

$M_{du}=f_{cd}bx(h_0-0.5x)=18.4\times250\times48.9\times(412-0.5\times48.9)$

$=87.2\text{kN}\cdot\text{m}>M=86\text{kN}\cdot\text{m}$,安全。

第四单元

4.1 选择题

1.D 2.A 3.D 4.B 5.C 6.A

4.2 填空题

1.混凝土强度等级、剪跨比、纵筋配筋率、配箍率、钢筋强度、截面形状及尺寸等(任选4个)

2.减小、提高

3.斜压破坏、剪压破坏、斜拉破坏

4.$\rho_{sv}=nA_{sv1}/bS_v$

5.箍筋能充分发挥作用,能有效固定和约束纵筋

6.$h_0/2$

4.3 简答题

1.**答:**剪跨比是影响受弯构件斜截面破坏形态和承载力的主要因素之一。狭义剪跨比 $m=a/h_0$,广义剪跨比 $m=M/Vh_0$。剪跨比的物理意义是梁内正应力和剪应力的相对比值。

2.**答:**斜拉破坏:斜裂缝一旦出现,由于箍筋数量少,很快屈服,形成临界斜裂缝,并迅速伸展到受压边缘,将构件斜拉为两部分而破坏。属于脆性破坏。

剪压破坏:破坏时,与斜裂缝相交的箍筋和弯起钢筋的应力达到屈服强度,同时斜裂缝末端剪压区的混凝土在剪应力和法向压应力的共同作用下达到强度极限值而破坏。这种破坏具有较明显的破坏征兆。

斜压破坏:破坏时混凝土被分割成很多斜压短柱而被压碎,与斜裂缝相交的箍筋和弯起钢筋的应力尚未达到屈服强度,梁的抗剪承载力主要取决于斜压短柱的抗压承载力。属于脆性破坏。

3.**答:**计算依据:剪压破坏;

计算公式适用范围:配置腹筋的、不会发生斜压破坏和斜拉破坏的等高度梁。

4. **答**:在简支梁和连续梁近边支点梁段,需验算的截面有:

(a)距支点中心 $h/2$ 处的截面[图 4-10a)截面 1-1];

(b)受拉区弯起钢筋弯起点处截面[图 4-10a)截面 2-2,3-3];

(c)锚于受拉区的纵向钢筋开始不受力处的截面[图 4-10a)截面 4-4];

(d)箍筋数量或间距改变处的截面[图 4-10a)截面 5-5];

(e)构件腹板宽度变化处的截面。

在连续梁近中间支点梁段和悬臂梁,需要验算的截面有:

(a)支点横隔梁边缘处截面[图 4-10b)截面 6-6];

(b)参照简支梁的要求,需要进行验算的截面。

5. **答**:弯矩设计值包络图:在最不利荷载效应组合作用下,梁每个截面可能出现的最大弯矩设计值的连线。简支梁桥的弯矩包络图近似为二次曲线。

抵抗弯矩图:梁每个正截面的受弯承载力的连线,与截面尺寸和配筋有关。

正截面有效的梁,抵抗弯矩图应该包住设计弯矩图。

6. **答**:①在钢筋混凝土梁的支点处,应至少有两根且不少于总数 1/5 的下层受拉主钢筋通过;②底层两外侧之间不向上弯曲的受拉主筋,伸出支点截面以外的长度应不小于 $10d$(HPB235 钢筋应带半圆钩);对环氧树脂涂层钢筋应不小于 $12.5d$,d 为受拉主筋直径。图 4-17c)为绑扎骨架普通钢筋(HPB235 钢筋)在支座锚固的示意图。

4.4 计算题

1. **答**:$h_0=560\text{mm}$

①验算公式上限(防止斜压破坏的条件):

$\gamma_0 V_{d,0}=1\times121=121\text{kN}<0.51\times10^{-3}\sqrt{f_{cu,k}}bh_0=0.51\times10^{-3}\sqrt{30}\times200\times560=313\text{kN}$,满足要求。

②验算公式下限(看是否需要配计算箍筋):

$\gamma_0 V'=110\text{kN}>(0.5\times10^{-3})\alpha_2 f_{td}bh_0=(0.5\times10^{-3})\times1.39\times200\times560=77.8\text{kN}$,需配计算腹筋。不需要配计算腹筋梁段长度 $l=1.82\text{m}$。

③求纵筋配筋率 ρ:

$$\rho=\frac{A_s}{bh_0}=\frac{672}{200\times560}=0.6\%$$

由公式(4-3),得

$$V'=110=\alpha_1\alpha_2\alpha_3(0.45\times10^{-3})bh_0\sqrt{(2+0.6P)\sqrt{f_{cu,k}}\rho_{sv}f_{sv}}$$

$$=1\times1\times1\times(0.45\times10^{-3})\times200\times560\times\sqrt{(2+0.6\times0.6)\sqrt{30}\rho_{sv}\times195}$$

得出

$$\rho_{sv}=0.19\%>\rho_{sv,min}=0.18\%$$

现拟定箍筋为双肢箍,直径为 8mm,由

$$\rho_{sv}=\frac{2\times A_{sv1}}{bS_v}$$

得出 $S_v=266\text{mm}$,小于箍筋构造间距 300mm。

学习记录

实际取 $S_v=200\text{mm}$。

距离支座中心梁高范围内，箍筋间距 100mm，其余梁内箍筋间距 200mm，箍筋布置图如习图 4-1 所示：

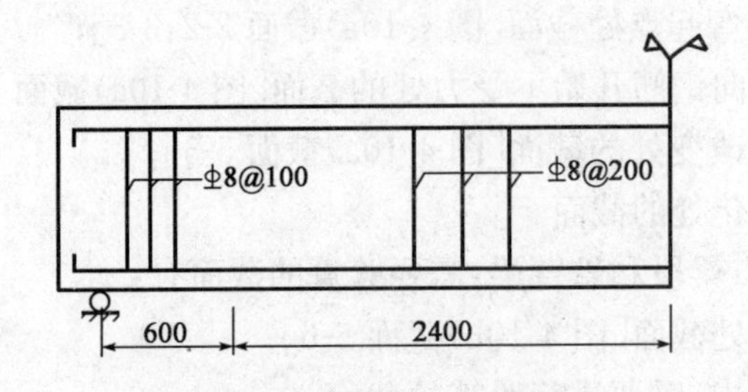

习图 4-1　箍筋布置图(尺寸单位：mm)

2. 答：因为梁的截面相同，箍筋间距沿梁长相等，纵筋没有弯起，所以，不同斜截面的抗剪承载力均相同。

①假设该梁发生剪压破坏，公式上下限均满足要求。

先根据公式求 ρ_{sv}，$\rho_{sv}=(2\times50.3)/(200\times100)=0.53\%>\rho_{sv,min}=0.18\%$，且

$$V_u=\alpha_1\alpha_2\alpha_3(0.45\times10^{-3})bh_0\sqrt{(2+0.6P)\sqrt{f_{cu,k}}\rho_{sv}f_{sv}}$$

$$=1\times1\times1\times(0.45\times10^{-3})\times200\times510\times\sqrt{(2+0.6\times2.5)\times\sqrt{25}\times0.00503\times195}$$

$$=190.17\text{kN}$$

②验算公式上限(判断在承载力作用下是否发生剪压破坏)：

$V_u=190.17\text{kN}<0.51\times10^{-3}\sqrt{f_{cu,k}}bh_0=0.51\times10^{-3}\sqrt{25}\times200\times510=260.1\text{kN}$，满足要求。

③验算公式下限(看箍筋是否为计算箍筋)：

$V_u=190.17\text{kN}<(0.51\times10^{-3})\alpha_2f_{td}bh_0=(0.51\times10^{-3})\times1.23\times200\times510=62.7\text{kN}$，故箍筋为计算箍筋。

综上，该梁距支点 $h/2$ 处斜截面抗剪承载力 V_u 为 190.17kN。

第五单元

5.1　**答**：轴心受压构件，纵筋沿截面四周对称布置。纵筋的作用是：与混凝土共同参与承担外部压力，以减少构件的截面尺寸；承受可能产生的较小弯矩；防止构件突然脆性破坏，以增强构件的延性；减少混凝土的徐变变形。箍筋的作用是：与纵筋组成骨架，防止纵筋受力后屈曲，向外凸出。当采用螺旋箍筋时(或焊接环式)还能有效约束核心内的混凝土横向变形，明显提高构件的承载力和延性。

5.2　**答**：对于轴心受压短柱，不论受压钢筋在构件破坏时是否屈服，构件最终承载力都是由混凝土被压碎来控制的。临近破坏时，短柱四周出现明显的纵向裂缝。箍筋间的纵向钢筋发生压曲外鼓，呈灯笼状[习图 5-1a)]，以混凝土压碎而告破坏。对于轴心受压长柱，破坏时受压一侧产生纵向裂缝，箍筋之间的纵向钢筋向外凸出，构件高度中部混凝土被压碎。另一侧混凝土则被拉裂，在构件高度中部产生一水平裂缝[习图 5-1b)]。

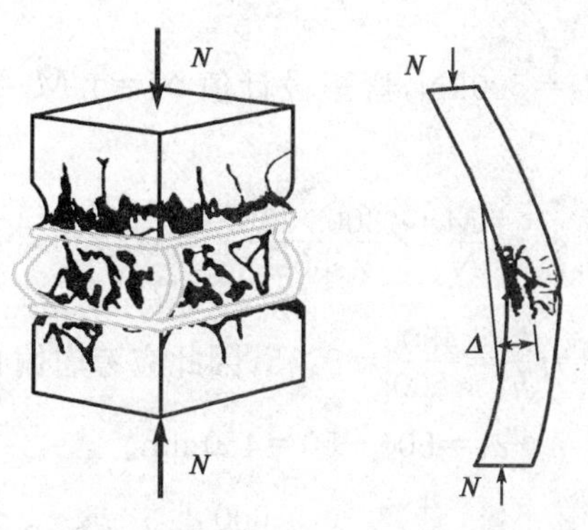

习图 5-1 轴心受压柱的破坏形态

5.3 **答:**原因是由于各种因素造成的初始偏心的影响,使构件产生侧向挠度,因而在构件的各个截面上将产生附加弯矩 $M=Ny$,此弯矩对短柱影响不大,而对细长柱,附加弯矩产生的侧向挠度,将加大原来的初始偏心矩,随着荷载的增加,侧向挠度和附加弯矩将不断增大,这样相互影响的结果,使长柱在轴力和弯矩共同作用下发生破坏。

影响 φ 的主要因素是构件的长细比 l_0/i,l_0 为柱的计算长度,i 为截面最小回转半径。

5.4 **答:**由于螺旋箍筋箍住了核心混凝土,相当于套箍作用,阻止了核心混凝土的横向变形,使核心混凝土处于三向受压状态,从材料强度理论可知,提高了柱的受压承载力。

5.5 **答:**实际工程中,必须避免失稳破坏。因为其破坏具有突然性,且材料强度尚未充分发挥。对于短柱,则可忽略纵向弯曲的影响。因此,需考虑纵向弯曲影响的是中长柱。这种构件的破坏虽仍属于材料破坏,但其承载力却有不同程度的降低。《公路桥规》采用把偏心距值乘以一个大于1的偏心距增大系数 η 来考虑纵向弯曲的影响。

η 称为偏心受压构件考虑纵向弯曲影响,轴力偏心矩增大系数,它是总弯矩 $M=N(e_0+f)$ 和初始弯矩 $M_0=Ne_0$ 之比。

5.6 **答:**当相对偏心距 e_0/h 较大,且受拉钢筋配置不太多时,会发生受拉破坏。在偏心压力的作用下,截面靠近偏心压力 N 的一侧(钢筋为 A'_s)受压,另一侧(钢筋为 A_s)受拉。随着荷载的增大,受拉一侧混凝土首先出现横向裂缝,裂缝的开展使受拉钢筋 A_s 的应力增长较快,首先达到屈服。随着裂缝的开展,受压区高度减小,受压区混凝土的压应变迅速增大,最后,受压区钢筋屈服,受压区混凝土达到极限压应变而被压碎。

当相对偏心距较小或当偏心距较大但纵筋配筋率很高时,会发生受压破坏。在偏心压力的作用下,截面可能部分受压、部分受拉,也可能全部受压。受力后,靠近偏心压力 N 的一侧(钢筋为 A'_s)受到的压应力较大,另一侧(钢筋为 A_s)压应力较小。随着荷载的逐渐增加,混凝土应力也增大。当靠近偏心压力一侧的混凝土压应变达到其极限压应变时,受压边缘混凝土被压碎,同时,该侧的受压钢筋 A'_s 也达到屈服;但是,破坏时另一侧的混凝土和钢筋 A_s 的应力都很小。

5.7 **答:**判别两种偏心受压情况的基本条件是:当 $\xi\leqslant\xi_b$ 时为大偏心受压;当 $\xi>\xi_b$ 时为小偏心受压。但是在配筋计算时,纵向钢筋数量未知,无从计算相对受压区高度 ξ,因此不能利用 ξ 来判别。此时,可近似按下面的方法初步进行判别:当 $\eta e_0\leqslant 0.3h_0$ 时,按小偏压进行计算;当 $\eta e_0>0.3h_0$ 时,按大偏压进行计算。

5.8 **答:**查表得 $f_{cd}=9.2\text{MPa}$,$f_{sd}=f'_{sd}=280\text{MPa}$,$\xi_b=0.56$,$\gamma_0=1.0$。

学习记录

(1)截面设计

轴向压力设计值 $N=\gamma_0 N_d=500\text{kN}$,弯矩设计值 $M=\gamma_0 M_d=300\text{kN}\cdot\text{m}$,可得到偏心距 e_0 为:

$$e_0=\frac{M}{N}=\frac{300\times10^3}{500}=600\text{mm}$$

弯矩作用平面内的长细比为 $\frac{l_0}{h}=\frac{4500}{500}=9>5$,因此应考虑偏心距增大系数 η。

设 $a_s=a_s'=50\text{mm}$,则 $h_0=h-a_s=500-50=450\text{mm}$。

$$\zeta_1=0.2+2.7\frac{e_0}{h_0}=0.2+2.7\times\frac{600}{450}=3.8>1.0,取\ \zeta_1=1.0$$

$$\zeta_2=1.15-0.01\frac{l_0}{h}=1.15-0.01\times9=1.06,取\ \zeta_2=1.0$$

则

$$\eta=1+\frac{1}{1400\frac{e_0}{h_0}}\left(\frac{l_0}{h}\right)^2\zeta_1\zeta_2=1+\frac{1}{1400\times\frac{600}{450}}\times9^2\times1\times1=1.04$$

$$\eta e_0=1.04\times600=624\text{mm}>0.3h_0=0.3\times450=135\text{mm}$$

可先按大偏心受压情况进行计算:

$$e_s=\eta e_0+h/2-a_s=624+500/2-50=824\text{mm}$$

因为 A_s、A_s' 均未知,引入补充条件 $\xi=\xi_b$,可得:

$$A_s'=\frac{Ne_s-f_{cd}bh_0^2\xi_b(1-0.5\xi_b)}{f_{sd}'(h_0-a_s')}$$

$$=\frac{500\times10^3\times824-9.2\times300\times450^2\times0.56\times(1-0.5\times0.56)}{280\times(450-50)}$$

$$=1667\text{mm}^2>\rho_{min}bh=0.002\times300\times500=150\text{mm}^2$$

选择受压钢筋 4Φ25,实际受压钢筋面积为 $A_s'=1964\text{mm}^2$

$$\rho'=\frac{A_s'}{bh}=\frac{1964}{300\times500}=1.31\%>0.2\%$$

受拉钢筋面积为:

$$A_s=\frac{f_{cd}bx+f_{sd}'A_s'-N}{f_{sd}}$$

$$=\frac{9.2\times300\times0.56\times450+280\times1667-500\times10^3}{280}$$

$$=2365\text{mm}^2>\rho_{min}bh=0.002\times300\times500=150\text{mm}^2$$

选择受拉钢筋为 4Φ28,实际受拉钢筋面积为 $A_s=2463\text{mm}^2$,$\rho=A_s/bh=2463/(300\times500)=1.64\%>0.2\%$,$\rho+\rho'=2.95\%>0.5\%$。

纵向钢筋沿短边 b 单排布置,纵向钢筋最小净距采用 30mm,$a_s'=a_s=50\text{mm}$。钢筋 A_s 的混凝土保护层厚度为(50−31.6/2)=34mm,满足规范要求。所需截面最小宽度=32×2+31.6×4+3×30=280mm<b=300mm。

(2)截面复核

①垂直于弯矩作用平面的截面复核:

长细比为$\frac{l_0}{b}=\frac{4500}{300}=15>5$,查表得 $\varphi=0.9$,则

$$N_u=0.9\varphi[f_{cd}bh+f'_{sd}(A_s+A'_s)]$$
$$=0.9\times0.9\times[9.2\times300\times500+280\times(1964+2463)]$$
$$=1015\times10^3\text{N}=1015\text{kN}>N=500\text{kN}$$

满足设计要求。

②弯矩作用平面的截面复核:

截面有效高度 $h_0=h-a_s=500-50=450$mm,计算得到 $\eta=1.04$。$\eta e_0=624$mm,则

$$e_s=\eta e_0+h/2-a_s=624+500/2-50=824\text{mm}$$
$$e'_s=\eta e_0-h/2+a'_s=624-500/2+50=424\text{mm}$$

假定为大偏压,解得混凝土受压区高度为:

$$x=h_0-e_s+\sqrt{(h_0-e_s)^2+2\frac{f_{sd}A_se_s-f'_{sd}A'_se'_s}{f_{cd}b}}$$
$$=450-824+\sqrt{(450-824)^2+2\times\frac{280\times2463\times824-280\times1964\times424}{9.2\times300}}$$
$$=245\text{mm}$$

因此 $2a'_s=80\text{mm}<x<\xi_bh_0=0.56\times450=252\text{mm}$,

该构件确定为大偏压。

正截面承载力为

$$N_u=f_{cd}bx+f'_{sd}A'_s-\sigma_sA_s$$
$$=9.2\times300\times245+280\times1964-280\times2463$$
$$=536\times10^3\text{N}=536\text{kN}>N=500\text{kN}$$

满足正截面承载力要求。

5.9 **答:**$f_{cd}=9.2\text{MPa}$,$f_{sd}=f'_{sd}=280\text{MPa}$,$\xi_b=0.56$,$\gamma_0=1.0$

(1)截面设计

由 $N=500\text{kN}$,$M=300\text{kN}\cdot\text{m}$,可得到偏心距 e_0 为:

$$e_0=\frac{M}{N}=\frac{300\times10^3}{500}=600\text{mm}$$

弯矩作用平面内的长细比为 $l_0/h=4500/500=9>5$,计算得到 $\eta=1.04$,$\eta e_0=624$mm。

设 $a_s=a'_s=50$mm,则 $h_0=h-a_s=500-50=450$mm

$$e_s=\eta e_0+\frac{h}{2}-a_s=624+500/2-50=824\text{mm}。$$

判别大、小偏压情况:

$$\xi=\frac{N}{f_{cd}bh_0}=\frac{500\times10^3}{9.2\times300\times450}=0.4<\xi_b$$

按大偏压计算,则纵向钢筋面积为:

$$A_s=A'_s=\frac{Ne_s-f_{cd}bx\left(h_0-\frac{x}{2}\right)}{f'_{sd}(h_0-a'_s)}$$
$$=\frac{500\times10^3\times824-9.2\times300\times550^2\times0.4\times(1-0.4/2)}{280\times(450-50)}$$

$=1293\text{mm}^2$

学习记录

选每侧钢筋为4Φ22,实际钢筋面积为:

$$A_s=A_s'=1520\text{mm}^2>0.002bh=0.002\times400\times500=400\text{mm}^2。$$

(2)截面复核

①垂直于弯矩作用平面的截面复核:

长细比为 $l_0/b=4500/300=15$,查表得 $\varphi=0.9$,则

$$\begin{aligned}N_u&=0.9\varphi[f_{cd}bh+f'_{sd}(A_s+A'_s)]\\&=0.9\times0.9\times(9.2\times300\times500+280\times1520\times2)\\&=1807\times10^3\text{N}=1807\text{kN}>N=500\text{kN}\end{aligned}$$

满足要求。

②弯矩作用平面的截面复核:

截面有效高度 $h_0=h-a_s=500-50=450\text{mm}$,计算得到 $\eta=1.04$。$\eta e_0=624\text{mm}$,则

$$e_s=\eta e_0+h/2-a_s=624+500/2-50=824\text{mm}$$

$$e'_s=\eta e_0-h/2+a'_s=624-500/2+50=424\text{mm}$$

假定为大偏心受压,解得混凝土受压区高度为:

$$\begin{aligned}x&=h_0-e_s+\sqrt{(h_0-e_s)^2+2\frac{f_{sd}A_se_s-f'_{sd}A'_se'_s}{f_{cd}b}}\\&=450-824+\sqrt{(450-824)^2+2\times\frac{280\times2463\times(824-424)}{9.2\times300}}\\&=209\text{mm}>2a'_s=100\text{mm}\end{aligned}$$

$$<\xi_bh_0=0.56\times450=252\text{mm}$$

该构件确实为大偏压情况。

可得截面承载力为:

$$\begin{aligned}N_u&=f_{cd}bx=9.2\times300\times209\\&=577\times10^3\text{N}=577\text{kN}>N=500\text{kN}\end{aligned}$$

满足正截面承载力要求。

5.10 **答**:查表得 $f_{cd}=9.2\text{MPa}$,$f_{sd}=f'_{sd}=280\text{MPa}$,$\xi_b=0.56$,$\gamma_0=1.0$。

(1)截面设计

轴向压力设计值 $N=\gamma_0N_d=1200\text{kN}$,弯矩设计值 $M=\gamma_0M_d=150\text{kN}\cdot\text{m}$,可得到偏心距 e_0 为

$$e_0=\frac{M}{N}=\frac{150\times10^3}{1200}=125\text{mm}$$

弯矩作用平面内的长细比为 $l_0/h=4200/600=7>5$,因此应考虑偏心距增大系数 η。

设 $a_s=a'_s=50\text{mm}$,则 $h_0=h-a_s=600-50=550\text{mm}$。

$$\zeta_1=0.2+2.7\frac{e_0}{h_0}=0.2+2.7\times\frac{125}{550}=0.81$$

$$\zeta_2=1.15-0.01\frac{l_0}{h}=1.15-0.01\times7=1.08,取\ \zeta_2=1.0$$

则

学习记录

$$\eta=1+\frac{1}{1400\frac{e_0}{h_0}}\left(\frac{l_0}{h}\right)^2\zeta_1\zeta_2=1+\frac{1}{1400\times\frac{125}{550}}\times7^2\times0.81\times1=1.12$$

$$\eta e_0=1.12\times125=140\text{mm}<0.3h_0=0.3\times550=165\text{mm}$$

可按小偏心受压情况进行计算。

因为 A_s、A_s' 均未知，对于小偏心受压构件取 $A_s=0.002bh=0.002\times400\times600=480\text{mm}^2$

$$e_s=\eta e_0+h/2-a_s=140+600/2-50=390\text{mm}$$

$$e_s'=\eta e_0-h/2+a_s'=140-600/2+50=-110\text{mm}$$

$$Ax^2+Bx+C=0$$

$$A=-0.5f_{cd}bh_0=-0.5\times9.2\times400\times550=-1012000$$

$$B=\frac{h_0-a_s'}{\xi_b-\beta}f_{sd}A_s+f_{cd}bh_0a_s'$$

$$=\frac{550-50}{0.56-0.8}280\times480+9.2\times400\times550\times50$$

$$=-178800000$$

$$C=-\beta\frac{h_0-a_s'}{\xi_b-\beta}f_{sd}A_sh_0-Ne_s'h_0$$

$$=-0.8\times\frac{550-50}{0.56-0.8}\times280\times480\times550+1200\times10^3\times110\times550$$

$$=1.96\times10^{11}$$

解此一元二次方程，得到 $x=537\text{mm}$

$$\xi=x/h_0=537/550=0.98>\xi_b=0.56$$

$$<h/h_0=1.09$$

将 $\xi=0.98$ 代入计算得到钢筋 A_s 的应力为：

$$\sigma_s=\varepsilon_{cu}E_s\left(\frac{\beta}{\xi}-1\right)$$

$$=0.0033\times2\times10^5\times\left(\frac{0.8}{0.98}-1\right)$$

$$=-121\text{MPa}(\text{压应力})$$

将受拉钢筋面积，钢筋应力及受压区高度代入公式计算得到受压侧钢筋面积为

$$A_s'=\frac{N-f_{cd}bx+\sigma_sA_s}{f_{sd}'}$$

$$=\frac{1200\times10^3-9.2\times400\times537-121\times480}{280}$$

$$=-2979\text{mm}^2<\rho_{min}bh=0.002\times400\times600=480\text{mm}^2$$

选择受拉钢筋 2Φ25，实际受拉钢筋面积为 $A_s=982\text{mm}^2$。

$$\rho=\frac{A_s}{bh}=\frac{982}{300\times600}=0.55\%>0.2\%$$

选择受压钢筋为 2Φ25，实际受拉钢筋面积为 $A_s'=982\text{mm}^2$，$\rho+\rho'=1.1\%>0.5\%$。

(2)截面复核

①垂直于弯矩作用平面的截面复核：

学习记录

长细比为 $l_0/b=4200/400=10.5>5$，查表得 $\varphi=0.98$，则

$$N_u=0.9\varphi[f_{cd}bh+f'_{sd}(A_s+A'_s)]$$
$$=0.9\times0.98\times[9.2\times400\times600+280\times(982+982)]$$
$$=2432\text{kN}>N=1200\text{kN}$$

满足设计要求。

②弯矩作用平面的截面复核：

截面有效高度 $h_0=h-a_s=600-50=550\text{mm}$，计算得到 $\eta e_0=140\text{mm}$，则

$$e_s=\eta e_0+\frac{h}{2}-a_s=390\text{mm}$$

$$e'_s=\eta e_0-\frac{h}{2}+a'_s=-110\text{mm}$$

$$Ax^2+Bx+C=0$$

$$A=0.5f_{cd}bh_0=1012000$$

$$B=f_{cd}bh_0(e_s-h_0)-\frac{f_{sd}A_se_s}{\xi_b-\beta}=122970000$$

$$C=\left(\frac{\beta f_{sd}A_se_s}{\xi_b-\beta}+f'_{sd}A'_se'_s\right)h_0=-2.13\times10^{11}$$

解得 $x=524\text{mm}$。

另外

$$\sigma_s=\varepsilon_{cu}E_s\left(\frac{\beta}{\xi}-1\right)$$
$$=0.0033\times2\times10^5\times\left(\frac{0.8\times550}{524}-1\right)$$
$$=-106\text{MPa}(\text{压应力})$$

正截面承载力为

$$N_{u1}=f_{cd}bx+f'_{sd}A'_s-\sigma_sA_s$$
$$=9.2\times400\times524+280\times982+106\times982$$
$$=2307\times10^3\text{N}=2307\text{kN}>N=1200\text{kN}$$

由于 $\eta e_0=140\text{mm}<h/2-a_s=250\text{mm}$，因此偏心力在 A'_s 和 A_s 之间。

$$e'=h/2-e_0-a'_s=125\text{mm}$$

$$N_{u2}=\frac{f_{cd}bh(h'_0-h/2)+f'_{sd}A_s(h'_0-a_s)}{e'}$$
$$=\frac{9.2\times400\times600\times(550-300)+280\times982\times(550-50)}{125}$$
$$=5516\text{kN}>N=1200\text{kN}$$

满足正截面承载力要求。

5.11　**答**：查表得，$f_{cd}=9.2\text{MPa}$，$f_{sd}=f'_{sd}=280\text{MPa}$，$\xi_b=0.56$，$\gamma_0=1.0$

设 $a_s=a'_s=50\text{mm}$，则 $h_0=h-a_s=600-50=550\text{mm}$，

偏心距 e_0 为：

$$e_0=\frac{M}{N}=\frac{180\times10^3}{1500}=120\text{mm}$$

弯矩作用平面内的长细比 $l_0/b=4500/400=11.25>5$，因此应考虑偏心距增大系数 η。

$$\zeta_1=0.2+2.7\frac{e_0}{h_0}=0.2+2.7\times\frac{120}{550}=0.8$$

$$\zeta_2=1.15-0.01\frac{l_0}{h}=1.15-0.01\times11=1.04\text{，取}\ \zeta_2=1.0$$

则

$$\eta=1+\frac{1}{1400\frac{e_0}{h_0}}\left(\frac{l_0}{h}\right)^2\zeta_1\zeta_2=1+\frac{1}{1400\times\frac{120}{550}}\times11^2\times0.8\times1=1.32$$

$$\eta e_0=1.32\times120=158\text{mm}<0.3h_0=0.3\times550=165\text{mm}$$

判别大小偏压。

$$\xi=\frac{N}{f_{cd}bh_0}=\frac{1500\times10^3}{9.2\times400\times550}=0.74>\xi_b=0.56$$

应按小偏压情况进行设计。

$$e_s=\eta e_0+h/2-a_s=158+600/2-50=408\text{mm}$$
$$e_s'=\eta e_0+h/2-a_s'=158-600/2+50=-92\text{mm}$$

ξ 值为：

$$\xi=\frac{N-\xi_b f_{cd}bh_0}{\frac{Ne_s-0.43f_{cd}bh_0^2}{(\beta-\xi_b)(h_0-a_s')}+f_{cd}bh_0}+\xi_b$$

$$=\frac{1500\times10^3-0.56\times9.2\times400\times550}{\frac{1500\times10^3\times408-0.43\times9.2\times400\times550^2}{(0.8-0.56)(550-50)}+9.2\times400\times550}+0.56$$

$$=0.68>\xi_b=0.56$$

$$x=\xi h_0=0.68\times550=374\text{mm}$$

纵向钢筋面积为：

$$A_s=A_s'=\frac{Ne_s-f_{cd}bx\left(h_0-\frac{x}{2}\right)}{f_{sd}'(h_0-a_s')}$$

$$=\frac{1500\times10^3\times408-9.2\times400\times374\times(550-374/2)}{280\times(550-50)}$$

$$=803\text{mm}^2$$

选每侧钢筋为 3Φ20，实际钢筋面积为：

$A_s=A_s'=942\text{mm}^2>0.002bh=0.002\times400\times600=480\text{mm}^2$。

第六单元

6.1 **答**：钢筋混凝土纯扭构件根据抗扭钢筋用量的多少，有以下四类破坏形式：少筋破坏、适筋破坏、部分超筋破坏、完全超筋破坏。

学习记录

当配筋强度比满足 $0.6\leqslant\zeta\leqslant1.7$ 时，破坏时抗扭箍筋和抗扭纵筋均能达到屈服。

6.2. 答：弯、剪、扭共同作用下的矩形截面构件，随着扭弯比或扭剪比的不同及配筋情况的差异，主要有三种破坏类型：第Ⅰ类型（弯型）破坏，受压区在构件的顶面；第Ⅱ类型（弯扭型）破坏，受压区在构件的一个侧面；第Ⅲ型（扭型）破坏，受压区在构件的底面。

当符合下列条件时，可不进行构件抗扭承载力计算，仅需按构造要求配置抗扭钢筋：

$$\frac{\gamma_0 V_d}{bh_0}+\frac{\gamma_0 T_d}{W_t}\leqslant 0.5\times10^{-3}f_{td}\quad(\text{kN/mm}^2)$$

6.3 答：在计算T形和I形等组合截面受扭构件的承载力时，可将整个截面划分成 n 个矩形截面，并将扭矩 T_d 按各个矩形分块的受扭塑性抵抗矩分配给各个矩形分块，以求得各个矩形分块所承担的扭矩，然后按下列方法进行配筋设计。

(1)按受弯构件的正截面受弯承载力计算所需的纵向钢筋截面面积。

(2)按剪、扭共同作用下的承载力计算承受剪力所需的箍筋截面面积和承受扭矩所需的纵向钢筋截面面积和箍筋截面面积。

(3)叠加上述二者求得的纵向钢筋和箍筋截面面积，即得最后所需的纵向钢筋截面面积并配置在相应的位置。

6.4 答：查表可得，$f_{cd}=11.5\text{MPa}$，$f_{td}=1.23\text{MPa}$，$f_{cu,k}=25\text{MPa}$，$f_{sd}=195\text{MPa}$，$f_{sv}=195\text{MPa}$，$\xi_b=0.62$，$\gamma_0=1.0$。

(1)有关参数计算

截面有效高度 $h_0=h-a_s=600-40=560\text{mm}$，核心混凝土尺寸

$b_{cor}=250-2\times30=190\text{mm}$，$h_{cor}=600-2\times30=540\text{mm}$

$U_{cor}=2(h_{cor}+b_{cor})=2\times(190+540)=1460\text{mm}$

$A_{cor}=h_{cor}b_{cor}=190\times540=102600\text{mm}^2$

$W_t=\frac{1}{6}b^2(3h-b)=\frac{1}{6}\times250^2\times(3\times600-250)=1.615\times10^7\text{mm}^3$

(2)截面适用条件验算

$$0.51\times10^{-3}\sqrt{f_{cu,k}}=0.51\times10^{-3}\times\sqrt{25}=2.55\times10^{-3}\text{kN/mm}^2$$

$$0.51\times10^{-3}f_{td}=0.51\times10^{-3}\times1.23=0.615\times10^{-3}\text{kN/mm}^2$$

$$\frac{\gamma_0 V_d}{bh_0}+\frac{\gamma_0 T_d}{W_t}=\frac{1.0\times109}{250\times560}+\frac{1.0\times9.23\times10^3}{1.615\times10^7}=1.35\times10^{-3}\text{kN/mm}^2$$

故满足 $0.5\times10^{-3}f_{td}<\frac{\gamma_0 V_d}{bh_0}+\frac{\gamma_0 T_d}{W_t}<0.51\times10^{-3}\sqrt{f_{cu,k}}$

截面尺寸符合要求，但需通过计算配置抗剪、抗扭钢筋。

(3)抗弯纵筋计算

对矩形截面采用查表进行配筋计算，可得到：

$$A_0=\frac{\gamma_0 M_d}{f_{cd}bh_0^2}=\frac{1.0\times105\times10^6}{11.5\times250\times560^2}=0.1165$$

查表可得 $\xi=0.1242<\xi_b=0.62$，且 $\gamma=0.9379$，因而，根据第三单元相应计算公式可得纵向钢筋面积为

$$A_s=\frac{\gamma_0 M_d}{f_{sd}\gamma h_0}=\frac{1.0\times105\times10^6}{195\times0.9379\times560}=1025\text{mm}^2$$

受弯构件的一侧纵筋最小配筋百分率(%)应为 $45f_{td}/f_{sd}=45\times1.23/195=0.28$ 且不小于0.2,故最小配筋面积为:

$$A_{s,\min}=0.0028bh_0=0.0028\times250\times560=392\text{mm}^2$$

$A_s=1025\text{mm}^2>A_{s,\min}$,满足最小配筋率要求。

(4)抗剪钢筋计算

受扭承载力降低系数为:

$$\beta_t=\frac{1.5}{1+0.5(V_dW_t/T_dbh_0)}=\frac{1.5}{1+0.5\times\dfrac{109\times1.615\times10^7}{9.23\times10^3\times250\times560}}=0.89$$

假定只设置箍筋,在斜截面范围内纵筋的配筋百分率按抗弯时纵筋数量计算,即

$$p=100\frac{A_s}{bh_0}=100\times\frac{1152}{250\times560}=0.823$$

假定构件为简支梁,即可取 $\alpha_1=1.0$,同时取 $\alpha_3=1.0$。

抗剪箍筋配箍率为:

$$\rho_{sv}=\left(\frac{\gamma_0V_d}{\alpha_1\alpha_3\dfrac{10-2\beta_t}{20}bh_0}\right)^2\Big/\left[(2+0.6\times0.823)\sqrt{25}\times195\right]\approx0.00147$$

选用双肢闭口箍筋,$n=2$,则可得到:

$$\frac{A_{sv1}}{S_v}=\frac{b\rho_{sv}}{2}=\frac{250\times0.00147}{2}=0.184\text{mm}^2/\text{mm}$$

(5)截面抗扭钢筋的设计计算

取 $\xi=1.2$,可得

$$\frac{A_{sv1}}{S_v}=\frac{\gamma_0T_d-0.35\beta_tf_{td}W_t}{1.2\sqrt{\xi}f_{sv}A_{cor}}$$

$$=\frac{1.0\times9.23\times10^6-0.35\times0.89\times1.23\times1.615\times10^7}{1.2\sqrt{1.2}\times195\times102600}$$

$$=0.116\text{mm}^2/\text{mm}$$

(6)总的箍筋配置为 $A_{sv1}/S_v=0.184+0.116=0.300\text{mm}^2/\text{mm}$,取 $S_v=120\text{mm}$,则 $A_{sv1}=0.300\times120=36.058\text{mm}^2$

选用双肢Φ 8 封闭式箍筋,$A_{sv1}=50.300\text{mm}^2>36.058\text{mm}^2$

抗扭纵筋截面面积为

$$A_{st}=\frac{\xi f_{sv}A_{sv1}U_{cor}}{f_{sd}S_v}=\frac{1.2\times195\times50.30\times1476}{195\times120}=742.43\text{mm}^2\approx743\text{mm}^2$$

①受拉区配置纵筋面积。

$$A_{s,sum}=1025+\frac{1}{4}A_{st}=1025+\frac{743}{3}=1211\text{mm}^2$$

选用 4 Φ 20($A_{s,sum}=1256\text{mm}^2$),满足要求。

②受压区配置纵筋面积。

$$A_{s,sum}=\frac{1}{4}A_{st}=\frac{743}{4}=186\text{mm}^2$$

受压区配筋最小面积为 $\left(45\dfrac{f_{td}}{f_{sd}}\right)bh_0=\left(45\times\dfrac{1.23}{195}\right)\times10^{-2}\times250\times560=397\text{mm}^2$

学习记录

受压区配筋 2 φ 16(A_s'=402mm²),满足要求。

③沿梁高配纵筋面积。

$$A_{sw}=\frac{1}{2}A_{st}=372\text{mm}^2$$

根据《公路桥规》的要求,沿梁高最小配筋面积为

$$0.001bh=0.001\times250\times600=150\text{mm}^2$$

故沿梁高钢筋配置 4 φ 12(452mm²)。截面的配筋如图 6-7 所示。

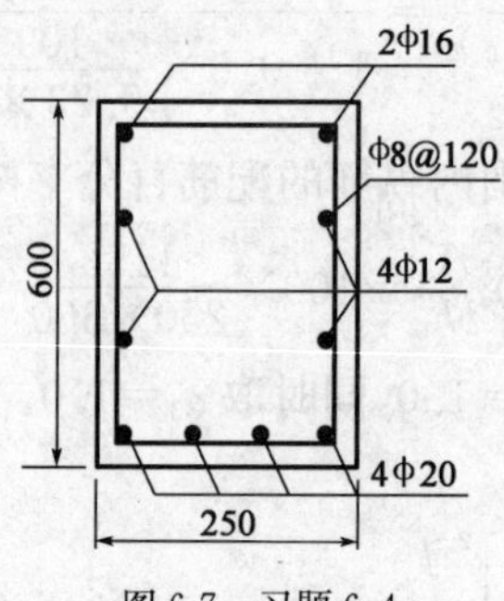

图 6-7 习题 6.4

第七单元

7.1 **答:**当偏心拉力作用在钢筋 A_s 合力点及 A_s'合力点范围以外时,为大偏心受拉;当偏心拉力 N 作用在钢筋 A_s 合力点及 A_s'合力点范围以内时,为小偏心受拉。小偏心受拉时,构件破坏前混凝土已全部开裂,拉力完全由钢筋承担;构件破坏时,钢筋 A_s 和 A_s'的应力均达到抗拉强度设计值。大偏心受拉构件随着拉力的增大,离纵向拉力较近一侧将产生裂缝,而离纵向拉力较远一侧的混凝土仍然受压。破坏时,A_s 的应力达到其抗拉强度设计值,受压区混凝土被压碎,A_s'的应力也达到其抗压强度设计值。

7.2 **答:**《公路桥规》规定大偏心受拉构件一侧受拉纵筋的配筋百分率(%)按 A_s/bh_0 计算,其值应不小于 $45f_{td}/f_{sd}$,同时不小于 0.2。

7.3 **答:**$f_{td}=1.06\text{MPa}$,$f_{sd}=280\text{MPa}$,$\gamma_0=1.0$。

假设 $a_s=a_s'=40\text{mm}$,则 $h_0=h_0'=h-a_s=400-40=360\text{mm}$。

偏心距 $e_0=M/N=\frac{50\times10^6}{400\times10^3}=125\text{mm}<\frac{h}{2}-a_s=\frac{400}{2}-40=160\text{mm}$

因此纵向拉力作用在 A_s 和 A_s'合力点之间,属于小偏心受拉。

$$e_s=\frac{h}{2}-e_0-a_s'=\frac{400}{2}-125-40=35\text{mm}$$

$$e_s'=\frac{h}{2}+e_0-a_s'=\frac{400}{2}+125-40=285\text{mm}$$

$$A_s'=\frac{\gamma_0N_de_s}{f_{sd}(h_0-a_s')}=\frac{1.0\times400\times10^3\times35}{280\times(360-40)}$$

$$=156\text{mm}^2$$

$$A_s=\frac{\gamma_0N_de_s'}{f_{sd}(h_0-a_s')}=\frac{1.0\times400\times10^3\times285}{280\times(360-40)}$$

$$=1272\text{mm}^2$$

A_s 选用钢筋 4 Φ 20,$A_s=1256\text{mm}^2$,

A_s'选用钢筋 2⏀20,$A_s'=628\text{mm}^2$

最小配筋率

$$\rho_{\min}=\max\left\{45\frac{f_{td}}{f_{sd}}\%,0.2\%\right\}=\max\left\{45\frac{1.06}{280}\%,0.2\%\right\}=0.2\%$$

一侧纵筋最小配筋面积为

$$0.2\%bh=0.2\%\times300\times500=300\text{mm}^2$$

因此配筋面积满足要求。

第八单元

8.1 **答:**(1)采用计算模型、依据不同。

(2)采用的荷载效应、荷载效应组合不同。

(3)计算内容不同。

(4)计算的目的不同、重要性不同。

8.2 **答:**换算截面:在进行正常使用极限状态计算时,根据受力分析,将截面上的钢筋换算成混凝土,变为单一材料,可以利用材料力学的公式进行截面几何特性的计算,这种截面称为换算截面。换算原则:钢筋换算成混凝土前后合力大小不变,作用位置不变。

换算过程:$A_s\sigma_s=A_{sc}\sigma_c$,因为$\begin{cases}\sigma_s=E_s\varepsilon_s\\ \sigma_c=E_c\varepsilon_c\end{cases}$,$\varepsilon_s=\varepsilon_c$,则$A_sE_s=A_{sc}E_c\rightarrow A_{sc}=\frac{E_s}{E_c}A_s=\alpha_{ES}A_s$。

8.3 **答:**

(1)梁跨中截面的换算截面惯性矩 I_{cr}计算

根据《公路桥规》规定计算得到梁受压翼板的有效宽度为$b_f'=1500\text{mm}$,而受压翼板平均厚度为 110mm。有效高度 $h_0=h-a_s=1300-111=1189\text{mm}$。

$$\alpha_{ES}=\frac{E_s}{E_c}=\frac{2\times10^5}{2.8\times10^4}=7.143$$

由式(8-11)计算截面混凝土受压区高度为:

$$\frac{1}{2}\times1500\times x^2=7.143\times6836\times(1189-x)$$

得到

$$x=252.07\text{mm}>h_f'(=110\text{mm})$$

故为第二类 T 形截面。

这时,换算截面受压区高度 x 应由式(8-12)确定:

$$A=\frac{\alpha_{ES}A_s+h_f'(b_f'-b)}{b}$$

$$=\frac{7.143\times6836+110\times(1500-180)}{180}$$

$$=1078$$

$$B=\frac{2\alpha_{ES}A_sh_0+(b_f'-b)h_f'^2}{b}$$

$$=\frac{2\times7.143\times6836+1189+(1500-180)\times110^2}{180}$$

$$=733826$$

学习记录

故：

$$x=\sqrt{A^2+B}-A$$
$$=\sqrt{1078^2+733826}-1078$$
$$=299\text{mm}>h_f'(=110\text{mm})$$

按式(8-13)计算开裂截面的换算截面惯性矩 I_{cr} 为：

$$I_{cr}=\frac{b_f'x^3}{3}-\frac{(b_f'-b)(x-h_f')^3}{3}+\alpha_{ES}A_s(h_0-x)^2$$
$$=\frac{1500\times299^3}{3}-\frac{(1500-180)\times(299-110)^3}{3}+7.143\times6836\times(1189-299)^2$$
$$=49072.78\times10^6\text{mm}^4$$

(2)正应力验算

吊装时动力系数为1.2(起吊时主梁超重)，则跨中截面计算弯矩为 $M_k^t=1.2M_{G1}=1.2\times505.69\times10^6=606.828\times10^6\text{N}\cdot\text{mm}$。

受压区混凝土边缘正应力为：

$$\sigma_{cc}^t=\frac{M_k^t x}{I_{cr}}=\frac{606.828\times10^6\times299}{49072.78\times10^6}$$
$$=3.70\text{MPa}<0.8f_{ck}'(=0.8\times16.7=13.36\text{MPa})$$

受拉钢筋的面积重心处的应力为：

$$\sigma_s^t=\alpha_{ES}\frac{M_k^t(h_0-x)}{I_{cr}}=7.143\,\frac{606.828\times10^6\times(1189-299)}{49072.78\times10^6}$$
$$=78.61\text{MPa}<0.75f_{sk}(=0.75\times335=251\text{MPa})$$

最下面一层钢筋2Φ32重心距受压边缘高度为：

$$h_{01}=1300-(\frac{35.8}{2}+35)=1247\text{mm}$$

则钢筋应力为

$$\sigma_s=\alpha_{ES}\frac{M_k^t}{I_{cr}}(h_{01}-x)$$
$$=7.143\times\frac{606.828\times10^6}{49072.78\times10^6}(1247-299)$$
$$=83.7\text{MPa}<0.75f_{sk}(=251\text{MPa})$$

验算结果表明，主梁吊装时混凝土正应力和钢筋拉应力均小于规范限值，可取图8-7a)的吊点位置。

第九单元

9.1 **答**:影响裂缝宽度的主要因素有：钢筋应力 σ_{ss}、钢筋直径 d、受拉钢筋配筋率 ρ、保护层厚度 c、钢筋外形、荷载性质、构件受力性质等。

9.2 **答**:钢筋混凝土梁的刚度沿梁轴向并不相等，在弯矩较大的截面处由于裂缝开展较深，因而刚度小，在弯矩较小的截面则刚度大。规范中通常规定按照弯矩最大截面的刚度(也就是整个轴向上最小的刚度)计算构件挠度值，这就是所谓的“最小刚度原则”。

9.3 **答**:当由荷载短期效应组合并考虑长期效应影响产生的长期挠度超过 $l/1600$ 时，需要设预拱度；预拱度值按结构自重和1/2可变荷载频遇值计算的长期挠度值之和采用。

9.4 **答**:影响混凝土结构耐久性的因素主要有内部和外部两个方面。内部因素主要是指混凝土的强度、渗透性、保护层厚度、水泥品种、标号和用量以及外加剂用量等,外部因素则指环境温度、湿度、二氧化碳含量等。

9.5 **答**:(1)抗弯刚度计算

$$B_{cr}=E_cI_{cr}=2.8\times10^4\times6.435\times10^{10}=1.8018\times10^{15}(\mathrm{N\cdot mm^2})$$

$$B_0=0.95E_cI_0=0.95\times2.8\times10^4\times10.2\times10^{10}=2.7132\times10^{15}(\mathrm{N\cdot mm^2})$$

不考虑冲击力的汽车荷载标准弯矩

$$M_q=595.5/1.191=500(\mathrm{kN\cdot m})$$

人群荷载标准弯矩 $M_{人}=55\mathrm{kN\cdot m}$,

$$M_p=500+55=555(\mathrm{kN\cdot m})=5.55\times10^8(\mathrm{N\cdot mm})$$

$$M_s=(7.50+5.55)\times10^8=13.05\times10^8(\mathrm{N\cdot mm})$$

$$\gamma=2S_0/W_0=2\times1.055\times10^8/7.55\times10^7=2.795$$

$$M_{cr}=\gamma f_{tk}W_0=2.795\times1.78\times7.55\times10^7=375.62\times10^6(\mathrm{N\cdot mm})$$

$$B=\frac{B_0}{\left(\frac{M_{cr}}{M_s}\right)^2+\left[1-\left(\frac{M_{cr}}{M_s}\right)^2\right]\frac{B_0}{B_{cr}}}=\frac{2.7132\times10^{15}}{\left(\frac{375.62}{1305}\right)^2+\left[1-\left(\frac{375.62}{1305}\right)^2\right]\times\frac{2.7132}{1.8018}}$$

$$=1.853\times10^{15}(\mathrm{N\cdot mm^2})$$

(2)计算人群荷载和汽车荷载(不计冲击力)作用下的梁的挠度

$$f_p=\frac{5}{48}\frac{M_pl^2}{B}=\frac{5}{48}\times\frac{5.55\times10^8\times20000^2}{1.853\times10^{15}}=12.48\mathrm{mm}<\frac{l}{600}=\frac{20000}{600}=33.3\mathrm{mm}$$

符合《公路桥规》要求。

(3)计算结构在恒载作用下梁的挠度

$$f_g=\frac{5}{48}\frac{M_gl^2}{B}=\frac{5}{48}\times\frac{7.50\times10^8\times20000^2}{1.853\times10^{15}}=16.86\mathrm{mm}$$

(4)荷载短期效应组合并考虑长期效应影响产生的长期挠度

对于C25混凝土,挠度长期增长系数 $\eta_\theta=1.6$。

$$(f_g+f_p)\eta_\theta=(16.86+12.48)\times1.6=29.58\times1.6=49.944\mathrm{mm}$$

$$>\frac{l}{1600}=\frac{20000}{1600}=12.5\mathrm{mm}$$

按《公路桥规》规定必须设置预拱度,预拱度的值为

$$(f_g+f_p/2)\eta_\theta=(16.86+12.48/2)\times1.6=23.10\times1.6=36.96\mathrm{mm}$$

第十单元

10.1 选择题

(1)C (2)D (3)B (4)CB (5)D

10.2 简答题

(1)**答**:全预应力混凝土指在短期荷载效应组合下受拉边缘不出现拉应力的混凝土,预应力度大于1。

部分预应力混凝土指在短期荷载效应组合下受拉边缘可以出现较小的拉应力或可以开裂但裂缝宽度不要超过限值,前者叫部分预应力混凝土A类,后者叫部分预应力混凝土B类,预应力度小于1。

学习记录

(2)答:先张法工序:

在台座或钢模上张拉预应力筋至控制应力,并临时锚固;浇筑混凝土并养护至不低于75%的强度;切断或放松预应力钢筋。

后张法工序:

制作混凝土构件,预留孔道;等混凝土强度达到设计强度的75%以上时穿入力筋;张拉力筋至控制应力并锚固;孔道压浆;封锚。

(3) 答:孔道摩阻损失,减小措施:采用两端张拉或超张拉。

锚固变形损失,减小措施:超张拉、注意选用$\sum\Delta l$值小的锚具、先张法采用长线台座。

养护温差损失,减小措施:二次升温、采用钢模板。

弹性压缩损失,减小措施:传力锚固时保证混凝土强度和弹性模量。

力筋松弛损失,减小措施:采用低松弛力筋、超张拉。

混凝土收缩、徐变损失,减小措施:从原材料和材料级配方面着手,如采用高标号水泥,减少水泥用量,减小水灰比,骨料级配良好;加强振捣和养护;保证加载龄期;增大普通钢筋的配筋率。

第十一单元

11.1 答:从张拉钢筋到受荷破坏大致可分为四个工作阶段:第一阶段为预加应力阶段(包括预制、运输、安装);第二阶段为从受荷开始直到构件出现裂缝前的整体工作阶段;第三阶段为带裂缝工作阶段;第四阶段为破坏阶段。

11.2 答:在预应力混凝土梁设计中,为了保证在外荷载作用下,上下边缘不出现拉应力或拉应力不出现限值,而确定的一种预应力钢筋位置的边界。

确定方法:可以计算在预加应力阶段荷载作用下和使用阶段荷载作用下,计算上下边缘应力,对全预应力构件保证不出现拉应力,对A类部分预应力构件保证拉应力不超过混凝土抗拉强度,获得预应力钢筋的偏心距的不等式,获得束界。

11.3 答:$a=\dfrac{f_{pd}A_pe_p+f_{sd}A_se_s}{f_{pd}A_p+f_{sd}A_s}=\dfrac{450\times1017\times100+280\times1273\times45}{450\times1017+280\times1273}=75.9\text{mm}$

$h_0=h-a_s=600-75.9=524.1\text{mm}$

(1)判断T形截面类型

$$f_{cd}b'_fh'_f=22.4\times500\times110=1232\text{kN}>f_{pd}A_p+f_{sd}A_s$$
$$>450\times1017+280\times1273=814.1\text{kN}$$

所以,属于第一类T形截面。

(2)求受压区高度x

$$x=\frac{f_{pd}A_p+f_{sd}A_s}{f_{cd}b'_f}=\frac{450\times1017+280\times1273}{22.4\times500}=72.7\text{mm}$$
$$\begin{cases}<h'_f=110\text{mm}\\<\xi_bh_0=0.4\times500=209.64\text{mm}\end{cases}$$

(3)求正截面承载力

$$M_u=f_{cd}b'_fx\left(h_0-\frac{x}{2}\right)=22.4\times500\times72.7\times\left(500-\frac{72.7}{2}\right)=397\text{kN}\cdot\text{m}$$

11.4 答:(1)预应力钢筋永存预加力的计算

有效预应力:

$$\sigma_{pe}=\sigma_{con}-\sigma_l=1395-(62+25+48+35+100)=1125\text{MPa}$$

永存预加力：

$$N_p=\sigma_{pe}A_p=1125\times4448\times10^{-3}=5004\text{kN}$$

(2)截面特性计算

净截面抵抗矩：

$$W_n=\frac{I_n}{y_n}=\frac{0.1289\times10^{12}}{789.8}=1.632\times10^8\text{mm}^3$$

换算截面抵抗矩：

$$W_0=\frac{I_0}{y_0}=\frac{0.1649\times10^{12}}{803.6}=2.052\times10^8\text{mm}^3$$

(3)应力计算

短期效应组合下外荷载引起的受拉边缘的应力：

$$\sigma_{st}=\frac{M_{G1}}{W_n}+\frac{M_{G2}+M_{Q1s}}{W_0}=\frac{2100\times10^6}{1.632\times10^8}+\frac{(700+2975)\times10^6}{2.052\times10^8}=30.777\text{MPa}$$

长期效应组合下外荷载引起的受拉边缘的应力：

$$\sigma_{lt}=\frac{M_{G1}}{W_n}+\frac{M_{G2}+M_{Q1l}}{W_0}=\frac{2100\times10^6}{1.632\times10^8}+\frac{(700+1700)\times10^6}{2.052\times10^8}=24.564\text{MPa}$$

由预加力引起的混凝土受拉边缘的永存预应力：

$$\sigma_{pc}=\frac{N_p}{A_n}+\frac{N_pe_{pn}}{W_n}=\frac{5004\times10^3}{0.5891\times10^6}+\frac{5004\times10^3\times649.8}{1.632\times10^8}=28.418\text{MPa}$$

(4)抗裂性验算

短期效应组合下：

$\sigma_{st}-\sigma_{pc}=30.777-28.418=2.359\text{MPa}>0.7f_{tk}=0.7\times2.65=1.85\text{MPa}$，不满足。

长期效应组合下：

$\sigma_{lt}-\sigma_{pc}=24.564-28.418=-3.854\text{MPa}<0$，满足要求。

(5)下结论

不能满足部分预应力A类构件要求。

11.5 **答：**A_0 表示换算截面面积，A_n 表示净截面面积。

先张法切断钢束产生预应力时预应力钢束和混凝土已经形成了一个整体，所以预加预应力阶段的计算采用换算截面面积。

后张法施工阶段力筋和混凝土还没有形成一个整体，所以施工阶段计算时采用净截面面积。

11.6 **答：**(1)判断T梁类型

$$A_sf_{sd}+A_pf_{pd}=1272\times330+2940\times1260=4124.16\text{kN}\cdot\text{m}$$

$$f_{cd}b'_fh'_f=8870.4\text{kN}\cdot\text{m}$$

$$A_sf_{sd}+A_pf_{pd}<f_{cd}b'_fh'_f$$

故为第Ⅰ类T梁。

(2)求 x

$$x=\frac{A_sf_{sd}+A_pf_{pd}}{f_{cd}b'_f}=83.7\text{mm}$$

学习记录

(3)求 M_u

$$a=\frac{A_s f_{sd} a_s + A_p f_{pd} a_p}{A_s f_{sd} + A_p f_{pd}} = 94\text{mm}$$

$$M_u = f_{cd} b'_f x\left(h_0 - \frac{x}{2}\right) = 6862.5\text{kN}\cdot\text{m}$$

(4)判断是否能安全承载

$$M_u > \gamma_0 M_d$$

故该截面能安全承载。

参 考 文 献

[1] 中华人民共和国国家标准. GB/T 50283—1999 公路工程结构可靠度设计统一标准. 北京:中国计划出版社,1999.

[2] 中华人民共和国国家标准. GB 50153—2008 工程结构可靠性设计统一标准. 北京:中国建筑工业出版社,2008.

[3] 中华人民共和国行业标准. JTG B01—2003 公路工程技术标准. 北京:人民交通出版社,2004.

[4] 中华人民共和国行业标准. JTG D60—2004 公路桥涵设计通用规范. 北京:人民交通出版社,2004.

[5] 中华人民共和国行业标准. JTG D62—2004 公路钢筋混凝土及预应力混凝土桥涵设计规范. 北京:人民交通出版社,2004.

[6] 中华人民共和国行业标准. JTG/T F50—2011 公路桥涵施工技术规范. 北京:人民交通出版社,2011.

[7] 叶见曙. 结构设计原理[M]. 2 版. 北京:人民交通出版社,2005.

[8] 张树仁,郑绍陆,黄侨,等. 钢筋混凝土及预应力混凝土桥梁结构设计原理[M]. 北京:人民交通出版社,2004.

[9] 项海帆. 高等桥梁结构理论[M]. 北京:人民交通出版社,2001.

[10] 李国平. 预应力混凝土结构设计原理[M]. 2 版. 北京:人民交通出版社,2000.

[11] 陈肇元. 土建结构工程的安全性与耐久性[M]. 北京:中国建筑工业出版社,2003.

[12] 范立础. 桥梁工程(上)[M]. 2 版. 北京:人民交通出版社,2001.

[13] 顾安邦,向中富. 桥梁工程(下)[M]. 2 版. 北京:人民交通出版社,2000.

[14] 东南大学,天津大学,同济大学. 混凝土结构(上册)—混凝土结构设计原理[M]. 3 版. 北京:中国建筑工业出版社,2005.

[15] 黄侨. 桥梁混凝土结构设计原理计算示例[M]. 王永平,译. 北京:人民交通出版社,2006.

[16] 王铁成. 混凝土结构原理[M]. 4 版. 天津:天津大学出版社,2011.

[17] 梁兴文,王社良,李晓文. 混凝土结构设计原理[M]. 北京:科学出版社,2003.